東北学院大学経営学部自動車産業研究プロジェクト

東北地方と自動車産業

トヨタ国内第3の拠点をめぐって

折橋伸哉・目代武史・村山貴俊 [編著]

創成社

はじめに

　本書は，宮城県仙台市にある東北学院大学経営学部の自動車産業研究チーム（折橋伸哉，村山貴俊，目代武史）が，東北地方において自動車関連産業を振興・育成していく上での課題について，数年来研究を進めてきた成果を取りまとめたものである。無論，本研究は上記3名のみで進めてきたわけではない。2008年以来，仙台市の本学において毎年のように開催してきた公開シンポジウムにご登壇いただいた，ほぼ毎年お越しいただいているひろしま産業振興機構の岩城富士大氏をはじめとする外部研究者・専門家の皆様方，業務ご多忙の中でインタビュー・視察調査にご協力いただいた企業の皆様方，そして経営学部が独立する以前は経済学部の同僚であった半田正樹教授から，折に触れてさまざまな示唆をいただき，また時として調査活動へのご協力を頂戴してきたことが大きな力となってきた。本書には，これまでご協力いただいたそうした皆様の一部からもご寄稿いただいている。この場を借りて，厚く御礼申し上げたい。

　本書の冒頭にあたり，これまでの研究経過を振り返っておきたい。

　本研究は，私が東北地方のあるトヨタ自動車関係者に，2000年代半ばのある日に博士学位論文作成のためにインタビューをさせていただいた折，終了後の雑談にて「ここ（東北地方）に来ても，やっていることは基本的には変わりませんよ。」とのお言葉に示唆を受けたことに原点がある。彼は，トヨタ自動車でのキャリアの多くにおいて，発展途上国におけるトヨタ自動車の生産拠点への生産技術支援業務にあたってこられた人物である。私自身，大学院在学中より，発展途上国における生産拠点について主に研究を進めてきており，自身のこれまでの研究が地域貢献にも活かせるかもしれない，と考えたのであった[1]。

　その後，大学院在学中以来の友人である横浜国立大学経営学部のダニエル・ヘラー氏と共同で，「日本における自動車産業後進地域の抱える課題についての一考察―発展途上国の抱える問題との関連において」と題して，国際ビジネス研究学会第13回全国大会において報告を行った。本報告は，上記着想以来，試行的に東北地方および九州地方などにおいて実施した実態調査を踏まえつつ考察を進めてきたものを，報告準備過程でヘラー氏からいただいたさまざまな助言・コメン

トを取り入れながらまとめたものであった[2]。なお,「自動車産業後進地域」として,東北地方だけではなく,九州地方も取り上げ,両者の共通項,そして相違点についても言及した。本報告に対して,先輩研究者諸氏から貴重なコメントをいただくことができたのと同時に,本研究の重要性を改めて確信した。

　その後,自動車産業におけるモジュール化などについて研究を進めていた目代に合流いただき,東北地方にてさらなる実態調査を行いつつ,2008年10月に,本書にもご寄稿いただいた福岡大学商学部の居城克治教授と岩城氏,そして地元を代表して河北新報社の佐々木恵寿氏をお招きして最初の公開シンポジウムを開催し,成功を収めることができた。2009年からは,かねてより地域の産業振興についても意欲的に研究を進めてきていた村山にも合流いただいた。さらに,半田教授,菅山真次教授といった同僚のベテラン研究者のご助言,ご助力もいただきながら,継続的に実態調査を実施しつつ,その研究成果を世に問う場として毎年公開シンポジウムを開催し,考察を深めてきたのである。2011年4月に,目代は九州大学に移籍したが,引き続き交流を行ってきた。第Ⅱ部には,目代が移籍後に精力的に行ってきている,九州地方における実態調査研究の成果も盛り込まれている。

　なお,これまでに開催したシンポジウムの概要は以下のとおりである(敬称略,肩書はいずれも開催当時)。

第1回　2008年10月4日(土)　東北学院大学土樋キャンパス押川記念ホール
東北学院大学東北産業経済研究所公開シンポジウム
東北地方と自動車産業
　―自動車産業とその裾野産業の振興のための課題を探る―
　　総合司会　東北学院大学経済学部准教授　目代武史

　　報告1　東北地方の自動車産業振興の課題と可能性
　　　　　　河北新報社論説委員　佐々木恵寿
　　報告2　九州地方における自動車産業の導入・振興の現状―裾野産業を中心に―
　　　　　　福岡大学商学部教授　居城克治
　　報告3　中国地方における自動車産業の課題と取り組み
　　　　　　　―カーエレクトロニクス推進センター設立に向けて―
　　　　　　(公財)ひろしま産業振興機構カーエレクトロニクス推進センター長　岩城富士大

報告4　東北地方において自動車産業を育成する上での課題
　　　　―発展途上国の抱える問題との関連において―
　　　　東北学院大学経済学部准教授　折橋伸哉
パネル・ディスカッション
　司　　会　目代武史
　パネリスト　居城克治，岩城富士大，佐々木恵寿，折橋伸哉

第2回　2009年10月24日（土）　東北学院大学土樋キャンパス6号館601教室
「経営学部設置記念」東北学院大学東北産業経済研究所公開シンポジウム
東北地方と自動車産業
　―昨今の経済危機を踏まえ，さらに議論を深める―
　総合司会　東北学院大学経営学部教授　村山貴俊

報告1　東北経済の歩みと自動車産業
　　　　東北学院大学経済学部教授　半田正樹
報告2　東北地方の自動車産業の実情―実態調査に基づく分析―
　　　　東北学院大学経営学部准教授　目代武史
報告3　経済危機と九州自動車産業の対応
　　　　福岡大学商学部教授　居城克治
報告4　中国地域における自動車産業の課題と取り組み
　　　　―モジュール化からカーエレクトロニクス化へ―
　　　　（公財）ひろしま産業振興機構カーエレクトロニクス推進センター長　岩城富士大
パネル・ディスカッション
　第1部　「裾野産業育成」
　　司　　会　半田正樹
　　パネリスト　鈴木高繁（有限会社K・C・S代表取締役），居城克治，岩城富士大，目代武史，折橋伸哉
　第2部　「中核人材育成」
　　司　　会　村山貴俊
　　パネリスト　鈴木高繁，居城克治，岩城富士大，菅山真次（東北学院大学経営学部教授），目代武史，折橋伸哉

第3回　2010年10月2日（土）　東北学院大学土樋キャンパス押川記念ホール
東北学院大学経営研究所　2010年度シンポジウム
東北地方と自動車産業
　—参入に求められる条件は何か？—

　　報告1　東北地方の自動車部品メーカーの現状分析
　　　　　　東北学院大学経営学部准教授　目代武史
　　　　　　東北学院大学経営学部教授　折橋伸哉
　　報告2　プラ21の結成経緯と成功要因
　　　　　　有限会社K・C・S代表取締役　鈴木高繁
　　報告3　地場企業の自動車部品参入に向けた宮城の取り組み
　　　　　　宮城県産業技術総合センター副所長　萱場文彦
　　報告4　中国地方における自動車部品メーカーの新たな展開
　　　　　（公財）ひろしま産業振興機構カーエレクトロニクス推進センター長　岩城富士大
　パネル・ディスカッション
　　　司　　会　目代武史
　　　パネリスト　鈴木高繁，萱場文彦，岩城富士大，半田正樹，村山貴俊，折橋伸哉

第4回　2011年10月1日（土）　東北学院大学土樋キャンパス押川記念ホール
東北学院大学経営学部・経営研究所主催
経営を考える公開シンポジウム2011秋
震災下の企業経営
　第1部「観光業」（詳細は省略）
　第2部「自動車産業」
　「サプライチェーンの寸断と危機管理力の構築」
　　総合司会　東北学院大学経済学部教授　半田正樹

　　報告1　岩機ダイカストにおける震災被害と復旧への取り組み
　　　　　　岩機ダイカスト工業（株）常務取締役　横山廣人
　　報告2　大震災と東北の自動車産業
　　　　　—実態調査に基づく危機管理力と競争力の同時構築に向けた一考察—
　　　　　　東北学院大学経営学部教授　折橋伸哉
　　　　　　東北学院大学経営学部教授　村山貴俊
　パネル・ディスカッション「震災後の自動車産業の復旧と危機管理力」
　　　司　　会　半田正樹
　　　パネリスト　横山廣人，折橋伸哉，村山貴俊，矢口義教（東北学院大学経営学部専任

講師）

第5回　2012年10月1日（土）　東北学院大学土樋キャンパス押川記念ホール
東北学院大学経営研究所　2012年度シンポジウム
東北地方と自動車産業
　―あるべき支援体制とは―
　　総合司会　東北学院大学経営学部教授・東京大学ものづくり経営研究センター特任研究員　折橋伸哉

　　報告1　中国地域自動車関連産業の持続的発展を目指して産学官連携活動
　　　　　　財団法人ひろしま産業振興機構カーエレクトロニクス推進センター長　岩城富士大
　　報告2　九州地域の支援体制の現状と課題
　　　　　　九州大学大学院統合新領域学府准教授　目代武史
　　報告3　宮城県の支援体制の現状と課題
　　　　　　宮城県産業技術総合センターコーディネーター　萱場文彦
　　報告4　東北のサポーティング・インダストリーの近況と課題
　　　　　　―岩手県の産学官連携の事例を中心に―
　　　　　　東北学院大学経営学部教授　村山貴俊
パネル・ディスカッション
　　司　　会　折橋伸哉
　　パネリスト　岩城富士大，目代武史，萱場文彦，村山貴俊

　さて，本書の構成は以下のとおりである。
　第Ⅰ部では，東北地方の経済の実態，そして自動車産業および関連産業についての分析を行う。まず，第1章では，折橋が東北地方の自動車関連産業の現状を簡潔に概観する。第2章では，半田教授が経済学の立場から東北地方の経済の実態について，歴史的な経緯も含めて厳しい目で分析する。東北地方の経済のこれまでの歩みおよび実態について，負の面も含めて正しく理解することは，東北地方における自動車関連産業の振興・育成について考えていく上で，決して欠かすことができないと考える。第3章では，村山が宮城県内での実態調査を踏まえて，力のある少数の地場企業が自己研鑽と自己学習により参入している現状を紹介する。第4章では，村山が岩手県での実態調査を踏まえて，宮城県とは対照的に産学官連携のスキームによる参入が進んでいる岩手県の現状を分析・紹介する。第5章では，村山が，東北の自動車関連産業の中で高く評価されながら，そ

の実力があまり知られていない山形県の企業群の強みとそこに潜む課題を明らかにする。第6章には，東北地方で自動車産業振興に携わっておられる萱場文彦氏，鈴木高繁氏の本学シンポジウムでの講演記録を編集の上収録している。

　第Ⅱ部では，九州地方および中国地方の自動車関連産業の実態について，それぞれの地域に詳しい専門家が分析を行う。第7章では，居城教授と目代が，九州地方における自動車関連産業の現状と課題について分析する。第8章では，九州地方における支援体制の現状と課題について，目代が分析を行う。第9章では，マツダ株式会社OBで，同社定年退職後，広島県の外郭団体であるひろしま産業振興機構に籍を置いて，地域の自動車関連産業の振興に力を注いできた岩城氏が，中国地方における自動車関連産業の課題と取り組みについて分析している。

　第Ⅲ部では，本書のまとめとして，第Ⅱ部で取り上げた九州・中国地方との比較・相対化を通じて，東北地方の自動車産業を見つめなおす。第10章では，広島，東北，九州の大学で勤務経験があり，3地域の実情を把握している目代に，東北，中国，九州の3つの地域における自動車産業集積の比較を通じて，産業集積としての特徴や課題の相違について考察してもらう。第11章では，これまでの議論を踏まえ，折橋が東北地方に自動車産業を根付かせ，さらには発展させるための課題と進むべき方向性についてまとめる。

　付録には，まず毎年のシンポジウムパネル・ディスカッションでの議論を収録した。紙幅の関係で一部割愛・編集をさせていただいたが，なるべく当日の議論の内容を損なうことのないように配慮したつもりである。そして，付録2では，2011年3月11日に発生した東日本大震災への自動車関連企業の対応について，業界全体に大きな影響をもたらしたサプライチェーン（供給連鎖）の分断による影響も含めて取り上げた。2011年10月に，「震災下の企業経営」と題して開催した公開シンポジウムの第2部の内容が中心となっている[3]。福島県との県境近くの沿岸部にある宮城県亘理郡山元町に立地している岩機ダイカスト工業株式会社の横山廣人常務取締役（肩書は当時，現・同社専務取締役）によるご講演記録，村山による分析，そして同年のパネル・ディスカッションでの議論からなっている。ここにあえて収録したのは，未曾有の震災そしてそれに伴うサプライチェーンの分断に際して，自動車関連企業はどう対処したのかを記録するとともに，それに分析を加えておくことは，いつどこで同様の災害が発生しても決しておかしくはないわが国においては，とりわけ重要であると考えるからである。

　本書を通じて，東北地方の自動車関連産業の実態について読者各位の理解が深

まると共に，本書において多くの紙面を割いた九州・中国地方の自動車関連産業のベンチマークを通じて，東北地方の関係者の間で東北地方の自動車産業振興の進むべき道の共有が進むことを願ってやまない。

　本書出版にあたっては，東北学院大学から多大なる支援を受けた。また，本書の刊行を快くお引き受けいただいた創成社の塚田尚寛社長ならびに西田徹氏に厚く御礼申し上げます。

　平成25年6月

編著者一同を代表して

折橋伸哉

【注】
1）折橋が東京大学に提出した博士学位論文をベースに上梓したのが，折橋伸哉『海外拠点の創発的事業展開―トヨタのオーストラリア・タイ・トルコの事例研究―』白桃書房，2008年である。
2）福岡県および韓国・釜山市での調査については，ヘラー氏ならびに京都産業大学の具承桓氏と共に行った。その費用の一部について，国際ビジネス研究学会から支援を受けた。
3）第1部では旅館業の震災対応について取り上げた。その内容は，東北学院大学経営学部おもてなし研究チーム編著『おもてなしの経営学【震災編】』創成社，2013年に収録されているのでご参照いただきたい。

目　次

はじめに

第Ⅰ部　東北地方の挑戦

第1章　東北地方における自動車産業の現状 ──── 2
　　1．完成車組立工場 ································3
　　2．エンジン組立工場 ····························5
　　3．自動車部品生産 ································5
　　4．小　括 ··10

第2章　「東北」と自動車産業 ──────── 12
　　1．はじめに ··12
　　2．「東北」の形成 ·······························13
　　3．グローバリゼーションの進展と「東北」····18
　　4．自動車産業と脱「東北」··················21

第3章　宮城県の地場企業と自動車関連産業への参入要件
　　　　　―2008～09年の実態調査を中心に― ──── 26
　　1．はじめに ··26
　　2．東北における自動車産業集積の概況と課題····28
　　3．宮城県の地場先行3社の取り組み········32
　　4．参入要件を探る ······························47
　　5．むすびにかえて ······························55

第 4 章　産学官連携による自動車産業振興
―岩手県の取り組み― 62
1. はじめに 62
2. 岩手県と自動車産業 63
3. 岩手県の自動車関連産業振興策とは 70
4. 産学官連携による自動車関連産業への参入事例 76
5. むすびにかえて 95

第 5 章　自動車関連産業における山形県の実力
―手掛ける自動車部品から見えてくる強さと課題― 108
1. はじめに 108
2. 第3の拠点と東北の課題 110
3. 山形の自動車産業関連企業 119
4. むすびにかえて 130

第 6 章　東北の自動車産業振興の現場から
―宮城県と岩手県の支援体制― 141
1. 宮城県における自動車産業振興とその課題：宮城県産業技術総合センターコーディネーター萱場文彦氏の講演より 141
2. プラ21の結成経緯と成功要因：有限会社K・C・S代表取締役，鈴木高繁氏の講演より 156

第Ⅱ部　ベンチマークとしての九州・中国地方

第 7 章　九州における自動車産業の現状と課題 168
1. はじめに 168
2. 九州の完成車メーカー 168
3. 自動車関連事業所の立地状況 174
4. 九州における自動車産業集積の全体像 178

5．九州自動車産業の課題⋯⋯⋯⋯⋯⋯⋯⋯⋯⋯⋯⋯⋯⋯⋯⋯⋯⋯⋯179
　　6．おわりに⋯⋯⋯⋯⋯⋯⋯⋯⋯⋯⋯⋯⋯⋯⋯⋯⋯⋯⋯⋯⋯⋯⋯⋯⋯⋯184

第8章　九州における自動車産業支援の課題と取り組み ── 187
　　1．はじめに⋯⋯⋯⋯⋯⋯⋯⋯⋯⋯⋯⋯⋯⋯⋯⋯⋯⋯⋯⋯⋯⋯⋯⋯⋯⋯187
　　2．ものづくり拠点としての集積強化⋯⋯⋯⋯⋯⋯⋯⋯⋯⋯⋯⋯⋯⋯⋯188
　　3．東アジアとの競争と連携⋯⋯⋯⋯⋯⋯⋯⋯⋯⋯⋯⋯⋯⋯⋯⋯⋯⋯⋯192
　　4．次世代自動車に対する取り組み⋯⋯⋯⋯⋯⋯⋯⋯⋯⋯⋯⋯⋯⋯⋯⋯194
　　5．おわりに⋯⋯⋯⋯⋯⋯⋯⋯⋯⋯⋯⋯⋯⋯⋯⋯⋯⋯⋯⋯⋯⋯⋯⋯⋯⋯196

第9章　中国地方における自動車産業の課題と取り組み
　　　　　―モジュール化からカーエレクトロニクス化へ― ── 199
　　1．はじめに⋯⋯⋯⋯⋯⋯⋯⋯⋯⋯⋯⋯⋯⋯⋯⋯⋯⋯⋯⋯⋯⋯⋯⋯⋯⋯199
　　2．中国地方の自動車産業の概観⋯⋯⋯⋯⋯⋯⋯⋯⋯⋯⋯⋯⋯⋯⋯⋯⋯199
　　3．二度にわたるパラダイムシフトへの対応⋯⋯⋯⋯⋯⋯⋯⋯⋯⋯⋯⋯201
　　4．カーエレクトロニクス化への対応⋯⋯⋯⋯⋯⋯⋯⋯⋯⋯⋯⋯⋯⋯⋯206
　　5．カーエレクトロニクス推進センターの設立⋯⋯⋯⋯⋯⋯⋯⋯⋯⋯⋯211
　　6．中国地方全体の取り組み⋯⋯⋯⋯⋯⋯⋯⋯⋯⋯⋯⋯⋯⋯⋯⋯⋯⋯⋯216
　　7．地域における電動化ビジネスの最大化に向けて⋯⋯⋯⋯⋯⋯⋯⋯⋯220
　　8．おわりに⋯⋯⋯⋯⋯⋯⋯⋯⋯⋯⋯⋯⋯⋯⋯⋯⋯⋯⋯⋯⋯⋯⋯⋯⋯⋯228

　　　　　　　　第Ⅲ部　東北自動車産業の発展に向けて

第10章　自動車産業集積地としての東北，中国，九州
　　　　　―共通の課題，異なる前提条件― ── 232
　　1．はじめに⋯⋯⋯⋯⋯⋯⋯⋯⋯⋯⋯⋯⋯⋯⋯⋯⋯⋯⋯⋯⋯⋯⋯⋯⋯⋯232
　　2．東北，中国，九州地域における自動車産業集積の様相⋯233
　　3．国際的な生産拠点間競争と東北・中国・九州⋯⋯⋯⋯⋯⋯⋯238
　　4．次世代自動車への対応⋯⋯⋯⋯⋯⋯⋯⋯⋯⋯⋯⋯⋯⋯⋯⋯⋯⋯⋯⋯243
　　5．おわりに⋯⋯⋯⋯⋯⋯⋯⋯⋯⋯⋯⋯⋯⋯⋯⋯⋯⋯⋯⋯⋯⋯⋯⋯⋯⋯246

第11章　東北自動車産業の発展への課題 ── 248
1．東北地方の自動車産業基地としての強み・弱み……… 248
2．越えなければならない課題……… 252
3．むすび……… 257

付　録　シンポジウム「東北地方と自動車産業」─5年間の軌跡─

付録1　パネルディスカッション抄録─2008～10年および12年─
── 260
1．2008年テーマ「自動車産業とその裾野産業の振興のための課題を探る」……… 260
2．2009年テーマ「昨今の経済危機を踏まえ，さらに議論を深める」……… 271
3．2010年テーマ「参入に求められる条件とは」……… 301
4．2012年テーマ「あるべき支援体制とは」……… 321

付録2　東日本大震災と自動車サプライチェーン
─2011年シンポジウムの記録─ ── 335
1．岩機ダイカスト工業の震災被害と復旧への取り組み……… 335
2．大震災と宮城の自動車部品製造企業の取り組み……… 351
3．パネルディスカッション「震災後の自動車産業の復旧と危機管理力」……… 368

索　引　381

第Ⅰ部

東北地方の挑戦

第1章

東北地方における自動車産業の現状

折橋伸哉

　本書の議論を進める前に，東北における自動車組立およびその関連産業の概観を示しておこう。完成車組立工場，エンジン組立工場，自動車部品といったカテゴリー別にざっとみていきたい。それぞれの地理的な位置については，図1-1をご参照いただきたい。なお，東北地方の自動車産業の抱える課題などについては，章を改めて論じることにする。

図1-1　東北地方における主要な自動車関連工場

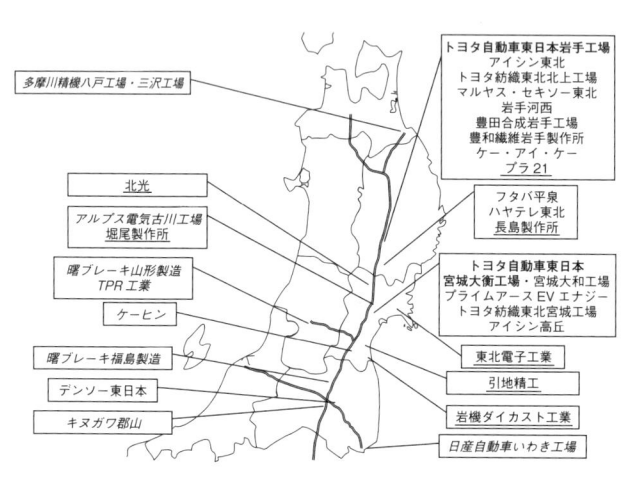

- 多摩川精機八戸工場・三沢工場
- 北光
- アルプス電気古川工場
- 堀尾製作所
- 曙ブレーキ山形製造
- TPR工業
- ケーヒン
- 曙ブレーキ福島製造
- デンソー東日本
- キヌガワ郡山
- **トヨタ自動車東日本岩手工場**
- アイシン東北
- トヨタ紡織東北北上工場
- マルヤス・セキソー東北
- 岩手河西
- 豊田合成岩手工場
- 豊和繊維岩手製作所
- ケー・アイ・ケー
- プラ21
- フタバ平泉
- ハヤテレ東北
- 長島製作所
- **トヨタ自動車東日本宮城大衡工場・宮城大和工場**
- プライムアースEVエナジー
- トヨタ紡織東北宮城工場
- アイシン高丘
- 東北電子工業
- 引地精工
- 岩機ダイカスト工業
- **日産自動車いわき工場**

（注）1．太字は完成車組立工場。
　　　2．斜字は非トヨタ系進出工場。
　　　3．下線は，地場資本工場。
　　　4．二重線は，主要高速自動車国道。
（出所）筆者作成。なお，白地図はネット上で公開されているものを使用。

1．完成車組立工場

　東北地方には現在，完成車組立工場が2工場3ラインある。いずれもトヨタ自動車株式会社（以下，トヨタ）100％出資の完全子会社であるトヨタ自動車東日本株式会社（以下，トヨタ東日本）の工場である。生産能力は合計で，年間50万台弱であるが，2012年度はアクアの好調な売れ行きなどから50万台を超えたという。

（1）トヨタ東日本岩手工場（岩手県金ヶ崎町）

　岩手工場は，バブル経済期に企画され，バブル経済崩壊後の1993年に，トヨタブランドの乗用車の生産を担うボデーメーカーであった関東自動車工業株式会社（以下，関東自動車工業）の岩手工場として操業を開始した（ボデーメーカーは，トラック業界においてボデーの架装を行うメーカーを指すこともあるが，第Ⅰ部では自動車メーカー傘下で親会社ブランドの自動車の組立生産およびその開発作業の一部を分担するメーカーを指す)[1]。したがって，その操業開始後は稼働率低迷で苦労し，また周辺に部品メーカーの集積が少ないため，ほとんどの部品を中部地方などからの供給に依存してきた。愛知県から専用のコンテナ列車が1日2便運行されている。

　こうしたことから，部品物流の改善を狙って，2003年に工場敷地内にサテライトショップを開設し，サプライヤーに最終の生産ラインを移してもらう取り組みを行った。進出企業の要望に合った工場インフラを関東自動車工業が建設し，進出各社に賃貸したものである。なお，冬季には降雪が多い土地柄を反映し，サテライトショップと第1組立ラインとの間には，全天候対応の屋内通路が設けられている。サテライトショップへの進出企業は，表1－1のとおりである。

表1－1　サテライトショップ進出企業一覧（2003年の開設当時）

企業名	生産品目
㈱関東シート製作所	シート（組立）
㈱豊和繊維岩手製作所	天井
豊田合成㈱	ガラスラン，オープニングトリム
豊田紡織㈱	フェンダーライナー

（出所）関東自動車工業株式会社ニュースリリース。

当初は，マークXなど比較的大型の乗用車を生産していたが，2005年に開設した第2ラインは小型車生産に特化し，工場建屋をコンパクトに設計した。第1ラインも順次小型乗用車の生産に切り替え，現在は小型乗用車の生産に特化している。小型ハイブリッド乗用車アクアの生産を2011年に開始した後は，後にモデル別販売台数第1位となった同モデルの好調な売れ行きに支えられ，フル生産の状態が続いている。年間生産能力は35万台である。

（2）トヨタ東日本宮城大衡工場（宮城県大衡村）

宮城大衡工場は，東日本大震災の直前の2011年初頭に，長年，神奈川県相模原市に本拠をおいてきた，トヨタブランドの乗用車の生産を担うボデーメーカーであったセントラル自動車株式会社（以下，セントラル自動車）の新本社工場として操業を開始した（表1-2を参照）。トヨタ自動車の最新鋭工場でもあり，さまざまな最新生産技術が採用されている。セントラル自動車が移転を決めた背景には，相模原市の旧工場（複数の鉄道路線が乗り入れるターミナル駅である橋本駅の近く）の生産設備老朽化や周辺での市街地化の急速な進展などがあった。2012年のトヨタ東日本発足に伴い，同社の宮城大衡工場と改称され，その本社機能も併設している。岩手工場第2ラインと同様に，小型乗用車の生産に特化した生産ラインである。年間生産能力は12万台であり，小型乗用車カローラおよびその派生車種などの生産を行っている。カローラは現行モデルからヴィッツ（海外向けはヤリス）と

表1-2　トヨタ東日本の東北地方における完成車組立工場

	岩手工場	宮城大衡工場
稼働開始	1993年9月 第2ライン2005年11月	2011年1月
生産能力	35万台	12万台
生産車種	アクア イスト ラクティス ヤリスセダン	カローラアクシオ カローラフィールダー ヤリスセダン

（出所）各種資料・報道から筆者作成。

共通のプラットフォームを採用していることから，岩手・宮城大衡両工場とも共通の単一プラットフォーム車を生産していることになる。

(3) トヨタが東北地方を第3の拠点とした背景

第一に，2000年代半ばには中部地方では人材の確保が次第に難しくなってきていた一方で，東北地方では電機・電子産業の撤退が相次いでいたことなどから失業率が高めで，かつ優秀な人材を確保しやすかったことがあった。

第二に，広大な工業用地が比較的低コストで確保しやすかったこと。

第三に，愛知県およびその周辺に集中する地政学的リスクも無視できないこともあった。とりわけ，まさに地震大国である日本においては。

2．エンジン組立工場

東北地方にはエンジン組立工場が2拠点ある。日産自動車（以下，日産）いわき工場とトヨタ東日本の宮城大和第3工場である。

日産いわき工場は，1994年に稼働を開始し，VQエンジンを年間56万基生産する能力を有している同社の最先端工場である[2]。同工場では，鋳造から組立までの一貫生産を行っている。

トヨタ東日本宮城大和第3工場のエンジン組立ラインは，2012年12月に稼働を開始し，同社岩手工場で生産している小型ハイブリッド乗用車アクア向けの1,500ccエンジンの組立を行っている。年間生産能力は10万基である。なお，同工場には鋳造および機械加工ラインはなく，構成部品は現段階ではほぼ全量中部地方のトヨタの工場などから供給を受けている。将来のエンジン改良や機種変更・追加などに柔軟に対応できるよう，変種変量に対応した「小規模簡易切り替えライン」を採用している[3]。

3．自動車部品生産

東北地方における自動車部品生産は，地域内のトヨタ系自動車組立工場向けの部品生産と，地域外の自動車組立工場向けの部品生産とに大別される（自動車生産における部品会社を含む階層構造については，コラム1-1を参照）。

コラム１−１　自動車産業の階層構造

　自動車は，車種や装備などによって違いはあるが，すべて分解すると，概ね２万５千点から３万点程度の部品から成っている。もちろん，これらすべての生産を自動車組立メーカーが担っているわけではない。数多くの部品メーカーが分業してその生産の大半を担っているのである。

　日本の自動車産業の供給連鎖（サプライチェーン）は，完成車組立メーカーを頂点としたピラミッド状の構造となっている。

　完成車組立メーカーと直接取引を行い，完成部品を納入しているのが，１次サプライヤーである。Tier 1（ティア・ワン）ともいわれる。コラム１−２で解説するが，新車開発の比較的早い段階から参画するなど，生産管理のみならず，技術面でも高い能力が求められる。企業規模は，いわゆる大企業に分類される企業が多い。完成車メーカー１社当たり200社〜300社程度といわれる。

　１次サプライヤーに，ユニット部品や単体部品を納入しているのが，２次サプライヤーである。Tier 2（ティア・ツー）ともいわれる。企業規模は，一般的には数十名から数百名程度のいわゆる中小企業である。１次サプライヤーは概ね10社以上の２次サプライヤーと取引があることから（無論，重複もあり得る），この層の企業数は何千社単位になる。

　２次サプライヤーは，ユニットを構成する単体部品をすべて生産しているわけではなく，協力メーカーから供給を受けていることが多い。こうした単体部品の生産を担っているのが３次サプライヤー以下のメーカー群である。３次サプライヤーには，素材の生産を担う大手化学メーカーなどだけでなく，家族経営の町工場などの零細企業も数多く含まれており，その企業数はさらに多く，地理的な分布も広範囲にわたる。2011年３月の東日本大震災に際して津波や原発事故などによる被害を受けた取引先は，あるメーカーの集計では数百社にも及んだが，その多くがこの３次サプライヤー以下であり，被害の全容の把握に時間を要した要因となったという。

　なお，業界全体の取引関係を極力単純化して表現したのが，図である。この図で注目していただきたい主なポイントは，以下の３つである。

　第一に，取引関係は系列で閉じているわけでは決してなく，系列を超えた取引も盛んに行われている。とりわけ，相対的に規模の小さい完成車組立メーカーが，大手の完成車組立メーカー系の１次サプライヤーと取引関係を持つケースが数多くみられる（例，デンソー，アイシン精機など）。

　第二に，業界を代表する完成車組立メーカー間では，系列横断的な取引は少ないのが実態である。

日本の自動車業界の取引構造

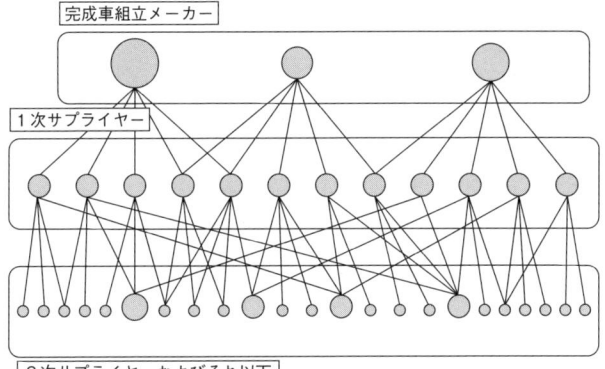

```
完成車組立メーカー
    │
１次サプライヤー
    │
２次サプライヤーおよびそれ以下
```

(注) 1. 丸印の大きさは，企業規模を表している。
    2. 線は取引関係を示している。
(出所) 筆者作成。

　第三に，２次サプライヤー以下で，ある特殊技術を持っている部品メーカー・素材メーカーは，幅広く受注を獲得している（「ダイヤモンド構造」とも呼ばれている）。そうしたメーカーは大企業であることもある。東日本大震災では，そうした企業の１つ（マイコン生産のルネサス エレクトロニクス株式会社那珂工場）が被災し，業界全体に大きな影響を与えたことは記憶に新しい。

（参考文献）池田正孝「日本の自動車と自動車部品産業」『JAMAGAGINE』日本自動車工業会，1999年８月号，および高橋伸夫編『超企業・組織論』有斐閣，2010年。

（1）地域内のトヨタ系自動車組立工場向けの部品生産

　地域内のトヨタ系自動車組立工場向けの部品生産は，１次サプライヤー段階では，主にトヨタ系列の自動車部品メーカーによって担われている。この中には，関東自動車工業岩手工場向けに比較的早い時期から進出していた企業群と，セントラル自動車の宮城県への移転に伴って進出を決断した企業群とがある。前者には，アイシン東北（岩手県金ヶ崎町）やフタバ平泉（岩手県平泉町），トヨタ紡織東北（岩手県北上市など）などがある[4]。そして，後者には，デンソー東日本（福島県田村市），トヨテツ東北（宮城県登米市），アイシン高丘東北（宮城県大衡村）などがある。前者の中には，地場メーカーに一部作業を外注し，その育成を進めながら現地調

達率の拡大を図り，一定の成果を上げてきているところもある（自動車部品の取引方式についてはコラム 1 − 2 を参照）。

なお，地場メーカーが組立工場向けに直接納入している例は極めて少ない。その中では，岩手県北上市周辺の地場資本の樹脂部品メーカー 3 社が共同受注組織「プラ 21」を組織し，樹脂射出成形部品を関東自動車工業岩手工場から受注した事例が著名である[5]。また，生産設備では，引地精工（宮城県岩沼市）が，トヨタ自動車東北やセントラル自動車向けに一部生産設備を納入した実績がある。なお同社は，トヨタグループ向けに納入する以前から，曙ブレーキ工業など自動車関連企業への納入実績があった。

> **コラム 1 − 2　自動車部品の開発・取引の様式**
>
> 　自動車産業では，外注調達部品の開発の方式は，「貸与図方式」，「承認図方式」，「市販品」の 3 つに大別される。前 2 者は特殊設計部品（非汎用部品），「市販品」は汎用部品である。
> 　① 「貸与図方式」
> 　自動車メーカーが設計・開発を担当して詳細設計まで完了した上で，部品メーカーに対して設計図を与えて製造させる方式。部品メーカーは納入価格によって入札で選ばれ，基本的には図面通りに製作するのみである。
> 　② 「承認図方式」
> 　自動車メーカーが基本的な要求仕様（性能，外形寸法，取り付け部設計）を作成・提示し，それに基づいて部品メーカーが部品を開発し，設計図を作成し，試作・性能評価を実施した上で自動車メーカーの承認を受け，部品を製造する方式。「貸与図方式」との中間的な形態として，「委託図方式」の存在を指摘する研究もある。
> 　なお，部品メーカーには生産管理能力だけでなく設計開発能力も要求され，部品メーカー選定上の重要なポイントとなる。部品メーカー選定の場がいわゆる「開発コンペ」である。
> 　③ 「市販品」
> 　部品メーカーが開発済みの部品を，自動車メーカーが選択して購入する方式。
>
> 　日本の自動車部品取引の特徴として，高い外製比率，長期継続取引などがある。
> 　自動車の総付加価値に占める外製部品の比率は 7，8 割に達しており，完成車組立工場で付加される価値はせいぜい 2 割前後に過ぎない。地域経済活性化を狙って

自動車産業を誘致するにあたり，裾野産業の誘致・育成が必要不可欠なゆえんである。
　また，特定のサプライヤーと長期間継続して取引する傾向がある。いわゆる「系列取引」ともいわれ，1980年代前後には欧米から閉鎖的な取引慣行との批判を盛んに受けたが，実際にはその中では極めてシビアな競争が繰り広げられていた。特定のモデルについては，ある段階から開発を任されるということもあり，1社が単独発注を受けることが多いが，その自動車メーカー全体でみると2，3社，多くても数社程度が受注を分け合っている。自動車メーカーは，各モデルの開発コンペにおいて長期的・多面的な評価に基づいて発注先を決定するので，各サプライヤーは寡占競争の状態にもかかわらず，結託による部品価格のつり上げなどをせず，むしろし烈な組織能力の構築競争を展開し，それにより互いに切磋琢磨していくことを通じて，部品のコストや品質が改善されてきた。

(参考文献) 藤本隆宏『生産マネジメント入門Ⅱ』日本経済新聞社，2001年，および池田正孝「日本の自動車と自動車部品産業」『JAMAGAZINE』日本自動車工業会，1999年8月号を参照。

(2) 地域外の自動車組立工場向けの部品生産

　地域外の自動車組立工場向けの部品生産は，比較的早い時期から行われていたものが多い。とりわけ，福島県には，北関東の自動車組立工場向けの部品生産拠点が一定数存在している。そして，地場メーカーを育成し，一定の集積を形成しているメーカーもある。以下では，そのうち主なメーカーを取り上げる。
　アルプス電気は，自動車部品専業ではなく，例えばスマートフォン・タブレット端末向けのタッチパネルなど，電子部品を幅広く展開している大手電子部品メーカーであるが，自動車部品についても古川工場（宮城県大崎市）を中核拠点として力を入れて展開してきた。同社は，トヨタ以外の国内外メーカー向けの取引が多く，BMWやダイムラー，オペルなど欧州メーカー向けの生産も行っている。そして，スイッチ類の成形・塗装をはじめ，多くの作業を地場メーカーに発注し，彼らを育成しながら自動車部品ビジネスを拡大してきた。アルプス電気に育てられた地場企業のうち代表的なところとしては，北光（宮城県栗原市など），堀尾製作所（宮城県石巻市）などがある。
　ホンダ系の中核部品メーカー（エンジン部品，空調部品などを幅広く手掛ける）であるケーヒンは，1960年代末に宮城県角田市に進出して以来，同市を中心に東北地

方において多くの工場を展開してきた。同社もまた周辺の地場メーカーに鋳造部品など多くの構成部品を発注し，彼らを育成しながら業容を拡大してきた。トヨタ向けにも納めるようになり，マスコミなどに地場メーカーの成功事例として頻繁に取り上げられる岩機ダイカスト工業（宮城県山元町）も，もともとはケーヒンとの取引を通じて力をつけてきた地場メーカーである。本書でも，付録2に同社幹部の講演記録を収録しているなど，同社について詳しく取り上げている。

独立系の曙ブレーキ工業もまた，1970年代から東北地方に進出し，福島，山形の両県に生産拠点を構えてきた。ただ，いずれの工場も，同社が自動車組立メーカー各社に納入する最終製品であるブレーキシステムそのものの組立を行っているわけではなく，その重要構成部品であるブレーキパッドやブレーキライニングの加工生産を行っている。そのために，地場メーカーに外注されている作業はほとんど皆無である。したがって，同社を起点とした集積の形成は少なくとも東北地方では見られない。

なお，トヨタ系でいずれも宮城県大和町に立地しているトヨタ自動車東北（ABSなど製造）とプライムアースEVエナジー（ハイブリッド向けのニッケル水素電池製造）は，少なくとも操業開始時には生産品を全量域外に出荷しており，このカテゴリーに該当する[6]。前者は，1998年に操業を開始したが，製造品がABSなど重要保安部品であることもあって構成部品の東北地方での調達はなかなか拡大せず，先述の岩機ダイカスト工業などごく少数にとどまった。後者は，操業を開始したのが2010年と，ごく最近である。バッテリーカバーなど一部構成部品を地場資本の企業に発注している。

4．小　括

以上概観したように，東北地方の自動車組立工場はトヨタ系に限られており，同社が世界最大級の自動車メーカーで，かつその競争力には定評があるとはいえ，リスクはある。また，自動車部品産業の集積は，他地域と比較して著しく見劣りし，トヨタ系の各工場はその構成部品の多くを中部地方などからの供給に依存しているのが現状である。では，いかにすれば，自動車関連産業において，より多くの付加価値を東北地方において加えることができるのか？　この命題について，以後の各章においてさまざまな角度から考えていきたい。

【注】
1）ボデーメーカーは，「ボディメーカー」や「車体メーカー」とも呼ばれることがある。
2）日産自動車株式会社ホームページ参照。
3）「小規模簡易切り替えライン」は，トヨタ自動車下山工場（愛知県みよし市）に初めて設置されたもの。宮城大和第3工場が2例目。『日経Automotive Technology』2013年3月号，5ページ参照
4）関東自動車工業岩手工場向けにシートなどの生産を行ってきた関東シート製作所は，2009年10月1日に第三者割当増資によりトヨタ紡織株式会社の子会社となり，社名を「トヨタ紡織東北株式会社」に変更した（2009年10月1日付トヨタ紡織株式会社プレスリリース）。
5）プラ21について詳細は，目代武史・折橋伸哉「東北地方の自動車部品メーカーの現状分析」『東北学院大学経営・会計研究』，第18号，2011年3月，35ページから46ページおよび本書第6章の2を参照いただきたい。
6）トヨタ自動車東北は，2012年7月1日に関東自動車工業とセントラル自動車と合併し，トヨタ東日本になった。現在，同社の工場は，トヨタ東日本の宮城大和工場（第1工場および第2工場）となっている。

第2章
「東北」と自動車産業

半田正樹

1. はじめに

　1993[1]年11月，岩手県南西部の胆沢郡金ケ崎町にトヨタ系関東自動車工業の岩手工場が竣工した。これが「東北」における自動車産業展開の本格的な幕開けであった。もっともこの時期は，日本経済がバブル崩壊の真っ只中にあった関係で，文字通り苦難のスタートではあった。しかもバブル崩壊後の「失われた10年ないし20年」は，自動車産業それ自体が右肩上がりの軌道からそれ，ダイナミックな成長がすでに過去のものであることを告げるものでもあった。

　しかるに「東北」における自動車生産台数は，現在では年間50万台を超える水準にまで伸張している。しかも現在の「東北」における自動車産業の特徴は，グローバリゼーションの進展の下，新興諸国（Emerging Countries）の趨勢である「高燃費・環境負荷」の緩和・解消と共通する〈小型車〉および〈HV = Hybrid Vehicle〉重点化という点にある。わたしたちは，なによりもまずこの点に注目したいと思う。〈小型かつハイブリッド〉車というのは，一見したところ現在のクルマのモードそのものであり，むしろカーライフにおけるある種の先進性を表現するようにも映るからである。

　しかし客観的には〈小型かつハイブリッド〉車なるコンセプトは，例えば「社会とクルマ」という文脈においた場合，従来のモータリゼーションの延長上にあり，その枠組みを突き破るほどの衝撃力を持つものではないことがわかる。〈小型〉にせよ〈ハイブリッド〉にせよ，これらが注目され，求められるのは「低燃費＝費用削減」という側面はもちろん，現在の世界のどの経済社会も直面している「地球生態系の破壊（地球環境問題）」や「エネルギー危機」という深刻な問題と関わっているからであろう。

そのうえクルマの場合には「安全性の担保」[2]というまことにクリティカルな課題も存在する。しかも安全性の実現問題は，昨今のように電子制御技術の活用を不可欠とするようになったが，それがプログラムのバグやいわゆるハッキングといったさらに複雑で厄介な問題を発生させることにもつながっている。

「環境」や「エネルギー」の問題も単にクルマだけを「改良」すれば足りるという性格のものでもない。それは「環境問題」や「エネルギー問題」の根本的解決に向けて社会総体の構造をいかにデザインするのかという視座を要請していると見なければならない。したがって自動車（Vehicle）という空間移動手段のあり方も，こうした社会全体の視点からとらえかえすことが不可欠となっていると考えられるのである。いいかえれば，いま自動車を造り，社会に供給するとすれば，あるべき社会の構想を含みつつ徹底して未来の形を透視することが求められているのである。

現在「東北」において展開し始めている自動車産業は，端的に言えば既成のVehicle概念の延長上のものでしかない。本章では，20世紀の最後に，すなわち未来透視型のクルマが必然となったタイミングにおいてなお既成のVehicle概念を掲げてスタートした「東北」における自動車産業の歴史的意味について明らかにすることを課題とする。

2．「東北」の形成

ここでは，現在の自動車産業の展開からすればいささか迂遠となるが，「東北」が近代になってから歴史的に生成された地域空間にほかならないことを概観することから始めよう。20世紀の最後になってようやく自動車産業の集積が始まった「東北」とはいかなる地域空間なのか，それを急ぎ足で確認しておきたい[3]。

いまわたしたちが「東北」と呼んでいる空間は，近代以前には奥羽山脈の東側の陸奥国（奥州）と西側の出羽国（羽州）からなる「奥羽」という言い方でくくられていた地域にほぼ重なっている。明治になって初めて「東北」という呼び方が出現した[4]のであるが，それは維新政府によるいわば占領地ないし直轄地として予定された行政単位を意味した。いいかえれば支配・被支配の関係を包含する地域概念として提起されたのである。維新政府を支配する側，「東北」を支配される側と見れば，宗主国と従属国の関係，すなわち植民地支配にもなぞらえられるような関係において生成された地域空間にほかならなかった。

もっとも初期の維新政府の「東北」に対する政策スタンスは，いわば異質なものに対するアピーズメント・ポリシー（宥和策）とでもいうべき独特の性格を持つものであったことは銘記されてよい。
　例えば日本最古の製鉄所である釜石製鉄所の操業開始（1880年），日本初の近代港湾の野蒜港（仙台湾）築港（1882年），国道6号線の開通（1885年），東北本線全線開通（1891年）および第二高等学校の開校（1887年），陸軍第二師団の創設（1888年）などであり，いずれも明治政府の意思の下に実現されたものであった。こうした「東北」をいわば重視するような動きは明治20年代まで続いたが，明治30年代以降は大きく転換する。いわゆる日本資本主義の帝国主義的展開が政策スタンスのシフトを促したからである。
　端的には，水稲単作地帯への強制という点に象徴されるのであるが，このことは「東北」を食料（糧）・資源・エネルギー・労働力の供給基地として編成する動きが全面的に採用されたということを意味した。これは近代以降の「東北」，すなわち劣後の歴史を強いられてきた「東北」の表象の形成に結びつくものであった。
　それまでの多様な食料生産の中から「瑞穂の国」のいわばイデオロギーに依拠して行われた米に絞り込む農業への切り替えは，稲はもともと南方系の作物であるが，それが品種改良が進まないまま寒冷地である「東北」に持ち込まれたがゆえに，いわゆる飢饉の頻発に直面する事態にいたった。
　しかるに第二次世界大戦後の「東北」の歴史も注目すべきものであった。
　すなわち戦後には，外貨不足を背景に重化学工業化のためのエネルギー資源調達を国内に求めたのであったが，その際，地域的には「東北」が，北海道とともに他地域に先行して資源調達の対象とされたのである。「東北」において，自然エネルギー（水力・石炭etc.）の開発が進められ，地域の資源に立脚した産業が牽引する産業構造の形成が模索されたのであった。これは戦後の「東北」が，日本資本主義の中で新たな位置づけを与えられたことを表現するかに見えた。
　しかし1960年代に入り，日本経済が輸出主導型の高度経済成長に転換するとともに，原則的に為替取引を自由に行うIMF8条国へ移行したこと等により，名実ともに国際経済に復帰すると事情は一変した。
　すなわち1960年に締結された日米安全保障条約はもちろん政治的・軍事的条約であったものの，日米の「結合関係」が，アメリカの中東支配とそれに伴う石油資源確保に連動していた点では「経済安保」でもあった。その結果，日本の国策

として「エネルギー革命」が推進され，輸入石油エネルギー，輸入基礎資源型重化学工業および誘致型巨大企業からなるトライアングルが成立した。1962年の「第一次全国総合開発計画」の国土計画の策定で示された太平洋ベルト地帯構想の具体化であった[5]。こうして日本の後期高度経済成長が達成されたが，それはとりもなおさず，先に見たような自然エネルギーと地域資源を基盤とする産業構造の形成をめざす戦後「東北」というのを全面的に否定するものにほかならなかった。

　「東北」は集団就職・出稼ぎ労働・挙家離村の舞台となり，有力な労働力供給源となった。またこの労働力の提供については，産業としての農業の衰退という事態も強く関わっていた。すなわち，効率の向上をめざした稲作の追求が米の過剰生産をもたらす一方で，生活様式の変化・食生活の変容が米の消費を激減させることを通して産業としての農業が存続し得なくなる現実が前面化したのである。その結果として減反政策が採用され，補助金依存型農業への転換が進行した。こうした事態が過剰人口圧力を露呈させ，大量の労働力を首都圏などに送り込むことにつながった。

　しかるに，高度経済成長末期の1970年前後には，日本資本主義全体に"賃金爆発"と呼ばれたような労働力不足が広がり，しかも都市部の地価が高騰する事情も重なったがゆえに，労働集約型産業（繊維・日用雑貨品・電気・電子等）を中心にむしろ地方への進出が顕著に進んだ。

　なによりも低賃金労働力（図2-1を参照）を求めた工場進出は，「東北」では中山間地域などに広がっていった。このような動きは1980年代後半の産業空洞化現象，すなわち直接的には円高の進展に促されつつ低賃金を求める形での生産拠点の海外移転と構図としては完全に重なるものであったといってよいだろう。「東北」が，後進国ないし発展途上国とちょうど見合う位置をしめていたとも解釈できるのである。

　「東北」における工場立地は，中山間地域に加え，1970年代半ば以降は東北自動車道（1972年開通）や東北新幹線（1982年開業）に隣接した地域・沿線地域に拡大した。この「東北」の内陸部における動きは，いわゆるハイテク型の大企業や中堅企業の進出の一環をなすものであり，客観的にはハイテク産業の下請の役割を要請されるという特徴を持った。日本にはいわゆるシリコンバレーに相当する地域はないものの，1980年代には一時的にではあれ東北自動車道沿線をシリコンロードと呼ぶこともあったといわれる。それだけ半導体関連の工場が立地するよ

表2-1 全国の賃金と「東北」(岩手・宮城・福島)の賃金

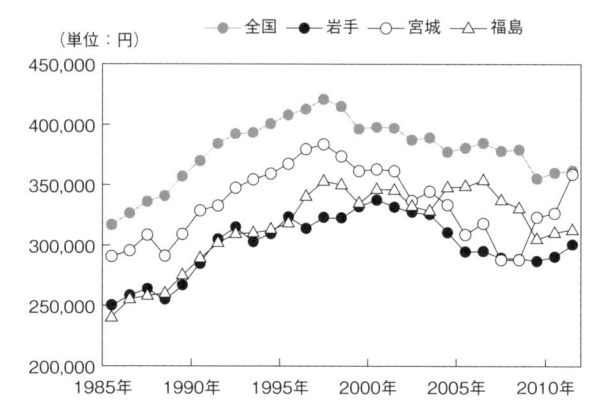

(注)常用労働者一人平均月間現金給与総額(事業所規模30人以上)。
(出所)『毎月勤労統計調査年報』(厚生労働省)より作成。

うになったことを表わしていたと読めよう。

　2011年3月11日の東日本大震災の発生直後に、「東北」の中小企業が、巨大製造業企業を軸とするグローバルなサプライチェーン(供給網)の重要なメンバーであったことがあらためて注目されたが、そのプロトタイプ(萌芽形態)が形成されたのがまさに1980年代であった。

　しかし、「東北」の中小企業が、サプライチェーンの重要なメンバーないしプレーヤーであるのは、例えば巨大グローバル企業の下請という枠の中においてであり、必ずしも自立した企業行動が可能な状況にはないことは銘記されてよいだろう。地元密着型を基本とし、地域社会の形成に関わって、その凝集軸を果たすことが期待される中小企業のいわば生殺与奪の権を持つのはあくまでも巨大企業(グローバル企業)なのである。

　上述のように、近代以降の「東北」は、地域空間それ自体が、中心に対する周辺の位置を逸脱しないかぎりにおいて、その存続を認められてきたともいえる。「東北」の資源とそれを活用する潜在的な可能性を持った資源立地型産業は、開花することなく、あるいは持続することなく短期間で潰えた。「東北」の資源・素材は、加工・組立のプロセスと結びつくことなく、単に「中心」に対する供給源という関係の中に組み込まれ、さらに中小企業の多くが巨大企業(ハイテク産業)の下請として編成されてきたのであった。

先に見たように,「東北」の多くの農山漁村は,首都圏をはじめとした都市部に若年労働力を供給する拠点の役割を果たしていたが,それはとりもなおさず「東北」の農山漁村が若者を吸引する雇用の場としての厚みに欠けていたことを意味した。こうして「東北」は,衰退する第一次産業（農業・水産業・林業）の比重が全国平均よりも高い形で推移しつつ[6],軸となる産業を欠いたまま,結局のところ地方交付税交付金に支えられてかろうじて存立できる地域社会を数多くかかえるのが現実となったのであった。

ところで,1960年代から急速に進んだ重化学工業化の軸としての大規模工業基地が必要とする大量のエネルギーをいかに確保し,どのように供給するのかが課題となっていたが,1973年のオイルショックが大きく状況を変えた。エネルギーの転換,多様化が惹き起こされた。輸入原油に加えて,原子力エネルギー利用の実用化がはかられたのである。その際,原子力発電所建設地を決定する「社会問題」が発生したが,周知のように「東北」の太平洋沿岸部の諸地域が,その建設地として格好の標的となっていった。

なぜなら,「東北」には自立する地域社会を実現できるだけの産業が育たず,財政逼迫の度合いが進行した自治体が数多くあったからである。そうした自治体においては,電源立地を源とする「国民経済的利益」が「電源三法交付金」という形で還元される仕組みが提示された時に,即これに飛びつくバックグラウンドが出来上がっていたと見られる。福島第一原子力発電所（1967年着工 - 1971年稼動）をはじめとして建設済みの「東北」の原発は,14基と国内の建設済み原発全体の4分の1強を占める[7]。原子力発電所が,貧困な地域を標的として立地してきたひとつに指摘されてきたことを裏づけているといえよう。自立し持続する地域社会を支え得る地場産業を欠き,農業も衰退する状況のもとで「電源三法交付金」と「固定資産税」がまさに"干天の慈雨"の意味を持ったと解釈できるのである。近代以後,歴史的に形成されてきた「東北」という地域空間をまさに象徴している事例とみることができる。

むろん,地域社会は,こうした"恵み"（＝交付金・固定資産税）があれば問題が解消するというものではない。地場産業をはじめ地域社会自ら形成する地域の再生産構造があってこそはじめて持続可能となるというべきである。

3．グローバリゼーションの進展と「東北」

　「東北」の各地域が，地域社会としての再生産構造を自ら形成しえなかった，すなわち首都圏（京浜）・中京・阪神などのいわゆる「中心」に対する「周辺」として位置づけられてきた関係が，1970年代以降のグローバリゼーションの進展[8]のもとでなお強められてきたことも概観しておこう。

　現代の経済社会，現代の資本主義を読み解くキーワードは，いうまでもなくグローバリゼーションである。グローバリゼーションは，商品だけではなく企業活動や金融取引活動が，国家による規制が後景に退く中で国境を越える点で従来の国際化とは区別される。国際取引の規制主体としての近代国民国家を相対化しながら，経済領域のダイナミズムが前景化するところにその特徴があるといってよい。むろん公的規制が後景に退き，国民国家が相対化するというのは，一種のレトリックであって，正確にいえば，経済のダイナミズムを担保するのはいわゆるグローバルスタンダードという共通のルールに基づく〈規制〉である。

　グローバルスタンダードとは，直截に言えば「アメリカ型制度」に照応するルールにほかならない。すなわち，社会の編成や運営を何よりも市場機構（価格メカニズム）にゆだねることを第一義とする経済思想を核として形成されたのが「アメリカ型市場の論理」であり，それを具体化したのが「アメリカ型制度」である。いわゆる新自由主義の政策に基づいて形を与えられたものと言ってよいが，経済過程への国家の介入の抑制，規制緩和の促進，民営化（プライバタイゼーション＝国営企業・公営企業の民間企業への転換）などを柱とする点に特徴を持つ。いうまでもなく市場原理をなによりも優先させることは，それだけ国家・政府（中央政府・地方政府）のプレゼンスを後退させることになり，その帰結がいわゆる「小さな政府」の追求という形で表現された。したがって「公」「政府」への依存を否定し，退けることとも表裏の関係にあるが，その端的な表現こそ「自己決定―自己責任」原則であった。

　さらにこの意味における「アメリカ型市場の論理」としては，金融の自由化や，これと一体的な意味を持つ国際会計基準の統一[9]があげられる。金融の自由化は，投資家（とりわけ機関投資家）の企業評価に際して統一した基準を要請するからである。もちろん投資家の評価対象として浮上するのは，そのほとんどがいわゆるグローバル企業である。

したがってグローバリゼーションが駆り立てる経済効率の絶対性が，グローバルな広がりを持たない資源・原材料を産する地域を非効率的なものとして切り捨てることなどはごく自然なこととみなされることにもなる。「東北」の多くの地域がそのように位置づけられ，それゆえに〈周辺〉のままに置かれてきたのである。

　さきにふれたように，「東北」の企業——そのほとんどが中小企業——が，サプライチェーンのプレーヤーとしてグローバル経済の中にポジションを得ているという場合でも，それはあくまでも巨大グローバル企業に連なる系列の枠内としてであり，したがって〈中心〉に対する〈周辺〉に位置するものとしてである。そうであるがゆえに，例えば東日本大震災で被災した際には，ただちに供給責任を問われ，復旧ができなかった，ないし時間がかかるような場合には，海外を含む他地域の競争相手に発注が替えられるいわゆる「転注」の例が少なくなったといわれる[10]。むろん，例えば自動車部品供給メーカーの中には，大震災で深刻な被害を受けた状況の中でなお身を挺して供給責任をまっとうする例があった[11]し，その気構えは称賛に値するが，これもサプライチェーンから弾き出されるダメージがいかに重大かということを推察できる事例とも解釈可能である。

　グローバリゼーションとは，あくまでもグローバル企業にとっての活動舞台にほかならず，グローバル企業は利潤・収益を求めて地球（グローブ）上をどこまでも転戦するいわば浮動性に最大の特徴を持つ。地域に根を下ろした地場中小企業が，グローバル企業にとってのチェーンメンバーとして機能する限り，グローバル企業の海外流出を防ぐ繋ぎ止め（アンカーボルト）の役割をはたすだろうという楽観論もある。しかし，いわゆるメガコンペティション（大競争）にさらされるグローバル企業にとって，立地している地域社会の帰趨に関してはもちろん，サプライチェーンのメンバーであってもその行く末に配慮するまでの余裕はないというのが現実というべきであろう。

　例えば，全国的には「世界の亀山ブランド」で知られたシャープの亀山工場の閉鎖・撤退は記憶に新しい。「東北」でも2012年2月に電子部品大手のTDKが，リーマンショック後の世界的な景気低迷や円高などによる業績悪化を背景に，収益力改善を図るという理由で国内外の生産拠点の統廃合を進め，同企業グループの秋田県内の拠点を15工場から9工場にほぼ半減させる決定を下した。また，マイコンの世界トップメーカーのルネサスエレクトロニクスも2012年7月に，3年以内をめどとするグループの合理化策を打ち出した。国内18工場のうち8工場の

売却または閉鎖を決め，特にかつてのコア事業であったシステムLSI（高密度集積回路）事業の大幅縮小が大きな衝撃を与えた。自動車向けシェアの4割を握るマイコン事業への特化をねらうというものの，ルネサスの取引先企業は全国各地に広がっており，各地域経済に相当深刻な打撃を与えたことは否定できない。「東北」でも，山形（鶴岡工場），青森（青森工場）に売却ないし閉鎖対象工場が分布していた。

グローバリゼーションの進展のもとで，グローバル企業の浮動性に翻弄される「東北」の地域社会の姿を浮き彫りする事例といえよう。

もちろんグローバリゼーションの動向に関しては，むしろそれがすでに限界に達しているとみられる点にも注目すべきといえる。

端的には2007年～2008年のサブプライムローン問題，リーマンショックというグローバル金融危機ないしグローバル恐慌という形で現れた限界であるが，それと並んでTPP（環太平洋戦略的経済連携協定）の推進という動きもグローバリゼーションの限界を表現していると考えられるからである。

TPPというのはFTA（自由貿易協定）のバリエーションとみられる。周知のように1995年にガット体制がWTO（世界貿易機関）体制へと引き継がれたが，ガット・WTOの両体制とも多角的貿易自由化を旗印としていた。すなわち保護貿易や市場囲い込みを抑止する点にその趣旨があり，その意味においてグローバリゼーションに照応する性格を持っていたと考えられる。これに対してTPPというのは「自由貿易」という同じコンセプトを掲げてはいるものの，その内実は明らかに市場囲い込みを軸とするブロック化（特に米日を軸とするブロック化）という点にその本質があるとみられるのである。そうであるがゆえにTPPはグローバリゼーションの限界を表現するものと考えられるのである。

いいかえればTPPというのはまさにグローバル企業の活動舞台をあらためて用意しようという動きにほかならない。TPPは，農業をはじめとする第一次産業に打撃を与えるばかりではなく，日本の文化のあり方，人々の暮らしの成り立ちにも負の影響を及ぼす可能性を持つとみられるが，「東北」の特徴の1つは農林水産業の比重が比較的大きいことである。TPPの「東北」に対するダメージが決して小さいものではないというのは容易に想像がつこう。

「東北」は，すでに述べたように近代以降，〈中心〉に対する〈周辺〉として日本資本主義の中で位置づけられてきた。また1970年代から進行したグローバリゼーションの流れからもその多くが疎外されてきたことも否定できない。その上

「東日本大震災」で壊滅的な打撃をうけ，さらにTPPという激浪に直面させられているのである。「東北」の農山漁村ないし農林水産業は，復旧・復興を目指す途上において，グローバリゼーションの限界を突破すべく推進されつつあるTPPによってもう一度疎外されようとしているのである[12]。

4．自動車産業と脱「東北」

　周知のように，日本自動車工業会は，TPPの交渉参加・加盟を積極的に支持している。TPPの目的が，成長産業をより一層成長させることであるとすれば，日本の自動車産業は自由貿易を通して，成長する海外市場を取り込みながら，世界の競争において「勝ち組」になれるとみなしているからである。ここで「成長する海外市場」というのは，日本自動車工業会によれば主として新興諸国（Emerging Countries）をさしている[13]。

　しかしあらためて現時点でのTPP原加盟国と現交渉国の計11カ国[14]を眺めて見た場合，日本の自動車産業にとって「成長する海外市場」として注目すべき"新興国"というのはどこにあたるのであろうかという疑問が生じるのは否めない。それだけではない。いわゆる事前交渉の内実は，現時点（2013年5月1日）では，アメリカの日本車（乗用車やトラック）に課す関税を，ただちに撤廃ではなく段階的に引き下げ，しかも関税ゼロにいたる期間については最大限先送りにするとなっている[15]。こうしたことを念頭におけば，日本の自動車産業にとってTPPに参加する経済的効果についてはいささか不透明であるというほかない。あるいはTPP原加盟国・交渉国のうち，やがて"新興国"として成長するだろうというずれかの国を予見しているのであろうか。

　本章の冒頭（「はじめに」）で指摘したように，現在の「東北」における自動車産業の特徴は，新興諸国（Emerging Countries）の趨勢である「高燃費・環境負荷」の緩和・解消と共通する〈小型車〉および〈HV = Hybrid Vehicle〉重点化という点にある。

　すなわち，少なくともTPP加盟で想定している有望な"新興国"向けVehicleと「東北」において製造されているメインのクルマは，そのコンセプトにおいて明らかに共通するものがあるといってよい。「東北では，新興国のライバルと競争し，打ち勝つための新たなモノ作り」[16]が模索されているのである。

　この概況を簡単に整理しておこう。

「東北」における自動車製造を牽引しているのは，いうまでもなくトヨタ自動車東日本である。同社は，2012年7月に関東自動車工業とセントラル自動車およびトヨタ自動車東北の3社の統合によって発足した。その基本的な方針は，①小型車に特化し，エンジンから車両までの一貫生産を実現すること。②要素技術・設備・部品の開発や生産はすべて自前でやるというトヨタに固有のいわゆる「手の内化」を実現すること。③従業員について，1人で何役もこなせるような多能工化を図ることなどをあげることができる[17]。

　また岩手工場では，ガソリン車とHV車を同一ラインで製造する〈混流生産〉を実現している。これはいわゆる多品種生産の体制の構築を意味するが，要はいわゆる規模の経済（スケールメリット）を単純に追求することと一線を画し，数に左右されない形で原価を組み上げる点にポイントがあるということである[18]。

　こうして新興国を意識した体制が構築されているのであるが，対新興国というのは二重の意味を持つという点に目を留めておこう。1つは新興国との競争に耐え得る体制という意味であり，もう1つは新興国に進出する際に，進出先の事情に柔軟に対応できる体制を組み立てておくという意味である。

　そのような観点からすると，宮城工場における「F－グリッド構想」と名づけられたアイデアが注目されよう。これは工場を中核として，近隣の自治体や企業，住宅と連携しつつ地域全体でエネルギーの有効活用を図ろうというものである。工場に都市ガスから電気と蒸気をつくるガスエンジンを装備し，そうして得られる工場のエネルギーを地域で共有できるようにするという構想である[19]。新興国では急拡大する企業の活動にエネルギーの供給が追いつかない例がめずらしくないという現状を考えれば，こうした構想は実用的でかつ有効な試みといえるだろう。

　とはいえ，このように基本的には「東北」の自動車産業が，新興諸国（Emerging Countries）を競争相手としつつ，同時に製造したクルマの市場・販売先とする点にその最大の特質があるとすれば，先に述べたような近代以降，形成されてきた歴史的空間としての「東北」から脱する可能性はきわめて限られると考えてよいだろう。より正確に言えば，例えば「F－グリッド構想」のようなアイデアを新興諸国のみならず先進諸国においても具体化できるほどの射程を持たなければ「東北」は「東北」にとどまらざるをえないということである。

　周知のように，インターネット技術と再生可能エネルギーの融合が，世界を変える「第三次産業革命」の強力なインフラを生み出しつつあると主張しているの

がジェレミー・リフキンである。EU（欧州連合）の主要機関である欧州議会が，彼の提唱した「第三次産業革命の経済行動計画」を採択・宣言し，国連工業開発機関（UNIDO）は「第三次産業革命」を新興国・途上国の経済モデルとして採用した。リフキンは，世界各国の首脳・政府高官のアドバイザーを務めてもいる。

そのリフキンがVehicleについては，輸送車両を大陸規模（continental）の双方向型のスマートグリッド（次世代電力網）で電力を売買できるプラグインEV（Electric Vehicle）や燃料電池自動車に切り替えることが「第三次産業革命」の柱の1つと位置づけているのである[20]。

化石燃料に依存した第一次，第二次産業革命から生み出された経済・社会・政治が基盤としていた社会構造が，新しいグリーンな産業化時代のそれへ変わるダイナミズムが進行中だというわけである。世界のエネルギー体制を再生可能電力へ移行し，億単位の建物を小型発電所に転換し，地球規模のインフラに水素などの貯蔵技術を導入しつつ，デジタル技術とインテリジェント送電網によって世界の電力系統と送電線を再構築する，というのがその基本的フレームである。それとプラグイン電気自動車や水素燃料電池自動車を対応させるというのがリフキンの主張する構想にほかならない[21]。

かつて『エントロピーの法則』で世界の注目を集めた文明批評家のジェレミー・リフキンの，例えば水素エネルギー革命に対する過大な思い入れなど，その主張をそのまま肯定するには問題も少なくないが，Vehicleの未来について，ないしそのあるべき姿について，単に輸送車両の改良という次元でとらえるのではなく，社会構造の転換という文脈において見通すという姿勢は評価されてよいだろう。

「東北」からVehicleを〈発進〉するという場合も，こうした社会のあるべき方向についてのトータルな説得力を持つ構想を〈発信〉できた時に脱「東北」が見えてくるというべきである[22]。「東日本大震災」の打撃からの復旧・復興そしてその先を構想する意味がそこにあるし，近代の歴史の中で形成されてきた「東北」の再定義もはじめて可能となるのではないだろうか。

【注】

1) 1993年は，日本においてはさまざまな点で歴史的な画期をなした年であった。政治的には，自民党単独政権から細川非自民連立政権となり，いわゆる「55年体制」が崩壊した。時代の行き詰まりが拡がる中，いわゆる新党ブームなど"新しいもの"へのこだわりが立ち現れた。Jリーグの発足と圧倒的な人気もその一環であった。「規制緩和」が流行語となったが，これは新自由主義のいわば大衆次元での浸透を表現したとみられる。なお，1970年代の初めに日本列島改造論を唱えた田中角栄元首相が年末に死去した。すなわち「東北」における自動車産業の幕開けの年（1993年）は，日本社会の転機を告知した年でもあった。http://person.sakura.ne.jp/year/1993.htmlなど参照。

2) クルマが「走る凶器」といわれて久しい。交通事故による死者数は，日本では12年連続減少し，2012年は4,411人であった。過去最悪だった1970年の16,765人の4分の1近くにまで減っている。しかし世界の犠牲者は年間124万人にものぼり，「安全性」「無事故」がクルマ社会のきわめて重要な課題であり続けている。世界保健機構（WHO）の以下を参照。http://www.who.int/gho/road_safety/mortality/traffic_deaths_number/en/index.html
なお，米グーグルが，無事故実現に向け，「究極の自動車」ともいえる自動運転車の開発に力を注いでいるのは注目されるが，その背景や現代的意味については別稿を期したい。

3) 以下，半田正樹「東日本大震災・原発危機―『東北』萎縮からの解放に向けて」本山美彦他編『3.11から一年―近現代を問い直す言説の構築に向けて』御茶の水書房，2012年所収および岩本由輝『東北開発120年（増補版）』刀水書房，2009年などを参照。

4) 「東北」という呼称の初出は，1868年に木戸孝允によって作成された『東北諸県建議見込書』においてであったといわれる（岩本由輝，前掲書，10～11ページ）。その際「東北」という表現は，漢民族がもともと周辺の異民族を蔑視して呼んでいた東夷北狄をもじったともいわれる（同上書）。

5) 以上，大内秀明『ソフトノミックス』日本評論社，1990年，第9章および大内秀明『知識社会の経済学』日本評論社，1999年，第10章～第11章等参照。

6) 「東北」は，自然との直接的・有機的連関が最も強い農業・林業・漁業などのいわゆる第一次産業のウエートが高い。全国平均が，就業者では4％台後半，国（県）民所得では1％強であるのに対して，「東北」は，それぞれ10％強，3％ほどである（総務省および内閣府統計）。

7) 新潟を含めた「東北七県」では，その比率は4割近くにも達する（54基中21基）。

8) グローバリゼーションのスタートは，パックス・アメリカーナの衰退を契機とする動きとしてとらえられ，具体的には1960年代後期～1970年代を画期とする現代世界政治経済のシステムの転換とみることができる。それが1990年前後に，冷戦体制の崩壊や新興諸国の台頭などによりきわめてダイナミックな現代の現象として全面化していったと解釈しておく（半田正樹「多（超）国籍企業問題」半田正樹・工藤昭彦編『現代の資本主義を読む』批評社，2004年所収を参照）。

9) 経済領域における金融の膨張が顕著であるグローバル資本主義にとって「金融の自由化」という規制を受けることなく行われる国境を越える金融取引は，なによりも必要不可欠な仕組みと言ってよいが，そのカギとなるのは国によって異なる投資家の企業評価基準を統一することにあると考えられる。

10) いわばサプライチェーンのアドホックないしリアルタイムでの組み替えにほかならない。「東北」の中小企業は，サプライチェーンのメンバーといってもいかに弱い立場にあるのかを示している。関満博『東日本大震災と地域産業復興　I』新評論，2011年，43，236ページ等を参照。

11) 岩機ダイカスト工業（宮城県）は，トヨタ系やホンダ系のメーカーと取引があったが，大震災直後に「部品供給に大きな障害が生じ，取引先に迷惑がかかる」のを回避するために，一部の金型をほかの企業に渡すことを決めた（『河北新報』2011年5月11日）。金型はダイカストメーカーにとってはまさに生命線の意味を持つことを考えれば，苦渋の決断だったことは想像に難くない。詳細は，http://www.iwakidc.co.jp/aboutus/news.htmlで知ることができる。

12) 宮城県が沿岸漁業権を民間企業に開放する目的で申請していた「水産業復興特区」について，2013年4月農水相が同意したのを承けて復興庁がその推進計画を認定した。民間企業の参入によって，漁業経営の高度化が一時的に実現する可能性があるとはいえ，漁村集落をよりどころとする漁民全員がこの民間企業に「参加」するというのであればともかく，漁民たちがこれまで共同管理してきた漁場分割の事態は必至であり，したがって特区対象者と周辺の漁民との人間関係の破壊にもつながるおそれを指摘する議論もある（濱田武士「持論時論」『河北新報』2013年4月28日参照）。すなわち宮城県の「水産業特区」は，海外競争対応という点でTPPを念頭においた構想ともいえるが，経済効率・経済的合理性を行動規準とする民間大企業は，より多くの収益を追求する浮動性を特徴とするという意味で，地域に定着しつつ自然と環境と人々の暮らしが調和する地域社会の形成とは結びつき難いという点は銘記されてしかるべきである。

13) 日本自動車工業会の豊田章男会長（トヨタ自動車社長）の発言による。そこではいわゆるアベノミクスへの期待感の一環として「新興国中心に成長が見込まれる自動車産業を，成長戦略のど真ん中に位置づけていただきたい」と述べている（『東洋経済オンライン』http://toyokeizai.net/articles/-/13368）。

14) 現時点でのTPP参加国は，シンガポール，ブルネイ，チリ，ニュージーランド，アメリカ，オーストラリア，ベトナム，ペルー，マレーシア，カナダ，メキシコの11カ国である。

15) 『日本経済新聞』2013年4月14日付。

16) 『徹底予測次世代自動車2012』日経BP社，2012年，23ページ。

17) 同，24ページ。

18) 同，22ページ。

19) 同，25ページ。

20) Jeremy Rifkin, *The Third Industrial Revolutin; How to Transform the Economy, Politics, and Education after the Nuclear Power Era*, Palgrave Macmillan, 2011, p.36（田沢恭子訳『第三次産業革命』インターシフト，2012年，65ページ）．

21) *Ibid*, p.264（訳書，380ページ）．

22) 「東日本大震災」で大津波にさらわれた瓦礫は，わが国の高度経済成長を支え促進した耐久消費財（家電製品・クルマetc.）がその中心的構成物であった。まさに近代文明の大転換の必然性を示唆するが，この意味においてVehicleのあり方を問い，さらにあるべき社会を構想することが「東北」に求められているのである。

第3章

宮城県の地場企業と自動車関連産業への参入要件
2008〜09年の実態調査を中心に

村山貴俊

1．はじめに

　先の章で指摘されたように，（よくも悪しくも）東北地方の自動車産業集積に注目が集まる。トヨタ自動車グループは，災害リスクの分散，労働力の確保，ロシアなど新興市場への近接性などを理由に，東北での生産拠点化を進めている[1]。この流れを加速させたのが，トヨタ自動車完全子会社のボデーメーカー・セントラル自動車による宮城県大衡村への本社および工場の移転である。同工場が稼働すれば，既設の関東自動車工業岩手工場と合わせ，トヨタ自動車グループの中で小型車生産を担う2工場が東北に立地することになる。

　これまで東北の第2次産業の中心は，電機・電子産業にあった。このことから，1990年代初頭から2003年頃までの「失われた10年」(the lost decade) と称される経済の長期不況期には，東北各地で電機・電子産業の工場撤退が相次ぎ，それに伴う大規模な人員削減によって東北経済は大きな痛手を負った[2]。2003年ないし04年頃には，薄型テレビやDVDレコーダーなど一部のデジタル家電において投資の国内回帰という現象もみられたが[3]，08年のリーマンショックに端を発した世界同時不況により，その流れは脆くも断ち切られた。さらにリーマンショック以降の先進国需要の縮小，それに伴う価格引下げ圧力（経済のデフレ化），さらに新興国の中間所得者層をめぐる外国資本（韓国，台湾メーカーなど）との熾烈な競争などにより，わが国電機・電子大手各社は，人件費や操業費がより安い国や地域への生産拠点や開発拠点の移転（EMSなどへの生産外部化も含む）を今後いっそう加速させていくと予想される。とすれば，電機・電子産業に依存する東北の第2次産業の将来は，決して明るくはない。

このような状況下，東北地方に大手自動車会社の進出という千載一遇のチャンスが巡ってきた。自動車は，自動車会社とそれに連なる部品メーカーとの情報の密なる擦り合わせによって設計・製造される特性を持ち，わが国企業が強い競争力を有する製品分野の1つであり[4]，また相対的に長く国内に工場が残る産業としても理解されている[5]。このようなことから東北では，海外移転が進む電機・電子に代わる第2次産業の新たな柱として，自動車に大きな期待が寄せられている。すなわち，電機・電子に自動車が加わることでの景気循環などの経済リスクの分散に加え，自動車関連分野への東北の地場企業の参入による地域経済活性化などが期待されている。とりわけ近時のハイブリッド車（以下，HVと略記）や電気自動車の拡がり，それによる自動車の電動化や電子制御化（エレクトロニクス化，ソフトウェア化という表現が用いられることがある）の進展は，これまで電機・電子分野で活躍してきた東北の地場企業にとって有利に働くのではないかともいわれる。しかし，それら大きな期待や可能性とは裏腹に，電機・電子と自動車の間には，要求品質水準，プロダクトライフサイクル（以下，PLCと略記）の長短，投資規模，原価計算の考え方などに関して差異があり，東北の地場企業の自動車関連分野への参入がなかなか進まないという現実がある。

　とはいえ，東北の地場企業の中には，数こそ少ないが，自動車向けの部品や生産設備で納入実績を有する企業があり，本章は，それら先行企業の取り組みに目を向ける。ここで取り上げる先行3社は，いずれも宮城県に本社があり，元は電機・電子関連事業に軸足を置きながらも，各社がそれぞれ異なる理由と経緯で自動車関連分野へと参入していった。まさに自動車関連産業への新規参入を計画する宮城そして東北の後続企業が参考とすべき事例といえよう。しかし，それら先行企業は，地元マスメディアなどで取り上げられることはあったが，事業の変遷，製造工程，技術，設備，営業体制，経営体制，財務体制さらに経営者の考え方や姿勢などを詳細かつ体系的に明らかにするという試みは，これまでなかった。このようなことから，本章では，現地調査に基づき宮城県の先行企業の参入行動をできるだけ詳細に明らかにすることを通じて，今後，東北の地場企業が自動車関連分野へと参入する際に求められる能力や組織体制を析出する。

　本章の構成は，以下の通りである。2節では，トヨタ自動車グループを中心とする東北の自動車産業集積の概況，さらにそれら集積の中に潜む課題を明らかにする（ただし，本章のオリジナルの論文を執筆した2010年までの状況。近況については，本書の第1章，第4章，第5章などを参照。震災の影響については付録2を参照）。なお，課題

を析出する際には，いま目の前にある自動車産業集積の動きをいかに地域として活用するか，という視点に立つことを断わっておきたい。東北の既存の電機・電子産業に一定の限界がみえてきている中で，地場メーカー群が生き残り，より多くの雇用の場を地域に残すために産業分野の複線化は不可避と考えられるからである（自動車ないし自動車産業それ自体の是非，さらに東北が自動車産業に依存することの是非については，第2章を参照して頂きたい）[6]。3節では，先行する宮城の地場企業3社の事業活動を，特に参入経緯，人材育成，営業体制などに注目しながら，できるだけ細かく描出する。続く4節では，それら先行企業の事例を基に，東北での自動車関連産業への参入要件の析出を試みる。5節では，参入要件をクリアするために必要となる企業の取り組み，そしてそれを支援する地域行政の役割などについて試案を示す。

2．東北における自動車産業集積の概況と課題

（1）集積の概況：2010年まで[7]

トヨタ自動車子会社のボデーメーカー・セントラル自動車は，宮城県大衡村の第2仙台北部中核工業団地に本社工場を移転し，2010年10月の操業開始を予定している（実際の稼働は2011年1月）。セントラル自動車の進出にあわせるかのように，2007～08年にかけて，ブレーキ，エンジン部品，鋳造部品を製造するアイシン高丘が大衡村の大瓜工業団地に，パナソニックとトヨタの共同出資会社でありHV用ニッケル水素電池の生産を手掛けるパナソニックEVエナジー（2009年12月，量産開始予定）（現，プライムアースEVエナジー）が大衡村に隣接する宮城県大和町の大和流通工業団地に，シートなど内装品を生産するトヨタ紡織（2010年秋の操業予定）が大衡村の第2仙台北部中核工業団地に，カーエアコンを生産するデンソー（2010年春の操業予定）が隣県・福島の田村町に，それぞれ新工場建設の計画があると発表した（各社の立地については，第1章の図1－1を参照）。また，1997年に宮城県大和町の第1仙台北部中核団地に進出したトヨタ自動車東北は，これまでのアクスル，ABS，電子制御ブレーキシステム，トルクコンバータといった駆動系基幹部品の生産に加え，隣接地にエンジン工場を新設する計画（2010年末の稼動予定）があると発表した（第6章の図6－5を参照）。こうしたトヨタ系各社の進出計画を受けて，東海，九州に次ぐトヨタ国内第3の拠点化にむけて東北がにわかに活気づいた[8]。

しかしその後，リーマンショックに端を発した世界同時不況の影響により，アイシン高丘は，2009年8月予定の新加工工場設立の計画延期を発表した。デンソーも福島県の新工場の稼動時期を当初計画より1年以上遅い2011年春に延期し，またトヨタ自動車東北も2010年末に稼動を予定していたエンジン工場の稼動時期の延期を発表した。

他方，岩手県では，1993年から同県胆沢郡金ヶ崎町に進出していた関東自動車工業岩手工場（2005年に岩手工場第2ライン竣工）が，2009年4月7日に開発センター東北を開所した[9]。同センターは，開発企画，設計，実験，調達の4部門で構成され，関東自動車工業岩手工場ならびにセントラル自動車が生産する車体の開発（関東自動車工業とセントラル自動車は，2000年4月に開発部門を統合），さらにHVなど次世代自動車の研究開発も実施する予定であると報じられた。また，新車開発段階から地元企業が関われるようにすることで岩手工場の現地調達率を向上させる狙いもあるという。同センターのスタッフ25名の大半は，静岡県裾野市の東富士総合センターからの移籍組であるが，数名は地元で新規採用し，今後は地元採用を増やす計画もあるという。この動きにあわせ，北上市がこれまで実施してきた3次元CAD技術者の養成プログラムに加え，岩手県が2009年4月にいわてデジタルエンジニア育成センターを新設した[10]。

2009年春には，トヨタ自動車東北のリーマンショックによる減産体制が徐々に緩和される。同社は08年9月から工場稼動停止日を設けていたが，在庫調整が一巡したとの判断から，同年5月から稼動停止日をゼロとし，一時4割まで落ち込んだ稼働率を7割程度に引き上げたという。また同工場は，同年3月から新型プリウス向けの部品を生産していたが，プリウスの受注が好調であることから，同車向けトルクコンバータ（CVTに組み込まれる部品）や電子制御ブレーキシステムの生産ラインを1交代から2交代制とし，稼働率を8割程度に引き上げた。ただし関東自動車工業およびセントラル自動車が生産する米国市場向けの小型車に組み込まれるアクスル（自動車の重量を支え，路面からの衝撃を吸収する部品）の生産ラインは，当面，1直体制が維持され，稼働率も5割程度にとどまるという[11]。

そのほか，パナソニックEVエナジー林芳郎社長は，新型プリウス向け電池販売が大幅に伸長する可能性があるとした。同社宮城工場は，2009年7月に工場が完成し，8月から設備の搬入が開始される。同年秋には静岡県で研修中の宮城県内採用の従業員約190人と本社従業員が宮城工場に入り，年内か来年早々の操業を目指し準備が進められる。林社長は，宮城工場の位置づけについて，「トヨタ

グループが進める東北の生産拠点化に向けた電池供給拠点とするとともに，『将来的には，海外への供給基地にできるのではないか』」[12]と語ったという。

　以上のように，リーマンショックの影響によって当初計画から大幅な遅れが生じたものの，岩手県の関東自動車工業，宮城県のセントラル自動車やトヨタ自動車東北を中軸とする東北でのトヨタの生産拠点化は着実に進展している。加えて，それらの会社に連なる大手部品メーカーの進出計画も次々と発表されるなど，まさに産業集積に向けた胎動がみられる。また，自動車関連企業の進出が相次ぐ仙台北部地域では，それら企業の転勤族を狙った不動産関連ビジネスなどへの副次的な波及効果も期待されている。セントラル自動車に端を発する宮城県による一連のものづくり系企業の誘致政策であるが，大企業の誘致という点では，これまでのところ一定の成果をおさめてきたといえるだろう。

(2) 課　題

　しかし，自動車産業が有する波及効果を宮城県や東北が十分に活用し，さらに地域の主力産業の1つとして自動車産業を深く根づかせていくには，依然として多くの課題が残されている。大きな課題の1つは，自動車産業の重層的なものづくりネットワーク（サプライチェーン）の中に東北ないし宮城の地場企業が参入できるか，ということである。

　例えば，宮城県大和町にあるトヨタの基幹部品製造子会社T社（仮称）の部品調達（2008年11月時点）をみると，約800点の部品の大半が東海地区から調達されている。東海地区で生産された部品は，愛知県内の物流倉庫にいったん集められ，そこで1日あたりトラック5～6台分相当のコンテナに積載され，コンテナ船で仙台港まで運搬される。この間，物流倉庫での滞留日数も含めると，約4日が掛かっている。仙台港に運ばれた部品は，仙台港からトラックで3時間おきに工場内のストックヤードまで運ばれる。また，同社が加工した部品の多くは，東海地区に送り戻されるか，北海道のトヨタ関連工場に送られ，自動車足回りの大型部品の構成部品として組み付けられる。このように同社は，調達部品の大半を1日1回の東海地区からのコンテナ船輸送に頼っており，JIT体制もまだ十分に整備されていない状態にある。T社トップ自らが東北地方の会社を精力的に訪問し，現地調達率の向上に力を注いできたが，実際に現地調達できた部品はわずかである[13]。

　しかし現地調達率こそ低いが，T社が生産する部品が駆動系基幹部品であるた

め現地付加価値は低くなく，さらにT社が現在計画中のエンジン新工場が実際に稼動し，そこで組み付けられたエンジンが関東自動車工業岩手工場に供給されると，同工場の現地調達率が約45％から60％へと一気に跳ね上がる，との見方もある。さらに先に述べたように，アイシン高丘，デンソーといった大手１次サプライヤーの参入計画もあり，それら１次サプライヤーからセントラル自動車，関東自動車工業，T社に部品が供給され，それらも現地調達とみなされるのであれば，東北域内での現地調達率は今後確実に上昇していくだろう。以上のように，１次サプライヤー → ボデーメーカー（すなわち，セントラル自動車や関東自動車工業岩手工場），あるいはトヨタ子会社T社の基幹部品工場・エンジン工場 → ボデーメーカーという大手企業間の取引を通じて現地調達率が向上していくことは，東北での自動車産業集積に向けた重要な一歩といえよう。

　とはいえ，真の意味での東北域内での生産現地化に向けては，それだけでは不十分であり，ボデーメーカー，１次サプライヤー，トヨタ子会社T社など大手誘致企業に連なり，そこに部品や設備を供給できるコストと品質の両面で競争力を備えた地場メーカーの存在が欠かせない。１次サプライヤーに連なる２次ないし３次サプライヤーを担える地場企業の育成が急務であり，それは進出してきた１次サプライヤーやボデーメーカーにとっても，（現状まだ実現できていない）JIT体制の構築や部品不具合への即時対応という点で望ましいことといえよう[14]。また筆者らが調査した岩手県のトヨタ系ボデーメーカー関係者は，東海地区から部品を運んでくるための輸送費は，トヨタ生産方式でいうところのムダに相当するとの見解を持っていた[15]。他方，トヨタ子会社T社に部品を供給する宮城県の地場企業の経営者は，デンソーに代表される大手１次サプライヤーの進出は地場メーカーにとって大きなビジネス・チャンスになるとする反面，「これまで東北は部品が弱かった。せっかく，良い企業が来ても，地元の部品メーカーが彼らを支えてあげられず，結局，他との競争にやられて〔大手企業が〕撤退していく」[16]とし，大手誘致企業を支えられない東北の地場企業の力の弱さを問題にあげていた（引用文中の〔　〕は筆者の加筆。以下，同様とする）。

　つまり，進出企業，地場メーカーの双方にとって部品調達の現地化が望まれるわけだが，トヨタ系の誘致企業も熾烈なグローバル競争に対峙しており[17]，地域貢献や社会貢献が重視される時代とはいえ，コストや品質で条件を満たさない地場企業から部品や資材を購入することは当然できない。また，進出してきた企業側も現地調達を望んでいるとはいえ，それら進出企業に地場企業の育成の役割を

過度に期待するのは問題であろう[18]。トヨタ子会社T社にみられるように，現に部品の大半を東海地区から調達し生産が成り立っている以上，東北の地場企業が参入を許される最低の条件は，単純に考えると，東海地区のサプライヤーと同質の部品をより安価に提供することにほかならない[19]。地場企業の能力高度化に向けては，もちろんトヨタ子会社，ボデーメーカー，大手１次サプライヤーの協力は不可欠だが，先の地場企業の経営者も指摘していたように，支援される（supported）ではなく，むしろ大手企業を支援する（supporting）という意識を持って，地域の責任として地場企業を育成する心構えがまずもって必要であろう。また地域の責任というと，地方政府による地場企業の支援を想像するのが一般的だが，それ以外にも，すでに参入を果たしている地場企業の経験や考え方を域内で共有する仕組みを設けたり，２次，３次のサプライヤーとしてすでに参入している地場企業に，他の地場企業を３次，４次のサプライヤーとして活用させる制度（例えば，グループ化助成など）を創出するなど，民間セクターを起点とするさまざまな支援や育成の在り方も考えられる。

以上，宮城県ないし東北の自動車産業集積の実態とそこに潜む問題を指摘してきたが，次節では，宮城県内ですでに自動車関連産業に参入を果たした地場企業を取り上げ，各社がどのような経緯で参入し，どのようにして能力を構築してきたかをみる。

3．宮城県の地場先行３社の取り組み

ここでは，宮城県内に本社があり，すでに自動車産業に部品や生産設備を納入している地場企業３社の事例をみる。内装樹脂部品，生産設備，駆動系部品と，各社が扱う部品や製品は異なるが，自動車産業が求めるコスト，品質，ビジネス慣習にうまく適応し，自動車関連製品を１つの事業として定着させることに成功していた。

各社の参入経緯，生産体制，人材採用・育成，営業方針に注目しながら事例分析を進めるが，いずれの会社も未上場であり，公表されている資料も少ないことから，訪問調査で得られた情報に大部分依拠せざるを得ない。ヒアリングで得られた情報量の違いにより，各社の記述に関して多少の内容の濃淡が生じることをあらかじめ断っておきたい。あわせて，会社名と個人名，また会社の特定につながる可能性のある地名や取引先などはすべて仮称とした。また，企業訪問の時期

が2008年後半〜09年前半という経済情勢の激変期に重なっており，以下の事例は原則として上記の訪問時の情報に基づいており，09年中盤以降の変化は必ずしも十分に取り込めていないことも断っておきたい。

（1）内装樹脂部品 A 社[20]
① 会社概要と参入経緯
1968年，A社は，宮城県北部に位置するL市（2005年，市町村合併により誕生）において，電機部品プレス加工メーカーとして資本金100万円で操業を開始した。翌69年にはM工場，70年にはTD工場，73年にはTS工場を新設した。また，資本金を72年に500万円，74年に1,800万円に増資した。加えて，79年2月に関連会社N社（資本金600万円），翌80年2月に関連会社TO社（資本金400万円），同年6月に関連会社H社（資本金1,000万円），83年に関連会社F社（資本金500万円）を設立した。このような一連の生産機能拡充および資本増強を経て，80年代前半までに，現行の工場体制の基盤がほぼ整備されることになった。その後，本社と関連会社の増資，工場棟の増築，また関連会社間の統合や本社による関連会社の吸収などが行われた。2008年11月時点で，同社は，資本金9,842万円で，M工場，M第2工場，TD工場，TD第2工場，TS工場の5工場，営業拠点として東京営業所，そして関連会社2社を擁する。

それでは，もともと電機部品プレス加工会社であった同社が，いかにして自動車部品に参入していったかをみる。そこで欠かせない存在となるのが，同社の主要取引先の1社で，最終消費者の目にあまり触れることがない電機・電子部品の製造を中核事業とし，東北地域に複数の工場を展開する大手電機・電子部品メーカーZ社である。A社は，Z社向けのメカスイッチの生産に始まり，スイッチ技術の応用でテレビなどのリモコンの生産，さらにプリント基板への半導体や電子部品の実装を手掛けていった。しかし，このプリント基板への実装という仕事で，1つの問題が発生する。80年代中盤，会社間で電化製品に組み込むマイコン（microcomputer）の争奪戦が起こり，これによりA社では，マイコンが入荷されず基板への実装が滞っているにもかかわらず，基板を組み付ける樹脂製の外装品のみが次々と納品され，倉庫に山積みになったという。

そこでA社は，在庫スペースのムダを解消するため，樹脂外装品を必要な時に必要な量だけ自社で内製することにした。すなわち，プレス加工や基盤実装から樹脂成形加工へと技術領域を拡大したのである。さらにその後，樹脂成形の応

用分野として，樹脂に異種材料を埋め込むインサート成形，樹脂部品への塗装やレーザー加工，さらに複合部品の加工と組立による部品モジュール化へと領域を拡げていくことになる。こうした動きの中で，現在，同社が強みと位置づける一貫生産体制，すなわち設計（金型，電気，機構分野）→ 試作 → 金型製作 → 金型による部品加工 → 実装や装飾加工 → 最終組立 → 出荷検査 → 出荷という流れが整備されることになった。

このような技術領域の拡充と軌を一にし，電機・電子部品から自動車部品へと事業拡張が行われる。自動車部品への本格参入の契機は，やはり主要取引先Z社との関係にあった。1987年頃から，取引先のZ社が，電機・電子のスイッチ技術を応用して自動車部品へと本格的に参入していったのである（ただしこの本格参入以前から，Z社は自動車向け部品を一部手掛けていた）。Z社は，電機・電子大手メーカーの工場海外移転により国内での部品需要が将来的に先細りになるとの危機感から，国内に長く残るといわれていた自動車産業向けの部品供給に力を入れる方針を立てた。このZ社の動きに呼応する形で，A社も自動車向け部品へと参入していったのである。Z社からA社が最初に受注した自動車向け部品は，家電製品用リモコンの技術を応用した自動車キーレス・エントリーシステムであった。

以上のような経緯で自動車部品を本格的に扱うことになったA社であるが，やはり家電と自動車の要求品質レベルの違いを実感することになる。例えば，使用環境については，家電向け部品は室内の安定した環境下での使用となるが，自動車部品は－40℃から＋100℃までの過酷な屋外環境での使用が想定されている。また，振動が加わっても故障なく稼動し続けること，1台ごとにキーが発する電波を変更するセキュリティーコード対策など，「自動車会社の品質への要求は〔家電よりも〕格段に高い」ものであった。こうした高い要求品質に加え，自動車会社およびZ社の受発注システムへの対応も必要となり，後述するように，A社では生産管理システムと受発注システムの構築が進められることになる。

② 生産体制

2008年11月時点で，A社の自動車部品生産の主力工場となっていたのが，宮城県北部にあるM工場である。M工場が手掛ける自動車部品の1つが，米国の自動車会社およびその資本傘下（2008年当時）のドイツ自動車会社が中国や欧州市場向けに生産・販売する車種に搭載されるセンターパネル（図3-1）であった。同センターパネルもZ社経由での受注であり，これがM工場の売上の約7割を占め

第3章　宮城県の地場企業と自動車関連産業への参入要件　｜　35

ていた。
　同センターパネル向けの新ラインがM工場内に敷設されたわけだが，オプション対応などでパネルに取り付けられるキーやボタンの形状が多くなり，「生産に必要な金型は120〜150型。1型あたり400〜500万かかることから，型だけで4〜5億円の投資」になったという。ちなみに，モジュール部品についてはさまざまな定義や考え方があるといわれるが，A社は，多数の部品を組み合わせたうえで1つの自己完結した機能を持つ同センターパネルをモジュール部品と呼んでいた。また，同社は，同ラインへの投資を（調査訪問当時，リーマンショックの影響が徐々に生じていたので，計画が実現できるか不安であるとしながらも）3年間で回収するという計画を立てていた。

図3-1　A社が手掛けるドイツ車向けセンターパネル

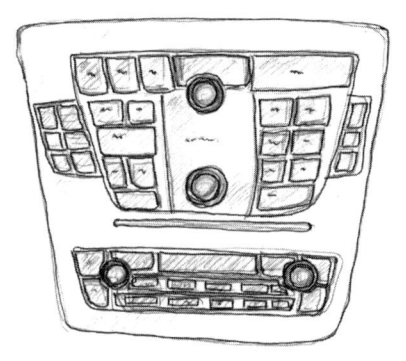

(注) 多数の操作キーが並んだセンターパネル。オプション仕様によってキーの形や配置が複雑に変化する。また車内でドライバーが直接目にし，また手で触る部分でもあるため，高い質感が要求される。質感を出すために，家電製品で培われた装飾や塗装の技術が活用されている。
(出所) 工場見学時の筆者の観察に基づき作成。

　2008年に本格稼動したM工場内の同ラインであるが，稼働までに約3年を要したとされる。一般的に新車の開発は，車のスタイリングやコンセプトを定める活動を起点とし，市場導入の約3年前から始動するといわれる。このことから，当該パネルに関しては，新車開発の初期段階からA社が関与していたことがわかる。この点，同社関係者は，1次サプライヤーに位置する「Z社を通じて，設計段階から関われる戦略的情報を入手したい」と述べていた。あわせて，東北において自らの力で設計から関われる情報を獲得することは難しく，たとえセントラル自動車のようなボデーメーカーが進出してきても開発機能を持たない場合は，その種の情報を入手することは難しいだろうと冷静にみていた。また，設計段階から一部関われるような仕事をしたいとしながらも，設計の主たる部分は1次サプライヤーであるZ社が担い，それら設計情報を具現化するものづくり機能の提供こそが2次サプライヤーとしてのA社の役割になることを強調していた。
　次にM工場内での生産の流れをみる。まずZ社の設計情報がA社に流され，その設計情報に基づき金型を製作する。ここで発注側Z社の3次元CAD（CATIA）の設計データを，A社側の金型製作用データへと変換するためのイン

ターフェースのシステムが必要になる。金型製作工程はM工場内に設置されており，設計データや見本部品から金型試作を行ったり，加工・装飾段階での不具合を金型工程にフィードバックしたり，金型修理にも即時対応したりするなど，金型内製を中核能力とする自社一貫生産体制こそが同社の強みとされる。次いで，金型による樹脂成形，そして成形部品への塗装やレーザー加工による装飾が行われる。塗装用塗料は，自動車会社からの支給品となる。塗装工程には，スピンドル塗装機や自動塗装マシンが配備され，また高度なシルクプリント技術の応用により内部発光で文字を立体的に浮き上がらせることもできる。成形・塗装・装飾が施された樹脂部品は，同工場内にある最終組立工程（セル生産方式を採用）へ運ばれ，主に手作業でセンターパネルへと組み上げられ，取引先Z社のロゴが入ったダンボール箱に梱包され出荷される。

　効率的な生産ラインの整備と同時に，自動車業界特有の厳しい認証システムへの対応が必要とされるが，まず国際規格の品質マネジメントシステムTS16949や環境マネジメントシステムISO14001などの第3者機関認証が不可欠となる。そのうえで，もちろん発注元の米国自動車会社による認証があり，米国自動車会社のスタッフがA社の生産現場に直接立ち入って審査を行う。電機・電子部品と比較すると，審査にかかる時間と人材がおよそ2倍になるという。加えて，米国自動車会社からは，中国の部品会社への技術指導を頼まれ，資本関係のまったくない中国の会社へのマザー工場の役割を課されることにもなった。しかしA社関係者は，「そうした活動を通じて自動車会社からの信頼を獲得し，仕事の受注に結び付ける必要がある」と述べていた。

　次いで生産管理向け情報システムの整備も必要になるが，外部から自己完結型の基幹業務パッケージを購入してくるだけでは対応できないという。自己完結型パッケージは，システムの内容が硬直的で，すぐに生産現場の変化に追いつかなくなる。そこで，サブ・システムの開発だけを外注し，サブ・システム間のインターフェースをオープンな状態のままにしてもらい，インターフェース部分を自社開発することでシステムに柔軟性を持たせている。また自動車の場合，リコールに備えたトレーサビリティー（追跡可能性）が重視され，（止まる，走る，曲がる，という駆動系部品に携わっていないのでまだマシだとされるが）部品の生産履歴や検査結果に関する情報の整理・保管が厳しく求められるという。

　A社の受・発注の仕組みは，図3－2のようになっている。まずZ社から注文が入ると，その発注情報に基づき自社内の各工場向けの生産計画が立てられる。

図 3-2　A社の受・発注システム

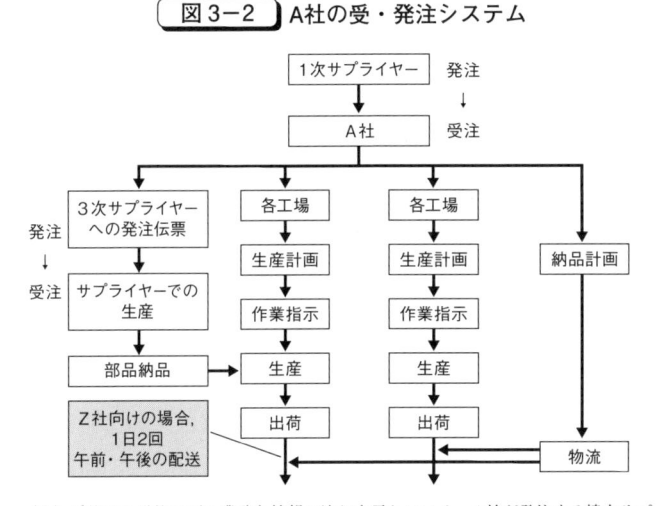

(注) 受注から発注に至る業務と情報の流れを示している。A社が発注する協力サプライヤー（すなわち3次サプライヤー）にも発注伝票で作業指示が出される（向かって左端の流れ）。また，A社の発注元となる1次サプライヤーには納品計画が示される（向かって右端の流れ）。こうした，内部と外部とのつなぎが重要となる。
(出所) ヒアリングに基づき筆者作成。

さらに細かく説明すると，Z社からは1ヵ月前に生産予測数値が伝えられ，1週間前に最終確定の生産数量が示される。最終確定数量を受け取ると，そこから日割りの生産量が計算され，生産現場に作業指示が出される。同時に，A社から下請の協力サプライヤー向けに部品発注伝票が作成され，その伝票に基づきサプライヤーが部品生産を行い，A社の生産現場が生産に取り掛かるタイミングで下請から部品が納品されてくる。あわせて，A社からZ社への納品計画も作成される。Z社に対しては午前・午後の1日2回の出荷になっており，その後の中国や欧州への国際輸送はZ社の物流子会社が担当する。

③　営　業

営業拠点は東京にあり，技術のことがわかる経験者を中途採用したという。先にも述べたが，できるだけ開発から関われるような仕事を見つけてくる，という営業方針があった。しかし実際には，生産機能のみを提供する仕事も数多く手掛けていた。例えば大手電機メーカー向けにHV用モジュールパーツを手掛けているが，これは図面通りに部品を生産するだけで，どこに，どのように使われる部

品なのかもよく理解できていないという。そのほか，ディーゼルエンジン向け排ガス用部品，メルセデス・ベンツ向けのパーツなども，生産機能のみの提供である。

さらに近時，大手商社と共同で，トヨタ系大手部品メーカー向けにセンサー関連部品を納入する計画が進められているという。商社に対してA社が生産機能を提供し，商談と輸送を商社が取り仕切るスキームであり，こうした方法であれば，メーカーとの直取引では採算が合わないような小振りの部品でもビジネスとして十分に成り立つという。

④　人　材

270名（2008年11月時点）の人員を擁する。直間比率は，およそ7対3である。直接部門の組立作業についてはほぼ全員が女性である。3割の間接部門は，部品配膳や検査業務を含んだ数字であり，約1割が技術・金型・設備の領域を担当する。M工場の全体の約7割が派遣社員で，間接部門にも派遣社員が一部含まれている。例えば，情報システムを構築するシステム・エンジニアは4名いるが，その中にも（ほぼA社に常駐という形の）派遣社員がいる。

正社員の採用については，新卒と中途を半々で雇うようにしているという。いずれも地元の人材を中心に採用している。新卒は4年制大学，高専，工業高校からの採用となり，大卒は地元の東北工業大学，宮城大学，石巻専修大学，東北学院大学などから採用している。技術者研修は，社内教育のほか，設計やシステム関係でZ社が主催する有料講習会に派遣したり，また石巻専修大学でのCAD無料講習会に参加させたこともあるという。

（2）生産設備B社[21]

① 会社概要

生産設備の開発・製造を手掛けるB社は，トヨタ系大手部品メーカー，トヨタ系ボデーメーカー，宮城県内のトヨタの部品製造子会社などに生産設備や検査自動化ロボットを納入している。

B社は，1979年，仙台市から車で20分ほどのO市においてプレス2次加工業務を開始した。現社長が，大手電機メーカーY社を脱サラし，同社を設立した。現社長は27歳の時にY社工場長に抜擢され，約100名からなる製造部隊の責任者を7年ほど経験した。会社設立後は，元の職場のY社ならびに電機・電子部品

大手メーカーZ社（先のA社の主要取引先Z社と同じ）からプレスの仕事を受注した。

1982年に法人化され，84年に産業用省力機械，治工具加工へと事業ドメインを移した。その動きについて，同社社長は，工場長時代に100名の従業員を率いて人事管理に苦しんだ経験があり，「人を使わなくても，機械でできる」との発想から自動化設備に着目したと説明する。加えて，ビジネスとして高い付加価値が期待できるとの判断もあった。余談ではあるが，新しい事業を手掛けるに際して，家族からは強い反対があったという。

1989年に，会社と工場を現在地に移転した。2001年には近隣の土地を取得し，工場を新設のうえ，開発部を擁する第2事業所（いわゆる，開発部隊という位置づけ）とした。元からの工場は，省力機械製造部を擁する第1事業所（ものづくり部隊）とした。さらに，06年に第2事業所の敷地内に新工場を設立し，ここに大型プレス機を配備し，10mの天井高が必要となる自動車溶接機械組立用の建屋も併設した。現在の同社の主力事業は産業用省力機械の開発と製作であり，電機，自動車，食品，航空機産業などへの納入実績がある。また労力を必要とする分野であればどこにでも参入できると理解されており，今後は納入先の多様化を進めることで景気変動に強い経営体質づくりを目指すという。

② 参入経緯

同社の自動車関連生産設備への参入経緯を理解するにあたっては，日本最大手の家電メーカーX社との取引関係に目を向ける必要がある。X社との取引は，社長の元の勤務先で主要取引先でもあったY社との取引が激減した際に，会社の存続をかけてX社に営業に出かけたことで始まった。X社は，1974年，仙台市に隣接するP市に仙台工場を設立した。社長は，Y社との取引実績を持って，「当時，鉄の扉より固いと噂されていたX社に，50人を使ってください」とお願いにいったところ，「30名出せと，X社から電話があった」という。この時，「X社から，仙台のメーカーはぜんぜん〔売り込みに〕こない」といわれたという。

ちなみに，B社は，生産設備用の部品加工を協力会社に外注することがあるが，「宮城県内の企業に依頼すると，安い，大きいと不満をいわれ，なかなか引き受けてくれない」ので，仕方なく隣県・山形のメーカーと協力関係（共栄会）を結んでいるという。「安い仕事だから頼みづらい」というと，山形のメーカーからは，「是非いってくれ，一緒にやろう」との返答が得られるという。また岩手県には「クリエイティブなもの造り」の風土があるとし，自らの経験をもとに，隣

県と宮城県とのものづくり文化の格差を説明する。
　社長は，X社との取引を通じて多くのことを学んだという。「1億円の仕事を7,000万円でやってくれ」とX社の要求は確かに厳しいが，「やり方を教えて欲しいと頼むと，教えてくれる」という。現在もX社との取引は継続中であり，例えば薄型テレビの生産設備に関しても，製品をみせられたうえで，1インチ3万円という時代に1インチ1万円を切るための目標とタクトをX社から示されたという。実現までに3年を要したが，90％は自社内部で開発し納入に漕ぎ着けた。調査訪問時の2008年には，X社向けマイクロSDカードの全自動化生産設備（パッケージに梱包する作業まで自動化）を製作中であった。他社からは「X社〔のような厳しい会社〕とやっていて大丈夫か？」と訊ねられることがあるが，「無駄を徹底して省くこと，勉強することが重要」であり，またX社は「しっかり面倒をみてくれる」という。
　X社との取引を通じて力をつけ，自動車向け生産設備に参入していくことになるが，最初の契機は，1997年のトヨタ子会社T社の宮城県への進出にあった。進出の数年前から宮城県に準備室が置かれ，そこの室長がB社を訪ねてきて参入を勧められたという。そこから自動車の勉強を始め，まず三河地区の1次，2次サプライヤーを訪問した。B社社長によれば，「天井の高さが弱電とはまったく異なる」など，工場施設の差を実感すると共に，三河地区のメーカーからは「弱電なんかやってられないよ。自動車をやれ」と助言されたともいう。最終的に，三河地区の20～30社と協力体制を組み，トヨタ子会社T社向けのABS用生産設備を受注した。大手（トヨタ本体やその傘下のボデーメーカー）ではなく，三河地区のサプライヤーを訪問し，そこから学ぶことが重要だと社長は指摘する。
　また，社長は，電機と自動車の違いの一端を以下のように説明していた。電機の場合，生産設備の見えないところまで綺麗に仕上げるが，自動車の場合，見えないところは怪我さえしなければ仕上げる必要はない。ただし作業員の安全に関わる部分については，自動車は徹底しており，例えば生産設備の品質監査も，電機・電子では発注側メーカーの立ち合いは1～2名であるが，自動車の場合は規模や金額の大小に関わりなく10～20名の検査員がやってきて，あらゆる角度から設備をみて問題を発見するという[22]。
　その後，B社は，T社のトルクコンバータ用生産設備のほか，トヨタ系大手部品メーカー，トヨタ系ボデーメーカー，トヨタとX社が共同出資するHV向け2次電池生産メーカーなどからも生産設備や検査装置を受注し，いまでは自動車が

電機と並ぶ主要事業になっている。

③ 営　業

　同社の営業活動は，これまで社長1人で行ってきたが，X社のFA部門に勤務していた社長の息子が新たに加わり，2人で担当するようになった。X社との取引に集中していた時期もあったが，すでに述べたように動力が必要なところにはどこにでも参入機会があると捉え，近時，取引先業種の多様化が進められている。

　なお，生産設備ビジネスは，これまで拡大基調にあったという。大手メーカーが，90年代の不況を乗り切るための人員削減策の一環として，生産設備の開発を担う生産技術者をラインの製造技術者（ものづくり技術）に転籍させたことで社内の生産設備を取り扱う部門が手薄になり，生産設備の開発・製造の外注化が進んだという。すなわち，大手メーカーが生産設備を外製に回したことで，景気後退期にありながらも生産設備関連ビジネスには追い風が吹いていたのである。しかも生産設備の発注規模の拡大もみられたという。大手メーカーの生産技術部門の縮小を受けて，生産設備の一部だけではなく，2～3億円規模の一貫生産設備がほぼ丸投げで外注されるようになったという。一方，受注側の設備メーカーには，そうした完結型の生産設備を引き受けられる高い能力が求められることになった。

④ 人　材

　従業員は73名であり，うち技術・製造系については，機械設計で11名，製造で25～26名，電装で8名，画像処理による検査装置関連で2名となっていた。設備の据付・調整は，製造部隊がそのまま設置現場に出向く仕組みになっている。そのため製造部隊は，日系海外工場などへの設備据付のために世界中に出張することになる。73名の従業員はすべて正社員である。

　73名という従業員の数については，「電機分野の生産設備のリードタイムは4～5ヵ月。〔その内訳は〕設計に1ヵ月，部品集めに1ヵ月，組立に1ヵ月，電装・配線・調整・据付に1ヵ月と非常に短くなっており，しばしば人海戦術となるため，ある程度の数を抱えておく必要がある」という。採用では，中途採用で即戦力をヘッドハンティングしたり，新卒の場合は電気分野や設計分野の人材を採用しているという。

　また，いまの生産設備はメカとそれを制御するソフトで稼働するようになっており，ソフトウェアを開発する人材の育成が喫緊の課題だという。社長は，「大

阪に，中古の工作機械を買ってきて，新たにソフトを組み込んでタクトを短縮し，某自動車会社の下請に納品し，7人で7億円を稼ぎ出す凄い会社がある」とし，組込みソフトウェアの重要性を強調する。また，ある大手サプライヤーから受注した自動車生産用の画像処理検査機械については，大手サプライヤーが開発したソフトに自社開発のソフトを組み合わせて何とか動くようになったが，シーケンス制御に必要となるprogrammable logic control設計については，自社内だけでは対処できず，大阪の業者に頼らざるを得なかったという。このようにソフトウェア人材の不足という問題を抱えつつも，近時の自動車の電動化ないし電子制御化という流れは，「弱電をやってきた我々に，T社〔自動車関連企業〕が目を向けてくれた理由」でもあり，大きなビジネス・チャンスになると同社では認識されていた。

(3) 駆動系部品 C 社[23]
① 会社概要

C社は，2008年2月，宮城県内のトヨタ子会社T社に対して駆動系部品トルクコンバータを構成するアルミダイカスト部品のステータホイールの供給を開始した。なお，駆動系部品は，動力系・操作系と並ぶ自動車の基幹部品の1つであり，そこに東北の地場企業が新規参入できたということで，後続企業がぜひ参考とすべき事例といえよう。

C社は，仙台市中心部から車で南に1時間ほどのQ郡R町に本社を置き，アルミ・亜鉛ダイカスト，金属粉末射出成形焼結合金を主力製品とする。2009年時点の資本金は2億円，従業員数は317名である。宮城県内に本社工場，S工場，M工場，埼玉県に1工場，米国に1工場を擁する。同社の創業者であり現在の代表取締役は，1956年に宮城県内の県立工業高等学校を卒業後，大阪のダイカスト・メーカーに勤務し，1968年に故郷・宮城県に戻り同社を創業し，翌69年に株式会社とした。

1975年には金型部門を開設した。これが現在の同社の強みと位置づけられる金型製作から鋳造までの一貫生産体制構築の起点となる。金型部門を設置した理由について，代表取締役は，「東北にはもともとダイカストの金型メーカーがいなかったから，自前でやるしかなかった」という。なお，「東北には，鉄器など，型の技能が昔からあるのではないか」という筆者らの疑問に対しては，「同じ鋳物といっても南部鉄器の世界とはまったく違う。〔南部鉄器の〕砂の金型と〔ダイカ

ストの〕鉄の金型は全然違うもの。鋳物屋からダイカストになったところはほとんどダメになっている」との返答を得た。

1980年に亜鉛ダイカスト専用工場，81年にアルミダイカスト専用工場，83年にもう1つのアルミダイカスト専用工場が宮城県内に開設された。86年に金型専門工場も開設された。また88年に米国企業と技術提携し，金属粉末射出成形法（MIM）による精密部品モルダロイの生産に乗り出した（生産開始は89年という記述がある）。以上のように，80年代には工場増設ならびに提携による技術・製品の拡充が行われた。

1991年にCAD／CAMセンターを開設した。1993年に現在の本社および本社工場を開設し，80年設立の亜鉛ダイカスト専用工場と81年設立のアルミダイカスト専用工場を吸収した。95年に亜鉛専門工場を本社に増設し，翌96年にキャブレターを扱う米国企業と共同出資で米国アリゾナ州に合弁会社を設立した。98年に精密亜鉛ダイカスト製品を製造する外国メーカーW社の日本法人WJ社とその工場（埼玉県）を買収した。99年にマグネシウムダイカストの生産も開始した。

2002年，埼玉県に新工場（投資額5億円）を開設し，98年に買収した上記のWJ社の工場から設備を移設した。02年に，米国3Dシステムズ社製・粉末焼結積層造形システム（投資額1億円）が新規導入された。粉末焼結積層造形システムは，レーザーを熱源に金属粉末を溶融・焼結し，その繰り返しによって3次元CADデータに基づく精密な立体形状を形成する装置である。この装置を利用すると，受注から最短3日で鋳造試作品を顧客に納品でき，顧客企業の製品開発リードタイムの短縮に貢献できるという。翌03年には，83年開設のアルミダイカスト専門工場を統合した新工場として本社所在地の宮城県Q郡R町にS工場（投資額は土地代を含み約12億円）が開設された。なお01年には，埼玉の新工場ならびにS工場などへの投資資金の一部を賄うため，私募債に対する債務保証制度を活用した。同制度は，中小企業への直接金融の途を開き，資金調達の多様化・円滑化に向けて信用保証協会が中小企業者の発行する社債（私募債）に信用保証を付与するものである。このほか，新規投資にあたり政府系金融機関からも融資を受けたという。実際には融資よりも私募債の方が（資金調達）コストは高くついたが，信用保証協会の保証が得られたことで会社としての信用度が増したという。04年には，ISO9001認定を取得した。

05年には，本社敷地内に技術管理棟（投資総額約8億円）を新築し，他工場で行われていた金型の設計・製造，そして品質保証に必要な測定・検査などの川上部

門をそこに集約した。これら川上工程の強化の動きについて，代表取締役は，コストおよび品質を含め「〔ダイカスト製品は〕金型をつくる前〔の設計〕に勝負あり」と，管理棟新設の狙いを説明していた。06年には埼玉県の工場がISO14001認定を取得した。07年に，米国アリゾナ州の合弁会社を100％出資の完全子会社とした。同年，S工場敷地内に加工工場を新設し，切削加工用高速マシニングセンターなど十数台の工作機械を導入した。

② 参入経緯

同社が自動車部品に参入する最初の契機は，1969年，ホンダ系大手部品メーカーV社の宮城県への進出にあった。V社と共にダイカストメーカー3社も宮城に進出してきた。地場企業のC社は，75年頃からV社と取引を始め，その後，取引量を順調に拡大していった。後にV社と一緒に進出してきた3社のうち2社が撤退したこともあり，現在では，V社の宮城県の工場が調達するダイカスト部品の約8割をC社が納入するまでになっているという。

現在（09年時点），C社の売上全体に占める自動車部品の割合は，約5割である。代表取締役は，一般的に「ダイカスト製品の7割が自動車向け部品」であるが，「東北にはもともと弱電メーカーが多かったので弱電の部品をつくらざるを得なかった」という地理的な特殊性が同社の売上比率に反映されているという。近時，同社のM工場が手掛ける時計・医療機器向けの金属粉末射出成形品（モルダロイ）が好調であることから，自動車部品の売上比率を徐々に押し下げている。ただし弱電メーカーに納品している部品でも，最終的にカーナビやバックモニターに組み込まれる部品もあり，自動車向けと弱電向けを明確に区別することは実際には難しいとされる。

ホンダ系大手部品メーカーと取引していたC社であるが，先述のように，08年には宮城県内のトヨタ子会社T社向けにステータホイールの供給を開始した。ちなみに同部品はT社が三河地区のトヨタ系大手部品メーカーから調達していたもので，その生産の一部，すなわち増産分を地元C社に振り向けたのである。当初，T社側から話が持ち込まれ，ステータホイールの実物を見せられ試作に取り掛かった。ステータホイールの細かな部分，例えば羽の角度や厚さなどは技術的に図面に記載できない類のもので，自社で試作とテストを繰り返すことで精度を高めていくしかなかった。データを取るためのバランス測定機や解析ソフトを新規導入し，ステータホイールの羽の角度や薄さを微調整しながら要求性能へと近

づけていった。試験についても，C社内での性能試験，T社による単品試験，さらにステータホイールが組み込まれたトルクコンバータがより大きな足回り構成部品に組み付けられるトヨタの別工場での実装耐久試験などが繰り返された。

　C社関係者は，トヨタ本社の部品調達の姿勢を「値段よりも安全をみる」と評し，その問題発見と問題解決の能力の高さを指摘する。具体的には，「トヨタ本社から毎回，違う人が10人ほど来て，さまざまな課題を見つけて解決策を出す。延べ何十人という人が来た」とし，「〔トヨタ本体のある〕名古屋から朝一番の飛行機で来て，〔トヨタ子会社〕T社のスタッフが仙台空港でピックアップして〔C社に〕来る。〔C社の工場で監査を行ったのち〕C社社員が最終便に間に合うよう仙台空港まで送り届けた」という。この間，実は一度ダメになりかけたこともあったが，「最初の話から約3年かけて」受注に漕ぎ着け，T社が調達するステータホイールの約4割にあたる数量を担当することになった。また，同部品の調達価格に関して，「原則，弱電も自動車も同じ。すなわち，ベストな数字を提供する」ことに尽きるとC社関係者は説明する。具体的には，トヨタ指定の算定フォーマットにそってC社が提供できるベストな数字を書き入れていくのだという。弱電では認められないような費用が認められたり，その逆もあったり，また弱電に比して自動車のPLCが長いことから，減価償却費などの配賦の仕方（弱電に比して，薄く，長くなる）も異なってくるという。ちなみに，弱電と自動車のPLCの違いについて，「弱電は売れなければ突然部品の発注がなくなる」こともあるが，「羽〔ステータホイール〕については，10年，同じ形状でいけるのではないか」と，C社関係者は述べていた。

　なお，T社向けの出荷であるが，まだ量が少ないこともあり週に数回の納品であり，必ずしもJIT対応にはなっていないという。

③　生産体制

　生産体制の中で，近年，特にC社が強化するのが，川上の開発・設計工程である。例えば，2002年の粉末焼結積層造形システムの導入，05年の本社技術管理棟の新設といった動きである。

　本社技術管理棟2階に設計室が置かれ，3次元CADによる金型と部品の設計が行われている。生産現場でのコスト削減や品質向上には限界があり，生産の前段階である設計活動を通じて品質・コスト面の競争力を向上させることが肝要だという。顧客からの発注は機能指定の場合が多く，指定の機能を満たしたうえ

で，より生産しやすく，より扱いやすく，より欠陥が生じ難い形状をいかに提案できるかが勝負になる。とはいえ，弱電のように部品のPLCが短い場合は，部品設計変更時にC社側からさまざまな提案を行えるが，自動車部品は，発注側で機能が定められた部品をある程度長期にわたり不良なく生産し続けることが第一に求められるので，弱電部品のようなサプライヤー側からの逆提案はなかなか難しいともいう。

　技術管理棟の１階は，粉末焼結積層造形システムなどの試作設備，品質保証のための試験設備が置かれている。粉末焼結積層造形システムは，金属粉を焼結することで試作金型を製作する装置である。同システムを用いた製作工程は，３次元モデルデータ → 金型設計 → 積層造形 → 焼結・溶浸 → 金型入子 → 鋳造試作 → 製品となっているが，特に焼結・溶浸の段階が難しく，ここにC社独自のノウハウの蓄積がみられる。また品質保証に必要な試験設備の拡充にも力を入れている。例えば，C社は，ダイカスト部品内部のガス含有量を測定するためのガス量測定システムを持っているが，「全国でも自社で〔このシステムを〕所有している会社は少ない」という。また，技術管理棟１階には金型加工工場が併設されている。３次元CAD（CATIA V5）で設計された金型データがCAM（スペースE）を介してNCマシン制御用プログラムに自動変換され，金型が加工される。高速マシニングセンターは夜間無人運転が可能である。設計・開発から金型加工へと至る工程では，人間の作業を機械へと置き換え，機械を人間が管理するという方針で，生産の自動化が進められていた。

　以上のような川上工程への積極投資は，先にみた「金型をつくる前に勝負あり」という代表取締役の考えに沿ったものであり，また「ダイカストはこうあるべきだという夢がある。またダイカストにかける情熱がある。そのために〔苦しいながらも〕設備投資を行ってきた」のだという。

④　営　業

　営業方針については，新規顧客の獲得にはあまり力を入れておらず，既存顧客との信頼構築による継続取引を重視する，と説明されていた。それでも，これまで毎年１社程度は新規顧客を獲得できてきた。顧客から信頼を得るには，安定品質に加えコスト削減への提案が重要だと考えられている。

　業種別の売上に関して，代表取締役は，「〔我々の仕事は〕良質なダイカスト製品を提供することであり，弱電・自動車の区別は関係ない」と述べる。ダイカスト

製品を生産することが自らの仕事であり，闇雲に事業拡大を進めるのではなく，ダイカストというコアの技術や製品に関連した領域で設備増強と顧客獲得を行ってきたことが強調されていた。

今後の宮城県や東北への自動車関連企業の進出には期待しており，特にデンソーに代表される大手部品メーカーの進出が進むと，自社を含め地場企業にビジネス・チャンスが回ってくると考えられていた。しかし同時に，代表取締役は，これまで部品を供給する地場企業が弱く，進出してきた大手企業を支える力が東北には備わっていなかった，という問題を指摘する。

⑤ 人材採用と育成

C社の従業員数は317名（2009年6月時点）で，すべてが正社員であるという。そのうち設計，測定，品質など，いわゆる川上機能を担う従業員は17名，さらにこれに事務職員などを加えた間接部門の従業員数は約45名になるという（ただし，どこまでが間接で，どこまでが直接なのか，という判断は難しいという）。

代表取締役は，「兼業農家〔の人材〕で現場作業は可能であったが，もともと東北にダイカスト技術者はいなかった。新卒で，自前で育て」なければならなかったという。特に1993年に現本社・工場を開設した頃から，川上機能を担える技術者を積極的に採用してきた。地元の工業高校あるいは東北学院大学，石巻専修大学の機械・材料分野の学生を採用し，自前で教育してきた。約17年が経ち，当時採用した人材が課長クラスに昇進し，現場の責任者として育ってきているという。技術者研修は，まず，3次元で図面からカタチになっていく過程を体験することから始められるという。

ちなみに自社の技術高度化に向けた産学連携については，大学側の技術があまりにも先端を行き過ぎているため積極的には取り組んでいない[24]。また，金型やダイカストへの新素材の活用などについても，「素材は変わらないと思う」とし，いまのところ素材に関する基礎的研究などは行っていないという。

4．参入要件を探る

以上，自動車関連産業で活躍する宮城県の地場企業3社の事例をみてきたが，それら3社の能力評価を通じて，宮城県ないし東北での自動車関連分野への地場企業の参入要件を析出していきたい。本稿では，品質，コスト，納期，いわゆる

QCDの達成は必須とし，それらQCDを実現するための組織の能力や体制の在り方を探ることになる[25]。自動車産業への参入を計画する宮城そして東北の地場企業にとって，どのような能力，設備，さらに心構えや考え方が求められるのか。先行企業の取り組みから，それらを明らかにする。

① 一貫生産体制の整備

3社とも設計 → 生産・加工 → 装飾 → 組立という一貫生産体制を構築していた。例えば，A社は，金型製作を中核能力とする一貫生産体制を自社の強みと位置づけていた。これにより1次サプライヤーから送られてきたデータに基づく金型試作に始まり，装飾や組立段階で生じた不具合の金型製作工程への素早いフィードバック，さらに自社内での金型の維持・修繕などが可能になる。またC社は，東北地方にそもそもダイカストの金型の専門業者がいなかったことから，金型の自社製作に乗り出さざるを得なかった。B社も，生産設備の部品に関して，外部業者を一部利用することはあるが，大半の部品を自社内で加工していた。なおB社関係者は，部品加工などの仕事を宮城県内の業者が引き受けてくれないため，仕方なく隣県・山形県の業者に発注しているとも述べていた。

このように先行地場企業3社はいずれも一貫生産体制を構築してきたわけだが，そこには金型や部品加工を行う専門業者の集積の乏しさという東北特有の産業事情が少なからず影響していたと考えられる。すなわち，外注できる業者がいないので，より多くの工程を自社で手掛けざるを得なかったとも理解できよう。大手進出企業を支援する地場企業も弱いが，力のある地場企業を支援する地場企業も弱いということである。もって，2次サプライヤー，3次サプライヤーとして参入を果たした地場企業を支える4次サプライヤー，5次サプライヤーに位置する地場企業の育成と強化も急がれよう。

ただしそうした地域の弱みが，企業の強みを創出する源泉になることもある[26]。すなわち，一貫生産体制が整備されることで，生産・加工工程から金型製作工程への素早いフィードバックや金型メンテナンスの自社対応が可能になり，それらが自動車関連産業参入に求められるQCDの継続的改善につながっていく。こうした一貫体制の構築こそが東北の部品サプライヤーの1つの強みとなり，とりわけ生産拡大期において，東北のトヨタ系ボデーメーカー（旧・関東自動車工業岩手工場および旧・セントラル自動車）や1次サプライヤー（アイシン東北，トヨタ紡織東北，デンソー東日本など）が東海地区など域外から調達する部品の生産の一部（す

なわち，増産分）を地場企業に振り向けてもらえる1つの条件になるのではないだろうか。また，関東自動車工業岩手工場とセントラル自動車を合わせて年間50万台弱の生産規模になるといわれているが，その生産量では，分業による専業化ならびに習熟効果による費用削減分を，会社間を連結する取引費用が上回ってしまう可能性があることから，（厳密に費用比較を行うことは困難であるが）自社内一貫生産の方が経済的にも合理的なのかもしれない[27]。以上のように，先行地場企業の事例からみると，一貫生産体制の整備こそが，東北での自動車関連産業（すなわち部品や設備）への参入に向けた1つの重要な要件となるかもしれない。

② 川上機能の強化

一貫体制の中でも，とりわけ川上機能の強化が重要と考えられる。ここでいう川上機能は，例えば金型製作のさらに上流に位置する設計，試作，試験，解析，品質保証などの領域を指す。例えば，駆動系の基幹部品を供給するC社などは，「金型をつくる前に勝負あり」とし，90年代半ばから自ら率先して設計・試作部門の機能強化ならびに同部門での人材育成を進めてきた。さらに，トヨタ子会社T社向けの部品供給では，実物と簡単な図面をみせられ，それをもとに試作とデータ解析を繰り返し，T社の厳しい要求水準をクリアしていった[28]。すなわち優れた川上機能（設計，試作，試験，解析能力）が，T社への部品納入を可能にしたといえよう。

また，B社の手掛ける生産設備分野では，発注側の大手企業が生産技術者（生産設備の設計と製作を担う技術者）を付加価値活動に直接関わるライン製造技術者（ラインの設置や変更を担う技術者）に転籍させており，これにより受注側の生産設備メーカーには，大規模な生産設備を設計・開発から生産・据付まで一貫して請け負える高度な能力が要求されるようになったという。例えば，B社が大手家電メーカーX社から受注した薄型テレビ用生産設備では，製品と目標タクトを示され，X社の指導を受けながら，その目標をクリアできる設備を3年かけて開発，設計，生産していった。このように開発や設計が求められる発注に対応するには，当然，自社内部の開発・設計機能の拡充が必要になる。また内装部品を手掛けるA社も，自らの役割を1次サプライヤーに対するものづくり機能の提供としながらも，できるだけ開発にも関われる仕事を探す，という営業目標を掲げていた。

短・中期的にみて，東北ないし宮城県の地場企業の参入は，進出企業が東海地

区から調達している既存車種向けの既存部品の生産の一部（例えば，生産拡大期に増産分）を肩代わりするという形が多くなるだろう[29]。そのような参入を実現するには，現物部品と貸与された（簡単な）図面をみながら，試作，試験，データ解析を行い，発注側の厳しい要求水準を自力でクリアするための川上機能が不可欠となろう。

③　生産機能の高度化と設備の大型化

開発機能に加え，生産機能の高度化も求められる。例えば，自動車の内装パネルを手掛けるA社の場合，金型製作と並び，シルクプリントを応用した塗装技術を自社の強みの1つと位置づけていた。塗装・装飾などは，外観や質感が重視される家電やAV機器で培われた技術が応用できるため，東北の地場企業の強みの1つになるかもしれない。

またB社は，家電向け生産設備と自動車向け生産設備の違いの1つとして，設備を組み立てる建屋の天井高が自動車では格段に高くなると指摘し，実際，自動車生産用の溶接機械（高さ4〜5m）を組み立てるために天井高10mの建屋を新設していた。これは生産設備に限った話ではなく，自動車部品の生産でも建屋が大型化する傾向がある。つまり部品を生産するための射出成形機やプレス機などの設備が大型化することから，それら生産設備を配置するために，より大きな空間（建屋）が必要になるのである[30]。

④　つなぎの技術

ここでいう「つなぎ」とは，開発データや発注情報の送受信あるいはJIT対応での納品を意味するが，その重要性は，例えばA社の事例の中で具体的に示されていた。すなわち，1次サプライヤーから送られてくる3次元CADの設計データをA社の金型製作用データに読み替えるインターフェースの技術，さらに1次サプライヤーからの発注を受けてA社の生産現場に作業を指示したり，A社から3次サプライヤーに部品生産を発注したり，1次サプライヤーへの出荷を正確かつ効率的に処理したりする基幹業務管理システムの整備が必要になる。

ちなみにA社は，これら基幹業務管理システムの整備に関して，外部から自己完結型のパッケージを購入するだけでは不十分とし，サブ・システムだけの開発を外部業者に依頼し，サブ・システム間のインターフェースを自社開発するこ

とでシステム全体に柔軟性を持たせる工夫を行っていた。これらつなぎの技術は，電機・電子分野の大手企業と取引実績があり，そこでデータ交換やJIT納品を経験していれば，自動車分野でもある程度うまく対処できると思われる。とはいえ，既存のシステムをそのまま転用できるわけではなく，業界あるいは取引先ごとに細かな修正や調整が必要になることはいうまでもない。そのような修正や調整を自社内で行えること，そのための人材を育成することが重要となる。

⑤ 分散可能な事業構造

これは経営戦略（特に全社戦略）や財務経営に関わる問題である。自動車関連分野への参入時に必要となる設備投資や間接費などの費用負担を，うまく分散させられる収益性の高い事業を1つ，ないし複数持っていることが重要となる。すなわち，新規事業となる自動車関連事業を資金面で支えられる優れた既存事業を傘下に抱えていなければならない。このようなことから，衰退する既存事業（例えば，電機・電子など）に代わる新たな活路として自動車関連事業を位置づけるという発想は実は間違いであり，有望かつ収益性の高い既存事業を持ち，強固な財務基盤を有する企業だけが参入を許されることになる。

車のモデルチェンジ・サイクルは4年ないし5年間隔といわれ，四半期ごとに新製品（例えば，春，夏，秋，冬モデル）が投入される家電に比べ，PLCが長い。もって，自動車部品の供給は，取引が長期安定化する一方，投資回収期間が長期化することになる。ゆえに生産設備の減価償却費も薄く長く製造原価に配賦する考え方を持たなければならず，家電のように短期回収を前提に原価計算していては，当然，自動車分野で先行する他地域の競合会社のコストと価格には太刀打ちできない[31]。加えて，この長い回収期間を乗り切るには，その間の資金繰りを支える他事業の存在が不可欠となる。また参入にあたって新規設備の導入が必要となる場合，すでに償却が進んだ設備を用いる先行地域のサプライヤーには対抗できないことから，自動車関連事業で生じる減価償却費などの固定費を他事業に広く配賦するといった工夫が必要になるだろう。

例えば，C社では，時計・医療機器向け金属粉末射出成形品（モルダロイ）が好調であり，1つの収益源になっていた。さらにC社の場合，ホンダ系1次サプライヤーに対して自動車用ダイカスト部品を生産していた実績があり，トヨタ子会社T社の部品についても既存のダイカスト生産設備を転用可能であったことから，（設計・試験設備への投資は必要であったが）投資負担が軽く済んだと考えられる。

また生産設備を扱うB社は，経営戦略として，電機，自動車，食品，航空機産業などへの取引先業種の分散を進めていた。繰り返し強調するが，競争力のある既存事業から入ってくる資金こそが，新規事業としての自動車を支えていくことになる。すなわち（電機・電子や精密機器などの）既存事業で強い競争力を持ち，強固な財務基盤を有する地場企業のみが，自動車関連事業への新規参入を許されるといえよう[32]。

⑥　資金調達力

自動車関連産業への新規参入には，生産設備，建屋，開発・設計設備など多額の投資が必要となることから，上記のような既存事業の収益力だけでなく，金融機関からの資金調達力も重要である。

ある地場企業の関係者は，民間金融機関からの融資では，自社が持つ技術的な優位性はあまり意味がなく，財務上の数値を良くしておくことが肝要だとの意見を持っていた。既存事業の収益性こそが，会社の財務数値を良くする原動力であるとすれば，先に述べた既存事業の収益性と資金調達力はまさに表裏一体の関係にある。

他方，同じ地場企業の関係者は，購入した設備を担保に融資（いわゆるAsset Based Lendingという融資。以下，ABLと略記）が受けられる政府系金融機関の有用性を指摘していた。今後，地域産業振興政策の一環として，能力はあるものの，やや資金力を欠く地場企業に参入を促すような場合，政府系金融機関ないし県などによる金融面の支援[33]，例えばABL制度の拡充などが非常に重要になってくるだろう。

⑦　人材の育成

参入に必要な能力や体制を構築する原動力は，もちろん人である。近時，宮城など東北各県は，自動車関連産業向けの人材育成に力を入れている。特に本章のテーマである地場企業による自動車分野への参入を実現するための人材となると，やはり川上機能にあたる設計，試作，試験，解析，品質保証を担える開発要員の高度化が重要となる。ここで取り上げた宮城県の先行地場企業は，以前から開発を担える人材の育成を重要な経営課題の1つと位置づけ，自前で技術者の養成を進めていた。

例えばC社は，90年代初頭から川上機能を担える技術者の採用と育成を進めて

きた。またB社でも同様に設計や開発を担える人材を育成してきたが，近時に至り，さらにソフトウェアの設計を担える人材の強化の必要性を認識していた。

ただし誘致企業の進出によって，人材の面で，思わぬ悪影響が地場企業におよぶ可能性もある。自動車関連企業の進出で先行する九州では，給与がより高い大手進出企業への地場企業からの人材流出がみられたという[34]。本章で取り上げた宮城県の先行地場企業でも，時間とコストをかけて育成してきた優秀な人材を自社につなぎ止めるための方策が今後必要になってくるかもしれない。また，そうした問題に対しては，誘致を進めた主体でもある県が，（次節で触れるように）何らかの対策を先回りで打たなくてはならないであろう。

⑧　創発的な戦略行動

自動車産業に新規参入する東北の地場企業が，すべての能力や体制をあらかじめ用意周到に整備したうえで参入するというのは非現実的である。むしろ参入を目指して活動していく中で，求められる能力の内容を具体的に把握し，それら能力を順次整備していくという創発的な戦略行動が求められよう[35]。

自動車のセンターパネルやキーレスエントリーを手掛けるA社は，自動車部品を強化するという主要取引先Z社の戦略方針の変更に合わせて，自らの事業領域を電機・電子から自動車へと順次拡大していった。センターパネルに用いられる樹脂部品の加工技術の整備は，1980年代半ばに自社倉庫に山積みされた樹脂外装品の問題を解消するために樹脂部品の生産を内部化したことが契機となった。このように主要取引先の戦略に同調し，また直面する問題を解決していく中で技術の幅を広げ，自動車関連分野への参入に資する重要な能力を構築していったのである。

生産設備を手掛けるB社の能力構築の契機は，大手電機メーカーX社との取引にあった。既存の取引先との取引が急に縮小するという危機に直面し，新たな取引先を求めてX社に営業に出向いたことで取引が始まった。そして，X社の厳しいコストや品質の要求水準に対応する中で自社の能力を磨いていった。さらにトヨタ子会社T社の宮城県進出に際して設置された準備室に参加を打診されたことが，自動車向け生産設備を手掛ける契機となった。最終的にT社向けに生産設備を供給することになるわけだが，そこでもB社は，三河地区の同業者を訪問し，自動車に求められる技術や設備を積極的に学んだ。こうしたB社の学習能力の高さこそが，同社が自動車向け生産設備の供給で成功した要因の1つといえよう。

C社がT社向けに手掛けるステータホイールの開発は，T社側から話が持ち込まれた。C社は，すでに1970年代からホンダ系の大手１次サプライヤーに部品を供給しており，自動車業界に必要とされる基礎的な能力は持ち合わせていた。それでも新規の顧客であり，また要求水準が異なるT社向け部品供給では，実物見本を参考に試作を繰り返し，そこで必要になったバランス測定機や解析ソフトなどを新規に導入していった。そして一度はダメになりかけたが，粘り強く３年の年月をかけて当該部品の受注に漕ぎ着けた。まさに試作を行いながら，品質保証に必要とされる解析や測定用の設備を具体的に把握し，導入を進めていったのである。

　以上のように先行の地場企業は，いずれも当初から参入に必要な能力を完全に持ち合わせていたわけではなく，直面する経営上の危機を打開するため，あるいは与えられたチャンスをつかむために，その能力を漸進的に強化していったのである。こうした各社の行動をみると，もちろん用意周到な計画の重要性を否定するわけではないが，とりわけ未経験の領域への参入では「実行による学習」(learning by doing)[36]を通じて，必要とされる能力や組織の体制を具体的に把握し整備するという，まさに創発的な戦略行動がより重要になるだろう。

⑨　学習と情熱

　直接観察できない対象ゆえ学術的議論の俎上にのせることは難しいが，経営者のマインドという心理的要素も重要である[37]。今回調査を行った地場企業の経営者には，共通して，挑戦と新たな学習を前向きに捉える姿勢があり[38]，さらに技術や製品への情熱を感じ取ることができた。

　繰り返し述べることになるが，生産設備を手掛けるB社社長は，弱電にせよ自動車にせよ強くて厳しい相手に学ぶことの重要性を強調していた。またC社の社長は，ダイカストという技術への情熱や夢があるとし，自動車や電機など産業分野にこだわらず，むしろダイカスト技術と提案力の高度化こそが新たなビジネス・チャンスをもたらすとの考えを持っていた。

　すなわち，これまで指摘してきた一貫生産体制や生産機能の高度化，開発・設計の強化，人材育成などは，最終的に，経営者がそのリスクをとれるか否か，という経営トップの意思決定の問題へと還元されるのかもしれない。強固な財務基盤，利益率の高い他事業の存在といった財務的な裏付けはもちろん必要であるが，そのうえで自動車に求められる技術や能力を構築できるか否か，さらに東北

での自動車産業集積という千載一遇のビジネス・チャンスに対して一定のリスクを負えるか否かは，個々の地場企業の経営者の考え方や姿勢に大きく依存する。

5．むすびにかえて

以上，宮城県の地場企業3社の事例分析を通じて，東北での自動車関連産業への参入要件を探ってきた。表3－1にみられるように，前節で析出された参入要件の多くは，個別企業が個別企業の課題として対応すべき内容と考えられる。中でも，開発・設計などの川上機能の充実，そのための人材育成，さらに分散可能な事業構造や財務基盤の強化などは，一朝一夕に達成できるものではなく，本章で取り上げた先行企業の取り組みからも明らかなように，長期的視野のもと漸進的に解決されるべき課題である。すなわち，自動車関連産業への地場企業の参入は，まずもって地場企業の経営者がそれを自社の重要な戦略的課題と位置づけることに始まり，本来，（先行3社がそうであったように）10年ないし15年という時間をかけて達成されるべきものである。とはいえ，電機・電子の分野ですでに高い技術や能力を有する地場企業は，既存の技術や能力を応用することで参入までの期間を大幅に短縮することも可能であり，とりわけ自動車の電動化・電子制御化

表3－1　参入に向けた課題とその実行主体（試案）

	企業が取り組むべき課題	地域が支援すべき課題
一貫生産体制の整備	○	
川上機能の強化	○	
生産機能の高度化と大型化	○	
つなぎの技術	○	
分散可能な事業構造	○	
資金調達力	○	○
人材の育成	○	○
創発的な戦略行動	○	
経営者による挑戦の姿勢	○	

（注）○は，各主体が取り組むべき，ないしは支援すべき課題を指す。
（出所）筆者作成。

という昨今の流れは，電子・電機分野で独自技術を蓄積してきた企業には有利に働くかもしれない。

しかし，そのように電子・電機分野で独自技術を持っている宮城ないし東北の地場企業の数は非常に限られており，自動車関連産業への新規参入を個別企業だけが取り組むべき課題と捉えてしまうと，東北での自動車産業の集積，とりわけ地場企業の参入はおのずと低位にとどまるだろう。そこで，やはり各地域が，参入の意志を有する地場企業を側面から支援していく必要がある。支援を実施する地域の主体というのは，やはり県が中心になるだろう。例えば県による補助金の拡充は，技術力はあるが資金力にやや不安を抱える地場企業の参入の試みを助け，また東北に立地するトヨタ系ボデーメーカーや大手1次サプライヤーとの取引に不可欠となる開発設備や大型の生産設備の導入などを支援していけるだろう。また，本章で分析した宮城の地場企業の経営者の1人が，政府系金融機関の存在の有用性を指摘していたことを，ここで改めて記しておきたい。さらに，民間金融機関による融資は，良好な財務数値が融資の前提条件であり，技術的な優位性は二の次であると理解されていたことも付言しておきたい。

あわせて人材育成も，県による支援が求められる分野であろう。ただし人材育成支援には，大きく分けて，誘致企業への十分な人材供給，そして地場企業の自動車関連産業への参入に不可欠な川上機能を担える開発人材の育成があるだろう。また誘致企業向けの人材供給は，製造現場を担う人材，そして開発・設計なども含む間接部門を担える人材とに，これまた大きく分けられよう。

その中で，大手誘致企業の立地が進む宮城県がまずもって支援すべきは，誘致企業への十分な人材の供給であろう。加えて，誘致企業の進出によって今後発生するかもしれない企業間の人材移動への対応も急がれる。すなわち，優良な1次サプライヤーの地域子会社の進出に伴い，地場企業が育ててきた中核人材がそちらに流出してしまうかもしれない。もちろん1次サプライヤー側もあからさまな人材の引き抜きは自粛するだろうが，基本的に個人の職業選択の自由を奪うことはできないし，やはり給与，福利厚生など条件面で優れた大手企業は人材募集で優位な立場にあることは間違いない。繰り返し述べるが，自動車産業集積で先行する九州では，実際に地場企業から進出企業への人材移動が問題になっていた。中でも川上機能や生産・品質管理を担う中核人材の移動は，有力地場企業にとって死活問題である。まず県としては，高質かつ十分な数の新卒人材（高卒・高専卒）を供給することで進出企業側の人材への需要を満たし，地場からの引き抜き

などを少なくする必要がある。加えて，より良い条件を求める有能な地場企業の人材の自発的転職をできるだけ減らすため，例えば地場企業が従業員に支払う給与への県の助成金制度を設けるなど，新たな仕組みづくりが将来的に求められるかもしれない。人材移動が実際に起こるかどうかわからないが，それが発生してしまうと地場企業の経営に大きなダメージがおよぶため，県として先回りの対策を打っておく必要があろう。

　他方，地場企業における例えば川上機能（設計開発や品質保証）や現場管理（生産管理や品質管理）を担える高度人材の育成は，本書第6章や付録1パネルディスカッションの中で，宮城県のコーディネーターでトヨタOBの萱場文彦氏が暗に指摘するように，やはり地場企業が自らの戦略的課題と位置づけ自力で取り組むべきことであり，本章で取り上げた宮城の先行地場企業のように，そうした自己研鑽こそが自動車関連分野への参入とその後の取引継続を可能とする真の意味での技術力や提案力につながっていくのであろう。もちろん，自動車の構造や特性，さらにどのような技術や知識が求められるかについては，自動車を知りつくした自動車会社出身の各県アドバイザーが支援していく必要があるわけだが，まずもってそうした人材の必要性を認識し，その育成に向けて戦略的に資源や時間を割けるか否かは，地場企業の経営者の意志と決断次第である。

　そのほかにも，地場企業同士の連携推進や次世代自動車技術を睨んだ産学官連携など地域として取り組まなければならない課題は山積しているが，それらはどちらかというと，より長期の視点に基づく，より高度な参入の在り方を目指す取り組みといえよう。ちなみに，そのように一歩進んだ自動車産業振興の一端は，東北の自動車産業振興の先駆者・岩手県の取り組みを扱う次章で触れられる。

　本章は，宮城県の先行地場企業の事例研究を通じて新規参入に必要とされる能力や組織体制を具体的に析出し，それら能力構築の大部分は，個別企業が個別企業の戦略として進めるべきであるという，ごく当たり前の結論を導き出した。さらに，地場企業が，それら能力構築に乗り出すか否かは，最終的には経営トップの姿勢と決断にほかならないと，これもまた当然の主張を行った。

　さらに東北という地域（マクロ）が，海外流出が進む電機・電子産業に代わる新たな活路として自動車産業を位置づけたとしても[39]，個別企業（ミクロ）レベルでは，衰退する電機・電子事業から自動車という新規事業への多角化は非常に難しいことも確認された。これはしばしば指摘される電機・電子と自動車の違い，例えば技術・品質の要求水準の違いや商慣習の壁が参入を阻むという類の議

論ではなく，電機・電子など既存事業で十分な仕事量と強い収益力を有する企業でなければ，財務的に自動車関連分野への新規参入を実現するのは難しいことを意味する。製造原価を低減して自動車部品を新規受注するためには，新規設備の導入や建屋の新築など自動車関連分野で発生する多額の固定費を既存事業に広く配賦できなくてはならないし，また自動車部品向けの設備・建屋の新設そして川上工程の拡充に向けて金融機関から融資を受けるためには，収益力の高い既存事業の存在と，それによる良好な財務数値が必須となる。よって，個別企業レベルでみると，当面は，独自技術に基づく既存の強固な事業（例えば，東北の地場企業がこれまで手掛けてきた電機・電子事業や精密機器事業）が新規事業としての自動車を財務的に支えるという形をとらざるを得ないのである。

その意味で，自動車関連分野への新規参入の可能性を有する予備軍は，例えば電機・電子や精密機器でのオンリーワンの独自技術とそれによる高い収益力を持ち合わせた，ごく限られた数の地場企業にならざるを得ないことをまずもっておさえておくべきだろう。大きな経済波及効果などの数値を公表し，期待を膨らますことも結構であるが[40]，むしろ上で述べてきたような厳しい現実を踏まえ，宮城そして東北は，どのように自動車産業と関わるべきなのか（例えば，本書第2章を参照）を真剣に考えていかなければならない。

【注】
＊本章は，村山貴俊「東北における自動車産業集積の可能性――2008～09年の第一次実態調査に基づく地場企業の参入行動分析」『東北学院大学　経営会計研究』第18号，2011年3月を補正のうえ再掲するものである。本章の記述は，2008～09年に実施した一連の訪問調査に基づいており，その後の展開は必ずしも取り込めていないことを断っておきたい。再掲にあたって，第2節のように情報がやや古くなっている部分も認められるが，当時の状況を伝えることにも一定の意義があると考え，あえて大きく手を加えなかった。最近の東北の自動車産業をめぐる動きについては，第1章や第4章などを参照されたい。

1）折橋伸哉「東北地方において自動車産業を育成する上での課題――発展途上国の抱える問題との関連において」『東北学院大学　東北産業経済研究所紀要』第28号，2009年3月，47～48ページを参照。

2）村山貴俊「東北地方における工場撤退の背景とその影響――岩手県の電気機械産業の事例を中心に」『東北学院大学　東北産業経済研究所紀要』第26号，2007年3月，15～24ページを参照。

3）NHKスペシャル「景気回復は本物か（2）　新メイドインジャパン　デジタル家電・世界との戦い」，2004年6月5日放送を参照。

4）藤本隆宏『能力構築競争』中公新書，2007年を参照。

5）東北経済産業局産業振興課「東北地域の自動車産業集積に向けて──『TOHOKUものづくりコリドー』による自動車クラスター形成」『東北経済産業情報　東北21　特集』2007年2月を参照（ただしhttp://www.tohoku.meti.go.jp/koho/kohoshi/mokuji/18fy/0702/tokusyu.htmよりダウンロード）。しかし、近時に至り、海外で生産した自動車を日本に逆輸入するという日本の自動車会社の行動が注目を集めている。以前から、ホンダがタイで生産した小型セダン「フィットアリア」、スズキがハンガリーで生産した小型車「スプラッシュ」、日産がイギリスで生産した中型SUV「デュアリス」（英国で「キャシュカイ」、米国で「ローグ」という車名で販売される）を日本に逆輸入し販売する事例はあった。最近では、主力小型車種「マーチ」を、タイで生産し、日本に逆輸入する日産の取り組みが話題になっている。海外への自動車の生産拠点の移転が今後一気に進むかどうかを判断するためには、例えばタイで生産された新型マーチのコストと品質が、どの程度のもので、どの程度、日本の消費者に受け入れられるかを見極める必要があろう。ちなみに日産がイギリスで生産していたデュアリスは、その後、国内生産に切り替えられた。

6）さらには、第3次産業や第1次産業などへの複線化も重要であり、そのような問題意識のもと、筆者らは宮城県の観光産業振興についても分析を行っている。例えば、東北学院大学経営学部おもてなし研究チーム『おもてなしの経営学』【実践編】【理論編】【震災編】、創成社、2012年および2013年の3部作を参照されたい。

7）以下の記述は、本章のオリジナルの論文を執筆した2010年までの状況であり、情報としてはやや古い。ただし、最近のアベノミクスによる株式市場の活況によって記憶が徐々に薄れつつあるリーマンショック直後の宮城県の自動車産業を取り巻く状況を記録しておくという狙いで、そのまま掲載することとした。

8）『河北新報』2009年3月19日付を参照。

9）関東自動車工業プレスリリース「開発センター東北の開所について」2009年4月7日付を参照。

10）『河北新報』2009年3月4日付を参照。

11）『日本経済新聞』2009年4月17日付および『河北新報』2009年5月29日付を参照。

12）『河北新報』2009年5月29日付を参照。

13）2008年12月2日に実施したT社への訪問調査より。

14）近時に至り、サプライチェーンの地域自己完結が、震災など有事のリスク管理の手段の1つになるという考え方もある。詳細は、本書付録2を参照のこと。

15）2009年7月23日に実施したトヨタ系ボデーメーカーへの訪問調査より。

16）2009年6月11日に実施した宮城県内の地場企業への訪問調査より。

17）例えば、トヨタは、2009年、新興国市場での独フォルクスワーゲンなど強力なライバルとの競争を見据え、今後3年間で現行の部品調達コストから3割削減すると発表した。これ以前にトヨタは、2000年から6年かけて累計1兆円のコスト削減を行った実績があり、今回、そこからさらに3割を削減することになる。『日経速報ニュースアーカイブ』2009年12月22日付、日経テレコンより入手。

18）実際に、東北各県の産業振興策をみると、進出企業による地場企業の育成に過度に期待を寄せる内容が散見される。

19) それでは，どれくらい価格を引き下げる必要があるのか。居城克治・福岡大学教授は，東北学院大学でのシンポジウムの中で「中京地区から仕事を九州でとれるかというと，大体30％～40％ぐらいコストダウンしないととれないのが実態です」と述べている。居城克治「経済危機と九州自動車産業の対応」『東北学院大学　東北産業経済研究所紀要』第29号，2010年3月，28ページより引用。また，広島の自動車部品サプライヤーは，「2～3割のコスト削減は当たり前。ハーフ・コスト〔半値〕にすれば〔完成車〕メーカーに話は聞いてもらえる」と，さらに厳しい見立てをしていた。2009年2月25日に実施した広島地区での訪問調査より。
20) 2008年11月25日に訪問調査を実施。A社に関する記述は，特に注記のない限り，訪問時に提供された資料およびヒアリングから得られた情報に依拠している。
21) 2008年12月8日に訪問調査を実施。以下の記述は，特に注記のない限り，訪問時に提供された資料およびヒアリングから得られた情報に依拠。
22) 作業員が機械に巻き込まれるなどして怪我をすると，事故原因の調査を含めラインの再稼働までに長い時間が掛かり，その間，生産活動の休止を余儀なくされる。それにより自動車会社のサプライチェーン全体の生産計画に大きな狂いが生じる。
23) 2009年7月23日に訪問調査を実施。以下の記述は，特に注記のない限り，訪問時に提供された資料およびヒアリングから得られた情報に依拠。
24) ただしその後，東北大学との間で，ダイカストの製法（スクイズダイカスト半凝固法）に関する共同研究を手掛けることになる。2013年4月11日に実施した同社への訪問調査より。
25) 東北学院大学経営学部が過去に実施したシンポジウムでは，会場の聴衆から，QCDが大事であり，QCDの改善が鍵になるという意見がしばしば出された。しかし，QCDは結果であり，むしろ優れたQCDを生み出す能力や組織体制を検討する必要がある。藤本，前掲書を参照。
26) このような見方については，Porter, Michael E., *The Competitive Advantage of Nations*, Free Press, 1990（土岐坤ほか訳『国の競争優位』〔上，下〕，ダイヤモンド社，1992年）を参照されたい。
27) 事業範囲を特定の活動のみに絞るか，あるいはより広範な活動を手掛けるかという選択であり，実際には費用の面だけでなく，自社が保有する資源量や他社との競争関係などさまざまな要因が考慮されたうえで，自社の事業範囲や自社の立ち位置が決定されていくことになる。例えば，Echols, Ann and Wenpin Tsai, "Niche and Performance：The Moderating Role of Network Embeddedness," *Strategic Management Journal*, vol.26, 2005, pp.219-238 あるいは Astley, Graham W., "The Two Ecologies: Population and Community Perspectives on Organizational Evolution," *Administrative Science Quarterly*, vol.30, 1985, pp.224-241 などを参照されたい。
28) 部品に関する詳しいデータは，部品を購入する側の自動車会社やボデーメーカーではなく，実際に部品を開発・生産している1次サプライヤーや2次サプライヤー側に蓄積されている場合がある。その場合，後発参入者は，自動車会社から図面を貸与されるといっても，ごく簡単な図面しか入手できない可能性がある。となると，実物見本の寸法や機能を自らで測定しながら，試作品を自力で作り込む必要がある。
29) デザイン・インやコンセプト・インと呼ばれる新車開発の初期段階から東北の地場企業が部品開発に参加する，より高度な参入は，時期的にかなり先（例えば，10年後，15年後，あ

るいは20年後）のことになると考えておいたほうがよいだろう。もちろん誘致企業が設計開発機能を東北に移転すれば，その時期は早まるかもしれない。
30）特に大型のモジュール部品（ドアモジュールやインパネモジュールなど）を手掛ける場合は，生産設備や倉庫が大型化するため，当然，建屋も巨大になる。
31）これが自動車と家電分野のビジネス文化や慣習の違いの1つである。例えば，広島の自動車部品サプライヤーが樹脂成形技術を応用し住宅設備品を手掛けたが，突然，商品が廃番になるなど，逆に，PLCの短さに戸惑ったという。2009年2月25日に実施した広島地区での訪問調査より。
32）ただし，本書第4章では，公的な助成金などを活用し，そうした資源や資金の不足をうまく補い，自動車関連分野に参入を果たした岩手県の地場企業の事例をみる。
33）宮城県が設けている支援制度の具体的内容については，宮城県『中小企業施策活用ガイドブック　平成21年度版』2009年6月を参照されたい。
34）東北学院大学東北産業経済研究所シンポジウムのパネルディスカッションでの居城克治・福岡大学教授の発言より。東北学院大学東北産業経済研究所「パネルディスカッションテーマ2　中核人材育成」『東北学院大学　東北産業経済研究所紀要』第29号，2010年3月，68〜69ページを参照。
35）Mintzberg, Henry and James Waters A., "Of Strategies, Deliberate and Emergent," *Strategic Management Journal*, vol.6, 1985, pp.257-272 を参照。
36）実行による学習という概念の詳細は，Arrow, Kenneth J., *The Limits of Organization*, 1974, W.W. Norton & Company, 1974（村上泰亮訳『組織の限界』岩波書店，1999年）を参照されたい。また，Weick, Karl E., *Sensemaking in Organizations*, Sage, 1995は，人間は予想や仮定と食い違う事象に直面した際，その驚きが引き金となり，自らを取り囲む世界への深い解釈を始動させるとし，その行為を「センスメイキング」(sensemaking) と表現する。地場企業による未知なる領域への参入は，まさに驚きや戸惑いの連続だと思われるが，この驚きや戸惑いこそが，当該領域へのより深い理解を生み出す力となるだろう。
37）ただし，こうした経営者の内面の心理的要素を分析対象とした優れた研究も存在する。例えば，大河内暁男『経営構想力——企業者活動の史的研究』東京大学出版会，1979年がその代表的研究といえよう。
38）松下幸之助は，経営者の心得として，挑戦や前向きな姿勢を重視する。例えば，経営学者コトラーは，松下のこの姿勢や考え方を「経営哲学としての楽観主義」と表現する。詳細は，Kotter, John P., *Matsushita Leadership: Lessons from the 20th Century's Most Remarkable Entrepreneur*, Free Press, 1997（金井壽宏監訳・高橋啓訳『幸之助論』ダイヤモンド社，2008年）を参照されたい。
39）東北各県の産業振興組織や東北のマスコミなどは，（ある時期まで，あるいは現在に至ってもなお）そのような捉え方をしていたと思われる。
40）計算式や計算の基準などは明らかにされていないが，宮城県の七十七銀行は，セントラル自動車とパナソニックEVエナジー（現プライムアースEVエナジー）2社の宮城の県内波及効果を年間3,088億円（将来的に5,073億円）と試算する。『七十七銀行　調査月報』2009年9月号，12ページおよび『東北ビジネス最前線』2011年2月26日放送より。

第4章

産学官連携による自動車産業振興

岩手県の取り組み

村山貴俊

1. はじめに

　前章では，宮城県内の地場企業3社に注目し，同県の自動車関連産業での地場企業の実力，さらに自動車関連産業への参入に向けた具体的な要件を明らかにしてきた。そこでは，大手の取引先との関係の中で学習を重ね，さらに川上機能の強化などの戦略的課題を自ら掲げる中で能力を磨いてきた地場企業の姿がみられた。その中には，最近になってエンジンの既存構成部品に対する工程変更を提案することで納入価格をライバルの現行品から約60%も低減し[1]，中部地区のトヨタ自動車本体の工場向けに部品を供給するようになった非常に高い能力を有する地場企業も含まれる。宮城県では，数こそ少ないが，まさに自己研鑽で能力構築を進め，自動車部品産業で活躍する地場企業があった。

　それに対して，本章で取り上げる岩手県では，産学官連携を基礎にして地場企業の自動車関連産業への参入を支援するという特徴がみられる。本章で取り上げる事例では，能力が必ずしも十分ではない異業種（特に弱電）に軸足を置く地場企業を，官や学，さらに地元コーディネーターが支援して自動車部品に参入させるという取り組みがみられた。加えて，地元の大学や研究者が持っている技術を起点にし，岩手県発で次世代自動車部品を開発するという，いわゆる産学連携による知的集積への胎動もみられた。もちろん岩手県の中にも大手取引先（例えば，アイシン東北など）の指導に従い，ほぼ独力にて自動車部品の受注を勝ち取った地場企業もあるだろう。しかし，産学官連携を活用し，能力が必ずしも十分ではない異業種の地場企業を自動車部品へと新規参入させるというのが，東北の自動車産業振興における岩手県の1つの独自スタンス（強み）といえるのではないだろ

うか。

　東北の中でも，やはり県や地域ごとに，自動車産業への関わり方，そして振興への考え方に違いがみられる（本書では，第2章で宮城，第3章で岩手，第4章で山形を取り上げる。秋田，青森，福島の分析は今後の課題となる）。前章で触れた宮城県でも，力のある地場企業がすでに自力で自動車関連産業に参入を果たしているとすれば，今後は，いわゆる2番手，3番手クラスの地場企業を，官や学が支援することで新規参入させる必要性が高まってくるだろう。その意味でも，岩手県の産学官連携による参入の成功事例に目を向けることは，今後の東北全体の自動車産業振興にとって非常に有益な視点をもたらしてくれるだろう[2]。

　本章では，そのような問題意識のもと，岩手県での産学官連携の自動車産業振興の成果と今後の課題を明らかにする[3]。以下，まず2節では，岩手県の第2次産業の振興策の変遷をみる。3節では，『岩手自動車関連産業成長戦略——とうほくでの自動車生産100万台を目指して』という小冊子を基に，岩手県の自動車産業振興策の具体的内容やその狙いをみる。4節では，それら産業振興策の支援制度ならびに産学官連携を実際にうまく活用し，自動車関連産業への参入を果たした地場企業の事例を取り上げる。5節では，前節までの事例分析の中で明らかになった岩手県の自動車産業振興や産学官連携が抱える問題や課題に着目しながら，同県の自動車産業振興策の今後の在り方を検討する。

2．岩手県と自動車産業

　岩手県は，東北の自動車産業の先駆者といってよいだろう。近時，宮城県へのトヨタ系ボデーメーカーと部品メーカーの進出が加速しているが，東北でより早い時期から自動車産業と関わりを持ってきたのは岩手県である。1993年にトヨタ系ボデーメーカーの関東自動車工業が，岩手県の金ヶ崎に車体組立工場を立ち上げた。もちろん，これ以前にも，1969年に宮城県角田市でキャブレターの生産を開始したケーヒン，1980年代後半から自動車部品に本格参入したアルプス電気[4]など，東北地方に工場を置く有力部品メーカーとその関連企業はあった。また1994年には，日産自動車が福島県いわき市にエンジンの組立工場を設置していた（各社の立地については，第1章の図1-1を参照されたい）。しかし，最終製品の自動車を組み立てるボデーメーカーの工場が最も早く立地したのは岩手県である[5]。

　1993年に関東自動車工業が岩手県に進出してきたが，実は同県産業振興担当者

が「平成5年に〔関東自動車工業岩手工場が〕立地して以降，平成15年まで，この強みを活かしてこなかったという反省がありました」[6]（引用文中の〔　〕は筆者が加筆。以下，同様）と述べるように，その後10年間，岩手県は，自動車産業に対して特別な振興策をとってこなかった。筆者は，これを「岩手県自動車産業振興の失われた10年」と呼ぶが，そこには以下のような背景と事情があった。

まず，岩手県の第2次産業の変遷を簡単に振り返ると，昭和50年代ぐらいまでは，釜石の新日鐵釜石，大船渡のセメント工場，宮古の銅精錬や肥料工場に代表される臨海地域の基礎素材産業が中心を占めていた。他方，内陸部では，花巻に戦時中の疎開工場で印刷電信機の独占企業・新興製作所などがわずかにあっただけで，内陸部での第2次産業の展開は非常に限られていた。

しかし，全国的にもまだ臨海型の大規模工業基地の開発が全盛な時代にあって，1961年にいち早く，岩手県内陸の県南部に位置する北上市が企業誘致に力を入れ始め，その後，昭和50年代あたりから同地への大手電気メーカーとその関連企業の立地が進むことになる[7]。こうして北上川流域地域に電気機械産業を中心とした一定の産業集積が形成されることになり，さらに同地域では，工業団地の造成，新幹線・高速道路・空港といった高速交通網の整備，テクノポリス法による北上川流域テクノポリス地域の指定など，産業基盤のさらなる整備が進められていった。こうした基盤整備が新たに企業を引きつけるという好循環が生み出され[8]，北上川流域地域は東北屈指の電気機械産業の集積地として進展していく[9]。

周知のごとく，臨海地域の基礎素材産業は，釜石地区に象徴されるようにその後急速に斜陽していくことになり，これにより岩手県の第2次産業の中心軸は，臨海地域から内陸部，そして基礎素材産業から電気機械産業へと移行していった。そうした産業構造の変化を数字で簡単に示すと，1985年の岩手県の製品出荷額に占める基礎素材型のシェアは30.6％であったが，2004年に20.1％にまで低下した。かたや，電気機械産業のシェアは1997年に35.4％となった[10]。すなわち，岩手県では，1980年代から90年代にかけて臨海型・基礎素材産業から内陸型・電気機械産業へと第2次産業の主役の交替がみられ，その後，1990年代にはさまざまな問題をはらみつつも電気機械産業が第2次産業の中心に位置していたことから，産業政策も自ずとそちらを向いた内容にならざるを得なかったと考えられる。

一方，岩手県の企業誘致は，1989年に立地件数が63件で過去最高の数字を記録

表4−1 電機大手の純利益の推移（1999〜2003年度）

(単位：100万円)

会社名＼年度	1999年度	2000年度	2001年度	2002年度	2003年度
東芝	−13,896	−32,903	96,168	−254,017	18,503
日立製作所	−336,916	16,922	104,380	−483,837	27,867
富士通	−13,638	42,734	8,521	−382,542	−122,066
三菱電機	−44,548	24,833	124,786	−77,970	−11,825
三洋電機	−25,883	21,686	42,201	1,727	−61,671
パナソニック	13,541	99,709	41,500	−427,779	−19,453
ソニー	179,004	121,835	16,754	15,310	115,519
シャープ	4,631	28,130	38,527	11,311	32,594

(出所) 日経NEEDSより筆者作成。

したが，その後，誘致企業の数は減少していき，10年後の98年にはわずか3件になった[11]。このように北上市などが取り組んできた企業誘致による「外発型産業振興」に陰りが見え始める中，岩手県は，それに代わる産業振興の新たな柱として，1994年から，起業家の育成，ベンチャー企業の創出，研究開発・提案型企業への転換を支援する，いわゆる「内発型産業振興」へと舵を切ることになった。つまり，ここでも自動車産業には目が向かなかった。

そして，2000年代に入り，米国や日本でのITバブル崩壊の影響で，わが国電気機械大手は，軒並み厳しい経営状態に陥る。例えば表4−1のように，電機大手各社は，2001年ないし02年に大きな赤字を計上したり，赤字にはならなくても利益を大きく減じた。こうした中，2001年度に前年比で純利益を著しく減少させたソニー（前年比で−86%）と実質的にその傘下にあったアイワは，01年4月，岩手県矢巾町のアイワ岩手（1968年進出）の閉鎖を発表した。これにより，同社の従業員の大半の536名が失職し，岩手県庁や矢巾町役場は，解雇された従業員の再就職の受け皿づくりに奔走した。また同社の進出時に矢巾町が用意した工場の跡地をめぐっても，地元行政は，ソニーに対して新たなグループ企業の進出の斡旋を強く要請したが，代わりの企業は見つからず，結局，住宅用地として売り出された[12]。さらに，翌02年に，東北に製造・開発拠点を複数展開する大手電子部品メーカー・アルプス電気の盛岡事業所が閉鎖された。同事業所は，プリンタなど

最終製品の組立に加え，一部，開発機能も持っていた。開発機能が併設されていたことから，実は岩手県の産業振興担当者は，閉鎖や撤退の可能性がそもそも低いと考えていた。同事業所の閉鎖は，岩手県関係者にはまさに寝耳に水で，アイワ岩手の閉鎖よりも驚きと衝撃は大きかったという[13]。このように岩手県は，2001～02年に，県内有数の誘致企業の拠点閉鎖という問題に直面する。

すなわち，2001～02年にかけて，岩手県の第2次産業の中心を占めていた電気機械産業の衰退がより明白となったのである。他方，もう1つの柱であったベンチャー企業創出などの内発型産業振興では，「誘致企業の撤退という危機を脱却するのは不十分」[14]であった。これによって岩手県は，産業振興策の再編を迫られることとなり，その中でようやく自動車産業に光があてられることになった[15]。

表4－2にみられるように，岩手県は，2003年に「いわて自動車産業集積プロジェクト」を始動させ，同県が出資する（財）いわて産業振興センターに関東自動車工業OBをコーディネーターとして配置のうえ，翌年から地場企業向け工程改善指導（研修）を開始した。こうした動きの中，04年には，関東自動車工業の増産発表もあり，図4－1のように岩手県の輸送用機器の出荷額が伸長した（とはいえ，この時点でまだ電気機械の出荷額が大きい）。

その後，岩手県は，自動車関連産業への補助・支援制度を順次整備していく。2004年に「自動車関連産業集積促進奨励事業費補助制度」（自動車部品を生産する工場などを設置する場合に，その工場の建設や機械設備の取得にかかる経費の一部補助）を創設した。翌05年には，前年度に北上市に設置した岩手県工業技術支援センターに技術アドバイザーを配置し，さらに「自動車関連産業人材育成支援事業補助制度」（自動車関連産業への参入を目指し，県内に工場や事業所を有している中小企業者が，専門的・実践的な技術・知識の習得や生産体制などの確立を図る事業を行う場合に，人件費・旅費などの経費の一部補助）を創設するなど，自動車関連産業に対する助成制度を拡充していった。そして，同年11月には関東自動車工業岩手工場・第2ラインが完成し，それまでの年間15万台から，一気に年間30万台へと増産された[16]。なおこの間，同工場の現調率（率の計算式は不明）は，1993年＝18％，1998年＝34％，そして2004年＝42％と，新車種や新モデル導入のタイミングに合わせ徐々に上昇してきた。

また，図4－2のように，自動車産業振興の取り組みに関して，隣県との連携が進められる。2005年7月に宮城県と連携，同年11月には山形県を含めた3県連携に合意した。翌06年6月には，「いわて自動車関連産業集積促進協議会」が設

表4−2　岩手県の自動車産業振興の経緯

1992年10月	アイシン東北が操業開始
1993年9月	関東自動車工業岩手工場が操業開始
	↓
	「10年の空白」
	↓
2003年9月〜	「いわて自動車産業集積プロジェクト」が始動
	コーディネーター（関東自動車工業OB）をいわて産業振興センターに配置
2004年4月	同コーディネーターによる工程改善指導（研修）を開始
	岩手県工業技術集積支援センターを北上市に設置
10月	関東自動車工業が岩手工場の増産を発表
12月	自動車関連産業集積促進奨励事業費補助制度を創設
2005年4月〜	工業技術集積支援センターに技術アドバイザーを配置
	自動車関連産業人材育成支援事業補助制度を創設
7月〜	自動車関連産業について宮城県との連携に合意
9月	合同展示商談会の開催（宮城県との連携：愛知県刈谷市産業振興センター）
11月〜	自動車関連産業について山形県を加えた3県の連携に合意
11月	関東自動車工業岩手工場の第2ラインが完成
2006年4月	県工業技術集積支援センターに県職員として関東自動車工業OBを採用（任期付き）
	県名古屋事務所に産業集積支援コーディネーター（トヨタOB）を配置
	自動車関連産業参入促進支援事業補助制度の創設
	新いわて自動車製造システム開発支援事業を開始
6月	いわて自動車関連産業集積促進協議会設立
7月	とうほく自動車産業集積連携会議設立（宮城・山形との連携）
8月	宮城，山形との3県合同展示商談会の開催（愛知県豊田市トヨタ本社）
2007年5月	とうほく自動車産業集積連携会議が6県産学官組織に拡大
6月	6県合同技術展示商談会の開催（栃木県芳賀町の本田技研工業）
8月〜	工業技術集積支援センターに産業創造アドバイザーを配置
9月	6県合同技術展示商談会の開催（愛知県刈谷市産業振興センター）
2008年8月	岩手，秋田，青森の北東北3県合同で展示会の実施（関東自動車工業東富士総合センター）
10月	北東北3県自動車技術研究会の設立
2009年2月	岩手単独でデンソーに対して新技術・新工法の展示商談会を実施

〜97年　　岩手工場　現調率18％
98〜03年　現調率34〜35％
2000年頃，岩手工場　年10万台から15万台生産態勢へ

04年以降　現調率42％

05年頃，岩手工場15万台から30万台生産態勢に

	10月	6県合同商談会の実施（トヨタ自動車サプライヤーズセンター）
2010年9月		日産自動車向け6県合同商談会の実施
	10月	トヨタグループ向け6県合同商談会の実施
	10月	ケーヒン向け6県合同商談会の実施（ケーヒン栃木開発センター）
2011年1月		日立オートモティブシステムズ向け6県合同商談会の実施（神奈川県日立オートモティブシステムズ厚木事業所本館ホール）
2012年1月		トヨタグループ向け6県合同商談会の実施 岩手工場，アクア生産により年40万台態勢

（出所）2007年までは岩手商工労働観光部『岩手自動車関連産業成長戦略——とうほくでの自動車生産100万台を目指して』2008年7月，8ページ掲載の年表などを参考にした。08年以降は，いわて自動車関連産業集積促進協議会のHPならびに訪問調査などに基づき筆者が加筆。

立され，同年7月に宮城県・山形県と連携し「とうほく自動車産業集積連携会議」が設立された。翌07年5月には上記の連携会議が東北6県の産学官組織へと拡張された。

　この連携の動きと軌を一にし，東北各県共同で商談会が実施されていくことになる。2005年7月に愛知県刈谷市産業振興センターで岩手県と宮城県が共同で商談会を開催した。06年8月に愛知県豊田市トヨタ本社で，岩手県，宮城県，山形県が3県合同の商談会を開催した。07年6月に栃木県で本田技研工業向けに東北6県合同の商談会を開催した。同年9月に愛知県刈谷市産業振興センターで東北6県合同の商談会を開催した。

　2008年以降の取り組みは，岩手県の自動車産業振興組織の1つ，いわて自動車関連産業集積促進協議会のHPからその詳細を知ることができる。まず展示会については，トヨタやホンダなど自動車メーカーだけでなく，ボデーメーカーの関東自動車工業や1次サプライヤー向けにも実施されるようになった[17]。2008年8月には青森・秋田・岩手の北東北3県合同にて，関東自動車工業・東富士総合センターで展示会が実施された。同年10月には「北東北3県自動車技術研究会」が設立された。09年2月に岩手県単独でデンソーへの新技術・新工法展示商談会が実施された。09年10月にトヨタ自動車サプライヤーズセンターでトヨタグループ向け6県合同商談会，翌10年9月に日産自動車テクニカルセンターで日産自動車向け6県合同商談会，同年10月にトヨタグループ向け6県合同商談会，同月に栃木県のケーヒン栃木開発センターでケーヒン向け6県合同商談会，翌11年1月に神奈川県の日立オートモティブシステムズ厚木事業所本館ホールで6県合同商談会，翌12年1月にトヨタグループ向け6県合同商談会が実施された。

図4-1 岩手県の輸送用機器出荷額

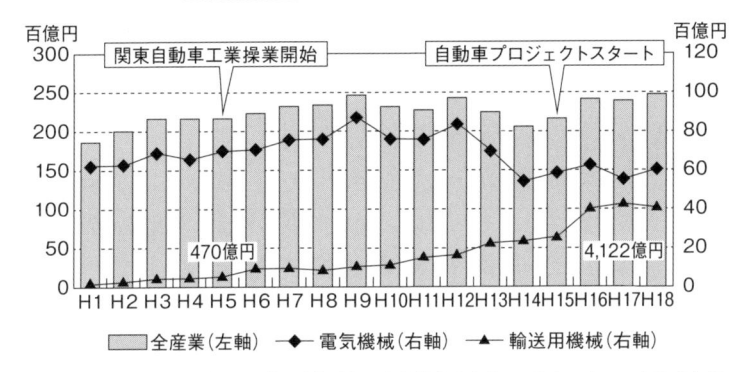

関東自動車工業操業開始　　自動車プロジェクトスタート

470億円　　4,122億円

H1 H2 H3 H4 H5 H6 H7 H8 H9 H10 H11 H12 H13 H14 H15 H16 H17 H18

全産業（左軸）　電気機械（右軸）　輸送用機械（右軸）

（出所）岩手県商工労働観光部『岩手自動車関連産業成長戦略――とうほくでの自動車生産100万台を目指して』2008年7月，9ページより転載。

図4-2 自動車産業をめぐる各県の連携

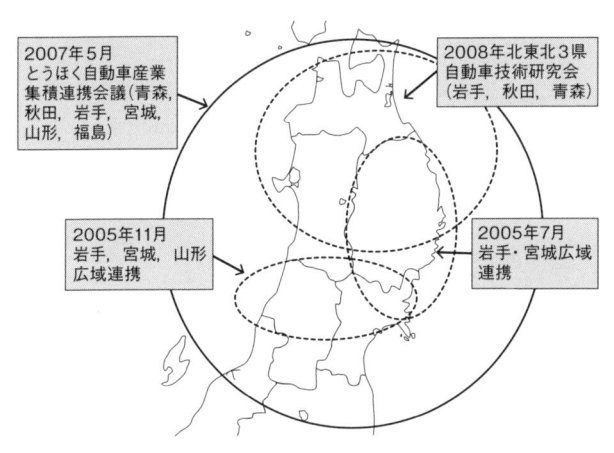

2007年5月
とうほく自動車産業集積連携会議（青森，秋田，岩手，宮城，山形，福島）

2008年北東北3県自動車技術研究会（岩手，秋田，青森）

2005年11月
岩手，宮城，山形
広域連携

2005年7月
岩手・宮城広域連携

（出所）筆者作成。

　加えて，岩手県では，自動車産業に関して勉強会と講演会がかなりの頻度で開催されている。テーマは，現場改善，製造技術，次世代自動車など多岐にわたる。紙幅の関係上，講演会の各タイトルを列挙することは避けたいが，例えば，生産技術関連で金属プレス加工技術セミナー，生産管理関連で原価計算セミナー，また2012年からは次世代自動車関連セミナーとしてハイブリッド車（以下，

HVと略記）や電気自動車（以下，EVと略記）の基幹部品となるモーターやインバーターに関する勉強会という新しい動きもみられる。また，講師陣の顔ぶれも多彩であり，トヨタ，日産，富士重工など自動車メーカーの各部門責任者，日本各地の自動車産業振興担当者や産業コーディネーター，さらには現場改善に取り組む地場企業の現場責任者などが登壇している。

　以上のように，岩手県は，10年の空白があったが，2003年に自動車産業振興プロジェクトを本格始動させ，それ以降，助成制度の拡充，東北各県と連携した商談会，そして自動車関連の勉強会や講演会などに取り組んできた。次節では，岩手県の自動車産業振興策の具体的な内容およびその狙いに目を向ける。

3．岩手県の自動車関連産業振興策とは

　ここでは岩手県商工労働観光部が2008年7月に発行した『岩手自動車関連産業成長戦略――とうほくでの自動車生産100万台を目指して』という小冊子（全30ページ）に依拠し，同県の自動車関連産業振興の考え方と内容をみる。特に，集中的に取り組むとされた4つの戦略，戦略Ⅰ「育てる」，戦略Ⅱ「創る」，戦略Ⅲ「人づくり」，戦略Ⅳ「誘致する」の内容を確認する。いずれの戦略も，過去の取り組みから課題を析出し，その課題への対応策（短期そして中・長期）を提示するという形をとっている[18]。

（1）戦略Ⅰ：育てる
　戦略Ⅰ「育てる」では，進出メーカーの協力・支援を得ることで，地場企業などの技術力向上や取引拡大を目指すとされる。同分野での，岩手県のこれまでの（2008年以前の）取り組みとして，技術力向上支援と取引拡大支援とがあげられていた。

　技術力向上支援では，①工程改善指導として関東自動車工業OBによる生産現場の工程改善指導の実施，②県外の先進企業への専門的・実践的な技術習得を目的とした従業員派遣の経費および先進企業からの指導者受入の経費への助成，③各種研究会活動を行ってきたとされる。その中の③研究会活動として，自動車部品の受注を目指す地域企業の加工技術の共有化や生産システムの最適化を検討する「部品受注研究会」，地域企業の治工具や設備技術の共同化を検討する「設備・治具研究会」，冷間鍛造技術の導入による高度な内容の発注への対応力の向

上を検討する「冷間鍛造研究会」という3つの研究会が設けられていた。

取引拡大支援では，産業支援機関アドバイザーによる取引斡旋の実施，愛知県などでの県内企業や大学などの新技術・新工法の展示商談会の実施，技術アドバイザーによる共同受注を目指した企業間連携の推進，自動車部品製造企業が用地・工場・設備を新設や増設する際の経費助成を実施してきたという。

次いで，こうした取り組みに対し，今後取り組むべき課題が提示されている。課題の第一にあげられたのが，参入意欲の低下である。自動車産業のメリットへの認識不足と自動車産業のQCDの高い壁に阻まれ，とりわけ電気機械分野の県内企業の参入意欲が削がれてしまっているという。課題の第二は，高機能部品参入に向けた技術力不足である。車体・内装の大物プレス部品，樹脂成形部品，生産設備の保守，治工具などへの参入はある程度達成されたが，より高度なQCDが求められるステアリング，ミッション，電装部品には参入できていないという。第三は，進出メーカーとの連携不足である。進出メーカーと地場企業の交流が不十分であり，進出メーカーが持っているノウハウや生産管理システムが，地場企業の参入意欲や技術力の向上にうまく活かされていないという。

こうした課題に対して，以下のような対策の必要性が指摘されていた。技術力向上支援の今後として，①車両分解研修や部品展示の実施，②参入意欲と技術の両面から参入可能性が高い企業のみに絞り込んだ密着指導があげられていた。取引拡大支援の今後として，①自動車基礎知識習得研修の開催，②特定メーカー向け技術展示商談会の拡充があげられていた。また，支援体制のさらなる強化として，産業支援，人材育成支援，研究開発支援を一体で提供できるワン・ストップ・サービス拠点の整備を検討するとされた。

（2）戦略Ⅱ：創る

戦略Ⅱ「創る」では，産学官連携を活用して自動車関連技術の開発・実用化を進めるとともに，開発提案型企業を育成していくという。まずこれまでの取り組みであるが，電池技術関連では，トリアジンチオールという硫黄化合物の接着技術を用いたキャパシタの封止技術，燃料電池の水素漏れを感知できる水素センサーの開発などがあげられていた。高度部材関連では，高機能鋳鉄の自動車エンジン用部品への応用，酸化亜鉛材料のLEDや圧力センサーへの応用，コバルトークロムーモリブテン合金の射出成形機用部品や金型への応用などがあげられていた。さらに開発提案型企業の育成については，公的試験研究機関が有する金型

の高機能・高品質化技術の地場企業への移転，冷間鍛造研究会の活動を通じた県内に不足する技術分野への参入の促進に取り組んできたという。

　課題は，以下のように分析されていた。課題の第一は，次世代技術の実用化が一部にとどまっていること，第二は，環境対応，軽量化，安全性能などで業界のニーズに即した提案力が不足していること，第三は，自動車や部品メーカーの開発・設計段階から参加できる開発提案型の企業が少ないことにあるという。

　こうした課題に対し，今後の対策は以下のようになっていた。対策の第一として，高機能鋳鉄やトリアジンチオールの研究開発をさらに進め，燃料電池や高度部材向け次世代技術として実用化していく。第二として，北東北３県の大学や公設試験研究機関が抱える技術シーズと進出企業のニーズの擦り合わせを行ったり，また有望シーズの発掘と育成に向けた研究会を設立する。第三として，岩手大学の県内各拠点を高速ネットワークで結び，複数の遠隔地で共同研究を同時展開する「ものづくりエンジニアリングファクトリー構想」の推進，また冷間鍛造だけでなく熱処理やモジュール化などの関連技術の導入に向けた研究会の実施などがあげられていた。加えて，中・長期の取り組みとして，電気自動車，次世代電池，軽量化，センサー，情報通信，組込みソフトウェアの開発，さらに自動車メーカーや部品メーカーの研究開発部門の誘致を目指すとされた。

（３）戦略Ⅲ：人づくり

　戦略Ⅲ「人づくり」では，①産業界と教育界の連携による技能系・技術系人材の育成（いわゆる基層部の拡大），②産学官連携により高度技術・研究開発人材育成の仕組み構築（上層部の深化）を目指すという（図４－３）。

　まず，これまでの取り組みをみると，上記①の技能系・技術系人材の育成については，「北上川流域ものづくりネットワーク」という試みがあり，そこでは企業関係者による小中学生向けのものづくり教室，体験授業，工場見学，そして小中学校の教員や保護者向けの工場見学を実施してきたという。また，工業高校における長期インターンシップ，工業高校教師向けの技能講習会や現場研修会などを実施してきた。同ネットワークでは，小中学生の若年層に対して，ものづくりの魅力や楽しさを伝えることにも注力し，ものづくり人材の裾野拡大を狙うという[19]。さらに県内教育機関での「ものづくり専攻科」の設置が進められ，岩手県立産業技術短期大学に１年の生産技術システムコース，黒沢尻工業高校に２年の機械コース・電気電子コースが設けられていた。

図4-3　岩手県の人づくりの考え方

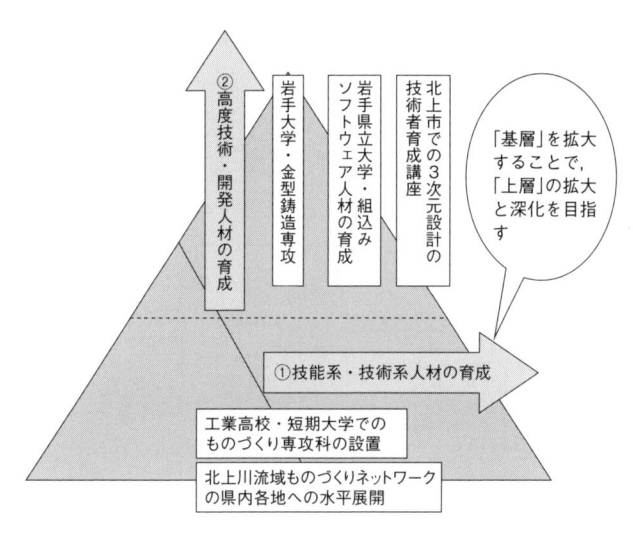

①技能系・技術系人材の育成
②高度技術・開発人材の育成
岩手大学・金型鋳造専攻
岩手県立大学・組込みソフトウェア人材の育成
北上市での3次元設計の技術者育成講座
「基層」を拡大することで，「上層」の拡大と深化を目指す
工業高校・短期大学でのものづくり専攻科の設置
北上川流域ものづくりネットワークの県内各地への水平展開

(出所)　筆者作成。

　上記②の高度技術・研究開発人材の育成については，金型や鋳造などのものづくり基盤技術，組込みソフトウェア，3次元設計分野での人材育成に注力し，例えば，岩手大学が北上市に日本初となる金型と鋳造に特化した大学院専攻を設置したほか，岩手県立大学が組込みソフトウェアなど高度IT技術者養成を狙ったカリキュラムを編成した。加えて，3次元設計の分野では，岩手県と北上市が共同で，地場企業ならびに進出企業の社員などを対象に3次元CADの操作や設計スキルを養成する講習会を実施してきた。なお，「岩手大学大学院工学研究科金型・鋳造工学専攻」と3次元設計の教育機関「いわてデジタルエンジニア育成センター」は，北上オフィスプラザ内に所在し，北上市がものづくり人材育成の1つの拠点になっていることがわかる。また，即戦力人材の確保として，東京・大阪に岩手Uターンセンターを設置し，U・Iターン希望者への県内求人情報の提供を行ってきた。
　課題は，ものづくり人材の質量両面での安定確保，U・Iターン人材の流入の促進にあるという。そして，それら課題を解決するための取り組みとして，まずものづくり人材の基層にあたる技能・技術系人材の拡大に向けて，先に述べた北上川流域ものづくりネットワークの取り組みを県北・沿岸地域にも展開するとさ

図4-4　岩手マイスター

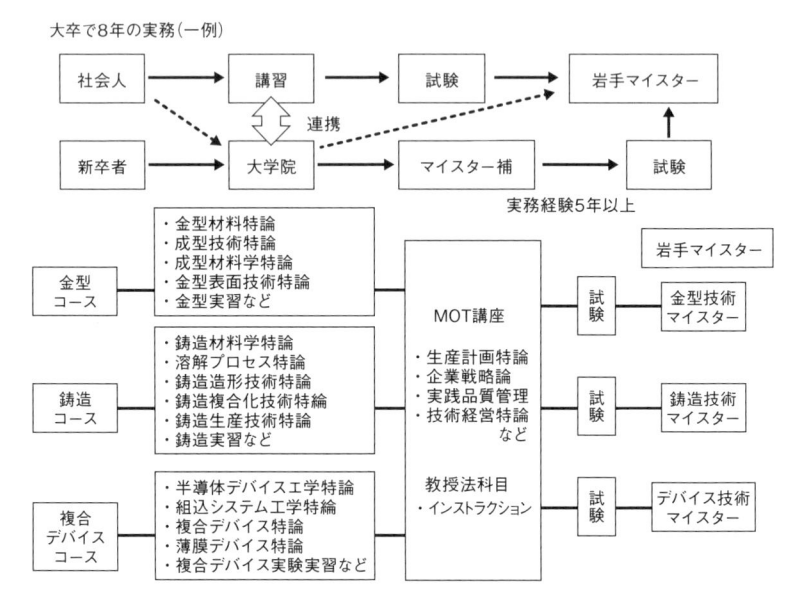

大卒で8年の実務(一例)

社会人 → 講習 → 試験 → 岩手マイスター
新卒者 → 大学院 → マイスター補 → 試験
連携
実務経験5年以上

金型コース
・金型材料特論
・成型技術特論
・成型材料学特論
・金型表面技術特論
・金型実習など

鋳造コース
・鋳造材料学特論
・溶解プロセス特論
・鋳造造形技術特論
・鋳造複合化技術特論
・鋳造生産技術特論
・鋳造実習など

複合デバイスコース
・半導体デバイス工学特論
・組込システム工学特論
・複合デバイス特論
・薄膜デバイス特論
・複合デバイス実験実習など

MOT講座
・生産計画特論
・企業戦略論
・実践品質管理
・技術経営特論
　など

教授法科目
・インストラクション

試験 → 岩手マイスター 金型技術マイスター
試験 → 鋳造技術マイスター
試験 → デバイス技術マイスター

(出所)岩手大学発行パンフレット「文部科学省科学技術振興調整費 地域再生人材創出拠点の形成 21世紀型ものづくり人材岩手マイスター育成」に筆者が一部加筆のうえ転載。

れ，県北ものづくり産業ネットワーク，沿岸地域では宮古・下閉伊モノづくりネットワーク，釜石・大槌地域ものづくり人材育成会議，大船渡ものづくりネットワーク会議などが実際に設立されたという。上層部の深化にあたる高度技術・研究開発人材の育成としては，「岩手マイスター」という認定制度の設立[20]，また組込みソフトウェア人材の育成に向けた産学官プラットフォーム組織の設立などがあげられている。ちなみに，岩手マイスターは，「大学院レベルの理論と技術力，経営力を習得し，かつ，一定の実務経験を有する者」[21]に認定され，金型，鋳造，複合デバイスなどの分野で高度技術者の育成とそれら人材の地域定着を狙うという制度である。ちなみに，図4－4には，岩手マイスターを認定されるまでのキャリアパスや講座内容が例示されている。また，U・Iターン人材のさらなる流入については，首都圏でのU・Iターンフェアの開催，インターネットでの情報発信と登録を推進していくとされる。

（4）戦略Ⅳ：誘致する

　戦略Ⅳ「誘致する」では，岩手県のものづくり人材，産学官連携，物流インフラなどの優位性を訴求し，基幹部品メーカーや研究開発機能などの誘致を狙うという。

　まず，これまでの取り組みでは，有力部品メーカーなどの誘致として，知事によるトップセールスの展開に加え，県版特区による大型インセンティブとして大型立地補助金（上限なし），法人事業税などの5年間減免，最大20億円の立地融資などを整備してきた。また立地環境の整備として，完成車の物流促進に向けた釜石湾口防波堤，釜石港公共埠頭の整備，また釜石港の利用促進に向けた新仙人トンネルの整備を進めてきたという。

　課題としては，集積のさらなる促進に向けた有力部品メーカーの誘致とその集積効果の県北沿岸地域への波及，また誘致活動を支える岩手の強みのさらなる強化があげられていた。そのうえで，課題解決に向けた取り組みとして，まず有力部品メーカーなどの誘致に関しては，有力な単体部品メーカーに加え，基幹部品メーカーへの誘致活動の強化，また縫製工場や金型工場が点在する県北沿岸地域の地域特性を踏まえた自動車関連企業の誘致や北上川流域企業の2次展開の推進があげられていた。次いで，岩手の強みを活かす立地環境の整備に関しては，ものづくり人材の育成と安定的な確保，大学と県内外企業との共同研究とそれら研究成果の迅速な事業化・実用化の支援，公設試験研究機関の研究成果の地場企業への移転，工業団地のさらなる整備や物流拠点へのアクセス道路の整備，港湾を活用した物流の促進，そして鉄道貨物輸送へのモーダルシフトの促進などがあげられていた。さらに中・長期の取り組みとして，研究開発・設計開発機能の誘致活動の強化，国内外への部品や完成車の物流ハブ拠点としての港湾ならびにアクセス道路の整備があげられていた。

　以上では，岩手県の自動車産業成長戦略の4つの柱をみてきた。もちろん，表現の仕方が変わっているだけで現行の取り組みと将来の取り組みが内容的にほぼ同じではないか，あるいは過去と現状の問題の真因をしっかり分析・把握したうえで課題と将来の取り組みが提示されているかなど[22]，細かくみていくと，同戦略の内容に関してやや疑問が残る部分もある。とはいえ，2008年に同戦略を公に掲げたことで，以後，岩手県が自動車産業振興に真剣に取り組むという姿勢と決意を表明したことになり[23]，2013年現在で，自動車産業集積プロジェクトが（2003年に）始動して10年，同戦略が（2008年に）掲げられてから5年が経ったわけだ

が，実際その間には，この戦略の中で謳われた産学官連携や公的助成の仕組みを活用して自動車関連産業に新規参入する地場企業がいくつか出てきた。その点で，同成長戦略は，一定の意義を有したといってよいだろう。次節では，よりミクロの視点から，岩手県の地場企業の自動車関連分野への参入の有り様に目を向け，それら助成や仕組みが実際どのように活用されてきたかをみると共に，成功の要因を明らかにしていきたい。

4．産学官連携による自動車関連産業への参入事例

ここでは岩手県の地場企業の自動車関連産業への参入の事例として，3社を取り上げる（図4-5）。事例の第一は，東北ではすでにかなり知られているプラ21という北上市の地場企業3社による連合体である。同連合体は，北上市の産学官ネットワークと官の助成を活用することで，関東自動車工業岩手工場向け部品の受注に成功した。第二は，奥州市前沢区に自動車部品用工場を置くプレス加工A社である。同社は，公的機関や行政の指導にしっかり従い，事業展開の各局面でそれら機関や行政が設ける助成をうまく活用し，大手1次サプライヤー経由で関

図4-5　産学官連携における各社のポジション

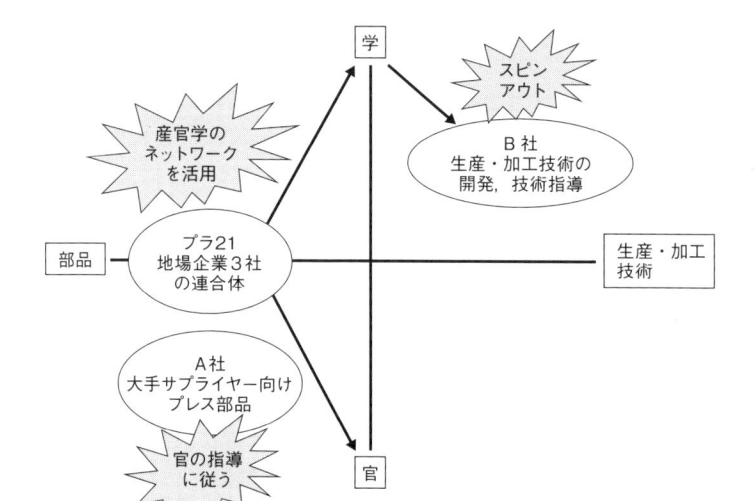

（出所）筆者作成。

東自動車工業向け部品の受注に成功した。第三は，上記2社とはやや毛色が変わっており，岩手大学を退官した名誉教授が設立した大学発ベンチャー企業B社である。同社の事業内容は，研究開発と技術指導が主であり，量産機能は持たないファブレス企業である。同社は，部品を量産供給するのではなく，新しい生産・加工技術の開発と提案を通じて顧客企業の工数削減や材料削減を実現する，いわゆるソリューションビジネスを展開しているといえる。同社は，主に試薬販売や技術指導料によって収益を上げている。

以下では，各社が，いかに自動車関連事業に参入したかを明らかにし，あわせてそれぞれの成功要因についても析出する[24]。

（1）プラ21[25]

プラ21は，北上市に所在する3社の企業連合体であり，産産連携あるいは産学官連携の成功事例として，東北で一時期大いに注目を浴びた。同事業体の取り組みは，当事者が執筆した本書第6章で詳しく述べられることから，ここではむしろその成功要因の析出を狙いとする。

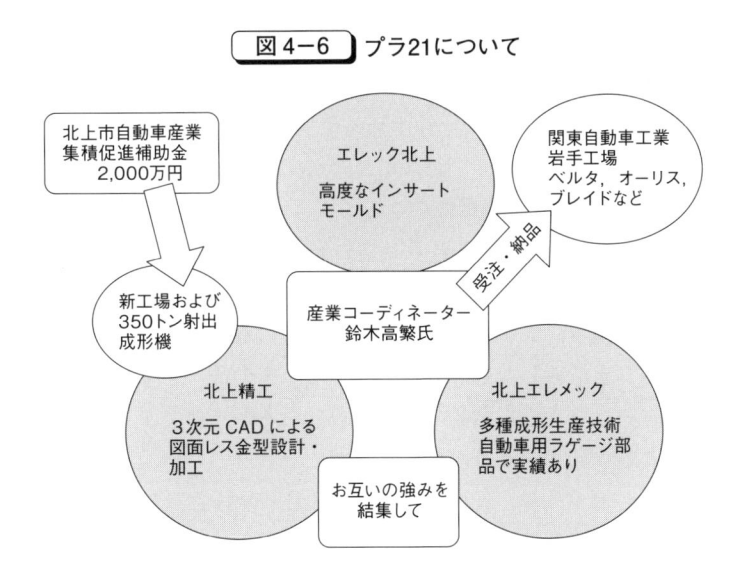

図4-6　プラ21について

- 北上市自動車産業集積促進補助金 2,000万円
- 新工場および350トン射出成形機
- エレック北上：高度なインサートモールド
- 関東自動車工業岩手工場　ベルタ，オーリス，ブレイドなど（受注・納品）
- 産業コーディネーター　鈴木高繁氏
- 北上精工：3次元CADによる図面レス金型設計・加工
- 北上エレメック：多種成形生産技術　自動車用ラゲージ部品で実績あり
- お互いの強みを結集して

（出所）資料「TOHOKUものづくりコリドー活動事例」（作成者不明），北上オフィスプラザ「地域の取り組み事例　①プラ21（岩手県北上市）〔自動車関連産業分野〕」を参考に筆者作成。

同企業連合体の成功を説明するために，しばしば用いられるのが図4－6である。すなわち，北上市を中心に活動する産業コーディネーター・鈴木高繁氏[26]が，インサートモールドで高い技術力を有するエレック北上，3次元CADによる図面レス金型設計・加工を行う北上精工，多種成形生産技術と自動車用ラゲージ部品で実績を有する北上エレメックという3社の強みを結合し，さらに北上市の自動車産業集積促進補助金2,000万円の補助を受けて北上精工が新工場の設立と350トン射出成形機を新規に導入し，関東自動車工業岩手工場への樹脂内装部品の納入に成功した。ちなみに，3社は，大型の射出成形機を導入した北上精工が大物を，他の2社が小物を生産する，という分業体制を敷いている[27]。もちろん，このように3社の強みを持ち寄り，適材適所の分業を図ったことが成功の大きな要因の1つであることは間違いないが，むしろ筆者は，参入の準備過程での鈴木氏の考え方と動きの中に成功の真因があるとみる。

　まず，プラ21誕生の地である北上市の状況に目を向ける。先に述べたように電気機械産業の集積地の北上には，1988年に設立された北上工業クラブという地域企業の交流団体があった。しかし，鈴木氏いわく，これは「あくまでも会員同士の親睦を目的とした」集まりに過ぎなかった。このような中，アメリカや日本でITバブルの過熱感ならびにその崩壊の兆しが見え始めた2000年に，鈴木氏や谷村久興氏らは，北上で「力のある中小企業を育てるために勉強を行う，より意味のある組織が必要だ」と考え[28]，鈴木氏や谷村氏ほか5名が発起人となり北上ネットワークフォーラム（以下，通称のK.N.Fと略記）という組織を新設した[29]。このK.N.Fこそが，プラ21誕生の母体になる。

　鈴木氏は，「勉強会となると，岩手大学の先生にも参加してもらいたい」と考え，勉強会の講師を同大学の先生方に依頼した。同氏によれば，「岩手大学の先生に手弁当で来て頂き，大学でどんな研究が進められており，それが将来どのように役立つのか」を講義してもらったのである。その後，2年間，ほぼ毎週のように勉強会を行い，こうした活動の中で，自分たちが「何をするのか，何をしたらよいのか」という発想の原点が得られたという。

　そして2002年，鈴木氏は，K.N.Fの中に「自動車分科会」を立ち上げる。同氏は，アイシン東北や関東自動車工業岩手工場が約10年前から岩手で操業していたが，「何もやっていなかった。ただ指をくわえてみていた」と自省し，「それではいかん」という想いで分科会を立ち上げたという。なお，筆者は，この前年のアイワ岩手閉鎖に象徴される岩手県の電気機械産業の不調が，同分科会の立ち上げ

第4章 産学官連携による自動車産業振興 | 79

図4-7 分科会設立から参入までのプロセス

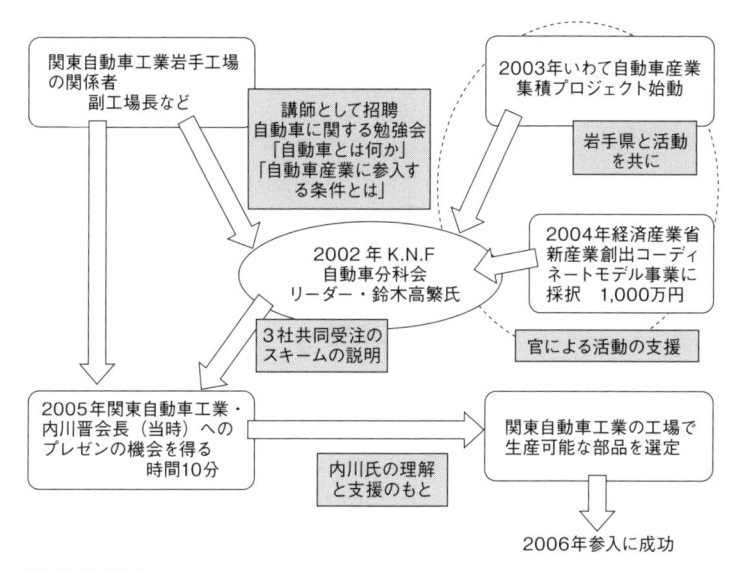

```
関東自動車工業岩手工場          2003年いわて自動車産業
の関係者                        集積プロジェクト始動
副工場長など        講師として招聘
                  自動車に関する勉強会    岩手県と活動
                  「自動車とは何か」      を共に
                  「自動車産業に参入す
                  る条件とは」
                                              2004年経済産業省
                      2002年 K.N.F              新産業創出コーディ
                      自動車分科会              ネートモデル事業に
                   リーダー・鈴木高繁氏          採択 1,000万円
                  3社共同受注の
                  スキームの説明              官による活動の支援

2005年関東自動車工業・                  関東自動車工業の工場で
内川晋会長（当時）への                 生産可能な部品を選定
プレゼンの機会を得る      内川氏の理解
   時間10分              と支援のもと
                                         2006年参入に成功
```

（出所）筆者作成。

に少なからず影響したのではないかと考えている。

　この分科会での鈴木氏の活動をまとめたものが，図4-7である。まず，鈴木氏は，本事例のもう1人のキーマンともいうべき関東自動車工業岩手工場の副工場長を勉強会の講師に招くことになる。そして，関東自動車工業から多くの関係者に来てもらい，「自動車とは何か」，「自動車産業に参入するための条件とは」といった内容で，基礎から講義をしてもらったという。後ほど詳しく述べるが，ここで関東自動車工業の副工場をはじめとする関係者に分科会講師として参加してもらったことが極めて重要であった。

　その後，先に述べたように2003年に岩手県の自動車産業集積プロジェクトが立ち上がったことから，同分科会を発展的に解消し，これ以降，岩手県と行動を共にしていくことになる。K.N.Fと岩手大学との産学連携，自動車分科会と関東自動車工業岩手工場との産産連携，それに岩手県の自動車産業集積プロジェクトが絡み合い，北上において自動車関連産業の産学官ネットワークが形成されることになった。

　関東自動車工業関係者と勉強会を重ねる中で，2005年2月に大きなチャンスが

図4－8　関係性の展開と参入に向けた態勢づくり

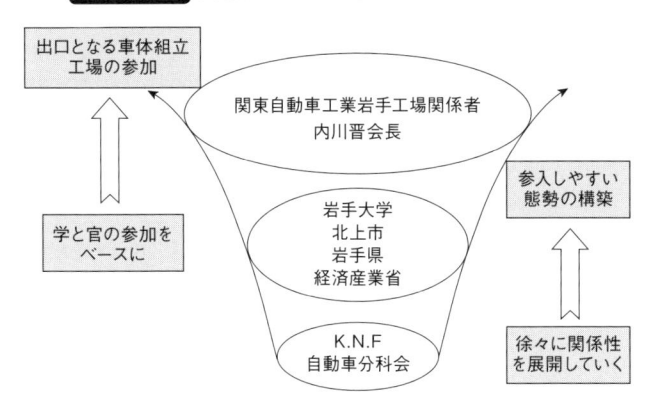

- 出口となる車体組立工場の参加
- 関東自動車工業岩手工場関係者　内川晋会長
- 学と官の参加をベースに
- 岩手大学／北上市／岩手県／経済産業省
- K.N.F 自動車分科会
- 参入しやすい態勢の構築
- 徐々に関係性を展開していく

（出所）筆者作成。

巡ってくる。当時の関東自動車工業会長の内川晋氏が北上を訪問するのに合わせて，副工場長の計らいで，内川氏に対して参入のビジネス・スキームを説明するために10分という時間が鈴木氏に与えられたのである。そこで，鈴木氏は，北上の3社の強みをうまく活用し，関東自動車工業に対して直接ないし間接的に部品供給するというスキームを，1枚の資料にまとめたうえ内川氏に説明したのである。結果，鈴木氏の考えは，内川氏の理解と支援を得ることになり，今度は内川氏の計らいで，鈴木氏が関東自動車工業に案内され，自分たちで生産できる部品を選定するよう指示されたという。その後，これら3社が，どのような組織体制を組み，どのような準備を経て，2006年に参入を果たしたかについては，鈴木氏の講演を掲載した本書第6章を参照して頂きたい。

　その間には，官からの支援があったことも付言しておく。例えば，2004年に採択された経済産業省「新産業創出コーディネート活動モデル事業」の1,000万円，そしてすでに述べた新設備導入時の北上市からの助成金2,000万円も，同事業にかかった総投資額からみれば少額ではあるが，鈴木氏自身もいうように，同コーディネート事業の継続にとって極めて重要であった[30]。

　以下では，上でみた事例の分析を行う。前掲の図4－6のように，3社がそれぞれの強みを持ち寄ったことが，プラ21の成功要因の1つであったことは間違いない。しかし図4－8のように，鈴木氏が，その準備の過程で重要な関係主体を巻き込みながら，徐々に参入に向けた態勢を形成していったことが，より重要な

成功要因であったと筆者はみる。

　中でも，関東自動車工業岩手工場の副工場長および関係者を，勉強会の講師に招いたことが何よりも重要であった。ちなみに，本書の第9章を執筆したマツダOBの岩城富士大氏も，こうした自動車会社，1次サプライヤーの勉強会への参加は，勉強会を通じて地場中小企業が受注を獲得するための必須条件と指摘する[31]。すなわち，買い手（出口）のいない勉強会では，中小企業も本気にならないのだという。さらに，関東自動車工業岩手工場の副工場長との関係がなければ，参入の最終的な決め手となった関東自動車工業会長の内川氏へのプレゼンの機会も当然得られなかったわけである。

　また，なぜ，副工場長が鈴木氏にそのような機会を与えたかを考えると，自らが講師となって「自動車とは何か」という，まさに一から教えてきた人たちの取り組みを何とかしてやりたいと思うのが通常の人間の心理ではないだろうか。もちろん，何とかしてやりたいと思わせる，鈴木氏や地場企業の熱意や真摯な取り組み，そして一定以上のものづくりの能力や経験が不可欠になることはいうまでもない。実際，当時のことを知る関東自動車工業岩手工場の元関係者の証言によれば，鈴木氏などK.N.Fのメンバーと接する中で，「信用できる人たちである」との感覚を持てたという[32]。

　さらにもう1つ深く，なぜ，関東自動車工業の関係者の参加が得られたかを考えてみると，鈴木氏が，（単独ではなく）官や学とのネットワークを基盤にして行動していたことが重要であったといえよう。上記の関東自動車工業岩手工場の元関係者によれば，東北経済産業局が主催した合宿を通じてK.N.Fの存在を知ったという。当時，関東自動車工業岩手工場は現調率が低く，それを上げたいという意向を持っていたが，どこに地場企業があるのかわからなかったという。そのような折り，官が設けた機会を通じてK.N.Fの存在を知り，その後，関東自動車工業岩手工場の関係者自身がK.N.Fのメンバーに加入したのである。そして，同関係者は，当時のK.N.Fには「行政，学，産の一体感」を感じ取ることができたと振り返る。すなわち，関東自動車工業岩手工場が現調率を上げたいという意向を持っていたと同時に（プッシュ要因），北上で形成された一体感のある良質な産学官ネットワークが関東自動車工業の関係者を引き込んだ（プル要因）ともいえるのである。

　鈴木氏がこうした関係性やつながりを計画的ないし戦略的に構築していったかどうかは筆者にはわからないが，鈴木氏の活動の軌跡を振り返ると，官や学との

連携（ネットワーク）をある種のインフラとし，関東自動車工業関係者の参加を得ながら徐々に参入に向けた態勢を整えていったこと，すなわちキーマンとなった鈴木氏の重要な主体を巻き込む力こそが，プラ21の最大の成功要因であったといえよう。中でも，プロジェクトの出口となるべき主体，同事例においては関東自動車工業岩手工場の関係者を巻き込むことができなければ，どれだけ3社の強みをうまく結合したとしても部品の受注は果たせなかったのである。

（2）А　社[33]

　A社は，岩手県一関市に本社があり，同県奥州市前沢区に自動車部品工場を置くプレス加工の2次サプライヤーである。A社は，2000年に関東自動車工業岩手工場のサテライト工場という位置づけで岩手県に進出してきたトヨタ系大手1次サプライヤーの地域子会社Z社（工場は西磐井郡平泉町）に対して，ボデー関連のプレス部品を納めている。

　まずA社の自動車部品への参入経緯をみる。同社の参入には，岩手県などが出資する（財）いわて産業振興センター（以下，いわて産振興と略記）が深く関わっていた。上記のZ社が岩手県に進出してくるにあたり，岩手県で外注先となる地場企業を探していたという。そこで，いわて産振興は，Z社のこうした要望に応える形で，地場企業に声を掛けてZ社の本社工場の見学会を開催した。そして，A社は，この見学会に参加した。見学会には20社ほどが参加していたというが，その中で外注の仕事をやりたいと手を挙げたのは，A社だけであったという。A社社長によれば，当時，「JITを要求される」，「単価も安い」という噂話が関係者のあいだで盛んにされており，そのために多くの企業が二の足を踏んだのではないかという。

　では，そのような噂が飛び交う中，なぜA社は参入の意志を示したのか。実は，A社の経営は当時かなり厳しい状態にあり，まさに「藁にもすがる思い」で参入を決意した。A社は1976年に社長と奥さんが2人で創業し，12トンのプレス機を使って，特に電機・通信分野（いわゆる弱電）を中心に，アルプス電気のスイッチ関連の仕事のほか，NEC，松下通信，東芝の孫請の仕事を手掛けてきた。しかし，1991年のバブル崩壊で仕事量が激減し，さらに1996年頃から電機産業で生産機能の海外移転が加速したことから，弱電以外の新たな事業の柱を立てる必要性に迫られた。しかし，柱を立てるといっても，実際に「何をやったら良いかわからなかった」という。そのような中，Z社の進出があり，自動車部品の受注

第4章　産学官連携による自動車産業振興 | 83

図4-9 A社の参入までの過程

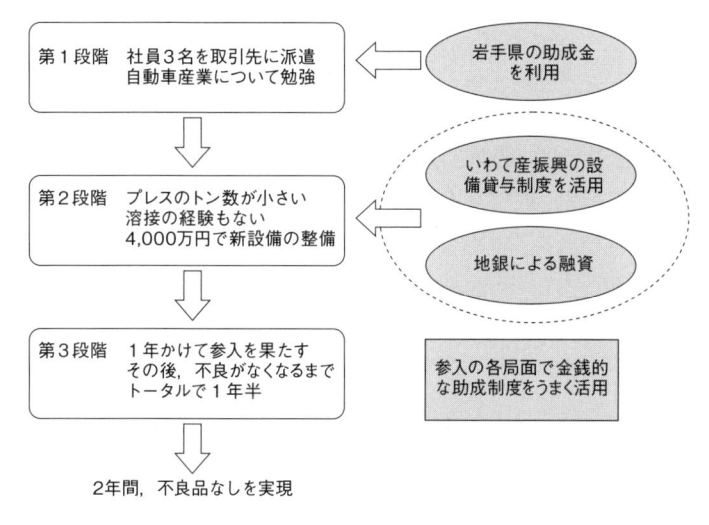

```
第1段階  社員3名を取引先に派遣      ⇐  岩手県の助成金
        自動車産業について勉強          を利用
              ↓
第2段階  プレスのトン数が小さい           ┌─────────────┐
        溶接の経験もない        ⇐    │ いわて産振興の設 │
        4,000万円で新設備の整備         │ 備貸与制度を活用 │
                                   └─────────────┘
              ↓                    ┌─────────────┐
                                   │  地銀による融資  │
                                   └─────────────┘
第3段階  1年かけて参入を果たす
        その後，不良がなくなるまで    参入の各局面で金銭的
        トータルで1年半              な助成制度をうまく活用
              ↓
     2年間，不良品なしを実現
```

（出所）筆者作成。

に社運をかけて挑んだのである。

　こうして部品受注に向けた準備が始まるわけだが，A社の参入過程を要約したものが図4-9である。最初は「これまで弱電ばかりをやってきて，車のことはさっぱりわからない」状態であり，まずA社社員3名を研修のためにZ社側に派遣した[34]。その際，A社は，派遣した従業員の給与の一部を助成するという岩手県の助成制度を活用した。

　さらに，自動車部品を生産するには，既存のプレス機のトン数が小さいこと，これまで経験したことがない溶接作業が求められることなど，生産設備上の不備も明らかになってきた。また，大きなプレス機を導入すれば工場建屋も大型化し，部品を運搬するためのパレットも大きくなり，倉庫も大きくする必要がある。このため，4,000万円の新規投資が必要になった。A社は，ここでも助成制度を活用する。1つは，いわて産振興が設ける「設備貸与制度」であり，これは図4-10のように，いわて産振興が設備業者から設備を買い取り，その設備を中小企業に長期かつ低利で貸与する制度である。ちなみに，2012年12月時点でいわて産振興のHPから入手した資料では，貸与期間は最長10年，固定金利1.95％，無担保での貸与となっている。さらに，自動車産業への参入支援に向けて比較的早

図4-10　設備貸与制度について

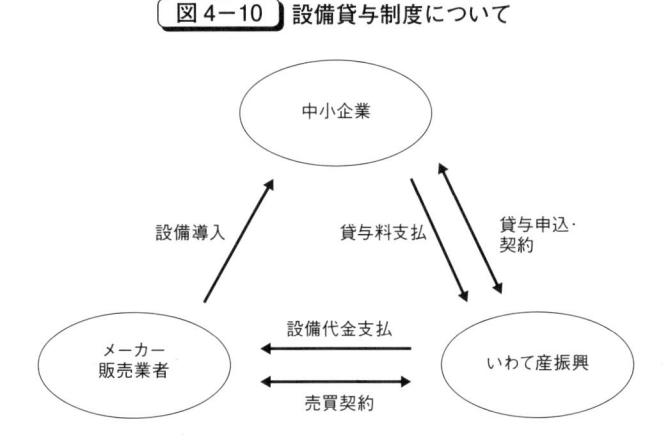

中小企業

設備導入　　　貸与料支払　　　貸与申込・契約

メーカー販売業者　　設備代金支払　　いわて産振興

売買契約

(出所)「財団法人いわて産業振興センター平成24年度事業案内」，5ページに一部筆者が加筆のうえ転載。

い時期から具体的な活動を始めていた岩手県の主力地銀Ｉ銀行も，Ａ社に融資したという（コラム4－1参照）。

コラム4－1　岩手県主力地銀Ｉ銀行による自動車産業支援の取り組み

　Ｉ銀行は，自動車産業振興に力を入れており，地場企業などに対してさまざまな実践的支援を行っている。その取り組みの1つが，「TesNET（テクニカル・ソリューション・ネットワーク）倶楽部」（以下，TesNETと略記）である。

　同行が組織するTesNETは，2003年8月，関東自動車工業に副資材や設備の取引などですでに口座を持つ，あるいは1次サプライヤー，2次サプライヤーに口座を持つ10社の集まりとして始動した。すなわち，参入の可能性を有する企業に対象を絞り，トヨタ系OBに品質管理の考え方を叩き込んでもらい，3次サプライヤーあたりから参入させるという試みであった。03年といえば，岩手県が自動車産業集積プログラムを始動させ，関東自動車工業OBをコーディネーターに配置した時期と一致し，同時期から民間セクターの地銀が同じような取り組みを始めていたことは特筆に値する。10社で始まった取り組みではあるが，現在（2013年）では会員数が28社にまで増えている。会員には，地場企業だけでなく県内に拠点を置く1次サプライヤーにも入ってもらっているという。

　TesNETでは，自動車関連産業での取引成立の肝は，まずもって品質にあると捉えられており，品質管理指導に力を入れてきた。なお，自動車部品の取引価格は，

やはり三河地区との競争が厳しく，時間とお金をかけて参入してもそこで利益をあげるのは難しいという。しかし，自動車関連産業に参入する過程で学んだことが，他事業にも良い形で波及していくと考えられている。ちなみに本章で取り上げたA社は，TesNETの主要メンバーの1社であり，TesNETの代表的な成功事例であるという。

そのほか，知的集積の支援策として，大学シーズと民間ニーズをマッチングさせる「いわて産学連携推進協議会（リエゾン-I）」を，2004年5月にI銀行，岩手大学，日本政策投資銀行の3者で設立し，マッチングフェアの開催や研究シーズ集の発行などを行ってきた。また，毎年，リエゾン-Iに参加する研究機関との共同研究を通じて事業化を目指す企業に対して，1先あたり200万円，年間1,500万円を上限とする研究開発事業化育成資金を贈呈している。2012年度には9社に対して1,200万円が贈呈され，これまで59社に対して都合8,100万円が贈呈されてきた。なお，贈呈先の案件の約半数は実際に事業化されており，残りの多くも研究継続中になっているという（ただし，全体の1/4相当は断念）。

I銀行が，このように自動車を中心とする製造業の振興に力を入れる理由は，隣県・宮城のように豊かで，仙台のように広域から人が集まる大消費地を抱えるところは良いが，岩手県ではまず基盤となる製造業を振興して県民に優良な働く場を提供し，県民所得を少しでも上げて，県民による県内消費を拡大させる必要があるからだという。そのようにして地域経済が回ることで，初めて地銀のビジネスも拡大していけると考えられている。

（参考文献）現地調査のほか，同行公表資料「地域密着型金融の取り組み状況」平成23年4月～24年3月および「いわて産学連携推進協議会（リエゾン-I）への取り組み」平成25年3月4日付などを参照。

このように参入過程の各局面で公的な助成制度をうまく活用しながら，1年かけてZ社の仕事の受注に漕ぎ着けた。ただし，取引直後はよく不良を出しており，不良が完全になくなるまでにさらに半年かかったという。

議論の本筋から少し外れることになるが，A社社長が考える，弱電と自動車の違いに触れておきたい。まず，A社社長は，Z社の工場を見学したときに，弱電に比べて「人の動きが速く，これなら利益が出るはずだ」と思ったという。このため，A社は，弱電と自動車を同じ工場内で一緒にやるのは無理だと判断し，弱電（一関）と自動車（前沢）の工場を分けることにした。また，動きの速さや自動車部品の重量の重さに対応するため，自動車部品の工場は若手中心の編成とし

た。単価については，確かに弱電よりも安いが，その分，自動車部品は，総じて工数が少ないという。ちなみに，A社社長は，自動車部品の工数の少なさを「手離れが良い」と表現していた。より具体的にいえば，弱電では，「指紋の付着もダメ」，また「部品と部品の間に紙を敷く」といった付加的な作業が求められるが，自動車部品はもともと剛性が高いことから弱電に比して取り扱いが楽だという。自動車部品は，単価は安いが工数が少なく，しっかりやれば利益も出せるとA社社長はいう。

また，通信や電機では，量産品がなくなり多品種少量生産が増えたことから，設備の段取り替えが多発し，実質的な稼働率は低下してきている。対して，自動車部品は，段取り替えも少なく量産効果が出せるという。さらに，金型についても，自動車はモデルチェンジのサイクルが4年と長いことから，弱電のように頻繁に金型を作り替える必要がない。ちなみに，A社の場合，自動車部品用の金型については，自社で内製するのは投資負担が重く，また新たに人材を育成する必要もあることから，群馬県の会社に外注しており，金型の修繕だけを自社内で行っている。金型に不具合が生じた際に，いちいち外部に修理を出していたら，納期を守れずサプライチェーンを止めてしまう可能性もあるため，修繕だけは自社で対応できるようにしている。

A社は，工程改善にも力を入れており，その際にも公的機関の支援制度を活用していた。A社が近時活用するのは，いわて産振興が設ける「工程改善研修会」という支援制度である。そこで指導にあたっているのが，プラ21の事例の中でも重要な役割を果たしていた関東自動車工業の元会長で，大野耐一氏の愛弟子でもある内川晋氏である。そして，A社側で工程改善活動のリーダーになっているのは，A社社長の実娘である。

ちなみに，岩手県の自動車産業振興担当者の説明によれば，内川氏は2ヵ月に1回ぐらいの割合で岩手県を訪れ，1泊2日ないしは2泊3日で数社の現場に入り，次に来るまでに各社が解決すべき課題を設定していく。内川氏は，半年に1回の割合で指導先の企業を再訪問し，半年間での進捗状況を確認する。ただし，この間，企業が単独で課題解決にあたるのは難しいことから，いわて産振興の関東自動車工業OBの2名が，内川氏の指導内容をさらにわかりやすく解説のうえ，各社の取り組みを適宜支援する。なお，この指導を受けるための各社の費用負担はないが，同時に，ある程度の可能性を持った企業だけに指導の対象を絞り込んでいるともいう[35]。

第4章　産学官連携による自動車産業振興 | 87

　A社の工程改善活動のリーダーによれば,「車のことを知りつくしている人に指導をしてもらうことの効果は大きい」とし,特に「工場内で自分たちで問題を出すといっても限界があり,指導に来て頂かないと高い目標は設定できない」という。まさに,それは「雲の上からおりてくるような指導」となるが,実際にその課題に取り組むと,「ライン構成がよくなり,工程内の仕掛かりも少なくなる」といった効果が出てくる。改善が結果を生み,結果がさらなる改善を生む,という好循環が作り出されるという。A社社長は,「プレス部品の単価は相場で決まっている。提示された金額の中で利益を出せる方法を社内で努力して考える」ことが重要だと強調する。

　次に,A社の事例の分析を行う。参入のキッカケは,偶然が重なっていた。大手1次サプライヤーの地域子会社Z社が岩手に進出してくる際に,たまたまA社だけが参入の意志を示した。偶然とはいえ,このタイミングの良さは重要である。また,同社は,弱電の仕事の縮小という危機に直面しており,こうした危機感が,自動車部品に本気で取り組む原動力になったと考えられる。ただし,自動車関連産業に新規参入するにはかなりの投資額が必要となり,本来,危機に直面する企業にはかなり難しいことである。むしろ自動車産業に新規参入するにあたっては,本書第3章でも指摘したように,競争力のある他事業から上がってくるキャッシュフローを利用したり,参入によって発生した固定費を他事業に広く配賦したりする工夫が求められる。危機に直面した企業が自動車関連産業に新規参入するのは難しいわけだが,他方,危機感がないと自動車産業のことを本気で学ぼうとしないという矛盾がある。

　A社は,参入の準備過程において公的な支援制度をうまく活用した。まず,自動車産業のことを学ぶ目的で,社員を取引先に研修に出していたが,ここでは従業員の給与の一部が支給される岩手県の助成制度を活用した。次いで,設備導入の際には,いわて産振興が設ける設備貸与の制度を活用し,また地元の自動車産業振興を支援するという方針を掲げていた地銀からも融資を受けることができた。こうした資金面の支援がなければ,危機に直面する企業が,4,000万円を新規で投資することはできなかっただろう。自動車産業の場合は,投資の回収期間が比較的長くなるといわれていることから,低利に加え,長期の融資期間が必要になる。ちなみに,いわて産振興の設備貸与期間は,最長10年となっていた。

　また,A社は,自社の経営資源の制約を踏まえ,工程改善を通じたプレス加工の力を磨くことに専念する一方,投資負担を考えて,金型製作は外注とし,納期

厳守のために金型補修のみ自社で対応できる態勢を整えていた。本書第3章では，参入要件の1つとして金型製作から部品製造へと至る一貫生産体制の整備をあげたが，他方で，資源に著しく制約を抱えた中小企業では，A社のような割り切り，すなわち選択と集中も必要とされよう。

　A社の成功は，おそらくタイミングの良さによってその多くを説明できるが，参入の各局面において官や公的機関の指導に従いながら支援制度をうまく活用していた点も非常に重要である。これこそが，A社が，経営の危機にありながらも，弱電から自動車関連産業に新規参入できた理由ではないだろうか。また，やや広い視野で眺めると，弱電分野で経営が傾いた地場の中小企業を，官や公的機関がうまく支えながら自動車分野に新規参入させたという点で，東北全体にとって今後の産官連携の模範事例の1つになるだろう。

(3) B　社

　最後に，大学発ベンチャーのB社（2007年創業，資本金200万円，役員3名・社員16名）の事例をみる。大学発ベンチャーといっても，同社の創業者は，岩手大学を定年退官した名誉教授であり，キャリア途中で大学を辞めて起業したわけではない。社名は「〇〇研究所」（社名は匿名とする）であり，その社名の通り，研究・開発型の会社で，量産工場は持たず，研究開発，試薬の販売，経営指導などで売上げを立てている。

　また，B社のHPから転載した図4－11をみると，製品や部品そのものを新規に開発するというよりは，新技術に基づく新製法を提案することで顧客企業の生産効率を改善したり，製法の革新を通じて顧客企業の新製品開発を支援したりすることが，主たる事業と考えられる。また設立当初，同名誉教授は研究所長の役職にあり，B社社長には，以前から同名誉教授の発明を量産していたY社（本社所在地は大阪で，B社への出資者でもある）の社長が就任していた。そして2013（平成25）年1月現在，B社の会社概要によれば，同名誉教授が代表取締役会長に就任している。

　さて，本事例では，同名誉教授（以下，適宜，同氏ないし名誉教授を記す）が開発した技術の解説は必要最小限にとどめて，むしろ同氏がどのような考えで技術開発に取り組み，またその技術が自動車部品あるいは自動車にどのように活用されてきたのか，また今後どのように活用されていくのかを明らかにしていきたい。

　まず名誉教授の経歴をみる。同氏は，岩手大学を卒業した後，一度，民間の大

手製薬会社に入る。そこで，同氏は，某大学の研究室と共同研究に取り組むことになった。その研究室の教授が，「論文ではなく発明が一番」と考える人だったという。その後，同氏は，岩手大学に先生として戻る。その際，「岩手の田舎の大学だと誰も注目してくれない。目に見える成果を出す必要がある」と考えたという。現在に至っても，同氏は，「学問的な業績はもちろん大事だが，それを事業化に結びつけることが重要だと考えている」という。その後，同氏は，自らの学術研究に基づき，重金属除去剤，新幹線・地下鉄車輌の床材，自動車シーラント，自動車燃料ホース[36]など数多くの製品を世に送り出した。

　また，同名誉教授は，観察を通じて物事の本質を見抜くことの重要性を強調する。同氏は，実際にものづくりの現場を回って観察を重ねた結果，製品（もの）と生産（ものづくり）は共に，「接着，接合こそが不可欠」であり，「その接合技術の深掘りが大切」になると理解した。ちなみに，この接合の重要性を発見するにあたり，釈迦の教えが助けになったという。名誉教授によれば，「釈迦は実践的な観察によりこの世の実相が『独立しているものは何もなく，すべてが時々刻々と変化し続ける不完全な関係性のなかにいること』を発見し，この状態を空と表現した」という。そして，「定年数年前に『空』というこの世の実相が少し分かり始めたころ，物造の世界の実相を瞑想し…（中略）…物造も五蘊と同じように『空』とみた」[37]と同氏はいう。すなわち，もの，ものづくりも，素材や部材

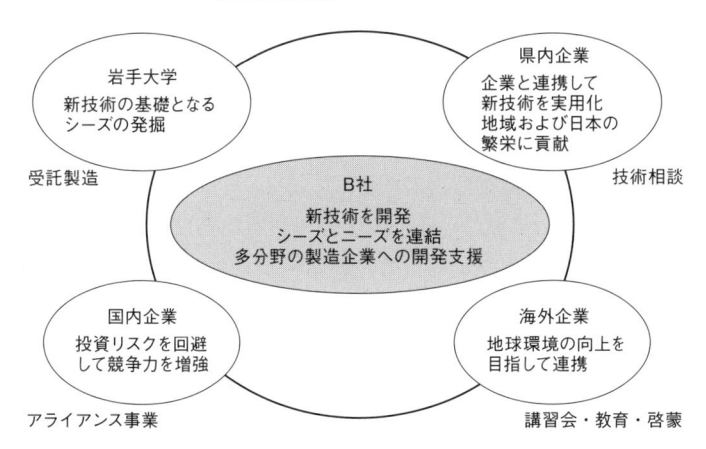

図4-11 B社の事業内容

- 岩手大学：新技術の基礎となるシーズの発掘
- 県内企業：企業と連携して新技術を実用化　地域および日本の繁栄に貢献
- B社：新技術を開発　シーズとニーズを連結　多分野の製造企業への開発支援
- 国内企業：投資リスクを回避して競争力を増強
- 海外企業：地球環境の向上を目指して連携

受託製造　　技術相談　　アライアンス事業　　講習会・教育・啓蒙

（出所）B社のHPより一部加筆のうえ転載（2013年1月9日アクセス）。

表4-3 接合技術における世代変化

世　代	接合方法	接合原理	材　料
第1世代	重縛接合	機械的挟付	紐, 縄, 木皮
第2世代	アンカー効果接合	機械的挟付	釘, ネジ
第3世代	溶接接合	合金形成	溶接金属
第4世代	分子間接合	分子間力	流動性有機物
第5世代	分子接着接合	化学結合	流動性有機物 非流動体

(出所) B社のHPより転載 (2013年1月9日アクセス)。

の関係で成り立ち、それらを結びつける接着・接合が本質をなし、コア技術であるとみたのである。

　これに加え、同氏は、非常に興味深い指摘を行っていた。日本の失われた10年の元凶は、日本企業が「組立の加工技術を真剣に考えてこなかったことにある」とし[38]、そのうえで「不可欠なコアである接着・接合が変われば、ものづくりの在り方を大きく変えられる」と考えているが、依然として「日本の大企業は、新しいやり方のリスクをとれない」でいると嘆く。

　さて、ここで同氏が手掛ける接着・接合の技術を概観する。同氏は、表4-3にみられるように、自らの接合技術は、化学結合を原理とする第5世代で、21世紀に中心となる接合技術ともいうべき「分子接着接合」であるという。対して、第4世代で20世紀の接合技術は、接着剤を用いる分子間力を原理とする「分子間接合」である。さらに、第5世代の分子接着接合は、流動体接着の「加工接着」と非流動体接着の「組立接着」に分けられる。流動体接着とは、「被着体にたいする接着体の『濡れ』に原点を置いた接着」であり、第4世代の分子間接合もこの「濡れ」に原点を置く流動体接着の1つである。

　そして、第4世代 (20世紀) ＝分子間接合の課題ならびに第5世代 (21世紀) ＝分子接着接合の特徴と利点を示したのが表4-4である。それによれば、接着剤を用いる分子間接合の課題として、環境 (熱, 振動, 溶剤) により接着強度が変化すること、材料が変わると接着剤が変わるという材料依存性があること、微細構造の接着が不可能であること、接着層のはみ出しが避けられないこと、などがあげられており、極度の軽少短薄が求められる21世紀の加工・組立ではその有用性が低下してきているという。それに対して、同じ濡れを原点とする分子接着接合

表 4-4　分子間接着接合の課題と分子接着接合の特徴

接着特性	分子間接着接合の課題 加工接着（流動体接着）	分子接着接合の特徴	
		加工接着（流動体接着）	組立接着（非流動体接着）
接着力の発現	分子間力	化学結合	化学結合
接着強度	熱・溶剤・振動に弱い	熱・溶剤・振動に強い	熱・溶剤・振動に強い
接着寸法	制御不可 微細構造不可	制御不可（μmレベル可） 微細構造不可	制御可能（μm可） 微細構造可
接着層の挙動	流動体 はみ出し有	流動体 はみ出し有	非流動体 はみ出し無
接着条件	選択肢狭い 接着速度低い	選択肢広い 接着速度高い	低温〜高温可 接着速度高い
材料	依存性高い	依存性低い	依存性低い
機能化	低い	高い（部分接着可）	高い（形状自由）
生産性	低い	高い	高い

(出所) B社のHPより転載（2013年1月9日アクセス）。ただし、明らかな誤植と思われる箇所は筆者が補正した。

の加工接着であるが、濡れの影響が分子間力よりも極端に小さいという特徴を有し、環境の変化に対して接着強度が安定的で、またジチオールトリアジン基（分子接合剤）の導入によりあらゆる固体表面を1種類の官能基表面に変換して接着することから、異種材料間での接着・接合が可能になるという。

さらに、同氏が「濡れの概念からまったく離れた革新的な接着・接合技術」と主張するのが分子接着接合の組立接着である。B社のHPによれば、この技術について「濡れに接合原理をおく考え方の背景には表面粗さの問題があります。濡れにより表面粗さを解消し、材料間を接触させるためです。非流動体接着では接着体が非流動体であるため、濡れと表面粗さの解消は根本的課題になります。〔組立接着の〕分子接着接合ではエントロピー弾性体とその表面反応性の付与により、濡れと表面粗さの問題を解決しました」と説明される。この分子接着接合の組立接着の長所として、分子接着接合の加工接着の利点に加え、制御や微細構造、はみ出し回避、幅広い温度での接着、そして形状自由化が可能になるという。

そして分子接着接合技術の自動車部品への応用として、同名誉教授は、以下のような事例を説明してくれた（2011年3月1日時点）。まず、図4-12にみられる自動車エンブレムなどへの金属めっき塗装である。従来、樹脂に金属めっきを行う

図4-12 金属めっき塗装への応用

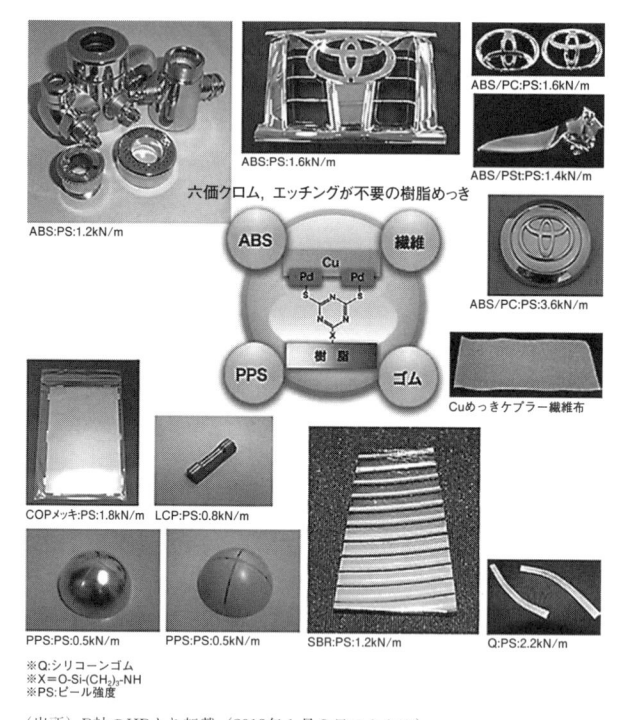

(出所) B社のHPより転載（2013年1月9日アクセス）。

際には、有害物質の六価クロム酸などをエッチングしなくてはならなかった[39]。しかし、同氏の分子接着接合技術を用いれば、エッチングフリーで、樹脂へのめっきが可能になるという。これによって、製造過程における環境対応および工数削減などが実現されることになる。

また、将来的に、HVやEVで問題となる電磁波を防御するための技術にも応用される可能性を秘めている。樹脂の裏側にめっき加工を施すことで電磁波の影響を防ぐとされるが、通常工法では樹脂をめっき槽にドブづけするが、同氏の接合技術を用いれば、スプレーの吹きつけで樹脂にめっき塗装できるという[40]。これにより、生産効率の向上、また材料や投資のムダが省かれるなどの効果が期待できる。同技術に関しては、2011年3月1日のヒアリング時点で、大手自動車メーカーからも試験の働きかけがあるということであった。

また、岩手県の産学官連携の枠組のもとで進められているのが、自動車で使わ

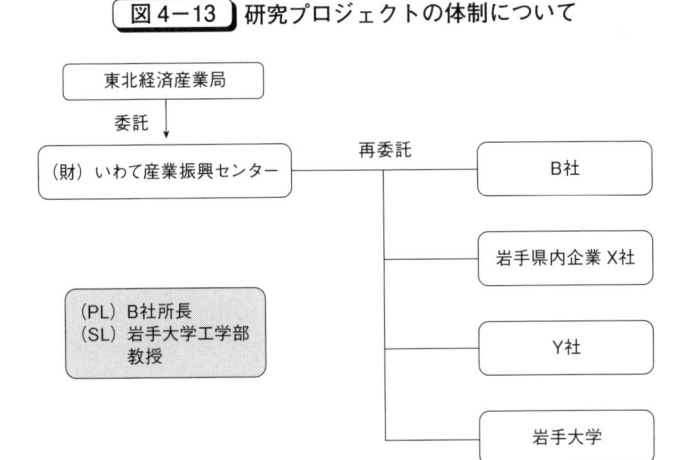

図4-13 研究プロジェクトの体制について

```
        東北経済産業局
            │委託
            ↓
  (財)いわて産業振興センター ──再委託──┬── B社
                                    │
                                    ├── 岩手県内企業X社
  ┌─────────────┐                    │
  │(PL) B社所長    │                    ├── Y社
  │(SL) 岩手大学工学部│                  │
  │      教授     │                    └── 岩手大学
  └─────────────┘
```

(出所) 平成23年度戦略的基盤技術高度化支援事業「分子接着技術等を用いた表面平滑銅配線基板等の次世代実装技術の開発」研究開発成果報告書，2002年3月より一部修正のうえ転載。

れるプリント配線基板など高度電子機械部品の開発である。プロジェクト名は「分子接着技術等を用いた表面平滑銅配線基板等の次世代実装技術の開発」であり，平成21年度の経済産業省の戦略的基盤技術高度化支援事業に採択されていた。図4-13のように，東北経済産業局がいわて産振興に委託し，いわて産振興からB社や岩手大学などに再委託する形をとっており，プロジェクトリーダー（PL）には同名誉教授が就いている。2012年3月に公刊された同プロジェクトの研究成果報告書[41]に基づき，その狙いを概観する。同報告書によれば，自動車のプリント配線基板は，配線の平滑化および矩形化[42]による品質の確保，熱などの外部刺激による配線基板の歪みの低減，さらにエンジンや走行による振動の吸収など耐環境性に関わる安全性・快適性の向上という課題を抱えているという。そして「異種材料間の分子接着技術の開発，新規エントロピー弾性体の開発，これらを複合化させた新規実装技術の開発」を通じて，品質確保や耐環境性に関わる課題を解決することが同プロジェクトの目的となる。

　訪問調査の際に，同名誉教授から，基板配線の平滑化の意義の1つについて説明を受けることができた。従来の接着接合方式では，配線の表面粗さが避けられないという。平滑度の低さにより電流に乱れが生じ，その乱れをコンデンサーで調整することになる。仮に，同氏の接着接合技術により配線の平滑化を実現でき

れば，電流を調整するためのコンデンサーが不要になり，例えばコンデンサーを使用しないEV向けインバーターを開発することも不可能ではないという。もちろん，それが実現すれば，材料の節約はもとより，工数削減，小型化などが同時達成され，まさに革新的技術になり得るといえよう。

　以上のように，同氏の取り組みは，自身がものづくりのコアと位置づける接着接合での技術革新を通じて，既存の製品や部品が有する技術的な問題を解消したり（耐環境性，制御可能性，小型・軽量化など），工数や材料の削減による生産効率の向上[43]さらに有害物質の排除や電力消費の削減を実現するというものである。特に，自動車分野では，パワートレーンの電動化に伴う，例えば電磁波シールドやインバーターにも応用できる技術であることがわかる。

　ここでは事例の分析は行わず[44]，代わりに同名誉教授が指摘する岩手県の産学連携が抱える課題や問題に触れる。いずれの指摘も，今後の岩手県の産業振興の方向性を考えるうえで，非常に示唆に富む内容である。

　まず，岩手県の地場企業が産学連携として持ち込んでくるテーマが，「技術の利用や相談の仕方に面白さがない。ありきたりで二番煎じのもの」が多いという。対して，「名古屋や神奈川あたりの会社は，〔自らの取引先や市場の〕ニーズをしっかり把握したうえで，面白い仕事を持ってくる」ため，どうしてもそうした地域との連携が多くなってしまう。地場企業が，「研究者をわくわくさせられるような仕事やテーマを持って」こられるようにならないと，地域内での産学連携は進展しないとする。また，岩手の地場企業の指導にいったん入ると「おんぶにだっこ」の状態になってしまい，自分たちで考えなくなってしまうという問題もあるという。もちろん，それら地場企業の「〔同氏が〕顧問になって指導する」ということであれば事情は若干異なってくるとしながらも，現行では過度の依存状態になっているという[45]。このあたりは，産学連携において，大学側の敷居の高さがしばしば問題視されるわけだが，同時にそれを活用しようとする地域の側にも問題があることを示唆している。

　また，多くの日本の大企業は，「新しいもの〔工法や技術〕のリスクをとれないでいる」という。他方，中小企業は，「量産能力がなく，新技術を事業化することができない」という。また，日本の企業は，「新しいことに対して常に引きの姿勢であり，判断ができない状態」に陥っているとする。それに対して「中国や韓国のメーカーは積極的であり，将来的には自らの技術をそちらに輸出する」ことも視野に入れざるを得ないともいう。

さらに，定年退職する大学（工学部）の教員を，地域としてどのように活用するかという課題もあるという。同氏自身の経験からも，「物事の本質がみえてくるのは60歳になってから」であり，「老いの問題さえ克服できれば地域に対して重要な視点を提供できる」とする。これは，地域がそうした人材を未だ十分に活用できておらず，それら人材の活用こそが産学連携のさらなる深化への糸口になることを示唆しているといえよう。すなわち，現場改善活動などで自動車会社OBを活用することも大事であるが，地域から次世代技術を発信できる知的集積を実現するには，退職後の（工学部の）大学教員の活用も重要になるということである。そしてより長期の視点で地域の産業振興を考えた場合は，むしろ後者の方が重要になってくるのかもしれない。

5．むすびにかえて

以上，岩手県での自動車産業振興の取り組みについて，マクロ（産業振興の歴史），セミマクロ（自動車関連産業振興策の内容），ミクロ（個別企業の事例）の視点からそれぞれ見てきた。繰り返しになるが，前章の宮城県の地場企業は，取引先などとの関係の中で力をつけて，ほぼ独力にて自動車関連産業への参入を果たしていたのに対して，やはり岩手県では産学官連携を通じて地場企業の自動車関連産業への参入を支援するという特徴がみられた[46]。そうした岩手県の取り組みは，まさに東北の自動車産業振興の先駆者としての経験と実力を示している（ただし，「東北」という限定がつくが）。

① 各事例から見えてきた問題

しかし，そこにはいくつかの問題が残されている。まずプラ21の事例について，当事者の鈴木氏自身も強く認識している問題であるが，地場企業の力を結合して自動車部品に参入するという取り組みを，岩手県の他企業や他地域に水平展開（ヨコテン）できていないという問題がある。すなわち，単発の成功事例にとどまっているのである（コラム４－２参照）。

水平展開できない理由については，今後深く掘り下げていく必要があるわけだが，例えば１つの理由として，その取り組みが時間（自動車の国内生産の拡大期）や空間（北上市の当時の人間関係や企業間関係）といった状況に強く依存しており，自然法則のように自由に他の時空間に移転できるものではないということがあげら

> **コラム4−2　モノづくりなでしこ iwate とは**
>
> 　岩手県・県南地区の地場のプレス部品量産メーカー（本章でみたA社），金型メーカー，治工具メーカーの女性経営者3名による企業連合「モノづくりなでしこiwate」が，岩手県の人材育成機関や取引支援機関の支援も受けながら，2012年9月1日から小型HVアクアのエンジン周辺部品を県内部品メーカーを通じてトヨタに納入することが決定したと報じられた。同連合体は，2012年2月に発足し，金型ブロックの耐久性向上や一部部品の自社生産を通じた品質向上やメンテナンスコストの削減などを実現し，わずか数カ月で受注に漕ぎ着けたという。同取り組みは，全国版TVニュースでも取り上げられ，そこでは女性経営者によるものづくり震災復興モデルの1つとして紹介されていた。
>
> 　岩手県にとっては，プラ21に続く久々の地場企業連合体による自動車部品受注の成功例といえるかもしれないが，実は，どのような経緯で同連合体が形成され，各社がどのような役割を担い，どのような取り組みを経て受注を勝ち取ったかは，一切公表されていない。今後，同取り組みの内部事情に精通する人々は，同連合体の成功の真因を適切に把握する必要があるだろうし，またプラ21の事例との共通点や差異点なども明らかにする必要があるだろう。そうした分析こそが，産業振興の無形資産となり，次なる成功事例の創出へとつながっていくだろう。
>
> （参考文献）現地調査のほか，『岩手日報』2012年8月7日付，岩手県県南広域振興局「ものづくり企業の連携による自動車産業振興〜モノづくりなでしこiwate〜」2012年7月12日などを参照。

れる。まさに企業経営という社会的な営みの複雑性を表しているわけだが，そうした中，やはり構造的側面（3社の強みの結合）からだけではなく，参入に至るまでの過程と行動をこと細かに追跡し，どのような状況下で，どのようにして参入に向けた態勢が形作られていったのかを詳細に把握し，成功の真因を見出そうとする姿勢こそが大切になろう[47]。もちろん，そのように真因を把握したとしても，当時とはまったく異なる時代背景や関係性の中で，その取り組みを再現するのは（不可能ではないにせよ）極めて難しいことであるし，仮に再現できたとしても状況が変われば同じように成功に導けるかはわからない。とはいえ，ここでは，やはり成功の真なる要因を把握することの重要性を繰り返し強調しておきたい。あわせて，我々のような部外者には情報の非対称性（内部情報を十分に得られな

い）という問題があり真因の把握は難しいことから，やはり内部の当事者たちがさまざまな角度から自らの経験や行動を検証し，その検証結果を地域産業振興の無形財産として地域全体で共有していく必要があるだろう。

　次にA社の事例に関して，大震災直前にあたる2011年2月28日～3月1日に実施した訪問調査の中で岩手県の産業振興組織の複数の担当者が，リーマンショック以降の日本の自動車産業の苦況に鑑み，「A社の時のようなチャンスが，地場企業に巡ってくることはもうないだろう」[48]との認識を示していた。岩手県の自動車関連産業振興の現場の一部には，リーマンショックによって「プラ21やA社が参入した時のような〔自動車会社の〕増産計画はあり得ない」[49]，また「自動車会社も1次サプライヤーも，地場企業を育てる余裕と時間がなくなった」[50]と，いささか重い雰囲気が漂っていた。同時に，「脱下請化を目指すべき。小さな製品であっても，企画開発，生産そして販売まで自社で行えるような企業を育てた方が良いのではないか」[51]という，いわゆる内発型産業振興への再回帰を訴える声も聞かれた。もちろん，地域の強みの複線化という意味で，それら内発型産業振興の重要性に異論はない。

　しかし震災以降，東北での自動車関連産業の潮目は大きく変わった。トヨタ自動車が東北での国内第3の拠点化を打ち出し，トヨタ自動車東日本が部品の現調率の向上を公言したうえで現調化センターの活動を始動させた。宮城県ではトヨタ自動車東日本がエンジンやアクアの分解展示会を開催し，東北のものづくり企業群に参入意志を示すチャンスを与えた。東北の地場企業の眼前には，これまでにない大きなチャンスが広がっている。しかしながら，A社の事例とその後の岩手県での展開からも明らかなように，こうした良いタイミングを逃してしまうと，その後，二度とチャンスが巡ってこない可能性が高い。トヨタ自動車でエンジン開発に携わっていた萱場文彦氏が本書付録1で述べているように，短中期で部品の受注には至らなくても，これを1つのキッカケとしてトヨタや大手1次サプライヤーと次につながる関係や対話（パイプ）が持てるかが鍵となる。大きく潮目が変わった状況に対して新たな認識を持って挑めるか，それこそが岩手県だけでなく東北全体の地場企業の経営者に求められていることである[52]。

　最後にB社の事例では，産学連携に際しての地域ないし地場企業側が抱える問題が指摘されていた。中でも大きな問題と思われたのが，大学の研究者をわくわくさせ，本気にさせられる共同研究のテーマを地域や地域企業が持ち込めていないことである。研究の事業化や実用化が求められる時代になったとはいえ，特に

自然科学系の研究者の場合は、他者がまだ手掛けていない新しい研究テーマに挑戦する必要があり[53]、当然、二番煎じの案件では研究者を奮い立たせることはできない。他方、神奈川や中部の企業は、市場や顧客（例えば、自動車メーカー）のニーズをしっかり把握したうえで面白い案件を持ち込んでくるという。そうした地域間の実力差は短期的にいかんともし難いわけだが、何らかの対策を施さない限り、この先、岩手県における大学発の知的集積には暗雲が立ちこめるだろう。さらにいえば、地元大学の研究者は、広く社会の要請に応えて産学連携に力を入れていくかもしれないが、残念ながら地元ではなく、他地域さらに他国企業との結びつきを強めていってしまうことにもなりかねない。まさに地域の側が主体的に魅力的な共同研究のテーマの創出と発信を行い、大学の研究者を巻き込んでいく態勢づくりが求められている。

② 自動車関連産業振興の今後の方向性

本章の冒頭では、岩手県の産業振興政策の歴史に触れた。よって、岩手県の産業振興政策上の課題と今後の方向性を考察することで本章を小括する。同時に、上にあげたような問題や課題への解決の糸口も探っていきたい。

まず、1990年代以降の同県の産業振興政策の動きを改めて評価してみると、あくまでも外部からの見立てに過ぎないが、電気機械産業の誘致からベンチャーを中心とする内発型振興、そして電気機械産業の斜陽や内発型の効果があまり出ていないことから自動車関連分野へ重点を移行させ、さらに2011年の大震災の前には自動車産業の将来にもあまり期待が持てないという状態になっていた。良くいえば、その時々のトレンド（産業の市況や景況）に合わせて機敏に重点分野を変化させてきたわけだが、悪くいえば、産業政策の軸が右往左往している。さらにいえば、時宜を得た政策変更というよりは、1990年代以降は各産業の浮沈を必死で後追いしながら産業政策の柱を急造してきたようにも見えてしまう。例えば「岩手自動車産業振興の失われた10年」などは、そうした後追いを象徴する出来事の1つなのかもしれない。もちろん、産業振興の現場担当者は、各々の時代の産業振興策のもと真摯に課題解決に取り組み、本章でも紹介してきたように東北全体の模範となるような成功事例をいくつも残してきた。しかし、あえて過去の反省に立ち、岩手県の産業振興をもう一段高い水準へと持っていこうとするのであれば、いま同県に求められているのは、軸のブレない、しかも出口がある程度見えつつも、自動車産業の変化を先回り（待ち伏せ）できる振興政策の立案ではない

だろうか（例えば，北上市は，臨海地区の基礎素材産業が全盛の時代にいち早く内陸部で企業誘致に取り組み，ある程度の時間をかけて電気機械産業の一大集積地を創出してきた）。

　本書第2章でも指摘されているように，いま自動車に対する世の中の認識が徐々に変化してきている中で[54]，やはり次世代自動車に照準を合わせた産業振興のテーマ作りがより重要になってくるだろう。もちろん，（走行性や衝突安全性などを勘案すると）次世代自動車のプラットフォームそれ自体は自動車メーカーが開発していくことになるだろうが，そこに組み込まれる次世代の基幹部品の開発に関して，岩手県の第2次産業全体の知恵と力を結集する必要がある。出口の姿がある程度見えるという点では，例えばB社の名誉教授が説明してくれたコンデンサーが不要になるインバーターなどは有望分野の1つとなるだろう。そのほかにも，安全性の向上という点では，例えば自動走行の鍵となるレーダーやセンサー部品などが有望であり，岩手県立大学が教育に力を入れる組込みソフトウェアの制御技術と組み合わせることで，その価値はいっそう高まると考えられる。また，レーダーやセンサーなどは，自動車のパワートレーンやシャーシの変化と関係なく（すなわち，内燃になろうが電気になろうが，シャーシやボデーが樹脂や他の材質になろうが），安全なモビリティ社会の実現に向けて不可欠な要素技術をなす。そうした次世代自動車や安全なモビリティ社会を実現する基幹部品や要素技術の開発であれば，B社の名誉教授がいうような大学の研究者を奮い立たせられるテーマにもなるだろう。さらに，そのようなテーマであれば，例えば旧の関東自動車工業はトヨタグループの中で自らの開発担当領域をアッパーボディから走行系へと広げていきたいという狙いを持っているようなので[55]，旧関東自動車工業のような研究プロジェクトの最終出口（すなわち購入者）となる企業の参加も期待できる（ただし，自動走行技術では，米国や欧州の自動車メーカー，メガサプライヤー，IT企業が研究開発を先行させており，グローバルな視点ではすでに先回りとはいえない状況になっている）。

　そして，他地域ではそうした取り組みがすでに始動している。広島県で自動車産業振興の陣頭指揮をとるマツダOBの岩城富士大氏が執筆する本書第9章で紹介されており，実際に我々も訪問した広島大学の「医・工連携 霞プロジェクト」では[56]，深刻化するわが国の高齢化社会を先回りし，音響という切り口から自動車走行時の安全性を高めるという取り組み（可聴域上限を超える高周波成分によって脳を活性化させ，逆走や居眠りを防ごうとする試みであり，広島大学の霞キャンパス内施設に設置されたドライブシミュレーターや脳波測定装置などで実際に効果を検証する）がみられた。

図4－14 岩手県の次世代モビリティ開発の組織体制

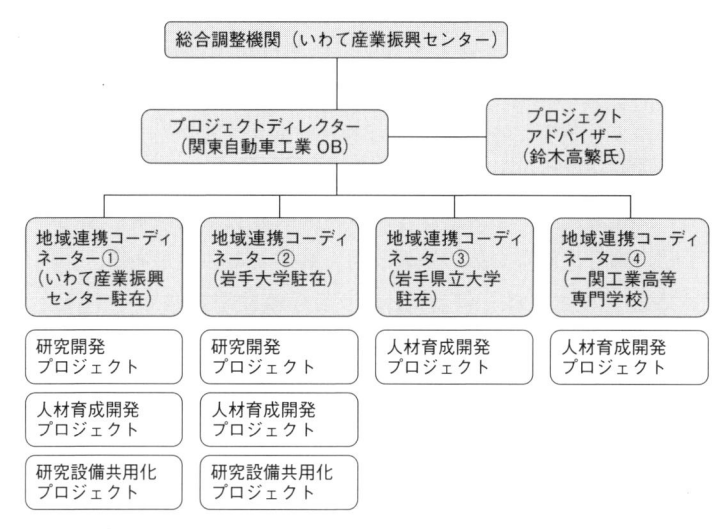

(出所)(財)いわて産業振興センター『産業情報いわて』vol.124, 2012年11月号に掲載された図に筆者が加筆のうえ転載。

　実は2012年度に，岩手県でも，次世代自動車に関する取り組みが始まった。2013年2月に公表されたばかりの岩手県の自動車関連産業振興の新戦略ともいうべき『岩手県自動車関連産業振興アクションプラン』(岩手県自動車関連産業振興本部作成)の中にその経緯がやや詳しく説明されている[57]。2012年度に，「いわて環境と人にやさしい次世代モビリティ開発拠点地域」という岩手県の提案が，国の「地域イノベーション戦略推進地域(東日本大震災復興支援型 国際競争力強化地域)」に選定された。2016年度までの5年間に，次世代モビリティに関する研究開発ならびに高度技術人材の育成を進めるという。

　2013年3月の訪問調査時点で[58]，本プロジェクト責任者(関東自動車工業OB)によれば，図4－14のような組織体制が整ったとし，現在，地域連携コーディネーターが岩手大学，岩手県立大学，一関工業高等専門学校，いわて産振興に張りつき，大学や研究者が持っている技術的なシーズの把握(同氏は「棚卸し」と表現)を行っている段階にあった。研究テーマの設定は，まだこれからということであった。ちなみに，ディレクター，アドバイザー，コーディネーターには，大学の研究者ではなく，ものづくりの実務に精通する人材が就いている。これは，これまで岩手県の産学連携の中で不足していたとされる，最終的な買い手となる「川上

企業〔自動車関連メーカー〕のニーズの掘り下げ」[59]を重視する姿勢の表れであろうか（ただし，陳腐なニーズに引っ張られ過ぎると，革新性や社会性が削がれていくという心配がある）。

　加えて，同プロジェクト責任者によれば，部品や技術の開発のみならず，次世代を睨んだサプライチェーンの岩手モデルについても構想していく考えがあるという。例えば，板金専門業者と樹脂専門業者など異業種間のグループ化を推進し，そのグループ化を梃子に岩手での地場１次サプライヤーの創設の可能性を模索していく。加えて，生産機能の国際展開により，国内生産台数がさらに減少した時の中部地区の部品メーカーとの関係の持ち方なども当然検討していかなければならないという。例えば，すでに中部地区の２次サプライヤーなどの危機感はかなり強くなっており，一定量の生産数量が期待できる東北への進出を模索しているという。投資余力が必ずしも十分ではない中部地区のサプライヤーは，付加価値の高い設計開発を中部地区で行い，東北の地場企業を生産機能として活用すべく触手を伸ばしてきている。実際に筆者らが訪問調査した東北のある県の地場企業の中にも，他地域の部品サプライヤーの提携先として生産機能だけを提供し，東北のトヨタ系ボディーメーカーの車体組立工場に内装部品などを納品する企業があったが，東北に落とされる付加価値という点で本当にそれで良いのか，という問題を検討していく必要がある。

　このように，次世代モビリティの取り組みの一環として，部品や技術の研究開発のみならず，サプライチェーンの組み方を同時に検討していくことは，実現可能性という観点からして極めて重要であると筆者は考えている。実は，九州地区の自動車部品を手掛ける地場企業を調査した際に，九州では中小企業の社長はみな親分であり，親分（地場企業の経営者）同士が手を組むのは難しいという意見も聞かれ[60]，もってすでにプラ21などで成功事例があるグループ化と，それによる地場１次サプライヤーの創設という挑戦は，岩手県に独自の参入モデルへと進化していく可能性を秘めている。他方で，同プロジェクトの残された課題でもある研究テーマの設定に関しては，大学の研究者を奮い立たせられる革新性や社会性という要件を備えることはもちろん，異業種間でのグループ化を不可避とするような技術や部品の開発をテーマに掲げる（例えば，板金と樹脂の技術を融合させたモジュール部品の具体像を示す）ことも当然必要になってくるだろう。そうしたテーマの構想力がどれほどあるかが，同プロジェクトの成否の鍵を握るのではないだろうか。

【注】

1）宮城県の地場企業への訪問調査（2013年4月11日）より。
2）2012年6月15日に開催された「復興頑年・宮城県における震災復興への取り組みについて」という講演で，宮城県副知事・若生正博氏は，自動車産業振興への宮城県の基本姿勢を「工場誘致は〔他県と〕競争，部品供給は〔他県と〕協力」と説明していた。その姿勢は当を得ており，東北での自動車産業集積を軌道に乗せるためには，東北全体の自動車部品供給の成功事例を隈なく収集分析し，東北での後続企業の育成に役立てていかなければならない。その意味において，県という行政単位を越えたシームレスな協力関係の構築が望まれる。その際には，技術的側面のみならず，経営的側面への理解と共有が重要になるだろう。
3）本章は，公刊されている資料や著作に加え，以下の訪問調査から得られた情報に依拠する。2006年5月23日～24日（矢巾町役場，岩手県庁，アイワ岩手関係者），2006年7月13日（岩手県庁，アルプス電気関連の岩手地場企業3社の調査），2008年11月27日（北上オフィスプラザ，岩手大学大学院工学研究科金型・鋳造工学専攻，鈴木高繁氏など），2011年2月28日～29日（岩手県庁，地場企業2社，北上市に所在のいわてデジタルエンジニア育成センター，岩手大学大学院工学研究科金型・鋳造工学専攻，岩手県工業技術集積支援センターなど），2013年3月11日～12日（いわて産業振興センター，岩手銀行）に訪問調査を実施した。そのほか，東北学院大学経営学部が主催したシンポジウムでは，岩手県ならびに岩手県の地場企業関係者から有益な情報を提供して頂くと同時に，さまざまな意見交換を行った。なお，調査対象先を匿名とする必要があると判断された場合，会社名，個人名，役職名などをすべてふせるか，あるいは仮称とした。
4）アルプス電気が初期に手掛けた自動車関連部品の1つが，1981年頃のカーナビ用ジャイロであった。その後，1980年代後半以降，弱電の技術を応用してキーレスエントリー，パワーウィンドースイッチ，エアバック用ケーブルなど，自動車部品を本格的に手掛け始めた。2012年2月24日に実施した同社への訪問調査より。
5）当時，関東自動車工業は，既存工場が手狭になったため新たな工場用地の調査を行っていた。当初，北関東，九州，宮城などへの進出が検討されたものの，北関東の工業団地は広さが十分ではない，また当時の宮城県は第2次産業に力を入れていない，などの理由から，有望な土地が見つけられなかった。加えて，九州には，トヨタの子会社の進出計画があったことから，進出先として適切でないと判断された。そのような経緯から，進出先を，岩手，秋田，青森の北東北3県へと絞り込んだ。その中で最終的に，交通アクセスの良さ，行政の支援体制の充実などから，岩手県への進出が決定されたという。
6）黒澤芳明「岩手県の産業振興戦略――自動車関連産業などを中心にして」『東北学院大学東北産業経済研究所紀要』第26号，2007年3月，28～29ページより引用。本論文は，2006年に筆者が主催したシンポジウム「東北地方における製造業の現状と展望――工場の海外移転と国内回帰の狭間で」での黒澤氏の講演を，筆者が編集のうえ公刊したものである。
7）1954（昭和29）年に黒沢尻町を母体に1町6村が合併して北上市が誕生した。北上市は市制施行直後に「工場誘致条例」を制定し，1961（昭和36）年に（財）北上市開発公社を岩手県で初めて設立し，市が独自に工業団地の用地買収，造成，工業誘致を開始した。北上市『北上市工業振興計画 概要版』2003年3月を参照。

8) 仁昌寺正一・横山英信「東北経済と工業集積地域の動向――岩手県北上市の事例から」『大不況下における地域経済と農村進出企業の類型論的研究』（平成12年度科学研究費補助金基盤研究B（1）研究成果報告書，研究代表・神田健策），2001年，15ページの表−2を参照。そこでは，集積が集積を呼ぶ，という自己組織化が働くことになる。なお，集積の自己組織化については，例えばKrugman, Paul R., *Development, Geography, and Economic Theory*, MIT Press, 1995（高中公男訳『経済発展と産業立地の理論――開発経済学と経済地理学の再評価』文眞堂，1999年）を参照。
9) 北上市の誘致活動と産業集積の形成については，仁昌寺・横山，前掲論文のほか，加藤秀雄『地域中小企業と産業集積――海外生産から国内回帰に向けて』新評論，2003年，関満博『地域産業に学べ！　モノづくり・人づくりの未来』日本評論社，2008年などがある。
10) 黒澤，前掲論文，26ページに記載の数値を参照。
11) 黒澤，前掲論文，27ページに記載の数値を参照。なお，誘致に特に注力していた北上市の誘致企業件数の推移は，仁昌寺・横山，前掲論文，17ページを参照されたい。
12) 2006年5月23〜24日に実施した矢巾町役場およびアイワ岩手元関係者への訪問調査による。
13) 2006年7月13日に実施した岩手県庁およびアルプス電気元関係者への訪問調査による。
14) 黒澤，前掲論文，26ページ。
15) 産業政策再編の過程と経緯の詳細は，黒澤，同上論文を参照されたい。
16) 関東自動車工業岩手工場の年間生産台数は，1993年時に1万9千台で始まり，その後取り扱い車種の増加によって90年代後半には10万台弱，そして2000年にマークⅡが付加され15万台弱となった。その後，第2ラインの稼働とベルタ／ヤリスセダンの生産により一気に30万台となり，リーマンショックの直前には35万台となった。その後はリーマンショックの影響で20万台前半から中盤の生産量で推移するが，アクアの生産により一気に40万台にまで伸びた。
17) 1次サプライヤー向けに展示会を実施するようになったのは，トヨタ本社や刈谷市産業振興センターでのトヨタ向け展示会にはデンソーやアイシンなども参加してくれるが，部品を実際に購入してくれるのは1次サプライヤーであり，それならば直接1次サプライヤー向けに展示会を実施した方が良いと判断したからだという。また，岩手は東北の中で最初に展示会を実施した県であり，その経緯から同県が東北6県合同展示会の事務局を担っているという。また事務局という立場上，展示・商談会を計画するときは，必ず東北6県での共同開催を前提に動くが，会場の収容力の関係で逆に1次サプライヤー側から今回は北東北3県だけにしてくださいといわれることがあり，その場合はその意向に従うという。
18) 以下，特に注記のない限り，岩手県県商工労働観光部『岩手自動車関連産業成長戦略――とうほくでの自動車生産100万台を目指して』2008年7月に依拠する。なお，その後，2013年2月に新・成長戦略ともいうべき岩手県自動車関連産業振興本部『岩手自動車関連産業振興アクションプラン』2013年2月が発表される。しかし，本節では，同県の自動車産業振興の歴史を理解するために，まず2008年に発行された旧・成長戦略の内容をみる。そのうえで，本章の最終節で，新・成長戦略の内容にも一部触れることとする。
19) 北上市で活躍する産業コーディネーター・鈴木高繁氏は，子供の頃から本物を与え，感動体験を積み重ねることが大切だと力説する。北上での人材育成の取り組みやこだわりについ

ては，東北学院大学主催のシンポジウムでの鈴木氏の発言を参照されたい。同氏の発言は，東北学院大学東北産業経済研究所「東北学院大学東北産業経済研究所公開シンポジウム　東北地方と自動車産業——昨今の経済危機を踏まえ，さらに議論を深める」『東北学院大学　東北産業経済研究所紀要』第29号，2010年3月，74ページに掲載されている。
20）その狙いや内容の詳細は，岩手大学「文部科学省科学技術振興調整費　地域再生人材創出拠点の形成　21世紀型ものづくり人材岩手マイスター育成」というパンフレットを参照されたい。
21）岩手県商工労働観光部，前掲書，25ページより引用。
22）一般的には，問題の裏返しが課題ではないといわれている。例えば「ものづくり人材が思うように育っていない」という問題があった場合，だから「ものづくり人材を育成すべきだ」という課題を掲げても意味がない。つまり「なぜ」人材が育っていないかを繰り返し問う中で，その問題を発生させている真の原因を突き止め，その原因を取り除くための課題を設定する必要がある。
23）おそらく，この岩手県の成長戦略が，東北6県の中で最も早い時期に出された体系的な自動車関連産業振興計画ではないだろうか。例えば，2012年7月9日に宮城県の自動車産業振興担当者を訪問した際に，みやぎ自動車産業振興協議会が作成主体であるA3版1枚カラー刷りの「みやぎ自動車産業振興プラン骨子（案）」2012年5月という資料の提供を受けたが，あくまでそれは試案作りのための試案という位置づけで，まさにこれから本格的に計画を練ろうという段階にあった。ちなみに，その資料に記された最終目標は，自動車の量産部品などの新たな受注数が「10年間で300件」と定められている。300件，しかも量産品の新規の受注で，という非常に野心的な目標になっていた。
24）岩手県の自動車関連地場企業に関する数少ない学術的研究の1つとして，小林英夫「第1章　東北地区自動車・部品産業の集積と地域振興の課題」小林英夫・丸川知雄（編著）『地域振興における自動車・同部品産業の役割』社会評論社，2007年がある。そこでは，本章で取り上げた企業も分析対象になっている。
25）以下，鈴木高繁氏の講演記録である本書第6章のほか，2008年11月28日に北上オフィスプラザで実施した鈴木氏へのヒアリング，その際に提供を受けた鈴木氏のメモ資料，そのほか訪問調査時に提供された各種資料，例えばA4資料「TOHOKUものづくりコリドー活動事例」（作成者不明），北上オフィスプラザ「地域の取り組み事例①プラ21（岩手県北上市）〔自動車関連産業分野〕」や公刊資料「＜コラム＞挑戦する中小企業——『プラ21』自動車産業参入への道のり」(http://www.tohoku.meti.go.jp/koho/kohoshi/mokuji/18fy/0702/tokusyu.htm) などを参照した。
26）(有) K・C・S代表取締役。K・C・Sは，Kitakami Coordination Serviceの頭文字。
27）前掲資料「＜コラム＞挑戦する中小企業」を参照。
28）2008年11月28日に北上オフィスプラザで実施した鈴木氏への訪問調査。ただし，筆者の筆記記録に基づく。以下，鈴木氏の発言は，特に注記のない限り，同記録より。
29）K.N.Fの体制については，「北上ネットワークフォーラム（K.N.F）平成20年度総会資料　会員一人ひとりの発想と行動で躍進するK.N.F」2008年6月26日を参照。
30）東北学院大学経営研究所「2010年度シンポジウム　東北地方と自動車産業——参入に求め

られる条件は何か？」『東北学院大学 経営・会計研究』第18号，2011年3月，116ページに掲載の鈴木氏の発言。

31) 東北学院大学経営研究所「2012年度シンポジウム　東北地方と自動車産業——あるべき支援体制とは」『東北学院大学 経営学論集』第3号，2013年3月，76ページに掲載の岩城富士大氏の発言。

32) 2013年3月11日に実施した訪問調査より。以下，同氏の発言は，同調査より。

33) 以下，2011年2月28日に実施したA社へのヒアリング，ならびに同日，翌29日に実施した岩手県の自動車産業振興担当者へのヒアリング，および2013年3月11日～12日に実施した岩手県の自動車産業振興関係諸機関への訪問調査に依拠する。そのほか，いわて産業振興センター機関誌『産業情報いわて』（号数を記すと，企業名が特定されてしまう。匿名にするため号数はあえて記さない）の中でA社の事例が紹介されており，それら公刊資料も参考にした。

34) 実は最初に送り出したベテランの人材は，弱電と自動車の違いに戸惑い，研修がうまくいかなかったという話もある。

35) 岩手県の自動車産業振興担当者によれば，この内川氏による工程改善指導は，秋田県が最初に内川氏に声を掛けたという。しかし内川氏が，岩手県との関係もあり，秋田単独での指導は難しいと返答したことから，秋田，岩手，青森という北東北3県を対象にした助成プログラムになったという。なお，内川氏は，秋田と岩手を一度に回ることもあり，その際には内川氏の移動の交通費は両県で折半する。いわて産振興や北東北自動車技術研究会による工程改善支援の真の狙いは，生産効率の向上を通じてより大きな利幅を確保し，その資金を新しい製品や技術の開発に回してもらう，いわゆる開発提案型企業の育成にあるという。2011年2月28～29日および2013年3月11日～12日に実施した岩手県の自動車産業振興担当者への訪問調査より。

36) 同名誉教授が実用化した多くの製品や事業については，（財）岩手県南技術センター「県南技研だより」4号，2007年10月1日付を参照されたい。

37) 同氏が執筆した「21世紀型産業を岩手から『産学』で発信」『産学官連携ジャーナル』2012年7月号より引用。ただし傍点は，筆者が加筆した。

38) 筆者も宮城県の生産設備を手掛ける競争力のある中小企業を訪問調査した際に，日本の大手メーカーは，1990年代の長期不況の際に，人件費の削減などを目的に生産設備を手掛ける部門を縮小し，生産設備の開発・製造を次々と外注に出していった，という話を聞いた。そのおかげで，生産設備の開発・製造を手掛ける業界は，失われた10年の中にあっても不況知らずで，事業を拡大することができたという。本文の名誉教授の主張と重ね合わせると，日本の大手メーカーは，短期的なコスト削減を優先した結果，長期的な競争優位を失うことになったといえるかもしれない。

39) そのため，めっき塗装では六価クロムの浄化設備が非常に重要で，浄化設備への投資がめっき塗装業界への1つの参入障壁になっていた。すなわち，大がかりな浄化設備が不要になれば，めっき業界のコスト構造や参入障壁が大きく変化する可能性がある。2013年2月25日に実施した九州地方の自動車部品めっき塗装業者への訪問調査より。

40) 電磁シールドはかなり大物の樹脂部品であり，これを槽で塗装するとなると，かなり大規模な設備が必要になる。ちなみに筆者が九州で訪問した1.5mのフロントグリルにめっき塗

できるという某社の工場建屋は，横幅70 m，天井高20 mであり，槽のサイズは西日本最大級という大きさであった。2013年2月25日に実施した九州地方の自動車部品めっき塗装業者への訪問調査より。大物樹脂部品へのめっきのスプレー吹きつけには，大規模設備への巨額投資を抑えられるというメリットも備わっているかもしれない。こうした投資抑制効果を勘案すれば，今後，非常に画期的な生産技術となる可能性がある。

41) 平成23年度戦略的基盤技術高度化支援事業「分子接着技術等を用いた表面平滑銅配線基板等の次世代実装技術の開発」研究開発成果報告書，2002年3月を参照。

42) 従来工法では配線の断面が台形になる。これを長方形（矩形）にすることで，制御が向上するという。

43) 例えば，B社の技術を利用して「高精細フレキシブル基板」の開発と量産化に成功した（株）メイコー（神奈川県綾瀬市）のプレスリリースには，工数削減や材料削減の具体的効果が示されている。（株）メイコー「銅の使用量1/4，電力の使用量を1/4に削減 高精細フレキシブル基板の開発と量産化に成功」2012年9月13日付を参照。

44) 同氏は，自らの行動や地域の取り組みを的確に分析し，今後，自社あるいは地域が取り組むべき課題をしっかり認識していた。ここでは，あえて筆者が分析を加えて屋上屋を架すことは避け，同氏自身の分析をそのまま紹介する方が良いと判断した。

45) 同氏は明言していないが，地域の企業が技術的指導をタダとみる風潮があるという問題も同時に指摘しているように思われる。すなわち，「顧問になって指導する」場合は若干事情が異なってくるという言葉は，まさに指導先からそれなりの地位と報酬を得て指導するのが本来あるべき姿であるということを暗に示しているともいえよう。工学系の大学教員や産業コーディネーターによる指導への適切な対価の支払いがない限り，産学官連携の進展は期待できない。例えば，プラ21を指導した鈴木氏との非公式的な会話の中でも同じような指摘があり，このあたりも東北の第2次産業の1つの後進性ではないだろうか。

46) もちろん，我々が宮城県で調査した企業がたまたま独力で参入を果たした企業に集中しており，逆に岩手県では産学官連携で参入した企業に集中していた，という調査対象の偏りは否定できない。すなわち，人間は自分が見たいように分析対象を見てしまう，という方法論上の限界があることを断っておきたい。

47) 企業の戦略的行動という複雑かつ状況依存的な行為に対して，どのようにして成功要因を見出せばよいのだろうか。Durand, Rodolphe and Eero Vaara, "Causation,Counterfactuals, and Competitive Advanatge," *Strategic Management Journal*, vol.30, 2009は，ある現象に対して『『たらねば』シナリオ』（'what-if' scenarios）(p.1249) を適用することで，成功の真因ないし競争優位の源泉を見つける方法を提唱する。例えば，プラ21の事例にこの方法を適用すると，コーディネーターが鈴木氏でなかったとしたら，鈴木氏が関東自動車工業の関係者を講師として引き込めなかったとしたら，などと仮想的事実を分析していく中で，成功の真因の発見につなげようというアプローチである。

48) 2011年2月28日〜3月1日の訪問調査時の岩手県産業振興担当者との会話より。

49) 2011年2月28日〜3月1日の訪問調査時の岩手県産業振興担当者との会話より。

50) 2011年3月1日に実施した北上オフィスプラザへの訪問調査より。同調査では，オフィスプラザに所在する3つの機関でヒアリングを行った。

51) 2011年3月1日に実施した北上オフィスプラザへの訪問調査より。
52) 大きな状況変化に対して一般的な経営者がとる反応について，Ansoff, Igor and Edward McDonnell, *Implanting Strategic Management (Second Edition)*, Prentice-Hall, 1990は「物事の変化が大きければ大きいほど，経営者たちは元の場所に止まり続けようとする」（p.6）と述べている。すなわち，小さな変化には何とかその内容を理解し対応しようとするが，大きな変化はその変化の内容を理解できないため判断停止に陥り，対応がとれなくなるということを意味する。本来対応しなければならない大きな変化ほど，経営者は何も対応しないという結果になる。
53) 例えば，2012年度に宮城県で立ち上がった次世代自動車プロジェクトの代表を務める東北大学工学部教授は，2012年10月13日に東北学院大学経営学部が主催した「東北地方と自動車産業──あるべき支援体制とは」というシンポジウムでの筆者との短い雑談の中で，「我々〔工学部の研究者〕は，やはり難しいところに突っ込んでいきたくなる」と述べていた。
54) 例えば，大久保隆弘『「エンジンのないクルマ」が変える世界』日本経済新聞社，2009年，下川浩一『自動車ビジネスに未来はあるのか？　エコカーと新興国で生き残る企業の条件』宝島社新書，2009年，桃田健史『エコカー世界大戦争の勝者は誰だ？』ダイヤモンド社，2009年を参照。中でも，レーシングドライバーとして活動する傍ら，国際的な自動車ジャーナリストとして世界の自動車産業の現場を取材する桃田氏の著作は，非常に興味深い内容である。
55) 宮城県産業技術総合センターでのトヨタ自動車東日本関係者の講演より。しかし，この発言の本気度がいかほどなのかは，部外者の筆者にはわからない。
56) 2012年2月29日に広島大学・霞キャンパス内にある同施設を訪問のうえ，施設担当者より実験設備や実験内容に関して詳しい説明を受けた。
57) 岩手県自動車関連産業振興本部，前掲書を参照。
58) 2013年3月11日～12日に実施した訪問調査より。
59) 岩手県自動車関連産業振興本部，前掲書，8ページを参照。
60) 2013年2月25日～26日に実施した九州地区の自動車部品関連会社への訪問調査より。

第5章

自動車関連産業における山形県の実力

手掛ける自動車部品から見えてくる強さと課題

村山貴俊

---

1. はじめに

　先の章では，宮城県と岩手県での地場企業の取り組みや自動車産業振興策を概観してきた。しかし実は，それら両県の地場企業の経営者や産業振興担当者の中で，非常に高く評価されていたのが山形県である。例えば，最近行った訪問調査の中でも，岩手県で自動車産業振興に携わる関東自動車工業OBは，東北の自動車関連産業の中で「山形の実力が高いのではないか」[1]と評し，また宮城県の有力地場企業の経営幹部の1人も「第3の拠点化について，宮城の企業はいつになったら仕事が来るのかと待ちの姿勢であるが，山形は活発に動いているらしい」[2]と述べていた。

　その山形県には，独自のものづくりの歴史があるとされる。山形県自動車関連産業情報サイト[3]によれば，江戸時代に興った打刃物，鋳物，織物の3つが，山形県のものづくりの源流である。その後，明治〜昭和初期にかけては，打刃物と鋳物が組み合わさって農機具，織物と鋳物が組み合わさって力織機，鋳物から機械器具が，それぞれ発展してきた。戦時統制経済下において，農機具，力織機，機械器具が航空機や航空機部品などの軍需産業に転換され，加えて疎開企業の進出もあった。戦後，昭和20〜30年代には，軍需産業の中で培われた技術と疎開企業がもたらした技術の連携により，全国的に有名なミシン産業が興ることになった。また，疎開企業によって自動車部品の生産も行われた。昭和40年代以降は，ミシンや自動車部品を基礎に高度機械部品が生産され，これとあわせて電気機械産業の誘致企業の進出がみられた。今日に至り，鋳造，鍛造，切削，研削，表面処理，プレスなど高度な基礎技術を有する企業群が，農業機械，機械部品，工作

機械，油圧機械，自動車部品，電気組立・電子部品などの分野で活動するようになっている。このように山形は，古くからものづくりの文化が根づいている地域ともいえる。

また，山形県には優れたものづくり人材がいるともいう。上記の情報サイトによれば[4]，2008年の人口10万人あたりの技能検定合格者は約121人であり，これは東北の中で最も多く，全国でも3位であった。ちなみに，愛知県は約120人，福岡県は約53人となっていた。東北6県では山形に次いで岩手県が約107人，東北の中で一番少ないのが宮城県で約70人であった。また勤勉な県民性ということで，離職率は全国平均5.2％に対して山形県は4.1％で全国44位，転職率は全国平均5.6％に対して山形県は5.2％で全国24位となっていた（順位が低い方が，離職・転職が少ないことになる）。ちなみに，愛知県は離職率4.7％，転職率5.5％でいずれも全国平均を下回り，福岡県は離職率6.2％，転職率6.2％でいずれも全国平均を上回っていた。

以上のように，山形県には，独自のものづくりの歴史そして優れた人材という強みがあるとされる。しかし実は，山形の自動車関連産業を対象とした研究は少なく[5]，とりわけ自動車部品の生産・供給の実績というミクロの視点でみた進出企業と地場企業の実力への理解はまったく進んでいない。他方，先にみた岩手と宮城の関係者のコメントからも明らかなように，今後，東北の自動車関連産業の中で山形の企業群は極めて重要な役割を担うと考えられる。

このようなことから，本章では，これまであまり研究されていない自動車関連産業における山形県の企業群の実力を明らかにし，同時に山形県ひいては東北全体で同産業を振興していく際の課題，ならびにそれら課題への対応について考察する。本章の構成は以下の通りであり，まず2節では，東北の自動車産業集積をめぐる最近の動向とそこにおける課題を明らかにする（ここでは，2012年末頃までの動向に触れる。第2章の2010年までの動きと合わせると，東北での自動車産業の歴史をおおむね把握することができるだろう。最新の動向は第1章を参照のこと）。近時に至り，トヨタグループ内で東北がハイブリッド車（以下，HVと略記）を含むコンパクト車の生産拠点と位置づけられたわけだが，コンパクト車の生産拠点ゆえの課題などを考察する。3節では，山形県産業科学館・自動車部品展示をもとに，山形県のどの企業が，自動車のどの部品を手掛けているかをみる。そこでは，地場企業を含む山形のものづくり企業群が，比較的参入が難しいとされる自動車の「走る，曲がる，止まる」の基幹機能に関わる数多くの精密部品の生産に携わっていることが

明らかになる。4節では，そうした高い技術力を有する山形の地場企業であるが，それが即，トヨタ第3の拠点への部品供給につながらないことを指摘したうえで，今後の対応策などを検討する。

2．第3の拠点と東北の課題

(1) 第3の拠点をめぐる近時の動き：2012年まで

　山形の自動車関連産業の分析に入る前に，まずトヨタ第3の拠点化をめぐる近時の動きを概観し，そこから見えてくる課題を明らかにする。トヨタ自動車は，宮城県のセントラル自動車とトヨタ自動車東北，そして関東自動車工業の3社を統合し，新会社・トヨタ自動車東日本を発足させた（2012年7月合併）[6]。これにより，東北は，小型HVのアクア（旧・関東自動車工業岩手工場生産），トヨタ小型車の代表車種カローラ（旧・セントラル自動車宮城工場生産）など，いわゆるBプラットフォームを共有する小型車を生産するトヨタ国内第3の拠点と位置づけられた。新聞記事によれば，2012年5月11日に豊田章男トヨタ自動車社長は，セントラル自動車宮城工場での記者会見で「コンパクトカーの代名詞であるカローラを持ってくることで〔東北第3の拠点化への〕本気度を示した」（引用文中の〔　〕は筆者が加筆。以下，同様）と語ったという[7]。

　このトヨタ国内第3の拠点化に連動して，以下のようなさまざまな取り組みが始動した。2012年1月には，東北域内からの部品調達を進めるため，トヨタ自動車東日本本社内に東北現調化センターが設置された。ちなみに，同社の現調率目標値は80％といわれている（新聞記事や東北経済産業局の発表資料には，その数値が明記されている。ただし，公式発表はされていないと思われる）[8]。現在，同現調化センターの重要な仕事の1つが斡旋機能とされ，将来性のある東北の地場企業を（トヨタの後ろ盾でもって）中部地区の1次サプライヤーに紹介し，東北における1次サプライヤーを起点とするサプライチェーン構築を支援していくという。またトヨタ自動車は，トヨタ自動車東日本本社内に企業内訓練校・トヨタ東日本学園（投資規模最大10億円）を設置する。2013年4月開校予定の同学園は，「小型車生産で世界一を目指す新会社を支える中核人材を育てる」[9]ことを狙いとし，年間30名程度の工業高校卒の学生に加え，地域企業からも人材を受け入れるという。2012年7月に第1期生の募集を開始し，初年度は東北域内の工業高校卒業生を15名ほど受け入れる予定である。

また合併1年前の2011年7月にトヨタ自動車東北は，既存工場の隣接地でスモールHV用のエンジン組み付けを行うと発表し，現在，建屋の建設が進められている。さらにそのエンジン部品の現調化を進める狙いで，2011年10月6日～7日にエンジン部品164品目の展示会をトヨタ自動車東北本社内の会議室で開催し，東北の企業を中心に194社が参加した[10]。さらに現調化へのトヨタの本気度を示すもう1つのイベントが，宮城県産業技術総合センター内の一室で行われた「アクア ボデー部品 分解展示・商談会」（2012年4月10日～13日の4日間）である。関東自動車工業，セントラル自動車，とうほく自動車産業集積連携会議の共催で，アクア（実際は左ハンドル仕様の海外モデル・プリウスC）の部品が構成部品レベルにまで分解され，現地調達の対象部品と非対象部品がタグで色分けされ展示された。参加者はそれら部品を実際に手にとって観察でき，さらに関東自動車工業の東富士開発センターで設計・開発に携わっていた技術者が，材料や要求品質に関する質問にも応じた（ただし調達価格については一切明らかにされなかったという）。また，参加企業は，所定の用紙に記入する形で品目ごとに参入意志を表明でき，4日間で都合418社（424社という情報もある）が参加し，現調対象部品242品目のうち4品目を除き参入意志が示された[11]。

　以上，国内第3の拠点化と東北域内での部品の現調化をめぐるトヨタ側のさまざまな動きが見て取れるわけだが，それに対して東北という地域が，どのような可能性を有し，またどのような課題を抱えているかを次に明らかにする。

（2）東北の可能性と課題
①　コンパクト車の生産拠点

　まず，東北が，コンパクト車の生産拠点に位置づけられたことの意味を考える。ちなみに，トヨタ自動車の国内生産戦略は，図5－1のように，中部＝「新技術・新工法などイノベーション開発」，九州＝「ミディアム系・レクサス系のクルマづくり」，東北＝「コンパクト車のクルマづくり」となっている[12]。東北がコンパクト車の生産拠点と位置づけられたことには，表5－1にみられるように，チャンス（機会）とチャレンジ（課題）の両方が含まれる。

　チャンスとして真っ先にあげられるのは，コンパクト車という市場セグメントが今後伸長する可能性を秘めていることである[13]。例えば，国内市場をみても，HVや新内燃方式をパワートレーンに持つ低燃費コンパクト車に人気が集まる。トヨタ自動車の公式発表によれば，小型HVアクアは，2012年6月1日頃に発注

図 5-1　トヨタの国内生産拠点とその役割

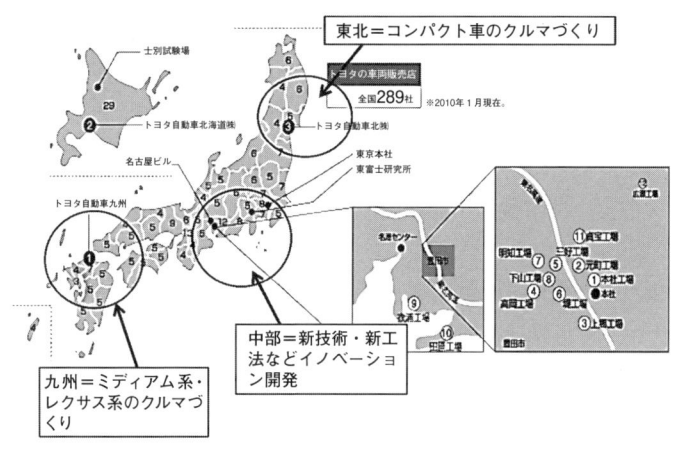

（出所）トヨタ自動車のHP、http://www.toyota.co.jp/jpn/company/facilities/manufacturing/index.html（2012年6月15日アクセス）に掲載の地図に筆者が加筆。

表 5-1　東北の自動車産業の機会と課題

	チャンス（機会）	チャレンジ（課題や脅威）
コンパクト車の生産拠点	今後の成長可能性	コスト削減が至上命令
有力サプライヤーの進出	2次、3次サプライヤーとして取引の拡大が期待される	フルセットで進出してくると、東北の地場企業の参入機会は限定される
東北の地場企業の実力	山形県や岩手県の地場企業に可能性がある？ 宮城県の有力企業は参入済み？	コスト、品質、納期の要求に応えられる地場企業はわずか？

（出所）筆者作成。

すると納車が同年11月以降の予定で、最短でも5～6カ月の納車待ちとなる。

　さらに世界市場に目を向けると、先進国では価格帯8,000～1万2,000ドル、車両サイズ2.5～3.7m（日本の軽自動車も含まれる）のMini Carセグメントが、各社（例、フォードKa、ルノーClio、ダイムラーSmartなど）がしのぎを削りあう1つの主戦場になっている。さらに今後大きな市場成長が期待される新興国では、価格帯5,000～8,000ドル、車両サイズ2.4～4.5mのRegular Low Cost Car（例えば、GMシボレー

Spark，現代Atosなど）という既存カテゴリーに加え，インド・タタNanoに代表される価格帯2,500〜5,000ドル，車両サイズ2.3〜3.0mのUltra Low Cost Carという新カテゴリーが出現しつつある[14]。カテゴリーの名称こそ異なるが，先進国，新興国でも，コンパクト車が1つの成長市場であり主戦場になっている。つまり，東北がコンパクト車の生産拠点に位置づけられたということは，こうした成長の波に乗れる可能性があることを意味する。

次に課題に目を向けるが，コンパクト車のセグメントでは，その販売価格帯からわかるように，世界の有力自動車メーカーが苛烈な価格競争を展開している。為替相場により日本円換算額は変動するが，1ドル＝80円では，先進国のMini Carセグメントの販売価格帯が64〜96万円，新興国のRegular Low Cost Carが40〜64万円，Ultra Low Cost Carでは20〜40万円となる（厳密には，名目換算価格ではなく，各地の物価を加味した実質換算価格で比較する必要がある）。当然，円高が進めば，さらに低い価格帯での競争を強いられる。つまり，世界のコンパクト車市場で戦うには，上記の価格帯で販売しても適正な利益が残せるコスト構造が不可欠となろう。そして，この低コスト構造の実現こそが，コンパクト車の生産拠点である東北に突きつけられた課題の1つである。東北に立地するトヨタ系車体組立工場，1次サプライヤーさらに地場の中小企業は，一丸となって，グローバル競争を勝ち残れる低コスト構造をこの東北の地において実現しなくてはならない。

トヨタ自動車東日本は，部品や部材の現調化を公言したわけだが，そこでの真なる狙いはグローバル競争に勝ち残れるコスト競争力の強化であり，間違っても地域貢献のために現調化を進めると考えてはならないだろう[15]。より明確にいえば，中京地区から部品を運ぶ輸送費の削減[16]を含めた部品調達コストの削減が狙いとなる。果たして，自動車部品への新規参入を目論む東北の地場企業は，こうしたトヨタ側の狙いに応えられるのであろうか。ここで宮城県産業技術総合センター関係者の興味深い所見を紹介しておく。同関係者によれば，トヨタ本社が，トヨタ自動車東日本ならびに東北の部品メーカーに求めているのは，「クラウン並のクオリティ，ベンツ並の性能，プリウス並の燃費，インドのTATA並の価格」[17]を実現するための創意工夫なのだろうという。

② 有力サプライヤーの進出

また，中部地区を中心としたトヨタ系の既存有力サプライヤーの動きが，東北の地場企業にとって，機会になり，脅威にもなる（前掲の表5−1参照）。新聞紙上

でもたびたび報じられるように，大手1次サプライヤーの東北への進出が相次いでいる。例えば宮城県では，プリウス用バッテリーの組み付けを行うプライムアースEVエナジー（宮城県大和町），排気系や足回りの鋳造部品を生産するアイシン高丘東北（宮城県大衡村），セントラル自動車の隣接地でシート，カーペット，トリムなどの内装品を手掛けるトヨタ紡織東北（宮城県大衡村），自動車ボデーのセンターピラーを生産するトヨテツ東北（宮城県登米市），HV用バッテリー鉄板カバーを生産する太平洋工業（宮城県栗原市）などの進出がある（第1章の図1-1を参照）。その他，福島県にはデンソー東日本，岩手県にはデンソー岩手の進出がある。さらに最近になって，センサーハーネスを生産するジーエスエレテック東北（宮城県角田市），エンジンカバーやメーターカバーを生産する共伸プラスチック（宮城県大崎市），ホイールを生産する中央精機東北（宮城県黒川郡大衡村）などの宮城県への進出が決まっている[18]。

　こうした大手サプライヤーの進出は，東北の地場企業にとってチャンスとなるのか。我々が過去に行った地場企業への訪問調査では，旧・セントラル自動車のようなボデーメーカーの進出よりも，デンソーに代表される大手部品メーカーの進出こそが，地場企業にビジネス・チャンスをもたらすとの意見がみられた[19]。トヨタ系ボデーメーカーに部品を直接納入するには力不足であるが，1次サプライヤーに部品を納める2次サプライヤーの立ち位置であれば，東北の地場企業にも十分に可能性が残されるということである。

　ここには以下のような事情があると察する。東北の地場の製造業者は，これまで東北の第2次産業の中心であった電子・電機分野の部品を手掛ける企業が多く，当然，それら企業の生産設備や工場建屋は，電子・電機部品向けの規模と構成になっている。電子・電機部品より自動車部品のほうがサイズが大きい場合が多いため，生産設備は大型化し，それら大型設備を収納する建屋も大きくなる（もちろん，電機・電子でも薄型テレビなどの最終製品を組み立てる工場については，かなり大きな建屋を擁する）。例えば，前章で触れたプラ21のコーディネーター・鈴木高繁氏は[20]，プラスチックの射出成形機に関して，岩手の地場企業の既存設備では，最大で約200トン（金型を押さえつける力），部品サイズでいうと15～20cm角までしか対応できなかったという。しかし自動車では，より大きなサイズが求められ，鈴木氏が指導した企業では，自動車部品に参入するにあたり350トンで40～50cm角に対応できる成形機を新規導入したという[21]。さらに，350トン成形機を設置するために建屋の新築も必要となり，合計2億円ほどの投資を行った（詳細は，

第 4 章，第 6 章，付録 1 を参照）。鈴木氏は，現地調達が第一に求められるのは輸送コストがかさむ大きな部品であり，よって今後，東北で自動車部品に新規参入する地場企業には，600 トン，800 トン，1,000 トン，1,300 トンの大型設備の新規導入が求められるだろうと分析する。

　しかし，設備の新規導入に伴う投資と減価償却費は，地場企業には重荷となる。昨今の経済情勢に鑑みれば，これから大型設備を新規購入し，建屋も新設のうえ，自動車部品に参入することは，かなり非現実的な選択と筆者は考えている。とりわけ世界で戦えるコンパクト車に求められるコスト削減という至上命令を踏まえれば，既存設備に多少の改良や調整を加える程度で参入を果たすことが求められよう[22]。とすれば，1 次サプライヤーの部品を構成する小さな部品を手掛ける 2 次ないし 3 次の立ち位置こそが，特に中小の地場企業には現実的である。以上のような理由で，トヨタ系の 1 次サプライヤーの相次ぐ進出は，東北の地場企業が既存設備を活用して 2 次，3 次のサプライヤーとして自動車部品に参入する好機となり得る。

　他方，新聞記事によれば[23]，今般の東北の拠点化ならびに現調化の動きについて，中部地区などのトヨタ系既存サプライヤーは，かなりの危機感を募らせている。トヨタと取引関係がある 200 社以上のサプライヤーで組織される協豊会では，東北にほとんど足場がない現状を踏まえ，「東北版協豊会のメンバーに入らなければ，東北で仕事を取るのは難しい」[24]との意見が出てきているという。例えば，シート・ドア部品を生産するシロキ工業（東証一部上場）の松井拓夫社長は，新拠点の規模や生産品目はまだ決まっていないが，とりあえず東北への工場進出を決定した（2013 年 6 月 7 日に宮城県黒川郡大衡村のトヨタ紡織東北宮城工場内に進出することが正式に発表された）。ただし，生産能力の高い工場を東北に新設すると，愛知や神奈川にある既存工場の減産を招くという悩みを抱えているという[25]。

　さて，上述のような危機感から，今後，中部，関東地区などの既存サプライヤーが，トヨタとの取引継続を狙って 2 次・3 次サプライヤーと一緒に東北にフルセット移転してくると，もちろんトヨタ自動車東日本が目標にしているという現調率 80％の達成はある程度容易になる。反面，現調先のほとんどが中部地区などの既存サプライヤーの東北の分工場であり，東北の地場の中小企業がサプライチェーンの中にほとんど入っていないという地域にとって由々しい事態にもなりかねない。こうしたフルセット移転の予兆はすでにみられ，先に述べたトヨテツ東北の進出に連なり，関連会社の浅井鉄工が同じ敷地内に進出してきていた（上

述のシロキ工業のトヨタ紡織東北の敷地内への進出も同様の動きである)。

　もちろん中部など他地域の既存サプライヤーたちも，（限られた経営資源を前提に）伸び盛りの新興国への工場移転そして東北への進出など数多くの投資案件を同時に抱えており，そうした取捨選択の中，東北への新工場の設置が一気に加速されるとは考えにくい。とはいえ，東北が，今後成長の期待できるコンパクト車，とりわけ国内需要の増加も見込める小型HVの生産拠点と位置づけられたことで，有力な既存サプライヤーが東北への工場進出を真剣に考えることは間違いない[26]。

　既存有力サプライヤーの東北への進出について，地元の雇用増加と税収増加という点で，東北の各自治体は大いに歓迎するだろう。しかし，東北の地場企業にとっては，機会であると同時に脅威にもなる，まさに諸刃の剣である。すなわち，進出してきた１次サプライヤーとの取引機会の拡大という点ではチャンスだが，２次を含めたフルセット進出によって部品調達が完結すると，東北の地場企業が活躍する場は狭隘になる。また，進出してきた１次サプライヤー向けに東北の地場企業が既存設備を活用しながら小さな部品を納めるチャンスが増えるかもしれないと述べたが，小さな部品は輸送費がかさまないため価格と品質の両面でこれまで通り中部や関東から運んできたほうが良いと判断されれば，当然，地場企業にチャンスは巡ってこない。

③　東北の地場企業の実力

　トヨタによる第３の拠点化，それに伴う１次サプライヤーの進出といった千載一遇のチャンスを，東北の製造業の再生と発展につなげられるかは，最終的に東北の地場企業の実力次第である（前掲の表５-１）。トヨタや１次サプライヤーの要求品質や調達目標価格に地場企業が応えられなければ，やはり従前通り（輸送費や時間が多少かかったとしても）大多数の部品が中部や関東などから運ばれてくることになる。それでも，トヨタが現調率80％にこだわるのであれば，おそらく中部地区などの既存サプライヤーが東北に新工場を建設し，本来なら東北の地場企業が果たすべき役割を代替していくことになろう。また，最終の組立だけを東北で行うことで現地部品とみなし，そこで使われる小さな部品の大多数は中部地区などから運ばれてくるということにもなろう。さらに，コンパクト車をめぐる苛烈な価格競争を生き残るために，（近時の自由貿易の動きなどが追い風になり）既存サプライヤーの海外工場からの調達も視野に入ってくるかもしれない。

地場企業の能力こそが，東北で真の意味での自動車産業集積が実現するかどうかの鍵を握るわけだが，宮城県や岩手県で筆者らが実施した実態調査によれば，それらの県でトヨタ系ボデーメーカー（すなわち旧・関東自動車工業や旧・セントラル自動車）や1次サプライヤーと取引できる実力を有する地場企業は，それほど多くない。特に宮城県では，ケーヒンやアルプス電気といった既存の大手進出組を除けば，自動車のどこに使われ，どのような機能を持ち，どれほどの品質が求められる部品なのかを，しっかり認識したうえで仕事をしている地場企業は，やや甘めに見積もっても一桁台後半の数字であろう。これら地場企業の中には，トヨタ出資の東北の部品製造子会社への部品供給に始まり，その後，競合他社が手掛ける既存部品の工程変更（生技検討）と大幅なコスト削減を実現し，中部地方のトヨタ本体の工場に部品を供給するまでになった優れた会社も含まれているが，総じて自動車部品に関する東北の地場企業の実力は不足しているといわざるを得ない。

　確かに東日本大震災の際に，東北各地の部品工場が被災したことで日本さらに世界中のものづくりに大きな影響がおよんだことが取り沙汰され，東北のものづくり能力がにわかに脚光を浴びた。そこでしか作れない部品や素材を手掛ける工場（特に進出企業）が，地震・津波の被災地や原発事故立ち入り禁止区域内に立地しており，しかも意図せずそこに調達先が過度に集中（樽形ないしダイヤモンド構造と呼ばれる）していたことから，サプライチェーン全体の生産活動の停止を余儀なくされたのである。しかし，自動車部品を手掛ける企業の数や質からいうと，東北は，まだ集積と呼べるレベルに達していない[27]。とりわけ，進出企業を除いた東北の地場企業の自動車部品分野での実力となると，依然，低い水準にとどまっているといわざるを得ない。

　しかし，筆者らが東北の地場企業などを訪問調査する中でもう1つ明らかになってきたのは，サプライヤーの進出が次々と決まっている宮城県よりも，むしろ隣県の岩手県や山形県に自動車部品で実力とやる気を持った地場企業が相対的に多いのではないか，ということである。例えば，トヨタの子会社やトヨタ系主要サプライヤーに対して生産設備の納入実績がある宮城県の有力な地場の生産設備メーカーに訪問した際，同社は生産設備に使われる部品の一部を外注に出しているが，宮城県内の業者に頼んでも「安い，大きい」[28]と文句ばかりいわれて仕事を請け負ってもらえないと不満を漏らしていた。そこで同社は，やむなく隣県・山形のメーカーに発注し，山形のメーカー群との間で協力組織（共栄会）を

立ち上げている。同社関係者は，安い仕事だから頼みにくいと山形の会社に仕事を持ちかけると，「是非いってくれ，一緒にやろう」[29]と快い返答が得られるという。また同関係者は，岩手県には「クリエイティブなもの造り」[30]の文化があるとし，岩手のものづくり能力も高く評価していた。

　また，2008年に宮城県のトヨタ出資の部品製造子会社に訪問した際にも，同社関係者は，ものづくりに関しては山形県や岩手県に実力を備えた企業があり，残念ながら宮城県が一種の空白地帯になっている，との感想を述べていた[31]。さらにトヨタ向けに駆動系ならびに動力系部品を生産する宮城の有力地場企業の関係者は，「良い企業が来ても，地元の部品メーカーが彼らを支えてあげられず，結局，他との競争にやられて撤退していく」[32]と述べていた。この言葉には，東北でのトヨタの第3の拠点化をこれまでと同じ結果に終わらせてはならず，そのためには地場企業の頑張り，つまり進出企業を支えるという姿勢と心意気が大事であるとの想いが込められている。

　繰り返しになるが，東北で自動車産業の真の集積が達成されるか否かは，トヨタの現調化の動きに応えられる東北の地場企業の能力にかかっている。しかしその場合，東北を一枚岩で捉えるのではなく，ものづくり能力を県ごとあるいは地域ごとに個別評価していく必要がありそうだ。上に記した宮城県内の企業関係者の発言から察するに，トヨタ系大手企業の進出がみられる宮城ではなく，むしろ隣県の山形や岩手に相対的にやる気と実力のある地場企業が多いと考えられる。中でもコンパクト車に必要とされる低コストのものづくり能力となると，先の宮城の地場の生産設備メーカー関係者の発言（「安い仕事だから頼みにくい」に対して「是非いってくれ，一緒にやろう」と応じてくれる）にみられるように，山形が1つの鍵を握っているのではないだろうか。

　とはいえ，これまで山形県の自動車部品分野でのものづくり能力を把握し分析するという試みはなかったため，その実力は未知数である[33]。本章で引用した東北の自動車関連産業の関係者の発言をみても，何となく山形の企業が良さそう，強そう，可能性がありそう，といった曖昧な捉え方である。そして，そのように実力（どこが，どのように強いのか）がはっきりつかめていないままでは，産業振興上の課題を析出し，今後の適切な方向性を提示していくことも難しくなるだろう。東北のコンパクト車を中心とした自動車産業への地場企業の参入可能性，さらに今後の集積を考えるうえで，東北の中で相対的に高く評価されている山形の企業群のものづくり能力を把握する作業が不可欠である。

3．山形県の自動車産業関連企業

　しかし，山形県で自動車関連の部品や設備を手掛ける企業群の全体像をつまびらかにする作業は，それほど容易ではない。例えば，1社ずつ丹念に調べることが理想であるが，それには調査の受け入れ可能性という壁もあり，大変な時間と労力が必要になる。実際に，筆者らは，宮城県と岩手県において，（公的機関に仲介もお願いしたうえで）いくつかの地場企業や大手部品メーカーを訪問した。それによって個別企業の取り組みについては，ある程度深く理解することができたが，各県の全体状況を把握するまでには至っていない。もちろん宮城県のように参入を果たしている企業がまだ少なければ，個別の事例研究を積み上げることで，全体像をある程度つかむことも可能だが，当然，企業の数が多くなると困難さが増す。

　そのような中，JR山形駅前の霞城セントラルビル2F〜4Fにある山形県産業科学館（指定管理者は山形県中小企業団体中央会，設置者は山形県商工観光部工業振興課）に「自動車のメカニズム」という自動車部品の分解展示があることがわかった。実際に同施設を訪問したところ（2012年2月26日，同年9月4日の2回），自動車の構成部品だけでなく，それら部品を生産する山形県内の企業が紹介されていた。自動車部品の展示を行う東北の自治体はほかにもあるが（例えば，岩手県北上市など），どの企業が，どの部品を手掛けているかを詳細に示したものはなく，非常に貴重な情報である（写真5-1）。そこで筆者は，同展示を隈無く写真におさめ，その

写真5-1　山形県産業科学館における常設の部品展示

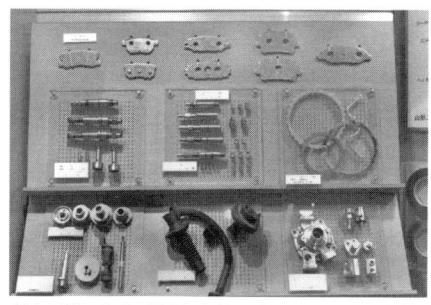

（注）部品のそばに置かれた白いプレートには，部品番号，部品名，それを生産する企業名が記されている。
（出所）筆者撮影（2012年2月26日）。

特徴を分析してみた。以下では，同展示を基に，山形県のどの企業が，どのような部品に参入しているかを明らかにする。

① シャーシ関連部品群

同展示は，シャーシ関連部品，エンジン関連部品，そして内外装関連部品という3つの区画に分けられている。このうちシャーシ関連部品は，EとFの記号で整理されている。さらにE群の部品については1～15の数字，F群の部品については1～9の数字が付されている（表5－2）。また，それぞれの部品を生産する企業名も記されていることから，HPなどからそれら企業の歴史や本社所在地を調べ，判別可能な企業については進出企業（本社，設立地が他県。その子会社や分工場など）と地場企業（本社，設立地が山形県）の区別を記した。もちろん，ここで地場と区別した企業の中には，疎開企業などかなり以前に山形に進出し，山形に本社を置き，山形を基盤に事業を営んでいる企業が含まれている可能性もあるが[34]，それらは進出企業というよりむしろ地場企業と理解した方が適切であると考えられる。なお，部品の中に一部トラック，フォークリフト，オートバイ向け部品が含まれていることに注意されたい。

ちなみに，EとFは，どのような基準で分けられているのか。表5－2のように，例えばEにもFにもブレーキ構成部品が含まれているし，Eの中にトランスバースリンクというサスペンション構成部品と，ボンネットロックというボデー構成部品という相互に関連が薄いような部品が含まれている。またEにもFにも，同じ企業名がみられる。EとFは，構成別でも，素材別でも，また企業別でもなく，実は区分の基準がはっきりわからない。

まず，E群の部品をみる（部品名や企業名は，展示表記のままとした）。E－1は小型トラック用ディファレンシャルギアケースで，地場の（株）ハラチュウが生産している。E－2はフォークリフト用ディファレンシャルギアケースで，（株）ハラチュウが生産している。E－3はボディーシリンダーで，地場のフジマシン工業（株）が生産している。E－4はデフ部品カップリングで，地場の（株）原田製作所が生産している。E－5はブレーキディスク（ベンチタイプ）で，進出企業の（株）キリウ山形（栃木県の（株）キリウの子会社）が生産している。E－6はディスクブレーキパッドで，進出企業の曙ブレーキ山形製造（株）（埼玉県の曙ブレーキ工業（株）の子会社）が生産している。E－7はトランスバースリンク（サスペンションの構成部品）で，進出企業の（株）庄内ヨロズ（神奈川県の（株）ヨロズの

表5-2 シャーシ関連部品

部品番号	部品名	企業名	地場／進出
E-1	小型トラック ディファレンシャルギアケース	(株)ハラチュウ	地場
E-2	ファークリフト ディファレンシャルギアケース	〃	〃
E-3	ボディーシリンダー	フジマシン工業(株)	地場
E-4	デフ部品カップリング	(株)原田製作所	地場
E-5	ブレーキディスク（ベンチタイプ）	(株)キリウ山形	進出
E-6	ディスクブレーキパッド	曙ブレーキ山形製造(株)	進出
E-7	トランスバースリンク	(株)庄内ヨロズ	進出
E-8	ボンネットロック	(株)増田製作所山形工場	進出
E-9	フィラーリッド	〃	〃
E-10	フットパーキングブレーキ	〃	〃
E-11	ブレーキペダルユニット	(株)庄内ヨロズ	進出
E-12	ハンドブレーキ	(株)増田製作所山形工場	進出
E-13	ボデーリア	フジマシン工業(株)	地場
E-14	ホイールシリンダー	ティービーアール(株)	進出
E-15	ABSユニット	エムテックスマツムラ(株)	地場
F-1	4WSマグネットケース	(株)ユニカ技研	地場
F-2	コネクタ，アーム，ロッドインプレートなど	(株)伊藤製作所	地場
F-3	グロメット	(株)宮坂ポリマー山形工場	進出
F-4	バックライトスイッチケース，エアコンコネクタなど	(株)ユニカ技研	地場
F-5	電動パワステ部品，アクティブサスペンション部品	エムテックスマツムラ(株)	地場
F-6	油圧パワステポンプ部品	〃	〃
F-7	ABS部品	〃	〃
F-8	オートマチック用トランスミッション部品，燃料タンク補強部品	(株)山本製作所山形工場	進出
F-9	ブレーキパッド用部品	〃	〃

(注) 部品名や企業名は，展示表記のままとした。
(出所) 現地調査に基づき筆者作成。

子会社。ヨロズグループと住友商事が共同出資）が生産している。E－8はボンネットロック，E－9はフィラーリッド，E－10はフットパーキングブレーキで，いずれも進出企業の（株）増田製作所山形工場（現在は（株）マスコエンジニアリング山形工場。（株）増田製作所は東京に本社がある）が生産している。E－11はブレーキペダルユニットで，E－7と同じく進出企業の（株）庄内ヨロズが生産している。E－12はハンドブレーキで，E－8～10と同じく増田製作所山形工場が生産している。E－13はボデーリアで，地場のフジマシン工業が生産している。E－14はホイールシリンダー（ブレーキの構成部品）で，進出企業のティービーアール（株）（東京の（株）TBKのグループ会社）が生産している。E－15はABSユニットで，地場のエムテックスマツムラ（株）が生産している。

次に，F群の部品をみる。F－1は4WSマグネットケースで，地場の（株）ユニカ技研が生産している。F－2はコネクタ，アーム，ロッドインプレート，シャフトで，地場の（株）伊藤製作所が生産している。F－3はグロメット（配線保護用ゴム）で，進出企業の（株）宮坂ポリマー山形工場（長野県の宮坂ゴムの子会社）が生産している。F－4はバックライトスイッチケース，エアコンコネクタ，オイルプレッシャースイッチケース，エアコンソレノイドケースで，地場の（株）ユニカ技研が生産している。F－5は電動パワステ部品，電動パワステ部品（レクサスシリーズ搭載品），アクティブサスペンション部品で，地場のエムテックスマツムラ（株）が生産している。F－6は油圧パワステポンプ部品で，地場のエムテックスマツムラ（株）が生産している。F－7はABS部品で，地場のエムテックスマツムラ（株）が生産している。F－8はオートマチック用トランスミッション部品，燃料タンク補強部品で，進出企業の（株）山本製作所山形工場（本社は埼玉県）が生産している。F－9はブレーキパッド用部品で，進出企業の（株）山本製作所山形工場が生産している。

以上，シャーシ関連部品をみてきたが，ハラチュウ，フジマシン工業，原田製作所，エムテックスマツムラ，ユニカ技研，伊藤製作所など山形の地場企業の存在が確認でき，しかも各企業が，走る，曲がる，止まるという自動車の基幹機能に関連する部品を手掛けていることがわかる。

② エンジン関連部品群

次にエンジン関連部品をみる。エンジン関連部品には，A，B，C，Dの記号が付されている。そして，A群の部品には1～9まで，B群の部品には1～14，C

第 5 章　自動車関連産業における山形県の実力　| 123

表 5-3　エンジン関連部品

部品番号	部品名	企業名	地場／進出
A-1	エギゾーストマニホールド（大型トラック用）	（株）ハラチュウ	地場
A-2	エギゾーストマニホールド（小型トラック用）	〃	〃
A-3	インテークマニホールド	（有）蔵王アルミ	地場
A-4	〃	〃	〃
A-5	シリンダライナ	テーピ工業（株）	進出
A-6	シリンダライナ	マーレエンジンコンポーネンツジャパン（株）	進出
A-7	プーリー（建設機械用）	（株）柴田製作所	地場
A-8	エンジンプーリー（大型トラック用）	〃	〃
A-9	インタークーラー（建設機械，トラック用）	山形シェル（株）	地場
B-1	アクセルポジションセンサー ASSY	三芝工業（株）	地場
B-2	E-EGRバルブ	〃	〃
B-3	カバーサブACT，ケース，ウィズ，ブラケット	〃	〃
B-4	フランジ部品	（株）山本製作所山形工場	進出
B-5	ドラムブレーキ部品	〃	〃
B-6	N.A.エレクトロニックコントロールバルブシャフト	高松精機（株）	地場
B-7	スロットルボディ	〃	〃
B-8	スロットルシャフト	〃	〃
B-9	スロットルボディ	（株）フジミ山形事業所	地場
B-10	マニホールド（インジェクター取付部）	（株）片桐製作所	地場
B-11	スリーブ，インジェクター，ハウジング	〃	〃
B-12	ガソリン配管継ぎ手，ディストリビュータカップリング，ガソリンフィルターカバー	（株）ユニカ技研	地場
B-13	ガソリンフィルター	（株）JTニフコ	進出
B-14	バルブタイミングコントロール部品	エムテックスマツムラ（株）	地場
C-1	ディーゼルエンジン用ピストン	マーレエンジンコンポーネンツジャパン（株）	進出

C-2	オイルポンプ	ティービーアール（株）	進出
C-3	エアコンコンプレッサー	（株）フジミ山形事業所	地場
C-4	ウォーターポンプ	〃	〃
C-5	オイル，燃料用フィルター	（株）ユザックス	進出
C-6	エアコンガスフィルター	三芝工業（株）	地場
C-7	コンプレッサー部品	エムテックスマツムラ（株）	地場
D	自動車用ワイヤーハーネス	米沢電線（株）	地場

（出所）現地調査に基づき筆者作成。

群の部品には1〜7の数字が付されている（表5-3）。Dは1点のみで番号は付されていない。ただし，B群の中には，B-5としてドラムブレーキ部品が含まれており，必ずしもエンジン関連部品のみではないことに注意されたい。なお，トラックや建機用の部品が一部含まれている。

まずA群をみる。A-1は大型トラック用エギゾーストマニホールド，A-2は小型トラック用エギゾーストマニホールドで，地場の（株）ハラチュウが生産している。A-3およびA-4はインテークマニホールドで，地場の（有）蔵王アルミが生産している。A-5はシリンダライナであり，進出企業のテーピ工業（株）（現，TPR工業（株）。TPR（株）の国内関連会社）が生産している。A-6は同じくシリンダライナであり，外資の進出企業のマーレエンジンコンポーネンツジャパン（株）（山形工場と鶴岡工場がある）が生産している。A-7は建設機械用プーリー(ポリベルト)，A-8は大型トラック用エンジンプーリー(ポリベルト)であり，地場の（株）柴田製作所が生産している。A-9は建設機械，トラック用インタークーラーであり，地場の山形シェル（株）が生産している。

次にB群をみる。B-1はアクセルポジションセンサーASSY，B-2はE-EGRバルブ，B-3はカバーサブACT，ケース，ウィズ，ブラケットで，地場の三芝工業（株）が生産している。B-4はフランジ部品，B-5はドラムブレーキ部品で，進出企業の（株）山本製作所山形工場が生産している。B-6はN.A.エレクトロニックコントロールバルブシャフト，B-7はスロットルボディ，B-8はスロットルシャフトで，いずれも地場の高松精機（株）が生産している。B-9はスロットルボディで，地場の（株）フジミ山形事業所が生産している。B-10はマニホールド（インジェクター取付部），B-11はスリーブ，インジェクター，ハウジングで，いずれも地場の（株）片桐製作所が生産している。B-12はガソ

リン配管継ぎ手，ディストリビュータカップリング，ガソリンフィルターカバーで，地場の（株）ユニカ技研が生産している。B-13はガソリンフィルターであり，進出企業の（株）JTニフコ（現在は（株）ニフコ山形）（JTとニフコの合弁会社）が生産している。B-14はバルブタイミングコントロール部品で，地場のエムテックスマツムラ（株）が生産している。

C群をみる。C-1はディーゼルエンジン用ピストンで，進出企業のマーレエンジンコンポーネンツジャパン（株）が生産している。C-2はオイルポンプで，進出企業のティービーアール（株）が生産している。C-3はエアコンコンプレッサー，C-4はウォーターポンプで，地場の（株）フジミ山形事業所が生産している。C-5はオイル，燃料用フィルターで，進出企業の（株）ユザックス（本社は東京。工場は山形のみ。本社と山形工場が同じ1988年に設立されており，地場に限りなく近い進出企業といえよう）が生産している。C-6はエアコンガスフィルターで，地場の三芝工業（株）が生産している。C-7はコンプレッサー部品（展示ではカーエアコンプレッサーと表記されている）で，地場のエムテックスマツムラ（株）が生産している。

最後にDは，自動車用ワイヤーハーネスで，地場の米沢電線（株）が生産している。

比較的参入が難しいとされるエンジン関係部品であるが[35]，ここでも山形の地場企業の存在が確認できる。シャーシ関係部品も手掛けていたエムテックスマツムラやユニカ技研に加え，蔵王アルミ，三芝工業，高松精機，片桐製作所，フジミ，米沢電線などの地場企業がエンジン関係部品を手掛けている。

③　内・外装部品群

内装品のシートなどの大型部品は，輸送費がかさむうえ，輸送中の汚れの付着を避けるために現地調達が真っ先に進められる部品と一般的にはいわれている。例えば，セントラル自動車の宮城県大衡村への移転に合わせ，シートを生産するトヨタ紡織が隣接地に進出してきていたし，関東自動車工業岩手工場でも工場敷地内のサテライトとしてやはりトヨタ紡織が進出していた。

また，自動車の内装品で用いられる樹脂成形，塗装そして組立加工などの技術は，電子・電機分野でも多用されることから，既存の技術や設備の転用がききやすいと思われる。そういう意味で，電子・電機をメインとしてきた地場企業にとって内・外装品は比較的参入しやすい分野ともいえるだろう。他方，東北で

表5-4 内・外装部品

部品番号	部品名	企業名	地場／進出
G-1	自動車シート	(株)ダイユー	地場
G-2	牛本革シート	ミドリホクヨー(株)	進出
G-3	シートベルト部品	(株)山本製作所山形工場	進出
G-4	リクライナー部品	〃	〃
G-5	アッシュトレイ	(株)JTニフコ	進出
G-6	カップホルダー	〃	〃
G-7	車両シート用牛本革（パーフォレーション）	ミドリホクヨー(株)	進出
G-8	フロントバンパー，リアアンダースポイラー	技研(株)河北工場	進出
G-9	牛本革バイクシート	ミドリホクヨー(株)	進出
G-10	2輪ミドルカウル（外装装飾フィルムと防音断熱素材）	山形スリーエム(株)	進出
H-2	フロート・レバー（燃料タンクユニット）	鶴岡発條(株)	地場
H-3	New LAブラシヘッド，TS-Mブラシ，ロールブラシ，チャンネルブラシ	高島産業(株)	進出
H-4	スーパーミニブラシ，ワンダーラップブラシ，チャンネルブラシ，ドットブラシ	〃	〃
H-5	自動車用両面テープ，エンブレム加工品	山形スリーエム(株)	進出
H-6	本杢ステアリング（レクサスLS460用）	(株)天童木工	地場
H-7	牛本革ステアリング	ミドリホクヨー(株)	進出

(注) 日にちをかえて二度確認したが，H-1は展示から欠落していた。
(出所) 現地調査に基づき筆者作成。

は，大型のバンパー部品などは自動車組立工場内で内製されるため，現調の非対象分野になっている場合が多い（アクアの分解展示・商談会でも，バンパーは現調非対象品であった。もちろん，バンパーなどの補給部品については，今後現調化の対象となることがあるかもしれない）。

　内外装部品は，GとHの記号が付されている（表5-4）。G群には1～10，H群には2～7までの数字が付されている（H-1は展示から欠落）。なお先にみた部品群と同じく，自動車ではない，2輪向けの部品（ミドルカウルの装飾フィルム，牛本

革バイクシート）が一部含まれている。

　まずG群をみる。G−1は自動車シートで，地場の（株）ダイユーが生産している。G−2は牛本革シートで，進出企業のミドリホクヨー（株）（同社の本社所在地は山形県であるが，東京に本社を置くミドリ安全グループの皮革鞣製部門という位置づけであると思われることから，ここでは進出企業とみなす）が生産している。G−3はシートベルト部品，G−4はリクライナー部品で，進出企業の（株）山本製作所山形工場が生産している。G−5はアッシュトレイ，G−6はカップホルダーで，進出企業の（株）JTニフコ（現，ニフコ山形）が生産している。G−7は車両シート用牛本革（パーフォレーション）で，進出企業のミドリホクヨー（株）が生産している。G−8はフロントバンパー，リアアンダースポイラーで，進出企業の技研（株）河北工場（設立地および本社所在地は東京にあるが，主力工場は山形県内にある）が生産している。G−9は牛本革バイクシートで，進出企業のミドリホクヨー（株）が生産している。G−10は2輪ミドルカウル用の外装装飾フィルムと防音断熱素材で，進出企業の山形スリーエム（株）（住友スリーエムの全額出資）が生産している。

　次にH群をみる。H−2はフロート・レバー（燃料タンクユニット）であり，地場の鶴岡発條（株）が生産している。H−3はNew LAブラシヘッド，TS−Mブラシ，ロールブラシ，チャンネルブラシ，H−4はスーパーミニブラシ，ワンダーラップブラシ，チャンネルブラシ，ドットブラシで，進出企業の高島産業（株）が生産している。H−5は自動車用両面テープとエンブレム加工品で，進出企業の山形スリーエム（株）が生産している。H−6は本杢ステアリング（レクサスLS460用）で，地場の（株）天童木工が生産している。H−7は牛本革ステアリングで，進出企業のミドリホクヨー（株）が生産している。

　内外装では，特に牛革関連部品が山形で生産されていることがわかる。また，H−6の本杢ステアリングを手掛ける天童木工は，レクサス以外に，ホンダ，日産，トヨタの高級車向けの本杢ステアリングや本杢インパネなどを供給している。余談ではあるが，これら革シートや本杢ステアリングは，いずれも高級車向けであり，トヨタが東北で生産するコンパクト車にはあまり必要とされない部品といえよう。

④　山形の地場企業
　常設展示に基づき，自動車部品を手掛ける山形県内の企業群の顔ぶれをみてき

写真 5-2　エムテックスマツムラの自動車関連部品の一例

シャフト　　　　　その他部品

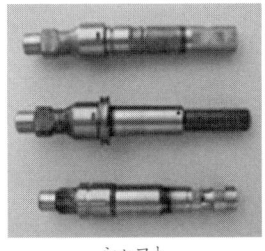

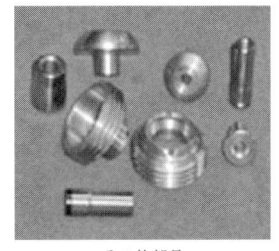

(出所) エムテックスマツムラのHP、http://www.mtex.co.jp（2012年7月4日アクセス）より転載。

たが，その中にいくつかの地場企業の存在が確認できた。まず，「シャーシ関係部品」では，ハラチュウ，フジマシン工業，原田製作所，エムテックスマツムラ，ユニカ技研，伊藤製作所があった。「エンジン関係部品」では，エムテックスマツムラ，ユニカ技研，蔵王アルミ，三芝工業，高松精機，片桐製作所，フジミ，米沢電線などがあった。「内・外装品」では，ダイユー，鶴岡発條，天童木工があった。

　こうした地場企業を個別訪問し，調査を進めることが今後の重要な研究課題になる。しかし，ここでは手始めに，シャーシ関連部品とエンジン関連部品の両方で企業名があがっており，自動車関連部品を多数手掛けているエムテックスマツムラとユニカ技研について，公表情報に依拠しながら事業内容や経営上の特徴などを概観する[36]。

　まずエムテックスマツムラは，1945年3月に設立され，山形県天童市に本社がある。資本金は4億4,965万円で，天童事業所，尾花沢事業所，そして九州に福岡営業所を展開する。半導体デバイス事業，樹脂成形事業，装置事業，自動車部品事業，医療機器事業など，多角的な事業展開を行っている。同社はすでにトヨタと取引関係がある。

　半導体デバイス事業は，ウエーハBGからテスティング，梱包までのアッセンブリーを手掛ける。樹脂成形事業は，プラパックスという独自のエキシポ樹脂配合技術に基づくコンパウンド技術を強みとし，CCDやCMOSなどイメージセンサー用中空パッケージを手掛ける。装置事業は，モールディング装置・金型を中心に各種半導体製造装置，工作機械を開発・提供している。自動車部品事業では，主要な生産設備を内製化し，また半導体で培った金型技術や樹脂成形技術などのノウハウが活用されている。医療機器事業は，医療機器の開発，製造，販売，修理，保守を手掛ける。

　自動車部品としては，パワステ用部品（電動，油圧）の特殊形状シャフト，シャ

フトドライブ，バルブ，オリフィス，カーコンプレッサー用部品のシャフト，エンジン機器用部品のシャフト，その他部品，サスペンション用部品のオリフィスバブル，ABS用部品のオリフィスバブル，プランジャーなどを手掛ける（写真5－2）。また，海外系列会社エムテックスベトナムは，油圧パワステポンプ構成部品のシャフトベーンを月60万本生産し，日本，北米，英国，タイ，中国，台湾などに輸出している。また，同社のHPには，半導体製造設備（モールド金型）で培った技術力を活用したABS用ユニット構成部品のエンプラ樹脂化への一貫生産などの提案が掲載されており，既存部品の素材変更など一定の提案力を有していることがうかがえる。

取引先について詳細な情報は入手できていないが，エムテックスマツムラ本体の納入先として，ルネサスエレクトロニクス，日立オートモティブシステムズなどがあげられている。また，エムテックスマツムラの系列企業（株）新庄エレメックスの納入先として，カルソニックカンセイ，ジェイテクト，トヨタ自動車東北，日本トムソン，ユニシアジェーケーシーステアリングシステムなどがあげられており，自動車部品の大手サプライヤーと取引関係を有することがわかる。

また同社の強みとして，一貫生産体制があげられているが，その一貫体制の中には金型内製だけでなく，生産設備の内製も含まれる。さらに，半導体デバイス事業，装置事業で培った技術力やノウハウが，自動車部品に応用され，さらに自動車部品の素材変更の提案力にもつながっている点も注目に値する[37]。またコスト低減に関しても，多角的な事業展開によって間接費を広く薄く各種事業に配賦できるというメリットが得られるであろうし[38]，生産設備を内製化し設備の調達コストを安くおさえられれば，固定費の低減にも結びつく。また生産設備の内製化によって，本来であれば企業外部に出ていってしまうキャッシュフローを自社内で環流させられる。なお，これまで我々が行った宮城や岩手の有力地場企業の調査の中でも，生産設備まで内製化できる力を持った企業は少なかった[39]。

次にユニカ技研は，1970年4月に設立され，本社を山形県上山市に置く。資本金5,000万円，従業員数60名の中小企業である。ちな

写真5－3 ユニカ技研の自動車関連部品の一例

（出所）（株）ユニカ技研のHP，http://www.unica-tech.co.jp（2012年7月4日アクセス）より転載。

みに，先ほどみたエムテックスマツムラは，資本金の規模（約5億円）でいえば，中小企業の域を超えた企業規模を有する。ユニカ技研の事業内容は，自動車および油圧機器用部品の冷間鍛造と精密切削加工である。自動車部品では，主に燃料回路やパワステの油圧回路部品など重要保安部品を中心に，エアコン関連部品や電装部品なども手掛ける（写真5－3）。

同社が自社の強みとしてあげるのが，金型製作 → 冷間鍛造加工 → 切削加工 → 精密測定検査という社内一貫生産体制である。この社内一貫体制は，宮城県で自動車関連産業に参入を果たした地場企業にも共通にみられた特徴である。余談ではあるが，我々が行った地場企業の調査では，競争力強化のために戦略的に一貫体制を構築してきたことに加え，元来ものづくり産業の集積が乏しい地域であったため金型製作を含めてすべて自社内で行う必要があったという地域的な理由が確認された。そして，いずれの理由であっても，結果として品質や納期で一定の強みにつながっていることがわかってきた。

ユニカ技研が一貫生産体制を構築していった経緯や理由は定かでないが，同社が公表する情報では，やはり我々が調査した他社と同様に，金型内製によって，金型の納入待ち，金型破損による遅れや欠品が無くなり，納期厳守が可能になるという利点が強調されていた。また，同社のもう1つの強みは，切削加工による形状，公差，面粗さのレベルを，冷間鍛造（いわゆる常温プレス加工）だけで達成する精密圧造の技術にある。鍛造の高精度化によって切削加工を不要とする技術は，工数の削減ならびに材料利用の効率化をもたらし大幅なコスト削減に結びつく可能性があり，もって自動車部品への参入や新規受注の獲得時に大きな武器となる。そして切削を不要とする精密圧造には，金型の形状工夫や精度（それらを生み出すノウハウ）が不可欠であり，そういう点でも金型製作の内部化は重要である。

4．むすびにかえて

① 他地域との比較から見えてくること

以上，山形県で自動車部品を生産する企業群を俯瞰してきたが，自動車関連産業に関する山形のものづくり能力は，一体どれほどのものなのか。それを判断するためには，当然，比較対象が必要になる。とはいえ，トヨタ自動車の本拠地の中部地区と山形を比較しても，こと自動車部品に関しては実力差があり過ぎてあ

まり意味をなさない。そこで意味のある比較対象と思われるのが，トヨタが国内第2の生産拠点と位置づけた九州である。もちろん九州のほうが自動車産業と関わった時期は早いが（日産が1976年に福岡県に進出），自動車産業では相対的に後発に位置し，しかも中部地区（トヨタ，スズキ，三菱），関東地区（日産，ホンダ，富士重工），中国地区（マツダ）などと異なり，九州と東北には自動車会社の本社開発機能がなく，あくまでも生産機能（トヨタ，日産，ダイハツの車体組立工場やエンジン工場）および一部ボデーとボデー部品の開発機能を有するのみという共通点がある。すなわち，自動車産業に関する諸条件が比較的似通っている[40]。

　比較対象として九州が適切だとしても，次に問題になるのは，九州で地場企業の参入がどれほど進んでいるのか，という情報が得られるかである。しかしこの点に関して，我々は，東北学院大学経営学部が過去5年にわたり開催してきたシンポジウム『東北地方と自動車産業』（2008～2012年，2013年も継続予定）を通じて，九州地区の研究者とも連携をとり続けており，九州に関して一定の情報を入手してきた。ここでは福岡大学・居城克治教授による上記のシンポジウム（2008年，2009年）での報告に依拠して九州の状況をみる。居城教授らは，九州で生産されるトヨタのSUVクルーガーという車種の構成部品が，どこから調達されているかを，トヨタの協力を得て調査した。結果，以下のような所見が得られたという。同教授は，「エンジン，それから駆動系の部品について見ると，これらの部品は，自動車の中でも最も重要と言われる部分で，核となる部品です。部品に数字が振ってありますけれども，数字がほとんど白のままです。黒く囲まれていた部品は，悲しいかな余りないのが実情です。白マークの部品は，基本的に本社地区から持ってきた部品です。逆にボディーグループを見てください。いわゆる車体部品と呼ばれる，車の外側を構成している部品で，鉄板あるいはプラスチックで出来ているところです。こういった，どちらかというとドンガラが大きくて輸送効率の悪そうな部品は，トヨタとしても本社地区で作って九州までわざわざ運んでいくのは，これはたまったものではないと。こうした部品はなるべく地場で調達した方が良い，というので積極的に地場調達を進めてきた部品です。これを見てわかるように，九州で今現状仕事になっているのは，鉄板を曲げたり樹脂を成形したりする，いわゆる外側の部品なのです。非常に高度な，例えば切削加工するとか金属加工といった塑性加工しなければならない重要な部品というのはまだまだ駄目な状況なのです。ここも出来るようになれば，九州も一人前かなと言われるのですが」[41]と分析する。上記の引用文はトヨタの特定車種の部品調達を

表5−5 九州と山形の自動車部品参入の現状と課題

	九 州	山 形
現　状	鉄板・プラスチックを素材とする外装部品への参入。走る，曲がる，止まるに関わる部品への参入は少ない。切削加工・金属加工技術がまだ不足と居城教授は分析。	精密な切削加工や特殊な鍛造技術を強みとし，重要保安部品を手掛ける企業がかなりの数みられる。進出企業だけでなく，地場企業の中にもそのような企業がある。ただし，外・内装品への参入が少ない。
課　題	エンジンやミッションなどに使われる高付加価値部品への参入。それができて，はじめて一人前といえると居城教授は指摘。	重要保安部品といっても小ぶりな部品が多く，輸送費があまりかからない。その分，中部・関東圏の既存サプライヤーとのコスト競争が苛烈に。また追加投資なく，いかに量産態勢を構築するか。

(出所) 九州は，居城克治「九州地方における自動車産業の導入・振興の現状──裾野産業を中心に」『東北学院大学 東北産業経済研究所紀要』28号，2009年3月ならびに経済産業省中国経済産業局『中国地域・九州地域における自動車関連産業の広域連携戦略策定調査 報告書』2009年3月を参照した。山形は，筆者の分析に基づく。

表していたが，トヨタ以外に日産，ダイハツの工場を抱える九州全体を俯瞰した場合も，「エンジン，ミッション等に使われる高付加価値部品の多くは，東海，関東地区から調達」[42]されているのが実情だという。

　すなわち，九州では，輸送効率が悪いボデー関連の大型部品の現調化が進む一方，走る，曲がる，止まるに関わり高度な切削加工や金属加工が要求される，いわゆる重要保安部品の領域では，ほとんど現調が進んでいないという。もちろん，これをもって九州の地場企業に高度な塑性加工の技術が備わっていない，と単純に結論づけるわけにはいかない。というのも後ほど詳述するように，仮に九州の企業群が高度な加工技術を持っていたとしても，輸送費との関係で現調化が進んでいないとも考えられるからだ。当該部品で現調化が進まない理由については改めて深く考察する必要があるが，まずここでは，高度な切削加工や金属加工が要求される重要保安部品領域への参入が，九州ではあまり進んでいないという事実を確認しておきたい。

　次に山形の状況に目を向けると，そこに九州との違いがみえてくる（表5−5）。ただし，本稿による山形の地場企業や進出企業のものづくり能力の把握は，あくまでも一般向け展示に基づくものであり，居城教授らが行った優れた学術調

査と同列に扱うことは本来憚られる。そうした限定がありながらも，両者の比較からみえてくる1つの傾向は，山形では，九州で少ないとされた自動車の走る，曲がる，止まるに関連する部品を手掛ける企業が意外に多く，逆にボデー関連の内・外装品に携わる企業が少ないということである。すなわち，山形には，比較的参入が難しいとされる部品を手掛ける地場企業および進出企業が，すでに一定数存在しているのである。

　こうした九州と山形の違いは，非常に興味深い。例えば，ここから以下のような疑問（今後，検証すべき仮説）が出てくる。なぜ，こうした違いが生じるのか？　これまで東北が電機・電子部品などで培ってきた精密加工技術が，自動車部品にうまく応用されているということなのか？　一方，サイズが大きい自動車の外装部品は，電機・電子に合わせた生産設備や建屋では参入が難しいということなのか？　逆に，鉄鋼や造船など重厚長大型の産業構造を有していた九州では，大型の部品のほうが手掛けやすいのか？　今後，こうした違いが生じる原因を詳しく調査することで，山形ないし東北という地域の強みや弱みをより客観的に析出できるだろう。さらに，そうした分析のうえに，同じトヨタの生産拠点でありながら，九州とは異なる東北の強みを活かした，独自の自動車産業振興の在り方（道筋）を描き出すことが重要となろう。

　②　後進地ゆえの発想と協働
　ただし，ここで1つ注意しなければならないことがある。すでに自動車部品に参入している山形の地場企業が，今後，例えば旧・トヨタ自動車東北が組み付けを行う小型HV用エンジンの部品あるいはトヨタ自動車東日本の現調センターが推進する部品の現調化に首尾よく参入できるかというと，そこには別の壁が立ちはだかる。仮に優れた加工技術で高い品質（Q）を達成したとしても，コスト（C）という大きな壁をどう克服するか，という問題が残る。前掲の写真5－2や5－3のような山形の地場企業が生産する小さな切削加工部品や鍛造部品は，九州で現調化が進むサイズの大きな内・外装部品と異なり，遠方から運んできても輸送費がさほどかさまない[43]。そのため当然，中京地区や関東地区の既存サプライヤーとの製造原価をめぐるコスト競争は一層苛烈になる。もちろん，中京・関東地区に比べ山形の方が人件費や土地代が多少安いという地域的優位性は認められるが[44]，自動車を知り尽くし，しかも償却がある程度済んだ設備を稼働させる中京・関東地区の先駆者たちとの受注競争はかなり厳しい戦いになるだろう。

図 5−2 山形県の部品メーカーと中京地区などの既存サプライヤーとの競合関係

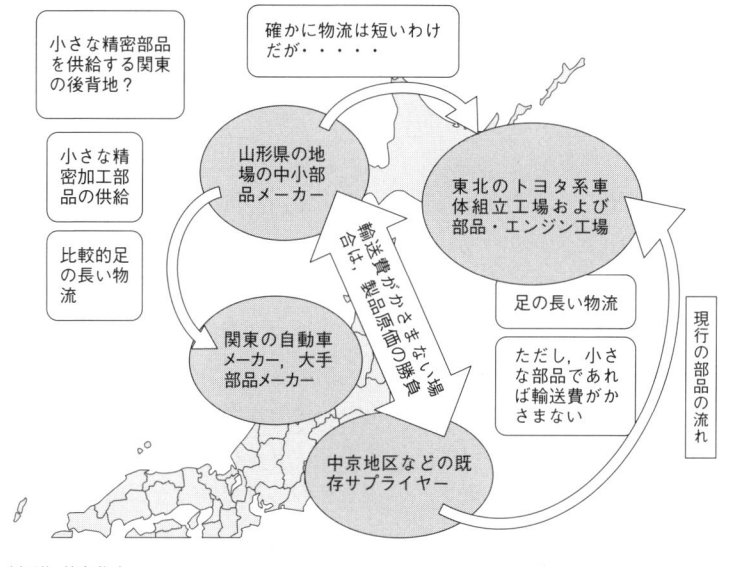

（出所）筆者作成。

　例えば，前節でみた山形の地場企業エムテックスマツムラの取引先をみると，日産系 1 次サプライヤーなど関東地方を主たる活動拠点とする企業が多く含まれる。このことから，輸送費のかさまない小さな部品を，労働力が比較的豊富な山形で安く加工し，ある程度距離が離れた関東地方の 1 次サプライヤーに供給する役割を担ってきたのではないかと推察される[45]。しかし図 5−2 の分析のように，山形の地場企業が得意とする小さな部品は，その輸送効率の良さから，近接地・宮城への部品供給に際して中京など遠方の既存サプライヤーとの競争激化を招く原因となる[46]。震災の爪痕が残る東北では，トヨタグループが社会貢献を意識して多少価格が高くても購入してくれるなら良いが，グローバル競争を勝ち抜く競争力強化を目指し，あくまで「製造原価＋輸送費」（トヨタでは輸送費はサプライヤー負担となる）が安い相手との取引が優先されるのであれば，輸送費で大きな差が出ないだけに山形そして東北の地場企業のかなりの苦戦が予想される。

　加えて，納品・納期（D）の問題も克服しなければならない。自動車の国内需要が頭打ちとはいえ，東北に移管される小型車は，アクア，カローラなどの主力車種である。つまり，それだけの生産台数に対応できる量産能力を備えた企業

が，山形や東北にどれだけあるのか，という問題である。トヨタ側もまずはある部品に対する複数の発注先の1つとして東北の企業からの調達を進めていくであろうが，真の意味での現調化と地域自己完結化の一翼を担うべく，東北の企業は，将来的により多くの生産量をこなせる量産態勢を過大な投資を伴うことなく構築していかなければならない。また，トヨタは現在，Toyota New Global Architecture（TNGA）という部品や車台のさらなる共通化を推進しており，その中で例えば駆動系・操作系の小さな部品群が国際標準部品として共通化されると，量産能力という点で東北の中小の地場企業は手も足もでないことを付言しておきたい[47]。

さて，ここまで課題ばかりを列挙してきたが，本章を締め括るにあたり，課題解決の糸口を簡単に示しておきたい。そこでは自動車産業の後進地ゆえの斬新な発想，そして地場企業同士の協働こそが鍵となる。

まず，山形の地場企業が得意とする小さな部品は，輸送費がかさまないため，部品それ自体の製造原価でもって，中京地区などの既存サプライヤーと競争しなければならないという課題を抱えていた。この課題解決への1つの鍵は，工程変更（生技検討）にある。より具体的にいえば，既存サプライヤーが切削加工によって出している精度と品質を，鍛造や鋳造の一作業（ワン・アクション）で達成するなどして工数を大幅削減するという生産方法の見直し提案である。宮城の地場企業の1社は，実際これによって既存品より6割も安い価格を実現し，宮城から中京地区のトヨタ本体工場への部品納入に成功していた[48]。工程変更に関していえば，東北が自動車産業の後進地ゆえに，自動車業界（さらにいえばトヨタ流）の既存の考え方や設計・製造方法に強く縛られない柔軟な発想こそが，真に新しい提案を生み出す力になるのかもしれない[49]。

もう1つの課題となる大きな投資を伴わない量産態勢の構築については，今後，生産能力を提供する協力会社のいっそうの活用が求められる。先に宮城県の地場の生産設備メーカーが山形県の企業群を協力会社として活用している例に触れたが（第3章も参照されたい），逆に，山形の独自技術を有する地場企業が，自社の金型や生産ノウハウを貸与したうえ，宮城や岩手の地場企業を生産協力会社として活用する態勢が考えられる。そうすることで，生産能力の増強に加え，宮城や岩手に立地するトヨタ系車体組立工場や1次サプライヤーに部品を納品する輸送費用や時間の削減にもつながる（例えば，自動車部品を手掛ける山形県のサンリット工業は，2012年に宮城県色麻町に工場を新設した）。これは前章で触れた，岩手の次世代

図5-3 東北での地場企業のグループ化

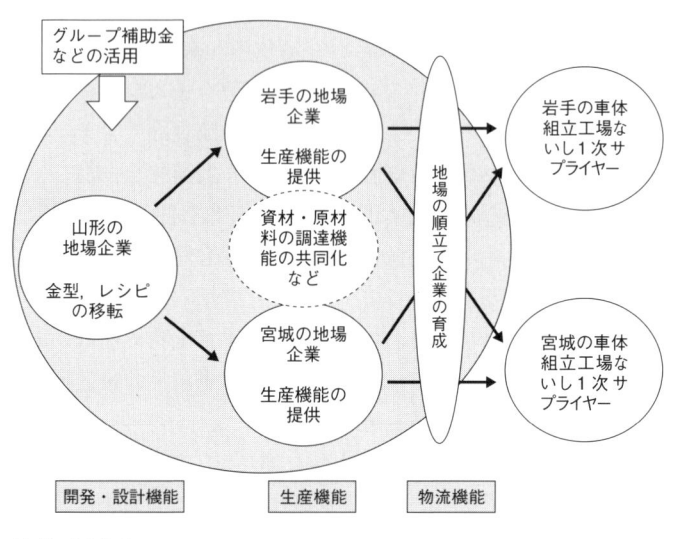

（出所）筆者作成。

　モビリティ開発責任者（関東自動車工業OB）が述べていた次世代のサプライチェーンの在り方にも深く関わってくる問題でもあり，今後は，県境（行政単位）をまたぐ形でのサプライチェーンのより合理的な組み方，さらにオール東北という多様な選択肢の中から東北最強のグループ化を推進することなどを検討していかなければならないだろう（図5-3を参照）。

　世界で戦うトヨタや1次サプライヤーが求める要求を東北の地場企業が達成（さらに凌駕）するには，その後進性を逆手にとった発想（「強み」や「機会」ではなく，むしろ自動車ではなく電機・電子中心であったという「弱み」や製造原価それ自体で他地域の強力な先行企業との競争に勝たなければならないという「脅威」を活かす)[50]，そして理念だけにとどまらない実践レベルでの県境を超えた多面的提携の推進が求められよう[51]。すなわち，地域行政や地場企業群は，弱みや遅れを強みに転化する逆転の発想，そして県境のない地場企業間の協働[52]こそが，トヨタ第3の拠点化の活用のみならず，熾烈なグローバル競争の中で東北のものづくり地場企業群が生き残り，さらに持続的な成長を成し遂げるための数少ない手段になるということを強く認識する必要があるだろう。

【注】

＊本章は，2012年12月に東北大学『研究年報 経済学』に投稿した「東北の自動車産業集積への一考察——山形県産業科学館・部品展示からみえてきた強さと課題」(公刊時期は未定)を，問題設定を含め大幅に補正したものである。分析データは共通するが，拙稿と本章は，それぞれ独立した論稿と位置づけられる。

1) 2013年3月11日に実施した岩手県の自動車産業振興組織への訪問調査より。
2) 2013年4月11日に実施した宮城県の地場企業への訪問調査より。
3) 山形県自動車関連産業情報発信サイト「山形県の歴史とものづくりの成り立ち」(http://www.pref.yamagata.jp/carsite/mono/mono02.html#hito) という図を参照。
4) 同上サイトを参照。
5) 国立情報研究所「GeNii学術コンテンツ・ポータル」で「山形県」「自動車」で検索したが，該当する論文はなかった。ただし，本の中の章として扱われていたり，タイトルに検索語句が含まれていない関連論文があるかもしれない。
6) 関東自動車工業ニュースリリース，白根武史(トヨタ自動車専務役員)「トヨタグループ3社，統合の主要条件を基本合意」2011年12月14日を参照。
7) 『日本経済新聞　地方経済面東北』2012年5月12日付。
8) ただし，ここでいう現地がどの範囲を指すのか，どのような計算式になっているのか，また現地組立の部品はその構成部品の調達先を問わずすべて現調部品とみなされるのかなど，現調の定義は不明である。なお2012年10月25日に実施した宮城県内のトヨタ系ボデーメーカー関係者への訪問調査によれば，トヨタ九州の現調率が約6割(自社での内製部品含む)，岩手のアクアの現調率が約4割(内製部品含む)であるという。
9) 『日本経済新聞　地方経済面中部』2012年4月5日付。
10) トヨタ自動車東北プレスリリース「エンジン部品展示会の実施概要について」2011年10月7日付。
11) 関東自動車工業ニュースリリース「『アクア ボデー部品 分解展示・商談会』の開催結果について」2012年4月13日付および宮城県産業技術総合センターで開催された宮城県自動車産業セミナーでの宮城県内のトヨタ系ボデーメーカー関係者による報告(2012年6月14日)，また上記分解展示会の様子の視察より。
12) 前掲の2011年12月14日の関東自動車工業ニュースリリース，8ページより引用。
13) 下川浩一『自動車ビジネスに未来はあるのか？ エコカーと新興国で生き残る企業の条件』宝島社新書，2009年を参照。
14) 川原英司『自動車産業次世代を勝ち抜く経営』日経BP，2011年，23～26ページを参照。
15) ただし，東南海沖の大地震に備えたサプライチェーンの地域自己完結化という危機管理上の狙いがあるのも事実である。
16) トヨタ自動車東日本では，現在，輸送費の見える化に鋭意取り組んでいるという。宮城県自動車産業セミナーでのトヨタ系ボデーメーカー関係者の報告(2012年6月14日)より。なおトヨタでは，部品輸送費はサプライヤー負担となる。
17) 宮城県産業技術総合センター関係者との会合(2011年3月21日)より。
18) 東北学院大学経営学部での宮城県産業技術総合センター・萱場文彦氏による講演(2012年

7月18日）より。
19) 村山貴俊「東北における自動車産業集積の可能性——2008～09年の第一次実態調査に基づく地場企業の参入行動分析」『東北学院大学 経営・会計研究』18号，2011年3月，47ページを参照。
20) 東北学院大学主催のシンポジウムでの同氏の発言。その発言は，東北学院大学経営研究所「シンポジウム 東北地方と自動車産業——参入に求められる条件は何か？」『東北学院大学経営・会計研究』18号，2011年3月，115～116ページに所収。
21) 筆者らが調査した企業でも同じような事例が多くみられた。例えば，自動車の生産設備を手掛ける宮城県の地場企業も，大型プレス機を導入し，そのために天井の高い建屋を新設していた（本書第3章を参照）。また，自動車のプレス部品を1次サプライヤーに納品する岩手県の地場企業も，大型プレス機の導入と建屋の新設を行っていた（本書第4章を参照）。いずれも電機・電子分野から自動車分野に新規参入した企業である。
22) 岩手の産業振興組織に訪問調査した際のトヨタ系ボデーメーカーOBとの会話では，コンパクト車であり利幅がとれないという理由で，むしろ調達側のトヨタが，参入に向けた地場企業による大きな新規投資を認めないだろうとの意見が聞かれた。
23) 『日本経済新聞 地方経済面 中部』2012年5月16日付。
24) 同上記事。
25) トヨタ側も，こうした既存サプライヤーの危機感は理解しているだろう。また当然，トヨタ社内にも立場の違いによって，さまざまな考え方（現調化推進派，現調化反対派）を持つ人たちがいるであろう。
26) 例えば，トヨタ自動車東日本が宮城で生産するカローラ（セダン，ツーリングワゴン）のHVが発売されれば，アクア同様にヒット商品となる可能性は高い。なお，2013年8月時点で，カローラHVの発売が決定した。
27) 震災時の報道は，良いことも，悪いことも，すべてが誇張され伝えられていたと考えられる。自動車産業についても，一部のTV報道では，サプライチェーンの寸断と結びつけ，あたかも東北が自動車部品産業の隠れた一大集積地になっているという取り上げられ方をしていた。
28) 村山，前掲論文，41ページ。
29) 同上論文，41ページ。
30) 同上論文，41ページ。
31) 2008年12月2日に実施したトヨタの部品子会社への訪問調査より。
32) 村山，前掲論文，34ページ。
33) インテリジェント・コスモス研究機構『東北の自動車関連企業マップ』2008年10月という資料があり，そこでは山形で自動車に関係する企業が224社もリストアップされている。しかし，少しでも自動車に関わっていれば掲載するという方針で作成されているため，企業数が膨張気味になっているという見方もある。
34) 前掲の山形県自動車関連産業情報発信サイトを参照。
35) 宮城県自動車産業セミナーでのトヨタ系ボデーメーカー関係者の報告（2012年6月14日）より。

第 5 章　自動車関連産業における山形県の実力　|　139

36) 特に断りがない限り，エムテックスマツムラのHP，http://www.mtex.co.jp/product_car_pa_d.html（2012年7月4日アクセス）とユニカ技研のHP，http://www.unica-tech.co.jp（2012年7月4日アクセス）のほか，山形県の自動車産業関連企業紹介資料などの情報に依拠。
37) 異質な分野を結びつける力が，革新を生み出す源泉と指摘される。Dyer, Jeffery et al., *The Innovator's DNA; Mastering the Five Skills of Disruptive Innovators*, Harvard Business Review Press, 2011．（櫻井祐子訳『イノベーションのDNA』翔泳社，2012年）。
38) 自動車部品への新規参入を目指す原価低減の方法については，村山，前掲論文を参照。
39) 宮城県内でアクアの内装部品を手掛ける地場企業は，生産設備を内製化する力を持っていた。2013年4月11日に実施した訪問調査より。
40) 経済産業省中国経済産業局『中国地域・九州地域における自動車関連産業の広域連携戦略策定調査　報告書』2009年3月を参照。
41) 居城克治「九州地方における自動車産業の導入・振興の現状——裾野産業を中心に」『東北学院大学　東北産業経済研究所紀要』28号，2009年3月，21ページより引用。
42) 同上，20ページの図表7の中の一文より引用。
43) 2012年10月25日に実施した訪問調査では，現調化をすることで，例えば内装系の部品では5品目で−336円の物流費削減効果があるが，電装系では21品目で−54円しか削減効果がないことが確認された。こうした削減効果の違いから，部品ごとに物流費にかなりの差があることがわかる。
44) 平均年収でみると，愛知は全国3位＝523.7万円，山形は43位＝363.3万円であるが，「短時間労働者の都道府県別，性別，産業別の1時間あたり賃金」では，製造業男子で山形が時給1,184円，愛知が時給1,181円と山形の方が高くなっている。
45) 岩手県の自動車産業振興の担当者との会話の中で，6県合同の展示会・商談会の開催に際して，関東に拠点を置くホンダと日産に対しては，もともと両社と関係が深い山形県を介して働きかけを行うことがあることがわかった。こうしたことからも，山形県そして山形の企業は，関東の自動車メーカーとのつながりが強いことがわかる。とはいえ，エムテックスマツムラのように海外も含め複数工場を有する地場企業の場合には，どの工場から，どのような物流ルートを経て，どのメーカーや1次サプライヤーの，どの工場に部品が納入されているかは正確にわからない。
46) 藤樹邦彦「北部九州進出企業の部品調達の現状と地場企業の課題」小林英夫・丸川知雄『地域振興における自動車・同部品産業の役割』社会評論社，2007年，164ページでは，九州地区における輸送費に関して同様の指摘がなされている。
47) 2012年10月12日と10月25日に実施した宮城県内トヨタ系ボデーメーカー関係者への訪問調査より。
48) 2013年4月11日に実施した宮城県内の地場企業への訪問調査より。
49) 九州の自動車部品のめっき塗装を行う地場企業では，必ずしもめっきの専門家ではない大手電機メーカー出身の経営トップの1人が，めっきのことをあまり知らないがゆえの自由な発想で製法提案を行い，めっき塗装工程の歩留まりを改善していた。ものづくりの基本を押さえたうえで，まったく異なる分野からの提案が，予想以上に高い効果を発揮することもある。その意味で，独自のものづくりの歴史と文化を有するとされる山形などは，工程変更の

斬新な提案に関して大きな可能性を秘めているともいえよう。2013年2月25日〜26日に実施した九州地区の自動車部品関連会社への訪問調査より。
50）購買側の自動車会社も，自社の調達方針から外れた逆転の発想に基づく提案の中に自らの革新の源泉を見出すという姿勢や発想こそが，今後，自社の生き残りにとって重要になると考えていく必要があるのではないか。すなわち，自分たちの考え方や方法が一番優れているという発想を捨て去り，多様な考え方への許容度を高めるということである。多様性こそが生物ないし生態系の生き残り戦略の要諦といわれるように，企業の生き残りにも今後，多様性こそが重要になるのではないか。とりわけ，自動車に対する人々のニーズや価値が多様化する中で，自分たちの慣習や伝統に固執し続ける姿勢は極めて危険である。しかし，こうした多様性や異質な考えへの許容度という点で，日本の大企業は大きな遅れをとっているとも考えられる。例えば，企業経営における多様性の重要性については，Iansiti, Marco and Roy Levien, "Strategy as Ecology," *Harvard Business Review*, March 2004あるいはGovindarajan, Vijay and Chris Trimble, *Reverse Innovation: Create Far from Home, Win Everywhere*, Harvard Business School Press, 2012（渡部典子訳『リバース・イノベーション』ダイヤモンド社，2012年）などが参考になる。
51）2012年6月15日に宮城県副知事・若生正博氏は，「復興頑年・宮城県における震災復興への取り組みについて」という講演で，自動車産業振興への宮城県の基本姿勢を「工場誘致は〔他県と〕競争，部品供給は〔他県と〕協力」と説明していた。部品供給に関する同氏の発言は当を得ており，これが掛声だけにとどまらないことを願いたい。
52）マイケル・ポーターの「競争」（competition）のパラダイムに対して，「協働による競争」（co-opetition）のパラダイムを提唱したのが，Brandenburger, Adam M, and Barry J. Nalebuff, *Co-opetition (paperback ed.)*, Currency Doubleday, 1998（嶋津祐一・東田啓作訳『ゲーム理論で勝つ経営』日経ビジネス人文庫，2003年）である。co-opetitionは，co-operationとcompetitionを組み合わせた造語である。東北の地場企業は，協働することで，グローバル競争下でより強力なライバルたちに立ち向かわなければならない。

第6章

東北の自動車産業振興の現場から
宮城県と岩手県の支援体制

萱場文彦
鈴木高繁（掲載順）

1. 宮城県における自動車産業振興とその課題：
宮城県産業技術総合センターコーディネーター萱場文彦氏の講演より[1]

（1）はじめに

　宮城県における自動車産業支援体制の現状と課題について報告いたします。ただし，私は，実務家ですので，宮城県産業技術総合センターのコーディネーターとして日々地元の企業さまと接触している経験に基づいてお話します。

　東北から見れば，本書の第Ⅱ部で取り扱われる広島そして九州は，自動車産業の先進地区になります。私は，トヨタを退職した後にこちらのセンターに赴任してきまして，今年（2012年）で7年目になりますが，宮城県は，ここ最近になってようやく自動車産業の拡大の兆しがみえてきた地域であります。広島や九州と比べて，まだまだこれからという感が否めません。そのことを断ったうえで，以下では，宮城県の自動車産業の振興とその課題を私なりに分析します。

（2）トヨタ自動車の歴史と現状

　まず少し歴史的な話をします。今年（2012年）7月に夢メッセで自動車フェスタが開催されました。宮城県の皆様は，実際にごらんになられたかもしれませんが，最新のカローラと共に初代クラウンも展示されていました。

　諸元表を見て感激しました。まず，大きさ，それから載っているエンジンの排気量まで，ほとんど同じでした。全長4,360ミリ，かたや4,285ミリとほぼ一緒，

重さだけはさすがに新しい車であるカローラの方が150キロほど軽くなっていますが、エンジンも同じ排気量1.5リッターのエンジンが載っております。そこで何に感激したのかというと、エンジンの馬力で、クラウンはこの当時35馬力、48キロワット、それが新しい車だと109キロワットとなっております。随分変わっているというのが実感です。

この辺は前置きとして、私は、トヨタの出身ですので、やはりトヨタの歴史の話から始めたいと思います。まず、トヨタの生産台数の推移をみてみます（図6－1）。

斜線部分が国内向けの生産台数の推移です。それから、水玉部分が輸出台数、すなわち国内で作って海外で売った分です。対して、白色部分が海外生産、海外で作って海外で売った分です。

縦軸はトヨタの年間の生産台数です。クラウンが発売された1955年には年間で何万台というレベルであったことが分かります。1966年になってカローラが発売され、日本のモータリゼーションが一気に花開く時代に突入します。

生産台数がどんどん増えてくると、今度は輸出が増える。輸出が増えると輸出先国との貿易摩擦が起きる。70年、80年代ぐらいになると、対米貿易摩擦が大きな経済・社会問題になってくる。さらに、国内市場がバブル経済に沸き、90年代に向かって高級車がどんどん売れていった時代もありました。その後、バブル経

図6-1　トヨタの生産台数の推移

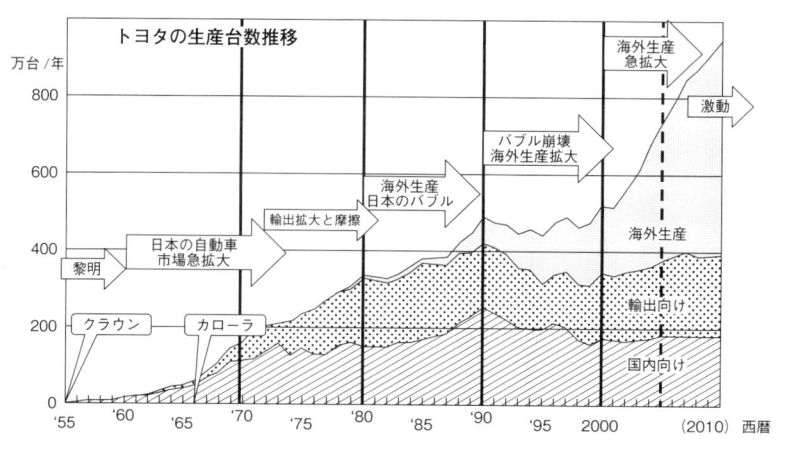

(出所) 講演資料より転載。

図6-2 2008年以降のトヨタの生産・販売台数

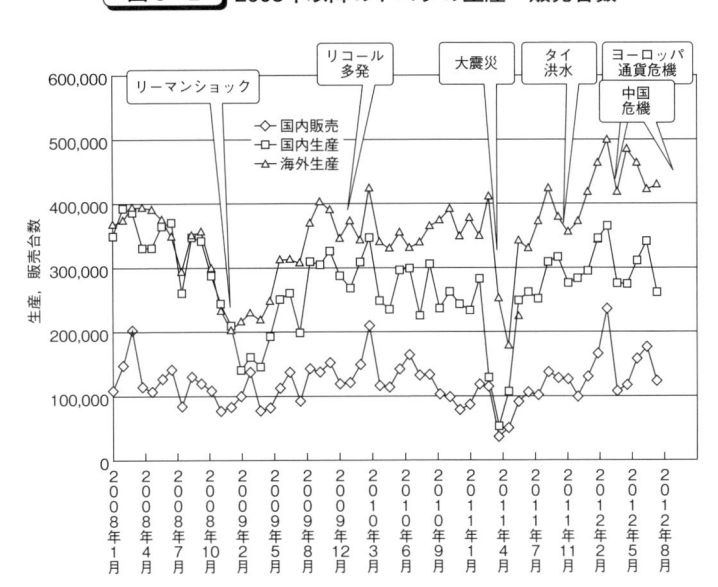

(出所) 講演資料より転載。

済が脆くもはじけて国内の生産台数が大きく減少しました。しかし，それを補うように海外の方が増えていって，1990年代は，年産500万台ぐらいを維持した10年間となりました。

　その後，諸施策が大変うまくいった時期があり，2008年まで生産台数が一気に伸びていきました。このときは富士重工さん1社分ぐらいの生産台数が毎年増えたということで，車内でもいろいろ話題になっておりました。しかし，2008年以降は，皆様もおわかりのようにトヨタは激動の時代に突入していきました。

　どのような時代かというと，今度は，グラフで示しておりますが（図6-2)，下のほうを這っている◇の線が国内の販売台数です。□の線が国内の生産台数です。それから，△の線が海外の生産台数です。積算ではありません。毎月の生産台数を示しています。一番下の線が10万台，一番上が60万台です。これは2008年1月からの推移ですが，同年9月に非常に大きくへこみます。リーマンショックの影響です。宮城県でも，自動車関連の会社で，ぱったり仕事が来なくなったと大騒ぎになりました。

　それから，これは「トヨタでは」という話になりますが，特にアメリカでリ

コール問題が多発し，輸出は四苦八苦，海外生産も非常に困ったという時期がありました。

　その後，大震災があって，また大きくへこんでしまいます。エンジン制御用のマイコンが確保できず，車そのものが生産できなくなる，ということで大騒ぎになりました。何とか回復してきたと思ったら，10月頃にタイで大洪水が起こって，また部品が確保できなくなりました。特に海外がへこみました。回復したと思ったら，今度はヨーロッパの通貨危機が起こりました。ギリシアが危ない，スペインが危ないとなり，ここでも一時的にへこみましたが，また安定してきて頑張っております。

　つい最近では中国でなかなか日本車を買ってもらえなくなったとか，例の尖閣列島をめぐる政治問題がこれ以上加熱すれば，次にくるのは中国危機だろうと噂されております。中国でトヨタが抱えている市場はたしか100万台ぐらい，日本車全体で何百万台を売っておりますので，実際に中国危機が起これば，この分が一気にへこむことになります。

（3）東北と自動車産業

　このような推移の中で，さて東北地方の自動車産業の状況はどうなのか。北関東まで入れますと，群馬県太田市に富士重工さんがあります。これは中島飛行機の流れを汲んでいて，昭和30年ぐらいから軽自動車を作っております。その後，宇都宮に，ホンダさんと日産さんが出てこられました。これが昭和50年ぐらいだと思います。

　その後，平成に入ると今度は岩手県の北上に旧の関東自動車工業さん，それから福島県のいわきに日産さん，時を同じくしてユニット製造のトヨタ東北さんも宮城に出てきていただきました。

　次に宮城県内をみると，北にアルプス電気さん，南にケーヒンさんという会社があり，これも結構古くからお見えになっています。一応，自動車と電気の部品を扱っておりますが，北側の核としてアルプスさん，南側の核としてケーヒンさんがあり，関連会社さんを含めた企業グループを形成されております（場所は第1章の図1－1を参照）。

　北のアルプスさんは，日本の自動車メーカーさんよりは，どちらかというとヨーロッパメーカーさんとの取引に強みを持っています。写真（図6－3）を見ていただくとおわかりのように，ハンドルのところにあるヘッドライトを点ける

第6章　東北の自動車産業振興の現場から　｜　145

図6-3　アルプス電気の部品群

宮城のティア1企業紹介
アルプス電気

本社　東京
仙台開発センター
古川工場
角田工場　など

(出所) 講演資料より転載。

　レバーやワイパーを動かすレバー，あるいはヒーターをコントロールする部品などを生産しています。こういった部品の構成品を，宮城北部にある企業さんが手掛けています。アルプスさんの部品は，ベンツとかBMWにも使われておりますので，実際，県北のほうの企業さんを訪問すると，「うちの部品はベンツに入っているよ」，「BMWで使われていますよ」といった話がよく出てきます。
　かたや南にいくと，ケーヒンさんというホンダ系1次サプライヤーがあります。非常に力のあるメーカーさんで，燃料供給系，それから給気，空調機，エアコンのユニットなどを生産しております (図6-4)。角田，丸森に工場をいろいろ展開しており，かなり多くの関連企業さんがその周りに張り付いております。
　その次に，1993年ぐらいだったと思いますが，関東自動車工業さんが岩手に進出してこられました。しばらくは，生産台数はあまり多くなかったですが，それでも現調化のご努力をずっとなさってきて，東北の企業さんからも部品を調達されていました。
　旧のトヨタ自動車東北さんが，足回りの部品を関東自動車工業さんに納めていました。イノアックさんという会社が，宮城県の北部にあり，こちらも関東自動車工業さんとの取引がありましたが，その後，北上に移転しました。ですから，関東自動車工業さんに納品している会社は，宮城では現在1社になります。た

図6-4 ケーヒンの部品群

宮城のティア１企業紹介
ケーヒン

本社　東京
開発センター　宮城県　角田
工場　　　　　　　　角田
　　　　　　　　　　丸森

ホンダ系の燃料供給吸気, 空調メーカー

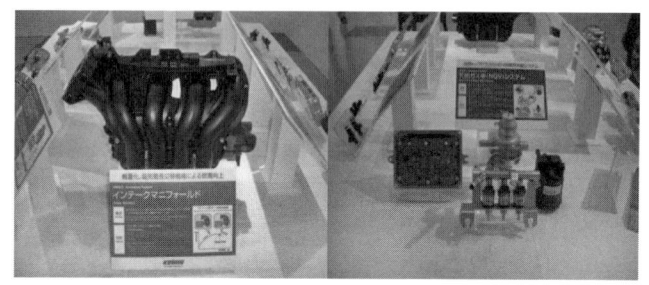

（出所）講演資料より転載。

だ，その他の県，福島，秋田，山形については，それなりに地場のメーカーさんが関東自動車工業さんに部品を納めております。それなりにと言いましたが，まだまだわずかな企業数にとどまっております。

（4）宮城県への自動車関連企業の進出

　幸いなことに，旧のセントラル自動車さんが，宮城県にお見えいただき，これで岩手の北上と宮城の大衡にトヨタ系のボデーメーカーさん２社が着地したことになり，トータルでの生産台数もかなり増えてきました。これによって，今度は，サプライヤーさんがたくさん進出してくることになりました。ということで以下，東北に進出されたサプライヤーさんを，簡単にご紹介させていただきます。

　まず，どの辺にセントラル自動車さんがお見えになったかというと，仙台のほぼ真北に30キロぐらいのところに仙台北部中核団地がございます。西側が第２中核団地，東側が北部中核団地となります（図6-5）。セントラル自動車さんは西側にお見えになって，かなりの敷地を確保されております。

　自動車の組立工場が出てくると，今度は必ず内装屋さんが出てきます。セントラル自動車さん正門の向かい側の土地に，トヨタ紡織さんがお見えになりました。それから，中核工業団地のほうでは，トヨタ自動車東北さんが，1997年ぐらいに進出してこられたと思います。さらにお隣にエンジン工場用の広い敷地を確

保して，現在，工場を鋭意建設中でございます。それから，ちょっと坂を下りて，反対側の山に登りますとプライムアースEVエナジーさんという，プリウスのバッテリーを作る会社さんがお見えになっております。ここもまだ空き地がたくさんありますので，もっと大きく展開していただけるといいなと思っております。

　このように関係会社さんがいろいろお見えになりますと，さらに細かい関係会社さんが進出してまいります。豊通マシナリーさん。それから物流で，センコン物流さんが倉庫を建てたり，セントラル自動車さんの順立てをしているビューテックさんが倉庫と順立ての建屋を建てたり。それから，中央精機さんというホイールをタイヤに取り付ける会社さんが，セントラル自動車さんの横に出てくるらしいです。それから，セントラル自動車さんの工場の熱を利用してパプリカを

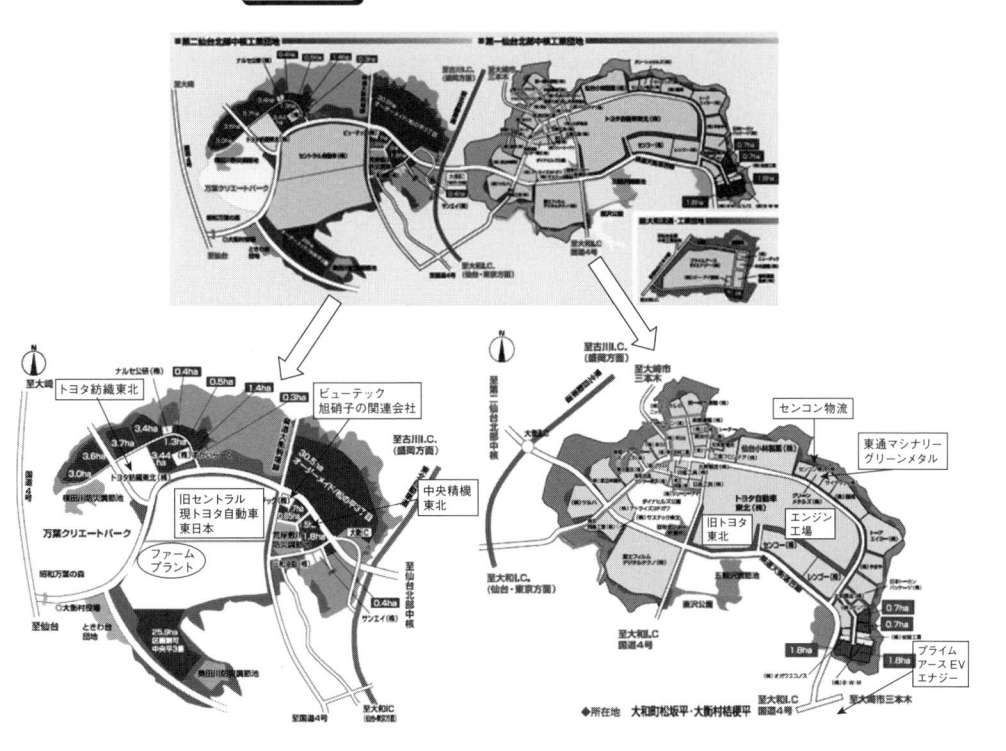

図6-5　仙台北部中核工業団地群への進出企業

（出所）講演資料より転載。

作るファームプラントがセントラル自動車さんのすぐそばにできております。

セントラル自動車さんの工場は，どのようなレイアウトになっているのか。北から見て左下のほうが物流門，右半ばが正門で，右上のほうが配車門。配車門から完成車を仙台港まで運びます。また，物流門からサプライヤーさんがトラックで部品を持ってくる。そこから，プレス部品は車体工場へ，内装部品は組立工場に入っていきます。

また，従業員の駐車場の一部に，トヨタ東日本学園という人材育成のための学校をお建てになるということです。夏に見に行ったときはまだ工事をしていましたが，かなり建屋ができ上がってきているようです。ここで，本気で人材育成をやっていく。ここにしっかり根を下ろすぞ，という強い意志が感じられます。大衡の工場で生産する車は，カローラのアクシオとフィールダー，それからヤリスのセダン，これら3車種です。

セントラル自動車さんの正門のすぐ向かい側に，先ほども申しましたが，トヨタ紡織さんが進出してきております。ここで内装品のシートとかドアトリムのように遠方から運ぶと非効率な，いわゆるバルキー（かさばる）な部品を組み立てておられます。シートの組立の大部分を手掛けておりますが，縫製はやっていないようです。ドアトリムのインジェクションはやられているようです。

それから，仙台からは少し距離があるところ，ちょうど北上と仙台の中間地点にあたる登米の長沼工業団地に，トヨテツさんがお見えになりました。昔は，豊田鉄工さんとおっしゃっておりましたが，ここはプレス関係の会社です。さらに同じ敷地内に，トヨテツさんの関連会社の浅井鉄工さんも進出されております。ボデーの中に入るセンターピラー・インナーという補強板を中心に，ほかいろいろな部品をお作りになっています。こういう部品を，北上（旧関東自動車工業岩手工場）と，それから大衡村（旧セントラル自動車）に供給しております。浅井鉄工さんが小さな構成品を作り，トヨテツさんがそれを利用するという形で，分業体制を敷いているようです。

それから，アイシン東北さんがお見えになります。アイシン東北さんは，いわゆる鋳鉄の鋳物屋さんです。最近では鋳鉄の部品も随分減りましたが，それでもブレーキ，それからエンジンのフライホイールに使われております。旧トヨタ東北さんがエンジンの組み付けを行うということで，こちらにお見えになるのだろうと思います。

プレスの部品ですが，昔はこれも鋳物でできていました。昔は鋳物だった部分

が鉄板になれば仕事が減るということで，アイシン高丘さんは，業種拡大の一環として鉄板も手掛けられているので，そのうちこういった部品も東北の方でお作りになるのではないかと，私は見ております。

　太平洋工業さんもお見えになります。この会社さんは，宮城県北部の栗原で，貸し工場を借りられ仕事を始められました。今回，セントラル自動車さんの若柳工場を，お買いになるのか，お借りになるのかわかりませんが，そこに移転するということが新聞に出ておりました。もともとタイヤのバルブのメーカーさんで，愛知県の大垣にある会社さんです。同部品では，世界シェアが非常に高くなっています。その関係からホイールキャップをやり，プレスをやった関係でトランクのカバー・アームなどもお作りになられています。若柳工場に出てくると，かなり本格的にプレス部品も手掛けると聞いております。

　それから，エアコンのユニットを手掛けるデンソーさんは，これは宮城ではなく，福島に出てこられます。滝桜で有名な三春です。大きな固まりのユニットが，インパネの中には入っております。インパネの中に入っておりますので，普通の方はあまり目にしたことはないかもしれません。デンソーさんは，多分，北関東のメーカーさんも睨んで，福島の三春に進出されたのだろうと勝手に考えております。また最近，デンソー東北さんという会社が，富士通セミコンダクターの工場と従業員をまるごと引き継いで半導体の生産に乗り出すということが新聞に出ておりました。

（5）トヨタ自動車東日本について

　宮城県にとって，さらに東北にとって，非常に大きなインパクトのある出来事がありました。今年（2012年）7月7日に，関東自動車工業さん，セントラル自動車さん，トヨタ東北さんが1つになられ，トヨタ自動車東日本株式会社さんとなりました。本社は大衡村のセントラル自動車の社内となりましたので，宮城県として大変喜んでおります。

　今年の秋にはエンジン工場も新設され，エンジンの組立も始まると聞いております。いよいよ九州のミニチュア版のような形になります。それらしい形になってくると思いますが，まだまだこれからです。

　私が推測するトヨタ自動車東日本さんの会社規模ですが，売上が5,000億円ぐらいです。河北新報さんによると関東自動車工業さん，セントラル自動車さん，トヨタ自動車東北さん，3つを足すと5,000何百億円になると，もっと大きな額

を載せておりましたが，合併すると相互の会社間での取引が社内取引となるため，その分の売上がなくなるだろうと試算し，少し金額を減らしてみました。ただし何の根拠もありません。生産台数は，50万台ぐらいは作ってくださると期待しております。旧の関東自動車工業さんを含めて，トヨタ自動車の100％所有の完全子会社になります。コンパクト車の生産拠点であります。また，広報資料には「企画・開発・生産」と書いてありますので，今後は開発や企画もこちらで一貫して手掛けていくことになるでしょう。今後，企画も受け持つ可能性があるということが，1つの重要な点ではないでしょうか。

　以下は，私の独断と偏見に基づく話になりますので，信用なされるか否かは，皆様のご判断にお任せします。まず，100％所有としたのは，今後，トヨタ自動車東日本に非常に重要な活動を担わせるということを意味しているのではないかと。すなわち万が一にも，他社に株を買い占められないようにしたと。また，皆様もよくご存知のように，西のほうには，軽自動車が得意なトヨタグループの会社さんがあります。その会社さんとグループ内で競争させる狙いもあるのではないかと勝手に推察しております。

　それから，これはあくまで期待を込めて，トヨタ自動車東日本が，東北の地でこんな車をつくるために頑張っていくのだろうと。「クラウン並みのクオリティー，ベンツ並みの性能，プリウス並みの燃費，それをタタ並みの値段でつくる」と。もちろん，我々自治体も一生懸命それを支援していく必要がございます。さすれば，世界制覇も夢ではないと思っております。

（6）東北での現調化への動き

　合併前の平成24年1月，トヨタ自動車東日本さんは，現地調達率を本気で向上させるということで，現調化センターをおつくりになりました。合併前から，活動を開始しました。調達4名，設計11名，設備調達2名という体制になっているようです。現調化に向けた本気度を示していると考えられます。さらに，東北で開発もする，ということで開発センター東北を置いていただいております。もとは北上にありましたが，宮城県に移転してきてくださいました。スタッフ6名という体制になっております。仙台には特に大学がたくさんありますので，それら大学さんと仲よく一緒にやりましょう，また将来の車のネタを探そうという意図で，こちらに置かれたと聞いております。

　また，現調化センターができる少し前になりますが，2つの展示会を実施して

いただきました。1つはエンジン部品の展示会です。昨年10月のことです。トヨタ自動車東北さんにアクアのエンジンを部品にまで分解していただき，東北6県のメーカーさんにお越しいただいたうえで参入意志を示してもらい，その中から可能性のありそうな会社さんを訪問し，お眼鏡にかなえば，すぐにそこに発注するということではないですが，さらなるお付き合いをしていくという形になります。

エンジンは2種類ありまして，短期と中長期に分かれています。1つは，今のアクアに載っているエンジンで，もう1つは，将来，アクアに搭載される可能性のあるエンジンです。なお，あくまでも可能性であり，似ているけど実際に搭載されるエンジンそのものではないですよと力説されておりました。こういった形で地元企業さんに働きかけをして，地元企業さんの実力を把握するということをやっていただいております。

写真（図6－6）は，建設途中のエンジン工場です。左下がアクアの写真，それから右がアクアに載っているエンジンです。このエンジンをこの工場で組むわけですが，1号機が出てくるのを楽しみに待っております。

それから，もう1つ大きなイベントとしては，今年の4月10日～13日にアクア

図6－6　トヨタ東日本の新エンジン工場

（出所）講演資料より転載。

のボデー部品の分解展示会がありました。地元企業さんに部品を見ていただいて，それで自分の会社でつくりたいもの，つくれそうなもの，それから原価の見積りまで出すもの，それぞれに丸をつけて参入意志を示してくださいと。500社，900名ぐらいがお見えになりました。東北6県プラス新潟，それから北関東3県からもお見えになっておりました。

　単に部品を並べただけではなく，部品に黄色い札または白い札がついていて，黄色い札は現調化の対象部品，すなわち今後，現調化していきたい部品です。私どもにとっては，大変衝撃的であり，非常にありがたい情報でした。さらに，その札をみると，現調化済み，未現調，それから品番，品名，材質，表面処理，メーカーコード，さらにアクア専用部品か，ビッツとアクアのクラス共通部品か，トヨタ全車共通品か，といったことがわかるようになっていました。私どもも，これだったらいろいろなことがわかるぞと大変喜んで見させていただきました。

　私どもの宮城県産業技術総合センターを会場としてお使いいただきましたので，私自身はその4日間，もう朝から晩まで部品を観察し，いろいろ調べさせていただき，多くの有益な情報を得ることができました。企業さんはそれぞれ1日が指定され，朝9時〜夕方5時ぐらいまでは会場にいられ，そしてできそうな部品を自分たちで選ぶことができました。その後，トヨタ自動車東日本の現調化センターさんは，参入意志を示された企業さんをすべて訪問されたようです。その中で，お眼鏡にかなったところとお付き合いをしていく。もちろん，すぐに発注というわけではなく，将来にむけてお付き合いをしていくということです。

　もちろん，トヨタ自動車東日本さんとじかに取引するという形にはなかなかなりませんので，三河の1次サプライヤーさん，2次サプライヤーさんに東北での取引先としてご紹介する。つまり，三河の1次サプライヤーさん，2次サプライヤーさんに対して，実力のある東北の企業さんをトヨタさんが後ろ盾になって斡旋していただけると聞いております。

（7）宮城の地場企業の実力

　さて，こういう大変素晴らしい会社ができ，分解展示会など素晴らしい取り組みがあるわけですが，その会社さんを支える今の宮城の地元の企業さんの実力はいかほどかと申しますと，非常に定性的な話になってしまい恐縮ですが，地元の企業さんに自動車の部品の見積もりを依頼すると，三河のレベルに比べて，やは

り高い価格が出てくるという声が聞こえてきます。値段が高いと，やはり発注には辿り着きませんので，今後，この課題を何とかしていく必要があると考えています。加工費が高い，材料費が高いというお話になるわけです。今まで車の部品を作っていなかったのだから仕方がない，60年も70年も車の部品を作ってきた三河の企業に最初から勝てるはずがないと思いながらも，やはり最初から安い価格を提示できないとなかなか買ってもらえないというのが悩みです。

　それから，これも何となく聞こえてくる声ですが，地元の企業さんには，製品開発力，すなわち自社で部品を設計する力が不足していると。それから，生技検討力も不足していると。もちろん中には優れた生技検討力を持った会社もあります。なお，ここでいう生技検討力というのは，図面をもらって，「いや，この図面じゃ高いからもうちょっとこうしませんか」という，いわゆる「つくり方の提案」ができる力です。ただし，つくる能力，治具，手配，品質，こういったところは非常にいいレベルですよともいわれております。だからこそ今後，コスト競争力や生技検討力などを身につけていく必要があるわけです。

　また，先に述べたような分解展示会という大きなイベントがあり，地元の企業さんには大きな刺激になったようですが，部品をわずか1日見ただけで，それを理解するというのは，非常に大変だったようです。私ども宮城県産業技術総合センターに，いろいろと地元企業さんから問い合わせがありました。実はアクアの部品にエントリーしたけどもよくわからないので，「もう1回，部品見せて」，「もう1回，構造を教えて」というリクエストがありました。私どもには，このときアクアがなかったものですから，似て非なる車，アクシオやヤリスという車を分解しながら，「こういう部品だよ」，「この部品だったらこのぐらいの重さだよ」，「こんなニーズがあるよ」，「こんな機能が必要だよ」といった解説をしながら，地元企業さんが，値段を決める際のお手伝いをさせていただきました。

　それから，実際に物をつくった後には，もちろん評価のお手伝いもいたしますし，一緒になってこういう部品を開発しようということであれば開発のお手伝いもいたします。とはいえ，あくまでもこれはお手伝いであって，私どもとしては，そういった取り組みの中で，開発ができる人材，ここでは技術人材と書きましたが，1つの部品提案の取り組みが実を結ばなかった時に，さらに次の提案ができる人材を育成していきたいと考えております。

　地場の企業さんには，これからまだまだ力をつけていってもらわないといけないのですが，私どもがお手伝いしたからうまくいったわけではないのですが，か

図6-7 地元企業の受注部品（1）

トルクコンバーター　構成品
ステーター
トヨタ東北様から受注

バルブマチック駆動部構成品
トヨタ本体から受注

受注部品

（出所）講演資料より転載。

なり力のある地場の企業さんもすでにございます。旧のトヨタ自動車東北さん，旧の関東自動車工業さんから，部品の注文ももらっている会社さんがすでにありますので，2社ほどご紹介いたします。

　1つは，トルクコンバーターのステーターでございます（図6-7）。社長さんは，トヨタ自動車東北さんからお声がけをいただいてから実際の受注までに，3年かかったといっていました。さらに，トヨタ本体の広瀬工場から，バルブマチックの部品をつくりませんかという話がありました。図面をいただいたところ，我が社の技術を用いればここの加工が不要になるという提案を行って受注できたと聞いております。積極的な生技の提案そして原価低減，それらがあれば参入できる好例です。大変しっかりした，そしてユニークな発想をお持ちの社長さんがおられます。そういうキーマンの存在が不可欠だと思っています。

　それから，もう1つはバッテリー回りの部品です（図6-8）。プライムアースEVエナジーさんが宮城県に進出してこられ，プリウスのバッテリーケースの樹脂インジェクション品を作れる会社さんを探しておられました。これはプライムアースEVエナジーさんが直接お探しになったのではなく，そこに部品を納入している三河の企業さんがこの辺でパートナーをお探しになったということです。そしてその三河の企業さんが，こちらで地元の大変いい企業さんを見つけられ，その地元の企業さんがバッテリーケースをこちらで作り，プライムアースEVエナジーさんに納めております。

　そのご縁で，その三河の会社さんが受注したアクアの部品，ヒーターコント

第6章 東北の自動車産業振興の現場から | 155

図6-8 地元企業の受注部品（2）

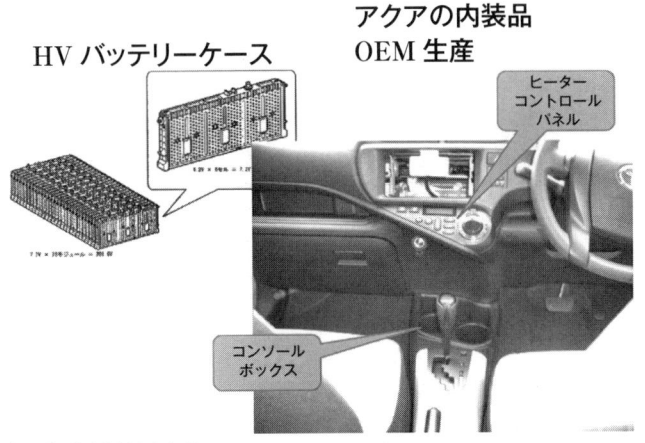

HVバッテリーケース

アクアの内装品
OEM生産

ヒーターコントロールパネル

コンソールボックス

（出所）講演資料より転載。

ロールパネルやコンソールボックスという樹脂部品を，その受注した会社さんのブランドで宮城の地元の会社さんが生産し，納品することになりました。アクアの部品を三河の企業さんがいろいろ受注し，かなりの点数の部品について，こちらの地元の企業さんに生産委託するという形で動いております。新たな工場もつくる計画をお持ちだとも伺っています。これも私どもセンターが支援したから参入できたというわけではございませんが，受注に向けて一生懸命に努力されており，会長さんが大変すばらしい方で，キーマンになっております。そういうキーマンの存在が，受注を勝ち取れる条件ではないかと考えております。

ということで，2年前にも，やはり私がここで講演した際に同じように示したスライドでありますが（図6-9），いろいろな形で地元企業の自動車部品への参入をお手伝いさせていただいております。しかし，本書第Ⅱ部に記されている広島や九州などの先進地区とは違って，宮城は，まだまだこれからの地区です。それら先進地区に比べるとレベルが低いと思われるかもしれませんが，車がわかる人，開発ができる人，そういった人材を地道に育てる努力を継続していく必要があると考えております。

紙幅の関係であまり詳しく述べることはできませんが，宮城県でもカーエレクトロニクス，人材育成，現場指導など，私を含め6人のアドバイザーがおります。いろいろな活動をしておりますが，まだまだ受け手が不慣れという感も否め

図6-9 宮城県の今後の取り組み

```
地場企業の自動車部品参入に向けた
宮城の取り組み

・「九州」を見ても「北上」を見ても地元企
 業様の参入への『特効薬』があるわけでも
 ないし『王道』があるわけでもない。

・あるとすれば『地道な努力』の『継続』

・まだまだ先は長い

・模索がつづく
```

(出所) 講演資料より転載。

ません。まさに, これからです。宮城県の実情についてうまくお伝えできたかどうかわかりませんが, これで私の報告を終わります。

2. プラ21の結成経緯と成功要因：
有限会社K・C・S代表取締役, 鈴木高繁氏の講演より[2]

　スタート時点を振り返りながら, ただ今このプラ21がどうなっているのかというところまでお話します。

　私の資料は,「おや」,「え」と思われた方がたくさんいらっしゃると思いますが, 主として説明資料は1枚です。私の主義で, 何をやるにもできるだけ1枚で表そうということを何十年も続けております。わかりにくい点については, ご了承をお願いします。

　まず, 資料 (図6-10) をご覧いただきたいのですが, 1990年ごろ私は中小企業の工場長として岩手県で精密部品の生産工場を運営していましたが, 仕事がどんどん減っていく時代でした。それは, 大企業が中国を含めて東南アジアにどんどん仕事を持っていってしまうからです。岩手県は, 北東北3県の特徴にありますように, 日本全体で景気が悪くなるのは一番先, 景気が回復して良くなるのは最後に来る地域です。それは北東北の企業のレベル, 簡潔に言えばQCDを含め

た経営レベルそのものが低く，人，もの，金，などの持っている財産が少なく競争力が弱いためです。

そんな環境の中で，2000（平成12）年を迎えたときに，このままでは東北は本当にだめになってしまうのではないかと思いました。関東自動車工業さんが岩手県の金ヶ崎町で自動車の組立工場をやっているのに，地場は何にもそこに貢献できていないではないかと思いながらも，ただ指をくわえて見ているだけだったのです。これを何とかしようと考えて，北上の中小企業の製造力を上げよう，自立していけるようになろうと話し合って北上ネットワークフォーラム（K.N.F）という産学官連携チームをつくりました。そして，産学官でいろんな勉強をして製造力を強化しよう，強化した暁にいろんな産業に新たに入っていける力がつけば，望みがかなえられるのではないかという思いで，岩手大学工学部の岩淵明先生を訪ねました。こういうチームをつくるので，ぜひいろいろ教えてくださいとお願いして快諾を得ました。こうしてK.N.Fが平成12年にスタートしたときから，岩手大学工学部の先生方は毎週，手弁当で夕方になると北上に来てくれて，経営陣あるいは職場責任者，技術者，現場の人たちに対して，今の科学技術がどうなっ

図6-10 自動車部品産業参入への挑戦

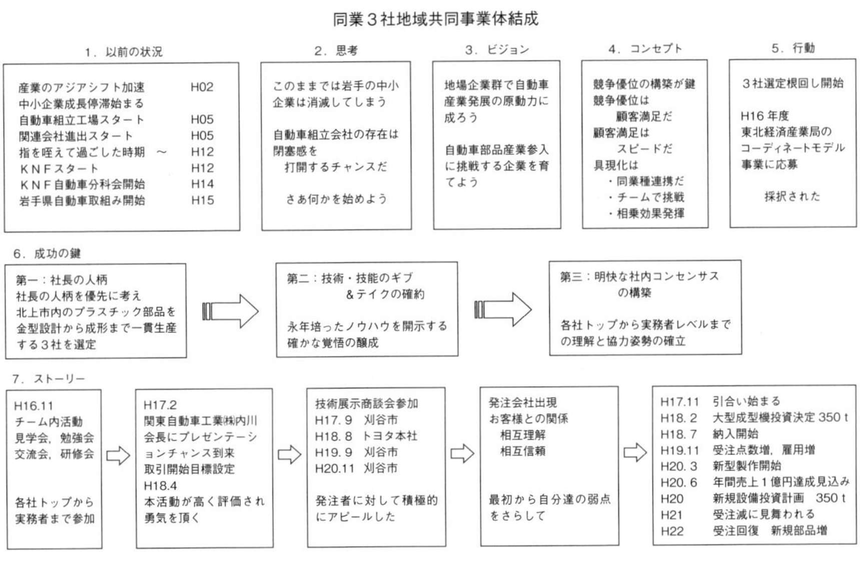

同業3社地域共同事業体結成

1. 以前の状況	2. 思考	3. ビジョン	4. コンセプト	5. 行動
産業のアジアシフト加速　　　H02 中小企業成長停滞始まる 自動車組立工場スタート　　　H05 関連会社進出スタート　　　　H05 指を咥えて過ごした時期　～　H12 KNFスタート　　　　　　　H12 KNF自動車分科会開始　　　H14 岩手県自動車取組み開始　　　H15	このままでは岩手の中小企業は消滅してしまう 自動車組立会社の存在は閉塞感を打開するチャンスだ さあ何かを始めよう	地場企業群で自動車産業発展の原動力になろう 自動車部品産業参入に挑戦する企業を育てよう	競争優位の構築が鍵 競争優位は ・顧客満足だ ・顧客満足は ・スピードだ 具現化は ・同業種連携 ・チームで挑戦 ・相乗効果発揮	3社選定根回し開始 H16年度 東北経済産業局のコーディネートモデル事業に応募 採択された

6. 成功の鍵		
第一：社長の人柄 社長の人柄を優先に考え北上市内のプラスチック部品を金型設計から成形まで一貫生産する3社を選定	第二：技術・技能のギブ＆テイクの確約 永年培ったノウハウを開示する確かな覚悟の醸成	第三：明快な社内コンセンサスの構築 各社トップから実務者レベルまでの理解と協力姿勢の確立

7. ストーリー				
H16.11 チーム内活動 見学会，勉強会 交流会，研修会 各社トップから実務者まで参加	H17.2 関東自動車工業㈱内川会長にプレゼンテーションチャンス到来 取引開始目標設定 H18.4 本活動が高く評価され勇気を頂く	技術展示商談会参加 H17.9　刈谷市 H18.8　トヨタ本社 H19.9　刈谷市 H20.11　刈谷市 発注者に対して積極的にアピールした	発注会社出現 お客様との関係 相互理解 相互信頼 最初から自分達の弱点をさらして	H17.11　引合い始まる H18.2　大型成型機投資決定 350 t H18.7　納入開始 H19.11　受注点数増，雇用増 H20.3　新型開発開始 H20.6　年間売上1億円達成見込み H20　新規設備投資計画　350 t H21　受注減に見舞われる H22　受注回復　新規部品増

（出所）講演資料より転載。

ているのか，それからこの先どうなろうとしているのか，あるいはモノづくり加工技術はどうかということを連日のように講座を開き，指導，訓練を合わせもってくれました。おかげで，みんなの力で岩手の地場企業を何とかしていこうじゃないかという機運が盛り上がってきました。平成14年に，K.N.Fの中に，自動車産業への参入を目標にして自動車のことを勉強するための自動車分科会を設けて，私が分科会長になりました。関東自動車工業から多くの人たちに来ていただいて，「自動車とは」，「自動車の産業に入っていくためには」などの課題についていろいろな話を聞かせていただきました。

　そうこうしているうちに時間が経ちました。このまま活動を続けても成果が出なければ，みんなは付いてこなくなってしまうという問題と継続の危機を感じました。ではどうするか。中小企業の1つ1つは力が弱いですから，勉強だけをいくら積み上げて，「こんにちは，仕事ください」とお願いに行っても「おととい来い」と門戸を閉められてしまうのは見えていました。中京地区の企業の実態はどんなものかと，行って，見て，聞いて感じてきました。そして，中京地区の企業の技術力，開発力，生産力，管理力に匹敵する企業は，岩手ではなかなか見つからないなと感じました。でも待てよと考えました。2つか3つの会社を合わせれば，金型の設計力も生産力も部品の製造力も負けないでいけるのではないか。三人寄れば文殊の知恵ではないけれど，3社を集めれば，三河地区あるいは中京地区のいま自動車の部品を担当している会社の力に匹敵するところにいけるぞとの思いから何とか手を打とうと考えました。現実にただ仕事をくださいといっても，それだけでは大会社は中小の面倒を見る考えはありません。それは大会社が冷たいということではなくて，大会社といえども世界と競争しているわけですから，そんなに多くの余力はないからです。つまりは自分にとって役に立つものを持ってこなければ面倒は見られないのが実態なのです。ただし，役立つものを持ってきたと認めた後の面倒見は，私たちが思う以上にいいです。将来性についてこの会社は，このチームはいいなと思われれば，たくさんの力を注いでくれます。実際に何が起こるかといいますと，人を派遣して指導してくれます，また技術を移管してくれます。自分のところに役に立つかまたは役立つものになれると思われたとき初めて，発注側と受注側の両者の利害が一致します。そうなるためにどうするかを考えて，3社を集めた力のある共同体で挑戦していこうと思ったわけです。

　平成14年になるまで，全国の異業種交流は行われてきましたが，同業種交流と

いうのはあまりなかったと思います．異業種交流で何十，何百という事例を見たときに，残念ながら大体空中分解している例が多かったです．それは，交流そのものの利害，得失もそうなのですが，交流の先行きのことで起こるかもしれないいろいろなことを考えて規則をたくさん決めるわけです．私は，この規則がかえってよくないだろうと思いました．その規則を盾に，おれは得した，損した，おまえは得した，損したということになってしまうので，むしろ規則をつくらない環境下でも心を合わせてやっていけるであろうと思う社長を選んだわけです．その3社の社長たちは，私に近いつながりの社長もいれば，つながりのあまり強くない社長もいます．この社長たちならば，多分運命を共有化してくれるのではないかと考えて選び，話し合いを始めました．

そこから具体的な活動を始めるまでの間に，実はすごく時間をかけました．社長たちが連携して一緒にやっていけば，会社の売り上げが増え，利益が増え，それから技術力もプラスして，いわゆる企業経営力が増してきます．それは社長の喜びでしょうが，従業員の願いは別のこともあり，お互いに本当に理解しているかといえば，いろんな会社の例でも社長の考えが正しく理解されている割合は1割か2割であり，コミュニケーションは正しくとれていないと言った方が当たっているのが実態です．連携をして何か問題が起こったとき，社長はこのまま続けようと思っても，部課長，リーダーなり，実際に仕事をする人がその気になっていない会社は分解してしまい，ついにはチームも崩壊してしまうわけです．ですから，何のためにこの連携をするのかということについて，地域社会の発展だとか，企業の成長発展，人材育成，設備投資，従業員への待遇改善など，いろんな目的がありますが，社長を呼んで話をするときは従業員の誰かをつれてきてもらって，社長と従業員と一緒に私の話を聞いてもらいました．これからそのポイントをお話します．

岩手には，今まで魅力的な強い企業はわずかきり育っていません．大卒，高専卒，その他優秀な人たちが，岩手県の企業に就職しようとしてくれません．こんなに寂しい世界のままではなくて，この連携を通じて力をつけて新しい産業に入っていって，さらに技術も管理も人並み以上のレベルに育て，新しい設備も，新しい人も，新しい技術も，どんどん入れられるように企業力をスパイラルアップしていこうではないかと問いかけました．あなた方の息子さんには間に合わないかもしれないが，あなたのお孫さんたちに入社したいと思ってもらえる会社，こんな会社をつくりませんか，そのために連携をしていきましょうと，説得を6

カ月間ぐらい続けました。そしてある日，話をしたことがある現場の人から「鈴木さん，ぜひ進めましょうよ」と声がかかりました。とうとう共同事業の入り口に立つことができたと感じた瞬間でした。

これなら大丈夫だという判断をして，社長を結びつける次のステップとしてギブ・アンド・テイクの浸透へと進めました。現場の人が金型の製作方法，あるいは設計法，プラスチックですから射出成型，技術的にいろいろな問題が出たときの対処法など長年苦労して培ってきたノウハウを他人に与えられるか。そういう文化って東北だけでなくなかなか無いと思うのです。しかしそのハートを養わなければ，守りの壁を乗り越えられなければ本当の意味の連携はできないのです。6カ月かけて多くの人たちといろいろ話をしました。やがてこのチームの目的を達成するためには無くてはならないギブ＆テイクの考え方と大切さが理解されました。実際にこの連携が始まった最初の日，すぐにみんなが打ち解けてくれました。A社の設計者は，B社，C社の設計者の前で自分の設計ノウハウを全部開示してくれました。

しばらくたっていくうちに，それでは自分たちの力をどこへぶつけていけば仕事の入り口に立てるのかを考え，いろいろ試行錯誤を始めたのですが，中々受注の入り口に立たせてもらえませんでした。次のねらいを，愛知県の刈谷市で行われた東北6県の技術展示商談会に的をしぼりました。そこにはトヨタさんをはじめ，トヨタさんの関連会社，トヨタさん以外の会社の人たちもたくさん来てくれました。プラ21メンバーはそこから何を得たかといいますと，自動車の部品を受注し生産するためには顧客のニーズを満足させなければならないことの認識と，作るものについて何がどうなっていなければいけないかという自動車関係者のニーズを正しくつかまえられたことでした。相手からいろいろ聞かれ，数々の応答を繰り返した結果，ニーズが正しく把握できました。その結果，顧客満足には，自分たちがどんな設計をし，金型コストを抑え，成形品を作り，問題が起こったときの素早い対処の仕方などについて何が肝心か，社長だけではなくて現場の人たちまで果たすべき役割をわかってくれたと思います。

次に3社に対して，プラ21の顧客満足の柱は何を武器にしてやっていったらいいかということについて考えました。私の考えでは，その次のページにある競争優位，世の中ではコア・コンピタンスと言いますが，これが必要だが何にするか思考を重ねました。3社にはそれぞれ特長はあるのですが，1つひとつはまだまだそれほど高いレベルではありません。3社を合わせて考えられる相乗効果はな

んだろうと想い続けました。そして，スピードに行き着きました。金型を立ち上げるスピード，量産立ち上げの手番，量産リードタイムの短縮，トラブルシューティングの速さ，例えば問題が起きて金型を何とかしなければいけないとき，1社で20日かかることも3社でならば5日でやってしまう。1社で1週間かけて対策をとるなら，3社なら1日，2日でできますから，問題を起こさないということが大前提ですが，問題が起こったときの対応，対処を含めたすべてのプロセスでスピードNo.1は顧客満足の柱になれると考えました。結果として，展示会で多くの方々が注目してくれました。ついにプラ21に関心を持ってくれた会社の方が岩手県に来てくれました。3社を監査した結果，実は1社ごとの金型のレベルというのは，中京地区の中堅どころのレベルと比べて遜色ないと評価してくれました。それに対して3社集まって共同事業をするのですから，お客様としてのメリットは想定以上に大きかったのです。

　平成17年2月10日，関東自動車工業さんの内川会長さんが北上に見えるということで，岩手工場の当時の副工場長さんが，「鈴木，10分時間やるから，内川会長さんにうんと言わせろ」と言われチャンスを戴きました。10分間で私が何をしようとしているか，よくわかって頂くのは無理だなと思いながらも考えました。いろいろ考えて，この1枚の資料（図6-11）で，3社のチームで，直接取引であろうと，間接取引であろうと，関東自動車工業さんの役に立ちたいという強い信念で，必ず関東自動車工業さんに成果をもたらす説明をしました。実際には9分50秒で説明は終わりました。「これで説明終わります」と言った途端に内川会長さんが，「わかった」とおっしゃって続いて副工場長さんに，「この会議が終わったら，すぐ鈴木を関東自動車工業に連れて行きなさい。鈴木ができると言ったものは何でもいいからやってもらいなさい」と表明してくださいました。実際に，もちろん工場へ連れて行ってもらって，これはできる，これはできないとやらせて頂きましたが，自動車の取引というのはそんな簡単にいけるものではないのはわかっていました。結果として，内川会長さんのような方にこの活動が認められたということが，3社を含めた私たちプラ21にすごい大きな勇気をもたらしてくれました。

　ゼロからスタートした自動車の部品事業は今どうなっているかといいますと，担当している自動車のプラスチック部品は，ベルタ，ヤリスといって，主としてアメリカ，ヨーロッパへ輸出する車種用です。運転席に座ると，周りにプラスチック部品がいろいろあります，それらの部品を担当しています。今までに大体

図6-11　プラ21の競争優位とは

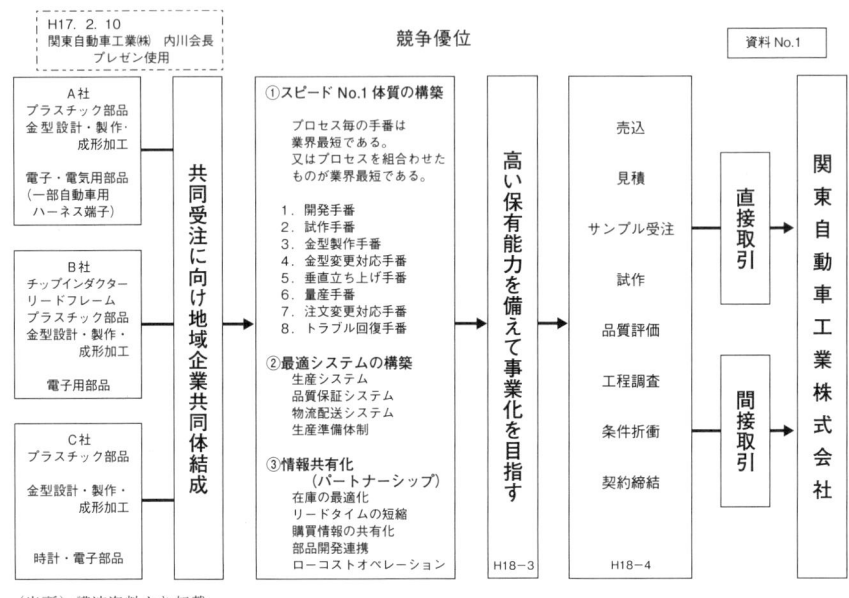

H17. 2. 10
関東自動車工業㈱　内川会長
プレゼン使用

A社
プラスチック部品
金型設計・製作・
成形加工

電子・電気用部品
（一部自動車用
ハーネス端子）

B社
チップインダクター
リードフレーム
プラスチック部品
金型設計・製作・
成形加工

電子用部品

C社
プラスチック部品
金型設計・製作・
成形加工

時計・電子部品

共同受注に向け地域企業共同体結成

競争優位

①スピードNo.1体質の構築
　プロセス毎の手番は
　業界最短である。
　又はプロセスを組合わせた
　ものが業界最短である。
　1．開発手番
　2．試作手番
　3．金型製作手番
　4．金型変更対応手番
　5．垂直立ち上げ手番
　6．量産手番
　7．注文変更対応手番
　8．トラブル回復手番

②最適システムの構築
　生産システム
　品質保証システム
　物流配送システム
　生産準備体制

③情報共有化
　　（パートナーシップ）
　在庫の最適化
　リードタイムの短縮
　購買情報の共有化
　部品開発連携
　ローコストオペレーション

高い保有能力を備えて事業化を目指す

資料 No.1

売込
見積
サンプル受注
試作
品質評価
工程調査
条件折衝
契約締結

H18-3　H18-4

直接取引
間接取引

関東自動車工業株式会社

（出所）講演資料より転載。

　160種類ぐらいの部品をつくって，都合2,400～2,500万個納めたと思います，私の聞いたところでは，1個も不良を出していないのだそうです。自動車では100万個に3個までなんて言われていた時代がありましたが，今はゼロです。ですから，今2,000～3,000万個の中間ぐらいを経過していますが，1個も不良を出していないということは非常に価値があります。これを持続させるということは仕事が継続するということですから，このクオリティ（品質）を守るということが，仕事を継続するための最大の原動力になってくれているといえます。おかげさまでこの会社は，近年，世の中は不況期が続いていますが，直近の5年間の売上では一度も下がることなく右肩上りを続けています。この社長は，この事業に参画して，自分では考えられない設備投資を決断してリスクを抱えましたが，結果として数年は利益でプラスが出なかったわけですが，最近になってようやくプラスになってきたことで喜んでいます。

　事業が継続できたことは，経営者が本当に自動車に入りたいという思いで，何をしなければいけないかということに気づき，それぞれの達成を目指してたゆ

ぬ努力をした結果，クオリティで相手を説得してしまったわけです。先ほど金型のことが出ましたが，今までは自分でつくる金型と相手が支給する金型と2通りあったのですが，10月以降については，担当する金型については自分でつくるか，自分で手配するか，すべて金型はこの3社に任せるというところまで信用が築かれました。この3社はもう放っておいてもいいのかなと思います。

今，自動車の仕事は全体的に10月以降ちょっと減りますが，今度増えてきた時には，仲間を増やして3社から4社にしようとすでに話し合っているようですが，それは私の望みでもあります。このグループが成長発展して，6社，7社，8社，10社と仲間が増えていって，自動車のプラスチック部品は岩手で賄っているというぐらい日本全体から評価される，そんな地域を作りたいという思いを描いていたからです。

こうしてプラ21というチームが育ってきました。ではこれから，新たなチームの挑戦についてお話します。同業種が集まって1つの進展が図られましたので，今度は，異業種での取り組みをやってみたいと考えまして，新たに始めたことを紹介したいと思います。これは開発している中身が秘密事項なものですから，この場で会社名とか何をという具体的な目標は言えないのですが，自動車の安全のための装置の開発を目指しています。メカ（機構）を考える会社とIT・センサーを得意としている2社の異業種を組み合わせ，今まで世の中にない製品の開発への取り組みをすでに始めています。

自動車をやりたいという企業はたくさんあります。トヨタ本社で展示会があったり，刈谷であったり，この間は日産であったのですが，そういうところで萱場先生と一緒に，萱場先生は宮城県のアドバイザーですが，意欲のある企業の自動車産業参入への手伝いをさせていただいていますが，萱場先生にはいろいろなアドバイスを頂いています。

岩手の企業の技術・製品・意欲を見て，感じて，何と何とを組み合わせたら今までにないものが生まれるか，そんなことを予想しながら会社を訪ねて説いて回って，連携に漕ぎつけられました。自動車の安全にかなう新しい装置の開発が進みまして，多分，来年初めには発表できると思います。

中小企業の多くは開発に自信がない，力不足と感じています。実際にどんな力を持っているのか，工場，会社へ行って，現場で現物を見てみると，貴重な財産が眠っているか気が付いていないことが見受けられます。いいものを見つけて気がついてもらうこと，どうしたらそれを生かすことができるかの意見，提案など

164

が私たちの役目です。この新たな異業種交流は大いに楽しみです。

　自動車のことを本当にやるには，萱場先生のような自動車の経験が豊富な方，自動車会社の出身者で，自動車に関して的確なアドバイスができる人がいればいいと思うのですが，岩手にはなかなかそういう人は来てくれません。自動車のことは全然やっていない私がそんなことを仰せつかっているのですが，経営的見地から，人，もの，金，技術，生産力，製品などの経営資源を元に，自動車とは直接関係ないところから見て，何かがもしかして自動車に使えるのではないかと想像できたときには，権威者の方々に話をし，聞いて決断に結びつける。そんなことを続けながら，岩手の中に今までにない企業体というか，共同企業体をつくっていきたいと願っています。

　では，自動車産業参入にあたっての入り口に関係するところの，どういうふうに育てていったらいいのかという点については，力がないと思われる企業にも，探せばいろんな力がある。その力のあるものを探したら，その組み合わせを考えて，目的，目標を定めてやれればそれに向かって動いていけると思います。今はそういう段階ですが，それがどんどん積み重ねられれば，自分たちで探して，自分たちでパートナーを見つけて，自分たちで切り開いて目的を達成する。そのよ

図6-12　原価に対する考え方

新規参入に際してはそれ相当の〝経営者の覚悟〟と〝明快な社内コンセンサスの構築〟が必須である

1. 原価の内，加工費について：工数基準の考え方

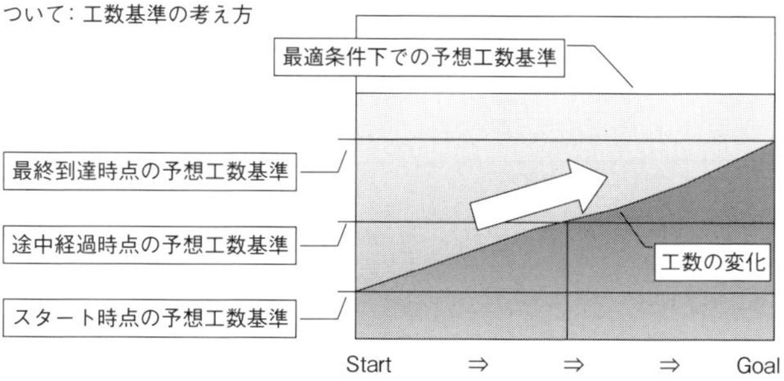

　　最適条件下での予想工数基準
　　最終到達時点の予想工数基準
　　途中経過時点の予想工数基準
　　スタート時点の予想工数基準
　　工数の変化
　　Start ⇒ ⇒ ⇒ Goal

2. 原価の内，新規投資分の減価償却費計上について
　　：新規投資分を全額新事業にのみ配賦する
　　：既存分に加えて全体に配賦する
　　：新事業が軌道にのるまで配賦しない

3. 原価の内，輸送費について
　　：輸送費は基本的には計上されない
　　：管理費に含まれる

（出所）講演資料より転載。

うな文化が，岩手の中にも遠からず出てきてくれるのではないかと期待しています。

　最後に，原価に関して，上記の資料（図6−12）があります。これは見にくいかと思いますが，右の図のところで，最適条件下での予想工数基準というのがあります。これは1時間あたりいくつできるかということだと理解してください。三河，中京地区では，これが高いレベルにあります。岩手県は，一番左下のスタート時点の予想工数。例えば，1時間あたり，三河地区で100個できているのが，岩手県では30個きりできなかったとすれば，その工数は3分の1の能力しかないわけですからコストが高いということです。ところが，ここからスタートして，時間経過の中で右肩上がりに工数が上がっていくわけですから，1，2年先ならここまでいけるなというところで，最初の見積もり価格を設定する考え方が欲しいです。最低でもそのレベルで考えていかないと，三河，中京地区とは大きな差が付いてしまい，相手は取り合ってくれません。こういう覚悟をさせたということと共に気づいて欲しいのです。今回プラ21が成功した理由は，Q（品質）のところもそうですけれども，実際にはコストに対して覚悟して臨んだ結果です。自動車産業の後進地域はこのような覚悟がなければ，新しいもの，特に自動車を取り入れることはできません。

　減価償却については，新たに参入する会社がそのための設備投資分の減価償却費をすべてそのまま新事業に負わせた場合は，恐らく部品単価は高くなって競争力を失うでしょう。社長が，会社全体でならして減価償却費を見るからそれで頑張れと言えるか，あるいは1，2年は他の部門に背負ってもらうから新規部門は考えないでいいと決断するようなオーナー経営者であってほしいと思います。極端な発言かもしれませんが，これくらいの覚悟を望みたいと思います。

　そんなことを，わいわいがやがやしながらスタートし，今現在，このプラ21については順調に進んでいることを報告して，私の話を終わりにさせていただきます。

【注】
1）本節は，2012年10月13日開催の東北学院大学経営研究所のシンポジウムでの萱場文彦氏のご講演記録（『東北学院大学 経営学論集』第3号，2013年3月所収）を基にしている。
2）本節は，2010年10月2日開催の東北学院大学経営研究所シンポジウムでの鈴木高繁氏のご講演記録（『東北学院大学経営・会計研究』第18号，2011年3月所収）を基にしている。

# 第Ⅱ部

ベンチマークとしての九州・中国地方

第7章

九州における自動車産業の現状と課題

目代武史
居城克治

1．はじめに

　九州は，中部，関東，中国地域に次ぐ自動車産業の集積地として発展を遂げつつある。九州における完成車の生産台数は，リーマンショックの影響を受けた2008年を除き，1990年代以降ほぼ一貫して増加している。2006年には生産台数が100万台を突破し，2012年は140万台を超えた。平成22年度工業統計表によると，九州の自動車関連産業は，九州域内工業出荷額の14.3％を占めるに至っている。

　このように順調に発展を遂げてきた九州の自動車産業であるが，近年では生産車種の海外移管や中国・韓国からの輸入部品の増加など，海外の自動車生産地との競争が厳しさを増している。グローバルレベルの生産拠点間競争に打ち勝つべく，地域をあげて生産競争力の向上を図っていく必要性がより一層高まっている。

　そこで本章では，自動車産業集積地としての九州の競争力強化の現状を整理し，課題について考察していく。第2節で九州における完成車メーカーの動向を整理し，第3節では，サプライヤーの集積状況を分析する。最後に第4節において，九州における自動車産業振興の課題について検討する。

2．九州の完成車メーカー

　九州には現在，4社の完成車メーカーが存在し，4つの完成車組立工場と3つのユニット工場が立地している。表7－1は，各社の工場の概要を示している。

（1）日産九州／日産車体九州

　日産自動車株式会社（以下，日産）は，最も早く九州に進出し，1975年7月にエンジン生産を開始した。翌1976年12月にはダットサントラックの生産に着手した。1992年5月，第2工場を建設し，生産能力の拡張を図った。2011年8月には，経営の独立性を高めるため，九州工場を日産自動車九州株式会社（以下，日産九州）として日産から分社した。日産は，九州を地域の優位性を活かした低コスト領域のリーダー拠点として位置づける一方，関東地区が電気自動車や新技術，新工法の開発を担い，栃木・いわきの生産拠点が高級車やエンジンの生産を担当する分業体制をとっている。

　生産車種は時代ごとに変遷している。当初はサニー，パルサーといった小型乗用車が中心であったが，2004年ごろにはブルーバード・シルフィー，エクストレイル，プリメーラ，ティーノ，ラフェスタ，ムラーノ，ティアナといった中型車やSUVの生産を担当する日産グループ最大の量産拠点となった。

　ただし今後は，ラフェスタおよびアルティマの生産が終了すると同時に，いくつかの車種が海外現地工場に移管される予定である。すなわち，ティアナは北

表7-1　九州の完成車メーカーの概要

	日産自動車九州（株）	日産車体九州（株）	トヨタ自動車九州（株）			ダイハツ九州（株）	
			宮田工場	苅田工場	小倉工場	大分（中津）工場	久留米工場
生産開始	1976年12月	2009年12月	1992年12月	2005年12月	2008年8月	2004年12月	2008年8月
従業員数	約3,760人	約1,000人	約6,800人	約900人		約3,300人	約300人
生産能力	53万台	12万台	43万台	22万基	―	46万台	21.6万基
生産品目	●ティアナ ●エクストレイル ●ムラーノ ●ラフェスタ ●ローグ ●デュアリス ●セレナ ●アルティマ ●ノート	●パトロール ●インフィニティQX56 ●エルグランド ●クエスト ●NV350キャラバン	●Lexus RX/RXh IS/IS-C ES HS CT ●SAI ●Highlander/Highlander Hybrid ●ハリアー/ハリアー Hybrid	V6 3.5Lエンジン 足回り部品	ハイブリッド用トランスアクスル	●ミライース ●タントエグゼ ●ミラココア ●ムーヴコンテ ●ミラ ●アトレーワゴン ●ハイゼットトラック ●ハイゼットカーゴ ●ビーゴ	KFエンジン CVT部品
輸出比率 （2011年）	74.0%		82.6%	―	―	4.9%	―
地元調達率 （1次部品）	約70%	―	約60%			約65%	―

（出所）福岡県「北部九州自動車150万台先進生産拠点プロジェクト」資料に筆者加筆。

米，中国，タイの現地工場に，ムラーノおよびローグは米スマーナ工場へ移管される。そのうちローグの一部は，韓国のルノーサムソンでも生産される。一方で，2012年夏には新型ノートの生産が追浜工場から日産九州に移管されるなど，小型車の生産も行われるようになってきている。

2007年5月には，日産車体九州株式会社（以下，日産車体九州）が設立され，2009年12月に生産を開始した。日産車体九州はわずか数年の内に，パトロール，インフィニティ QX56，エルグランド，クエストといった大型乗用車や商用車（NV350キャラバン）の生産を立ち上げている。

日産九州の年間生産能力は最大53万台で，日産車体九州の12万台と合わせると，九州の生産能力は65万台に達する。また，両社とも輸出比率が高く，両者を合わせた輸出比率は約74％となっている。

（2）トヨタ九州

トヨタの九州進出は1990年代に入ってからである。1991年2月にトヨタ自動車九州株式会社（同，トヨタ九州）を福岡県宮若市に設立し，1992年12月に車両生産を開始した。1990年代初頭は，バブル経済期でトヨタ本社地区での生産人員の募集が難しくなっていたことが，九州進出の背景にあった。当初は，輸出をあまり考えていなかったために，福岡県の内陸部に工場が建設された。マークⅡの専用工場としてスタートし，その後チェイサーやウィンダム，ハリアーと生産車種を拡大させていった。

しかし，バブル崩壊後は生産が落ち込み，トヨタ九州の位置づけが揺らいだ時期があった[1]。そうした中でも同社は生産技術を磨き続けた[2]。90年代後半から北米市場が活況を呈したこともあり，ハリアーやクルーガーなどの高級車の輸出基地として位置づけの修正が図られた。その結果，本社のある中部地区は，新型車の開発や基幹技術の開発，新工法の開発，国内生産の中核拠点とする一方，九州は中型車や高級車の高品質なもの造りを追求する国内第2の拠点として再出発することとなった。

その後トヨタ九州は，2005年9月にレクサス専用の第2工場を建設し，レクサスIS250／350の生産を開始した。さらに，2005年12月には福岡県内に苅田工場を建設し，エンジン生産を開始した。2008年4月には苅田工場の第2ラインを稼働するとともに，8月に小倉工場を建設し，ハイブリッド車用トランスアクスルなどの生産を開始した。現在の車両生産能力は最大で年産43万台，エンジン工場

は年産22万基に達し，生産車両の8割以上が輸出されている。

（3）ダイハツ九州

　九州進出の三番手は，ダイハツ九州株式会社（同，ダイハツ九州）である。同社の前身はダイハツ車体株式会社で，2004年11月に群馬県前橋市から大分県中津市に本社ごと移転した。移転とともに，社名もダイハツ九州に改め，2004年12月から大分（中津）工場でハイゼットトラックおよびハイゼットカーゴの生産を開始した。2007年11月には，大分（中津）第2工場を建設した。第1工場は，軽自動車のみならず普通乗用車も生産しているが，第2工場は軽自動車の専用工場となっている。ダイハツ九州もダイハツグループ内で最大の生産能力を持つ工場となっており，生産能力は年産46万台に達する[3]。同社の生産車種は国内市場向けの軽自動車が中心であり，日産九州やトヨタ九州とは異なり，輸出比率は5％未満と低い。

　また，同社は福岡県久留米市にエンジン工場（2008年8月稼働）も有しており，生産能力は年産21.6万基に達する。さらに，2014年3月には，親会社のダイハツ工業が軽自動車用エンジンの開発拠点「久留米開発センター」をダイハツ九州久留米工場の隣接地に開設する予定を発表している[4]。これにより，エンジンやトランスミッションの開発や実験・評価，生産を一貫して九州で行う体制を構築するとしている。

（4）各社の調達方針と動向

　現在，各社の地元調達率は，金額ベースで，トヨタ九州が約60％，ダイハツ九州が65％，日産九州が約70％となっている[5]。なお，ここでいう地元調達率とは，部品購入費に占める九州から調達する部品購入費の比率である。この計算方法に基づく地元調達率は，日産九州が最も高く，トヨタ九州が最も低い数字となっている。

　しかし，完成車メーカーにより九州拠点における生産活動の幅に違いがある点には注意が必要である。日産九州は，一部の部品を内製する以外は，車両の組立に特化しているのに対し，トヨタ九州やダイハツ九州は，車両組立に加え，エンジンやハイブリッド車用ユニットも九州で生産している。トヨタ九州の苅田工場では，エンジンやアクスルを内製しているほか，小倉工場ではトランスアクスルと呼ばれるハイブリッド車用基幹ユニットの加工，組立を行っている。ダイハツ

表7-2 九州自動車メーカーの主要部品別調達状況

品目名	トヨタ九州 品目種類数	九州	域外	九州比率	日産九州 品目種類数	九州	域外	九州比率	ダイハツ九州 品目種類数	九州	域外	九州比率
エンジン本体部品	18	7	35	16.7%	-	-	-	-	18	6	26	18.8%
エンジン動弁系部品	14	1	31	3.1%	-	-	-	-	12	1	17	5.6%
エンジン燃料系部品	9	5	11	31.3%	2	2	5	28.6%	8	1	12	7.7%
エンジン吸・排気系部品	9	4	18	18.2%	12	2	28	6.7%	11	3	17	15.0%
エンジン潤滑・冷却部品	10	5	19	20.8%	11	5	20	20.0%	10	0	17	0.0%
エンジン電装品	7	1	11	8.3%	7	0	16	0.0%	6	1	10	9.1%
HV/EV用主要部品	5	0	9	0.0%	-	-	-	-	-	-	-	-
パワートレイン部品	22	0	35	0.0%	23	1	48	2.0%	21	2	31	6.1%
ステアリング部品	9	2	18	10.0%	12	5	24	17.2%	12	2	16	11.1%
サスペンション部品	4	0	5	0.0%	4	1	8	11.1%	4	1	7	12.5%
ブレーキ部品	12	4	20	16.7%	14	5	26	16.1%	15	4	30	11.8%
ホイール・タイヤ	4	5	11	31.3%	4	6	7	46.2%	4	3	13	18.8%
外装品	19	15	24	38.5%	19	21	27	43.8%	19	14	28	33.3%
内装品	25	23	21	52.3%	22	41	24	63.1%	18	17	30	36.2%
車体電装品	13	5	16	23.8%	13	9	16	36.0%	13	5	20	20.0%
用品	4	2	7	22.2%	4	2	9	18.2%	4	2	9	18.2%

(注) 1. 表中の網掛け部分は，九州域内からの調達比率の高い上位3品目を表す。
2. 九州からの域内調達には，完成車メーカーの内製も含む。例えば，エンジンブロックは，トヨタ九州およびダイハツ九州では内製。
3. 同じ品目でも調達先は複数あるため，調達企業数は品目種類数を上回る。
4. 「九州比率」は，当該品目の調達先（九州＋域外）に占める九州域内に立地する企業数の割合を示す。金額ベースの地元調達率とは異なる点に注意されたい。

(出所) アイアールシー『九州自動車産業の実態 2013年版』2012年，134～137ページ，152～155ページ，179～181ページより筆者作成。

九州は久留米工場にてエンジンの加工および組立を行っている。したがって，車両に組み付けられるトータルの部品に対する，内製も含めた九州調達率は，必ずしも日産九州よりも低いというわけではない[6]。

表7-2は，九州の完成車メーカーの部品別の調達先をまとめたものである。これを見ると，内装品の九州調達比率が最も高く，次いで外装品やタイヤ・ホイールといった品目が続いている点は各社とも共通している。これらの品目は，大きく嵩張ったり，生産車種に固有な種類となっていたりするものが多い。そのため，完成車工場の近隣に進出した域外企業の現地工場から納入されるケースが多い。

第7章　九州における自動車産業の現状と課題　｜　173

　先に述べた通り，日産九州は，エンジンは九州で生産しておらず，エンジン本体部品やエンジン動弁系部品は，九州域内からも域外からも調達がない。日産は，エンジンやパワートレイン系の部品は，いわき工場や本社地区の自社工場，系列サプライヤー，ルノーから調達する方針であり，地元調達の対象品目にも含めていない[7]。その他の品目では，各社とも大差なく，エンジン関係やパワートレイン関係，ステアリング関係，サスペンション関係，ブレーキ部品などのいわゆる機能系の部品の九州域内からの調達比率は非常に小さいか皆無である。
　現在および今後の各社の地元調達化に向けた動きであるが，トヨタ九州は，大型車およびレクサス系の高級車の生産拠点であることから，品質を最重要視しながら，段階的に地元からの調達率を高めていく方針である。中国や韓国などからの海外部品については，調達の可能性について調査は行っているが，特に優先して海外部品の採用を検討しているわけではない。あくまでレクサスレベルの品質を確保できることを前提条件として，地元調達を考えている。
　ダイハツ九州も今後さらに地元からの部品調達を進める方針であるが，特にダイハツ九州自身による自社調達を拡大していくとしている[8]。現在，ダイハツ九州が調達している部品のほとんどは，親会社であるダイハツ本社が調達先を選定している。ダイハツ九州が調達の採否を決定している品目は，2～3％程度にとどまっている。近い将来までにこれを15％に高め，最終的には100％自社調達するとしている。
　日産九州は，最も積極的に地元調達率の拡大を推し進めているが，日産九州が定義する地元には，九州から山口，さらには韓国や中国までが含まれている。日産九州が1次サプライヤーから調達している品目の地元比率は，生産車種によってばらつきがあるが，平均では約70％に達する。さらに，1次サプライヤーへ構成部品を供給する2次サプライヤーの地元比率も約7割を占めている。
　日産九州は，海外部品の調達を積極的に進めており，2012年夏から生産を開始した新型ノートでは，海外部品の比率は40％に達する。日産九州は，直接部品を納めるサプライヤーには完成車工場から50km圏内に立地することを求めている。また，完成車工場内には，サプライヤーが入居できるスペースを設けており，組立工場内への立地をオンサイト（On-site），工場敷地内へのサプライヤーの立地をインサイト（In-site）と呼んでいる。また，日産九州から半径10km圏内への立地をサプライヤーパーク（Supplier park），100km圏内をニアサイト（Near site）と呼んでいる。日産では，部品価格から部品物流費を分離して計上し，部品物流費は

日産負担とすることで，物流費の可視化にも取り組んでいる。また，海外部品については，福岡県・福岡市・北九州市が2011年12月に制定した「グリーンアジア国際戦略総合特区」のスキームを活用し，釜山や上海と九州をシームレスにつなぐ海上輸送網の活用を進めている。

3．自動車関連事業所の立地状況

（1）部品領域別の立地時期

　九州に立地する自動車関連事業所数は，域内における完成車生産台数の増大に呼応して伸びていった。図7－1は，それぞれ日産九州／日産車体九州，トヨタ九州，ダイハツ九州に部品供給している事業所の立地／参入時期を部品領域別に示したものである。

　まず，図7－1（a）を見ると，日産九州向けに部品を供給している事業所は，日産九州工場が設立された1970年代後半に集中的に設立されていることがわかる。とりわけ，外装品および内装品を供給する事業所が九州に進出している。その後，1990年代の前半および2000年代の中盤に事業所進出の小さな山がみられる。1990年代前半は，トヨタ九州が設立された時期であり，トヨタ九州向けに部品供給している事業所からも部品を調達していることが推察される。また，2000年代半ばは，ダイハツ九州，トヨタ第2工場，日産車体九州が相次いで設立された時期であり，九州全体の完成車生産の拡大を見込んで九州に進出したサプライヤーが日産九州にも部品を供給するようになったとみられる。

　次に，図7－1（b）を見ると，トヨタ九州へ部品を供給するサプライヤーは，同社が設立された90年代前半に集中的に九州に進出している。最も多いのは内装品で，次に外装品サプライヤーが多い。次の山は，2000年代半ばにあり，トヨタ九州第2工場，苅田工場，小倉工場の建設時期と重なり，エンジン系部品のサプライヤーが多いのが特徴である。また，2007年にも内装品や外装品，エンジン系部品のサプライヤーが数多く進出しているが，この年は日産車体九州およびダイハツ九州第2工場の稼働開始と重なる。また，興味深いのは，1970年代に設立された事業所からもエンジン系部品などを調達している点で，日産向けに早くから九州に進出したサプライヤーとも取引関係がある。

　最後に，図7－1（c）を見ると，ダイハツ九州向けの部品サプライヤーは，ダイハツ九州が九州に移転した2004年から久留米工場が建設された2008年までの

第 7 章　九州における自動車産業の現状と課題　| 175

図7−1　完成車各社の部品調達先の九州進出／参入時期（部品別）

(a) 日産九州／日産車体九州

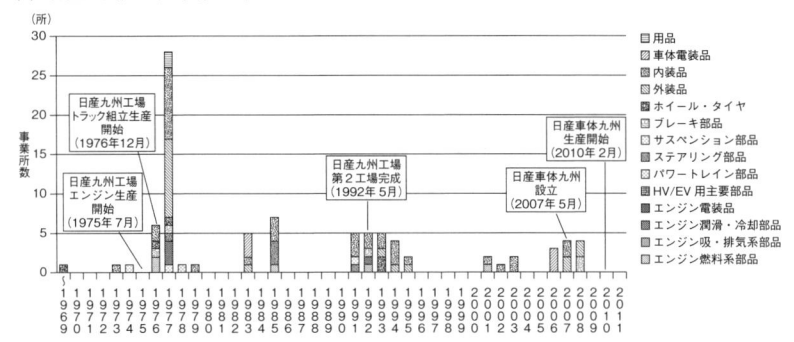

日産九州工場エンジン生産開始（1975年7月）
日産九州工場トラック組立生産開始（1976年12月）
日産九州工場第2工場完成（1992年5月）
日産車体九州設立（2007年5月）
日産車体九州生産開始（2010年2月）

凡例：用品、車体電装品、内装品、外装品、ホイール・タイヤ、ブレーキ部品、サスペンション部品、ステアリング部品、パワートレイン部品、HV/EV用主要部品、エンジン電装品、エンジン潤滑・冷却部品、エンジン吸・排気系部品、エンジン燃料系部品

(b) トヨタ九州

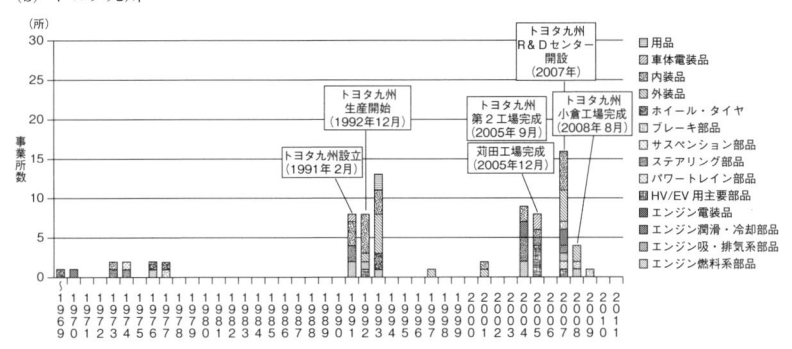

トヨタ九州設立（1991年2月）
トヨタ九州生産開始（1992年12月）
トヨタ九州第2工場完成（2005年9月）
苅田工場完成（2005年12月）
トヨタ九州R&Dセンター開設（2007年）
トヨタ九州小倉工場完成（2008年8月）

(c) ダイハツ九州

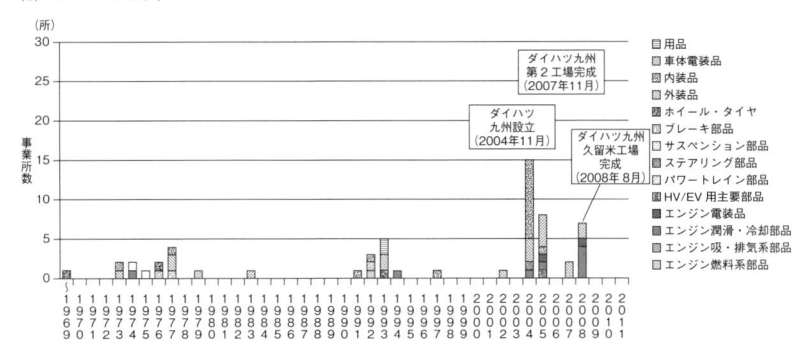

ダイハツ九州設立（2004年11月）
ダイハツ九州第2工場完成（2007年11月）
ダイハツ九州久留米工場完成（2008年8月）

（注）各完成車メーカーの主要部品のうち九州域内から調達されている品目について，当該部品を供給する事業所の設立年を集計．

（出所）アイアールシー『九州自動車産業の実態　2013年版』アイアールシー，2012年，および九州経済調査会「九州・山口の自動車関連工場等一覧2010」『九州経済調査月報』2010年11月号付録のデータを集計して，筆者作成．

間に集中的に事業所を設立している。その内訳は，内装品や外装品が多く，2008年にはエンジン系部品の事業所が数多く進出している。また，1970年代に進出した日産系サプライヤーや90年代前半のトヨタ系サプライヤーからも部品供給を受けていることがわかる。

　以上のように，完成車工場の設立前後には外装品や内装品を供給する事業所がいち早く設立されていることがわかる。機能系部品のサプライヤーは，エンジンなどのユニット工場の設立時に集中的に九州に進出している。こうした1次サプライヤーは，そのほとんどが九州域外からの進出組であり，1次サプライヤーの九州進出には，完成車メーカーの組立工場やユニット工場の設立が非常に大きな決定要因となっていることがわかる。また，トヨタ九州やダイハツ九州といった九州では後発の完成車メーカーは，それ以前に進出した日産系のサプライヤーから部品を調達しており，逆に先発の日産九州は，後から進出してきたトヨタ系やダイハツ系のサプライヤーからも部品を調達している。このように九州では系列を超えて部品調達が行われており，完成車工場やユニット工場の建設のたびにサプライヤー集積の厚みも増してきている。

（2）地元企業の参入状況

　自動車関連産業に参入している地元企業は，基本的に2次あるいは3次以降のサプライヤーであり，九州に進出した1次サプライヤーへ部品や治工具などを供給している。図7－2は，九州における自動車関連事業所の立地状況を九州域外からの進出組と九州域内からの地元企業とに分けて示したものである。図7－2から九州の地元企業による自動車関連産業への新規参入は，大きく3つの時期に分けられる。

　第一は，日産の九州工場が設立された1970年代から80年代にかけてである。この時期は，70年代後半に域外からの進出企業が設立ラッシュを迎え，地元企業はその後じわじわと参入を果たしていった。この時期に参入した地元企業は，九州における自動車産業の発展がまだ不透明な中で，先行的に参入を果たした企業群である。

　第二の時期は，トヨタ九州が進出した1990年代初頭である。日産九州工場に加え，トヨタ九州の進出により，九州における自動車生産の厚みが増したことで，トヨタ系の1次サプライヤーの九州進出が一気に進んだ。こうした状況の変化により，九州における自動車産業の発展に関する不確実性が低下するとともに，自

動車部品に対する絶対的な需要量も大きくなったことで，地元企業の自動車関連産業への参入が後押しされたと思われる。

地元企業による事業所設立の第三の山は，2000年代半ばである。この時期は，ダイハツ九州の移転および久留米工場の建設，トヨタ九州第2工場，苅田工場，小倉工場の建設といった完成車メーカーの工場建設が立て続けに行われ，域外からの進出サプライヤーも地元からの新規参入も大幅に増加した。ただし，2009年以降は，地元企業の新規参入は急激に低減した。これには，2008年に起きたリーマンショックの影響により，九州における自動車生産台数が大幅に減少したこと，また円高や完成車メーカーの調達方針の変化などにより，今後の国内生産に対して地元企業の経営者が悲観的になったことが考えられる。

このように地元企業による新規参入は，時期により増減があるものの，累積ではかなりの数に及んでおり，集積として一定の厚みを形成しつつある。

図7-2 九州における完成車生産台数と自動車関連事業所の新規立地件数

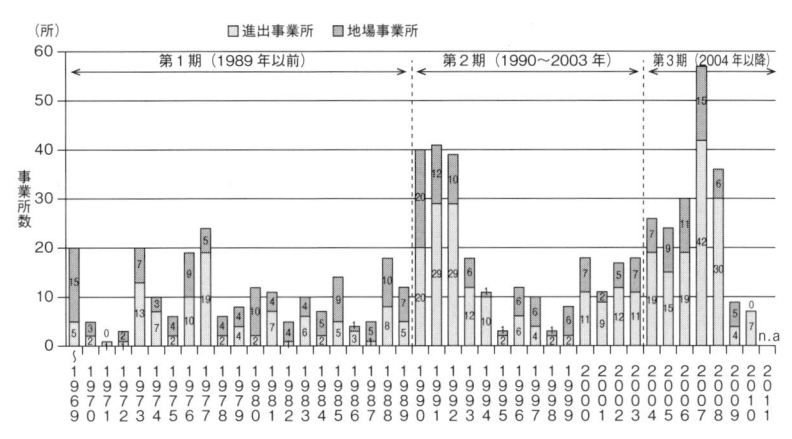

（注）1．進出事業所は「本社が九州・山口域外にある工場」あるいは「本社が九州・山口内にあっても親会社が九州・山口域外にある生産子会社」，地場事業所は上記以外の事業所である。
　　　2．2011年については，資料の制約から事業所数は不明である。
（出所）完成車生産台数は九州経済産業局のデータ。事業所数は，九州経済調査会『九州経済調査月報』2010年11月号付録に所収の「九州・山口の自動車関連部品工場等一覧2010」より福岡県，佐賀県，長崎県，熊本県，大分県，宮崎県，鹿児島県の事業所数を集計して，筆者作成。

4. 九州における自動車産業集積の全体像

　ここまでの議論を整理し，九州の自動車産業の全体像をまとめたものが図7－3である。

　九州に立地する完成車メーカーは，基本的には生産機能に特化しており，内外装部品の地元調達を進めてきた。ただし，現時点では車両開発は行っておらず，部品調達の窓口も本社が握っている。ただし，トヨタ九州がボディ設計機能の形成を図る取り組みをしており，ダイハツもエンジン開発を九州に移管する計画を

図7－3　九州における完成車生産台数と自動車関連事業所の新規立地件数

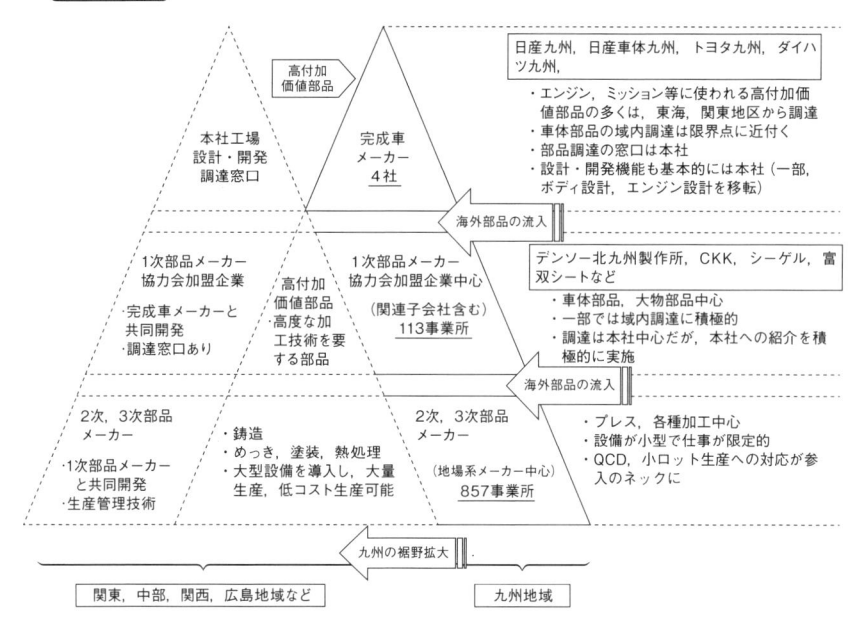

```
                            高付加
                            価値部品
             本社工場              完成車
             設計・開発            メーカー
             調達窓口              4社
                                          海外部品の流入

         1次部品メーカー         1次部品メーカー
         協力会加盟企業    高付加  協力会加盟企業中心
                          価値部品 （関連子会社含む）
         ・完成車メーカー  高度な加   113事業所
          と共同開発      工技術を
         ・調達窓口あり    する部品
                                          海外部品の流入

         2次，3次部品      ・鋳造      2次，3次部品
         メーカー          ・めっき，塗装，熱処理  メーカー
                          ・大型設備を導入し，大量  
         ・1次部品メーカー  生産，低コスト生産可能 （地場系メーカー中心）
          と共同開発                   857事業所
         ・生産管理技術

                         九州の裾野拡大

         関東，中部，関西，広島地域など       九州地域
```

右側注記：
- 日産九州，日産車体九州，トヨタ九州，ダイハツ九州，
  ・エンジン，ミッション等に使われる高付加価値部品の多くは，東海，関東地区から調達
  ・車体部品の域内調達は限界点に近付く
  ・部品調達の窓口は本社
  ・設計・開発機能も基本的には本社（一部，ボディ設計，エンジン設計を移転）

- デンソー北九州製作所，CKK，シーゲル，富双シートなど
  ・車体部品，大物部品中心
  ・一部では域内調達に積極的
  ・調達は本社中心だが，本社への紹介を積極的に実施

- ・プレス，各種加工中心
  ・設備が小型で仕事が限定的
  ・QCD，小ロット生産への対応が参入のネックに

（注）1．1次サプライヤー事業所数は，アイアールシー『九州自動車産業の実態　2013年版』掲載のトヨタ九州，日産九州・日産車体九州，ダイハツ九州の主要部品別調達状況から九州に立地するサプライヤー（企業ベース）を抽出。複数の完成車メーカーに部品供給する企業があるため，重複部分を差し引いた。その上で，各サプライヤーの九州内の事業所数を，九州経済調査会『九州・山口の自動車関連工場等一覧2010』から集計した。
　　　2．2次以降のサプライヤー事業所数は，九州経済調査会の前掲資料から，1次サプライヤー事業所を除いた部分を集計した。
（出所）居城克治「自動車産業におけるサプライチェーンと地域産業集積に関する一考察：自動車産業における開発・部品調達・組立生産機能のリンケージから」『福岡大学商学論叢』51（4），2007年，319ページの図表5を上記の方法で再集計した。

発表するなど，九州でも一部開発機能が醸成されつつある。
　現在，域内調達できていない部品の多くがエンジン部品や電装部品，駆動・懸架系部品といった高機能部品群である。こうした部品の多くは，1次サプライヤーが開発・設計・生産の主導権を握っていることから，その地元調達化は，完成車メーカーはもちろんのこと，1次サプライヤーの九州戦略のあり方に左右される。その鍵を握っているのは，九州での現地生産化に必要となる投資の採算性の問題である。九州全体では，年産140万台程度の完成車生産規模があるが，部品サプライヤーにとっては1社の納入先完成車メーカーに対し1車種，数アイテムの部品生産では，新規投資を採算ラインに乗せるのは困難な場合も多い。電装品，サスペンション，ブレーキといった機能部品の多くが比較的小型で荷姿がよいため，コストに占める物流費の負担は軽微といわれており，部品の納入価格に占める物流費の割合が1％以下であれば，九州進出のメリットは発生しないとも指摘されている。
　また，近年の動向で影響が大きいのが，中国や韓国などから輸入される海外部品の流入である。海外部品は，完成車メーカーに直接納入される1次部品でもそれらに含まれる構成部品でも増加傾向にあり，これらに勝る品質，コスト，納期を実現できなければ，九州からの地元調達を維持・発展させることはできない。

5．九州自動車産業の課題

（1）国際的な生産競争力の強化
　このように，今後の九州自動車産業の発展の鍵は，国内外の自動車生産拠点に対する生産競争力の強化にかかっている。自動車メーカーは，世界最適地生産の考えのもと，国内生産車種の海外移管を加速している。低価格化が求められるコンパクトカーに至っては，海外工場で生産し日本に逆輸入するケースも出てきている。九州の完成車メーカーは，生産拠点として本社に選ばれ続ける生産能力を維持・向上させなければ，生産車種を失っていく恐れがある。また，部品レベルでも九州に立地するサプライヤーは，部品受注を巡って，関東や中部，関西の既存サプライヤーと競い合わなければならないうえに，今や中国や韓国，タイなどの海外サプライヤーとの競争にもさらされている。
　例えば，日産九州は，従来のサプライチェーンを見直し，一部の部品を除き関東から輸送していた部品を地元からの調達に置き換える取り組みを行っている

図7-4　日産九州によるサプライチェーンの見直し

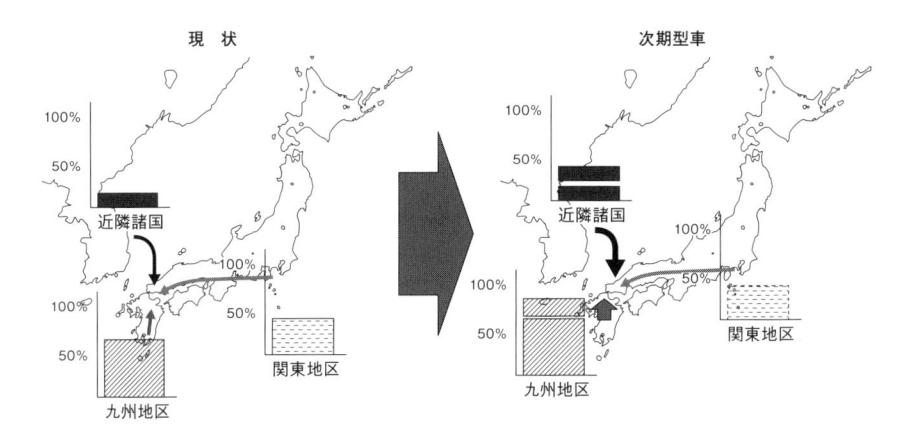

(出所) 日産九州講演資料 (パーツネット北九州定例会, 2011年11月10日)。

(図7-4参照)。ただし，日産九州が定義する地元には，九州だけでなく，中国や韓国といった近隣諸国を含めており，九州における生産競争力を高めなければ，部品需要が海外に流出する恐れがある。2012年夏に日産九州で量産の始まった新型ノートの場合，海外部品の比率は従来の約20％から約40％に高まっている。

　図7-5は，九州における自動車部品の貿易額の推移を示している。九州ではすでに自動車部品の輸出入額は，輸入超過となっている。これまでのところ，輸入額の伸びは緩やかであるが，2012年以降は海外からの部品輸入が拡大する可能性がある。また，部品の輸入相手国・地域で最も比率が大きいのはASEANの34.0％で，次いで中国の30.9％，韓国の16.7％となっている。こうした新興の自動車生産地における自動車関連企業は，実力を高めており，ものづくりの基盤技術と言える金型についても，コンスタントな更新注文が入る量産金型においては，中国や台湾，韓国製が九州の金型メーカーを駆逐しつつある[9]。さらに，福岡県などが推進しているグリーンアジア国際戦略総合特区の一環である「東アジア海上高速グリーン物流」のスキームにより，九州と釜山や上海との部品物流がよりスムーズになるため，今後はより一層海外との競争にさらされるようになる。

図7-5 九州における自動車部品の貿易状況

(a) 九州の自動車部品貿易額の推移

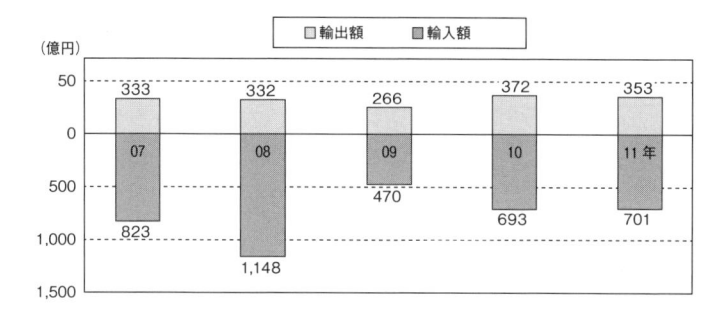

年	輸出額（億円）	輸入額（億円）
07	333	823
08	332	1,148
09	266	470
10	372	693
11	353	701

(b) 九州の自動車部品の輸入相手国・地域の推移

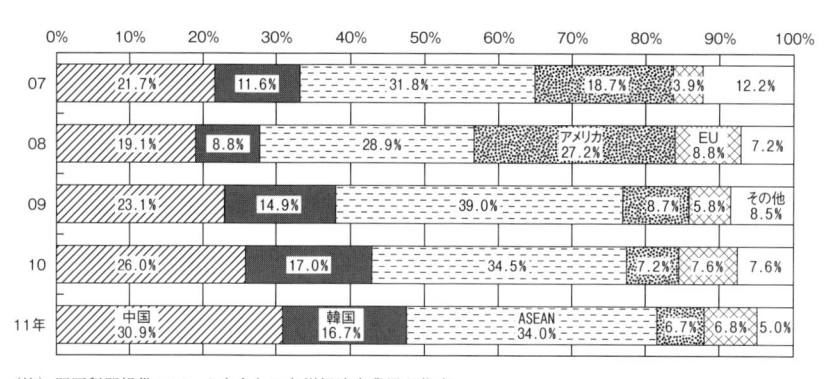

年	中国	韓国	ASEAN	アメリカ	EU	その他
07	21.7%	11.6%	31.8%	18.7%	3.9%	12.2%
08	19.1%	8.8%	28.9%	27.2%	8.8%	7.2%
09	23.1%	14.9%	39.0%	8.7%	5.8%	8.5%
10	26.0%	17.0%	34.5%	7.2%	7.6%	7.6%
11	30.9%	16.7%	34.0%	6.7%	6.8%	5.0%

（注）門司税関提供のデータをもとに九州経済産業局が作成。
（出所）九州経済産業局「九州経済国際化データ2012」2013年。

（2）地元調達率の向上

　したがって，九州における地元調達拡大の問題は，生産の国際競争力の強化の観点から考えていく必要がある[10]。従来，地元調達率の向上それ自体が地域経済の視点からは重要な目標であった。しかし，完成車メーカーによる地元調達率は，金額ベースで6割から7割に達しており，この目標は達成されつつある。とりわけ外装品や内装品などの輸送効率の悪い部品については，かなりの程度地元から供給されるようになっており，地元調達率の上昇は上限に差し掛かりつつある。エンジンやトランスミッション，電装関係といった機能系部品の地元調達率

はいまだ低い水準にあることから，こうした部品領域における地元調達化が望まれるが，これらの部品群はプラットフォーム開発と密接に関わってくる上，必要最小投資規模が大きいため，やみくもに九州生産とするわけにもいかない。

そのため，生産競争力との関係で当面の課題となるのは，1次部品に含まれる構成部品や素材，加工工程の地元化である。図7－6はやや古いデータであるが，九州自動車関連企業の部品調達先を示している[11]。これを見ると，進出企業も地元企業も，九州内での調達が8割を超える事業所と3割に満たない事業所とに二極化していることがわかる[12]。しかも，九州内での調達が3割未満である事業所の比率は，地元企業の方が多くなっている。

地元企業ほど地元調達率が低下する傾向があるのは，1次サプライヤーや完成車メーカーからの素材の指定や支給部品があるためと考えられる。また九州では，自動車部品に対応したメッキ，熱処理，表面処理などができる企業が限られているために，それらの工程が広島や大阪，中部方面に外注されることが少なくない点も地場調達率を引き下げる一因になっている[13]。同様に，金型や治工具に

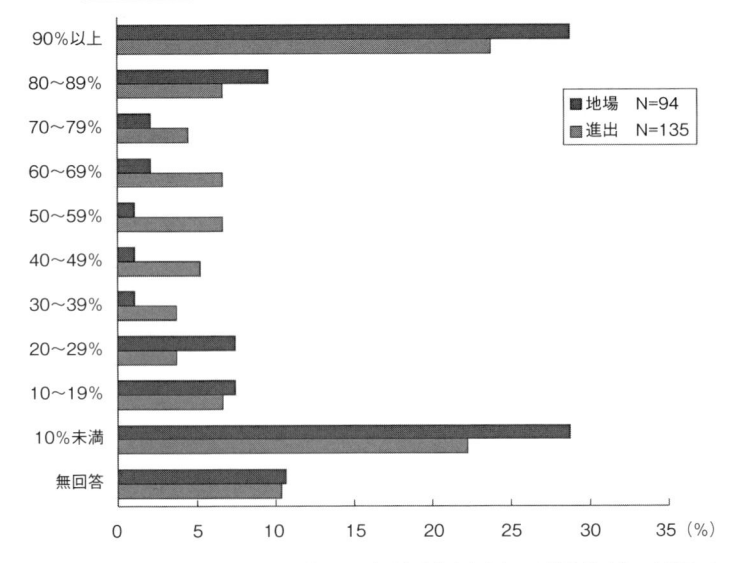

図7-6　九州に立地する自動車関連企業の調達先の分布

地場 N=94
進出 N=135

調達比率	
90%以上	
80〜89%	
70〜79%	
60〜69%	
50〜59%	
40〜49%	
30〜39%	
20〜29%	
10〜19%	
10%未満	
無回答	

(出所) 九州地域産業活性化センター「九州の自動車産業を中心とした機械製造業の実態及び東アジアとの連携強化によるグローバル戦略のあり方に関する調査研究」2006年, 110ページ。

ついても広島や大阪に外注されるケースが多く，自動車向けの大型で高精度な金型を設計・製作できる地元企業の集積が不足している点が問題となっている。九州の地元企業が保有する生産技術や生産設備は幅が狭いために，対応できる部品領域や工程がとぎれとぎれになっているのである。今後は，サプライチェーン全体を最適化すべく，地元企業間の工程連鎖をシームレスにつないでいく工夫や不足する生産技術・設備を補完する取り組みが必要だといえる。

（3）開発機能の獲得と強化

　九州の生産拠点としての競争力強化のもう1つの課題と言えるのが，開発機能の獲得と強化である。これまで九州の完成車メーカーは，生産機能に特化しており，車両開発機能は非常に限定的であった。自動車部品の開発は，車両開発と同時並行的に進められ，その過程で部品の素材や加工方法，調達先も決定される。また一般に，工業製品の原価は設計段階で8割方決まると言われる。部品設計が決定した段階では，九州の地元企業が提案できることも限られることから，九州における車両・部品開発の不在は，地域の部品企業にとって競争劣位をもたらす要因となりうる。

　2011年末から2012年初めにかけて九州経済産業局が実施した調査によると，九州に進出した1次サプライヤー（53社）のうち，研究開発および設計部門の両方あるいは一方を有している企業は合計で20社（構成比37.7％）で，どちらも有しない企業が33社（同62.3％）であった（図7-7参照）。また，今後自主的に研究開発・

図7-7 九州1次サプライヤーの研究開発・設計機能

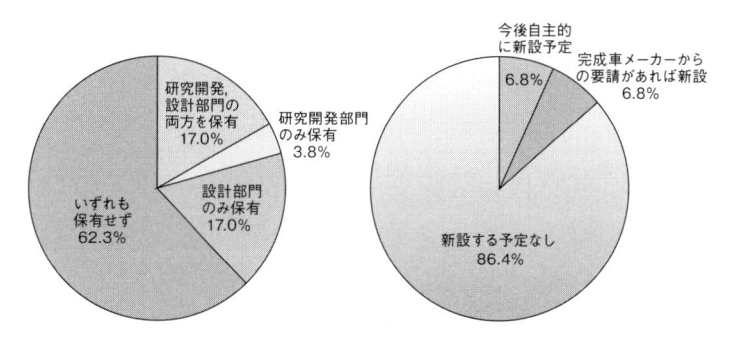

- 研究開発，設計部門の両方を保有 17.0％
- 研究開発部門のみ保有 3.8％
- 設計部門のみ保有 17.0％
- いずれも保有せず 62.3％

- 今後自主的に新設予定 6.8％
- 完成車メーカーからの要請があれば新設 6.8％
- 新設する予定なし 86.4％

（出所）九州経済産業局「平成23年度『九州次世代自動車産業研究会』報告書」2012年，55～56ページのデータより筆者作成。

設計部門を新設する予定のある企業は3社（有効回答44社のうち6.8％），完成車メーカーからの要請があれば新設する企業が3社（同6.8％）にとどまり，残りの38社（同86.4％）は新設する予定はない方針としている。

　しかし近年になって，完成車メーカーによる開発機能強化の動きが加速してきている。トヨタ九州は2007年にR&Dセンターを開設し，将来的にモデルチェンジ車種の内外装の設計を九州で担う計画を打ち出した。R&Dセンターが目指すのは，九州で生産される車種のボディ設計能力の獲得で，開発と生産との連携を強化することで，より源流に遡ったものづくりを追求することである。ただし，プラットフォームやエンジン，トランスミッションといった基幹ユニットに関する開発・設計は，他の車種との相互関連が強く，複数の車種が一体で開発される方向にあり，トヨタ九州ではこの部分は手掛けない。同社は現在，約200名の開発要員を擁している。その多くがトヨタ本社の開発部門に出向しているが，その一部はトヨタ九州に戻りつつあり，九州における開発能力強化が期待される。

　また，ダイハツグループは，エンジン設計部門を久留米工場に移転させることを2012年末に発表した。その背景として，1つにはダイハツ九州がダイハツグループの中で最大の軽自動車生産拠点に成長し，まとまった量の生産台数が確保された点があげられる。エンジン設計とエンジン生産を関西と九州で分離せず，両者を1つの拠点にまとめることのメリットが大きいと判断されたためであろう。もう1つの背景として，エンジン工場が立地する久留米市が2012年8月に「グリーンアジア国際戦略総合特区」の指定地域になった点があげられる[14]。特区の法人指定を受けたことにより，設備などの購入費用について税額控除などの課税特例措置が受けられる点などがエンジン設計拠点の九州移転を後押しした。

6．おわりに

　九州の自動車産業は，開発機能が限定的でいまだ発展途上にある生産拠点であり，この点については中国や東南アジア，インドなどの海外生産拠点とよく似た産業集積の特徴がある。しかし，九州がそうした海外拠点と異なるのは，ローカルコンテンツ規制などにより強制的に地元調達化を図ることができない点である。また，中国や北米といった大規模市場に立地する生産拠点では，現地の市場ニーズや各種規制に対応するために，設計現地化の誘因も働く。一方，九州の生産拠点は，国内市場および輸出向け車種の生産を担っており，設計機能を九州に

移転させる誘因もない。

　九州経済への貢献という点では，地元調達率の引き上げは依然として重要な課題であるが，自動車産業はグローバルな拠点間競争の最中にあり，九州もまた例外ではない。今後は，九州が自動車生産地として生き残っていくためにも，国際的な生産競争力の強化が最も重要な課題となってこよう。部品の地元調達化や研究開発機能の誘致／獲得は，地元経済にとってはそれ自体が目的となりうるが，自動車産業からみれば生産拠点としての総合的な競争力強化を図るための手段にすぎない。競争力向上なき地元調達化は，完成車メーカー，サプライヤー，地元経済の共倒れを招くリスクがある。海外の生産拠点のように強制力や市場の誘因でもって，地元調達化や研究開発機能の誘致を進められない以上，生産拠点としての総合的な競争力を高めるような正攻法の取り組みが九州には求められている。

【謝辞】
　本章の内容は，九州の自動車メーカーや部品メーカーの方々，さらには地元行政関係者の皆様へのインタビューやディスカッションに多くを依存している。とりわけ，筆者らが委員として参加した「九州次世代自動車産業研究会」では関係者の皆様から多くを学んだ。記して感謝申し上げたい。また，面倒なデータ入力や資料整理に粘り強く取り組んでくれた九州大学大学院統合新領域学府オートモーティブサイエンス専攻の孫成業君，勝木絢子さん，尾上怜君の協力にも感謝する。

【注】
1）トヨタ九州への筆者のインタビューによる（2011年11月2日実施）。
2）同社は，2000年5月に米J・D・パワー社から初期品質の高さを評価するIQS調査において，世界の工場別のNo.1を意味する「プラチナ賞」を初めて受賞した。その後2012年までに，プラチナ賞を3回，アジア太平洋地域工場のNo.1である「ゴールド賞」を2回，同No.2の「シルバー賞」を2回獲得するなど，高い製造品質を実現している。
3）なお，親会社のダイハツ工業の生産能力は，池田工場が19万台，滋賀工場が23万台，京都工場は17万台となっている。
4）ダイハツ工業ニュースリリース（2012年12月27日発表）。
5）北九州市産業経済局中小企業振興課『平成23年度　北九州市内自動車産業実態及び次世代自動車ビジネス参入可能性調査報告書』2012年，56ページ。
6）地元調達率の定義に関しては，杉山正美「東北の自動車産業への期待と課題」平成23年度

みやぎ自動車産業振興協議会講演，2011年 が実務的な観点から詳細に論じている。
7）アイアールシー『九州自動車産業の実態　2013年版』アイアールシー，2012年，147ページ。
8）「『手足』から『頭脳』へ，開発も『九州発』目指す，カーアイランド転機　第7部　車王国の明日（上）」『日本経済新聞』2012年12月26日朝刊（九州経済欄）。
9）試作金型については，部品開発や量産準備の段階で完成車メーカーや1次サプライヤーとの緊密なやり取りが必要であるために，比較的よく九州に残っている。
10）目代武史「九州自動車産業の競争力強化と地元調達化」『地域経済研究』第24号，2013年。
11）この調査は，九州地域産業活性化センターにより，2005年1月から2月に実施された。調査対象は，九州の自動車関連の607事業所で，回答企業は250事業所（回収率42.1％）であった。回答企業の内訳は，進出企業145事業所，地元企業105事業所であった。
12）九州経済産業局による最近のアンケート調査（実施時期2011年11月～2012年1月，1次サプライヤー172社に発送，回答53社，自動車産業参入済み地元企業560社に発送，回答134社，自動車産業未参入の地元企業383社，回答81社）でも，1次サプライヤーの地元調達状況は同様の傾向を示している。金額ベースで，75％以上を九州から調達している企業は有効回答（38社）の36.8％，50％以上75％未満は同10.5％，25％以上50％未満が同13.2％，25％未満が同23.5％であった。
13）（財）九州地域産業活性化センター『九州の自動車産業を中心とした機械製造業の実態及び東アジアとの連携強化によるグローバル戦略のあり方に関する調査研究』2006年，114ページ。
14）「『久留米開発センター』正式発表，ダイハツ，特区活用狙う」『日本経済新聞』2012年12月28日朝刊（九州経済欄）。

第8章

九州における自動車産業支援の課題と取り組み

目代武史

1．はじめに

　九州において，自動車産業が地元行政の産業振興対象として重視されるようになったのは，2000年代に入ってからである。当時，トヨタ九州や日産九州（当時は，日産・九州工場）の輸出が好調で，九州における生産台数が大きく伸び，それにつれて域外からのサプライヤー進出も相次いだ。その一方で，かつての主力産業であった製鉄業や造船業に代わって九州経済を支えてきた半導体産業は90年代ごろから成長が止まり，2000年代に入ると工場の縮小や閉鎖が相次ぐようになった。こうした背景もあり，自動車産業は九州の経済を支える新たな基幹産業として重視されるようになっていった。

　ただし，第7章でも論じたように，九州の自動車産業は基本的に量産拠点として発展してきた。トヨタ九州がボディ設計機能の強化を急いでいるが，九州全体でみると車両や部品の開発機能はいまだ発展途上である。また，地元調達されている部品も，大きく嵩張り輸送効率の悪い内外装部品が中心で，機能系部品の地元調達は限定的である。さらに，近年では車両生産の海外移管や海外部品の調達の拡大など，海外生産拠点との競争も厳しさを増している。

　そこで本章では，近年の九州における自動車産業振興の現状と課題について検討していく。まず，九州におけるものづくり拠点としての集積強化策を整理した上で，海外生産拠点との競争や次世代自動車に対する対応をみていく。最後に，九州における自動車産業振興の今後の課題について考察する。

2. ものづくり拠点としての集積強化

(1) 行政による支援

　九州において自動車産業支援が本格化しだしたのは，2000年代半ばからである[1]。この時期から九州の各自治体は，自動車産業振興プロジェクトやその推進組織を相次いで立ち上げていった（図8－1参照）。

　自動車産業支援において最も力が入れられているのが，ものづくり拠点としての集積強化策である。各自治体の支援メニューは，九州域外からの企業誘致，地元企業の新規参入支援，取引拡大支援，人材育成，技術開発支援などほぼ共通しているが，各地の産業集積の状況などを反映して，支援の重点には違いがみられる。

図8－1　九州における自動車産業支援体制

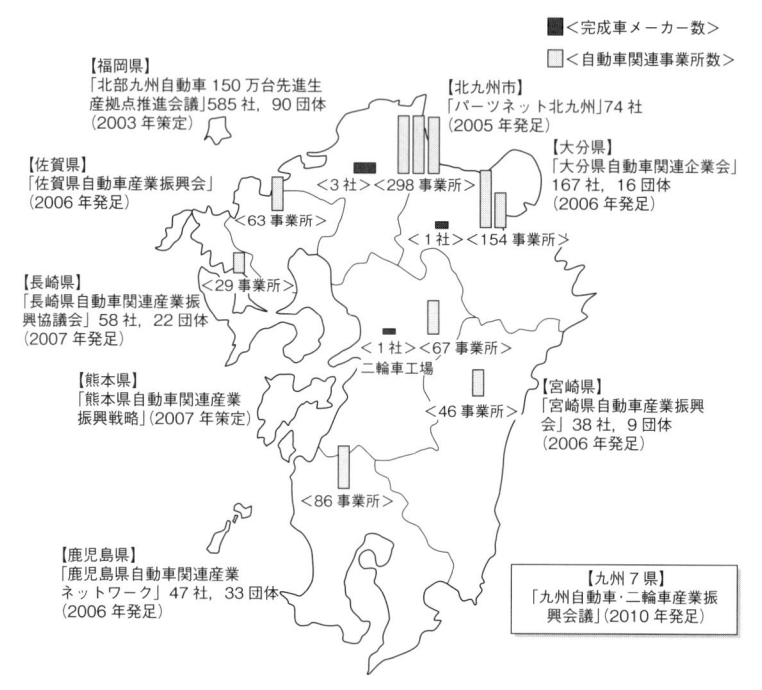

■＜完成車メーカー数＞
□＜自動車関連事業所数＞

【福岡県】
「北部九州自動車150万台先進生産拠点推進会議」585社，90団体
（2003年策定）

【北九州市】
「パーツネット北九州」74社
（2005年発足）
＜3社＞＜298事業所＞

【佐賀県】
「佐賀県自動車産業振興会」
（2006年発足）
＜63事業所＞

【大分県】
「大分県自動車関連企業会」
167社，16団体
（2006年発足）
＜1社＞＜154事業所＞

【長崎県】
「長崎県自動車関連産業振興協議会」58社，22団体
（2007年発足）
＜29事業所＞

＜1社＞＜67事業所＞
二輪車工場

【熊本県】
「熊本県自動車関連産業振興戦略」（2007年策定）

＜46事業所＞

【宮崎県】
「宮崎県自動車産業振興会」38社，9団体
（2006年発足）

＜86事業所＞

【鹿児島県】
「鹿児島県自動車関連産業ネットワーク」47社，33団体
（2006年発足）

【九州7県】
「九州自動車・二輪車産業振興会議」（2010年発足）

（出所）各自治体の資料から筆者作成。

3つの完成車工場（トヨタ九州，日産九州，日産車体九州）と3つのユニット工場（トヨタ九州苅田工場，小倉工場，ダイハツ九州久留米工場）が立地し，298の自動車関連事業所が集積する福岡県は，近年，技術開発力の強化など産業集積の質的高度化に力を入れている。

福岡県は，自動車産業振興プログラムとして「北部九州自動車150万台先進生産拠点推進構想」（以下，150万台構想）を2006年に策定した。その中で，2012年までの達成目標として，（1）完成車生産150万台の達成，（2）地元調達率70％の実現，（3）自動車先端人材の集積拠点化，（4）自動車先端技術開発・社会実証拠点化を実現することを掲げた[2]。これらの目標を達成するために，高機能部品産業の集積，自動車先端人材の総合的育成，次世代自動車開発・実証の推進，関連施策の強化といった支援策を打ち出した。

このうち，高機能部品産業の集積に向けては，経済産業省の「戦略的基盤技術高度化支援事業」等を活用した産官学による研究開発事業が実施されている。例えば，地元企業の戸畑ターレット工作所は，第一高周波工業や九州工業大学と共同で，鉄に近い強度を持つアルミニウム合金用鍛造技術の開発に取り組んだ。それにより，ステアリング機構の1つであるタイロッド部品のアルミ化にめどを付け，鉄製部品に近い強度を確保しつつ，重量を3分の1に軽量化することに成功している。この他にも，軽量フロアカーペットのための高機能防音材に関する開発や非接触オンマシン自動補正型研削システムの開発など，2012年度には9件（継続テーマ6件，新規テーマ3件）の研究開発事業が実施された。

また，人材育成についても，金型やめっき処理，ゴム加工，プラスチック成形といった生産技術に関する人材育成に加え，CAE技術者や3次元ソリッド設計，ユニット部品設計など設計開発に携わる技術者の育成プログラムが用意されている。これらの人材育成策を企画・推進する機関として，2011年には「自動車先端人材育成センター」が設置され，企業ニーズの調査や人材育成カリキュラムの企画，産学連携などを推進する体制が整えられている[3]。

こうした取り組みと民間企業の努力の結果，福岡県では，2003年に策定された100万台構想以降現在までに，自動車関連企業の新規立地105社，地元企業による新規参入84社，新規の部品受注件数486件という成果をあげている。

一方，ダイハツ九州が立地する大分県では，先端技術開発よりも，企業誘致の推進や地元企業の取引機会の拡大，技術力向上など，ものづくり拠点としての競争力強化に力点を置いている。例えば，大分県ではこれまで，地元企業の技術力

向上策として，独自の技術アドバイザー（自動車メーカーOB）による現場改善指導，完成車メーカー等による現場指導研修への助成，プレス金型の保全に関する人材育成などの事業を行ってきている。2013年度からは，1次サプライヤーによる原価企画指導研修，経営者および生産管理者を対象とした管理監督者育成講座，日産本社ラーニングセンターと共同で実施する低コスト生産設備改良講座などを新規に開講する予定である。このように大分県では，県内企業のニーズと実力を勘案して生産競争力の強化に重点を置いた支援体制をとっている[4]。

　北九州市における支援策の重点も，企業誘致や地元企業の参入といった産業集積の強化にある。企業誘致に向けては，完成車メーカーに近い立地と充実した工業インフラを備えた工業団地を用意し，東京や大阪，名古屋に事務所を構え企業誘致を図っている。北九州市は，リーマンショック後の投資低迷期においても，県外の誘致事務所を維持し，地元企業の情報発信と誘致企業の勧誘活動に継続的に取り組んでいる。

　地元企業の新規参入や取引拡大に向けては，2005年11月に「パーツネット北九州」という団体を立ち上げた。参加企業は，2013年3月現在74社（自動車未参入企業を含む）で，金型・成形グループ（18社），金属加工グループ（19社），PPS（めっき，塗装，サービス）グループ（37社）の3つのサブグループがある。主な活動として，セミナーや講習会，工場見学会，展示商談会などを行っている。

　近年では，こうした自動車産業支援策は，各自治体単独ではなく，連携して取り組まれている。その1つが，2010年に設立された「九州自動車・二輪車産業振興会議」（以下，振興会議）[5]で，九州7県の商工担当部門が各県の振興策や課題について情報共有するとともに，施策の相互活用も進めている。例えば，展示商談会や1次サプライヤーが調達を希望する部品を提示する逆見本市などは，各自治体でばらばらに行っても十分な参加企業数を確保しにくいため，振興会議を通じて各県共同で開催するようになっている。また，福岡県が2007年から導入している「自動車産業アドバイザー制度」も，2010年からは振興会議を通じて熊本県や佐賀県，長崎県とも連携して，県域を超えて地元企業の現場改善指導が行われるようになった。さらに，振興会議では，九州に立地する自動車関連の地元企業や進出1次サプライヤーの情報をデータベース化し，インターネット上で検索できる体制を整えている。

(2) 完成車メーカー・1次サプライヤーによる支援

　また，地元企業の競争力強化において実践的な貢献をしているのが，完成車メーカーや1次サプライヤーなどの地元企業にとっては顧客に当たる企業群である。実際の部品取引を通じた品質向上やコスト削減への要求と現場改善指導は，地元企業の技術力を底上げする上で非常に大きな役割を果たしている。

　例えば，日産九州は，部品取引先に対して「THaNKS活動」と呼ぶコスト低減指導を行っている[6]。日産九州側から生産技術や物流，品質保証，設計，購買担当のメンバーが参加し，取引先の地元企業と共同で原価低減のための改善活動に取り組んでいる。また先述したように，日産本社のラーニングセンターが開発したテクニカル原価低減のためのカリキュラムを大分県に提供し，低コスト化のための生産設備の改良方法などの指導を地元企業に対して行っている。

　トヨタ九州は，取引関係のある地元企業を対象とした「ものづくり研究会」を2007年度から開催しており，2012年度までに延べ277社が参加している[7]。さらに，2009年からは自動車以外の異業種の地元企業を対象とする「TPS改善勉強会」も無料で開催している。これは，トヨタ生産方式の学習・導入を希望する地元企業であれば，自動車関連企業に限らずどこでも参加することができ，毎年20社前後が受講している。具体的には，10社ほどでグループを作り，会場となった企業の生産現場を生きた教室として，各社から派遣された製造管理者クラスの受講者に改善手法を実地研修により指導する形をとっている。

　進出1次サプライヤーによる貢献も大きい。例えば，アイシン九州は，これまで数多くの地元企業の発掘や自動車産業参入を後押ししてきたが，2000年11月に同社を中心とした36社で「リングフロム九州」という企業連合を設立した。メンバー企業は，トヨタ系やホンダ系，日産系，マツダ系，独立系など系列を超えて構成され，自社の保有していない工程技術を持ち寄ることで，新規取引の受け皿となり取引拡大を図ることが目指された。活動の一環として，相互の工場訪問や車両分解提案活動，VE/VA検討会，物流ルートの改善，TPS勉強会などさまざまな活動が行われ，メンバー企業の技術力や経営力向上に取り組んできた。

　ただし近年では，メンバー企業の実力が向上し，個々に受注活動や改善活動を行えるようになってきている。その結果，リングフロム九州としての活動はあまり活発ではなくなっており，その役目を見直す時期に差し掛かってきている[8]。

3. 東アジアとの競争と連携

　東アジアとの近接性は，完成車メーカーや1次サプライヤーにとって九州に立地する魅力の1つとなっている。とりわけ，日産九州は，九州のみならず中国や韓国を「地元」と定義し，関東から輸送している部品の地元調達化を積極的に推進している。しかし，海外から部品をタイムリーに低コストで調達するためには，効率的な国際物流体制の整備が課題となる。

　2011年12月に福岡県，北九州市，福岡市が共同で国から指定を受けた「グリーンアジア国際戦略総合特区」（以下，グリーンアジア総合特区）は，こうした国際的な部品供給ネットワーク形成を後押しするものである。グリーンアジア総合特区は，環境分野における技術革新をパッケージ化してアジアに展開することで，アジアの成長性を地域に取り込むことを狙いとしている。具体的には，都市環境インフラビジネスのアジア展開，海外水ビジネスの展開など8つの事業を通じて，2020年までに約5兆円の追加売上高を実現することを目標としている。

　自動車部品の国際物流と関連するのが，8事業の1つ「東アジア海上高速グリーン物流網と拠点の形成」である。この事業では，九州の博多港や北九州港と

図8-2　東アジア海上高速グリーン物流網と拠点の形成

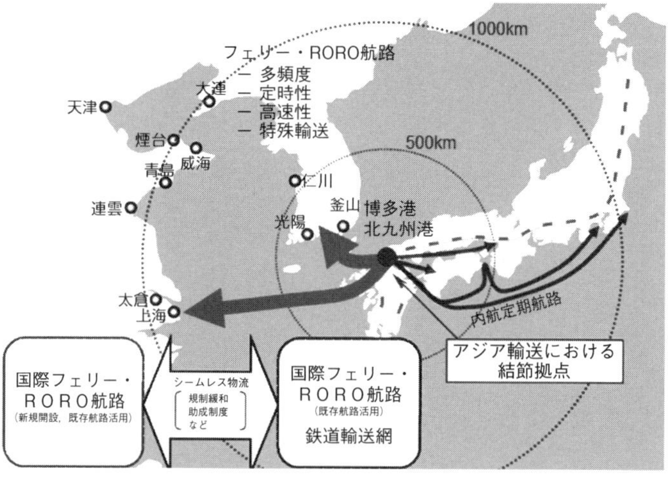

（出所）グリーンアジア国際戦略総合特区ホームページ（http://greenasia.jp/article/23）。

図8−3　RORO 船による物流シームレス化のイメージ

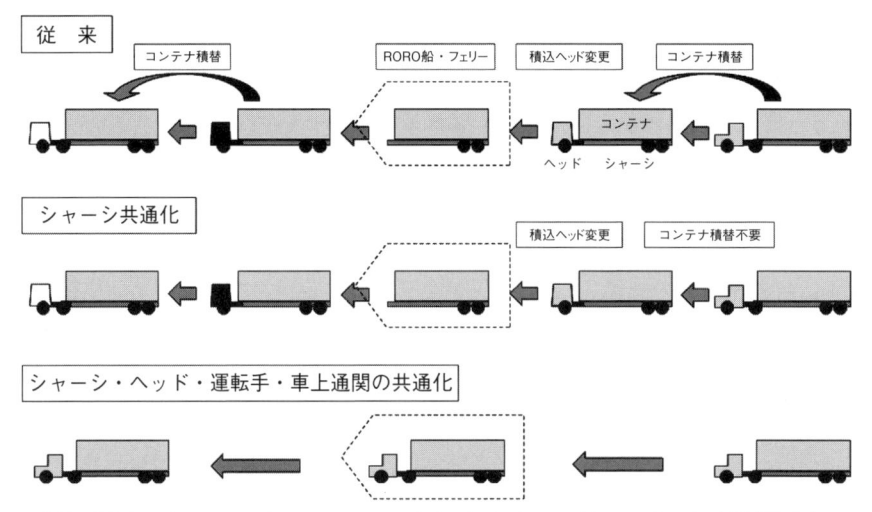

従来

シャーシ共通化

シャーシ・ヘッド・運転手・車上通関の共通化

効果：積替なし（2回→0回），シャーシ・ヘッドは1台（3台→1台），リードタイム短縮貨物船内にヘッド分の追加スペース必要。

（出所）藤原利久「北部九州から東アジアへの高速コンテナ貨物量の拡大可能性」『東アジアへの視点』2011年3月号，13ページより一部修正引用。

　韓国の釜山，中国の上海などを国際RORO船でつなぎ，低コストで低環境負荷な国際物流の実現を目指している。RORO（Roll-on, Roll-off）船とは，貨物を積んだトラックがそのまま乗船できる貨物船を意味する。規制緩和により，車上に荷物を積んだまま通関手続きを済ませ，日韓両国のナンバープレートを付けたトラックが日韓で相互に乗り入れられるようにすることで，国際物流のシームレス化を図る取り組みである。

　国際RORO船によって上海−福岡間を約1日で輸送することが可能となり，輸送スピードは航空輸送と遜色なくなる。さらに，輸送コストは航空輸送の5分の1，CO_2排出量は40分の1以下になると見込まれている。また，コンテナ船を用いた輸送と異なり，コンテナの積み下ろしの振動や衝撃がないため，梱包も国内輸送と同じ程度に簡略化でき，梱包コストも削減できる。

　現在のところ，このスキームを用いた国際部品輸送は，日産九州のみが韓国からの部品輸入に活用している。現状では，自動車部品の流れは，韓国から九州への一方通行であり，帰りの便は空となった部品パレットのみを積んでいる状態で

ある。日産九州は，グループ会社の韓国ルノーサムソンに一部車種の生産移管を予定していることから，将来的には九州から韓国へも部品供給する模様である。

　一方で，こうした国際物流体制の整備や東アジア部品産業の実力向上は，九州の地元自動車関連産業にとって大きな脅威となっている。そこで，福岡県は，150万台構想の後継となる自動車産業振興策を2012年度中に検討し，「北部九州自動車産業アジア先進拠点推進構想」(以下，アジア先進拠点構想)を2013年4月に発表した。本構想は，アジアとの競争や連携を強く意識している点に特徴がある[9]。アジア先進拠点構想では，事業の柱として(1)アジアトップの競争力を有する自動車産業の集積，(2)アジアをリードする新たなモビリティ生産拠点の形成，(3)新たなモビリティ社会を提案し，アジア・世界に発信する拠点の形成を掲げている。これを実現するため，産官学の連携や開発機能の強化を通じて，新技術や新工法を創出し，アジアとの価格競争に巻き込まれない技術集積を持つ地域に脱皮することを目指している。さらに，今後は地元企業による部品輸出や海外拠点の設立などアジア展開を支援し，新興国市場を取り込んでいくことを目指すとしている。

4．次世代自動車に対する取り組み

　九州は，ガソリン車や一部のハイブリッド車（HV）の量産拠点として一定の発展を遂げているが，将来における電気自動車（EV）や燃料電池車（FCV），高度道路交通システム（ITS）の普及に備えた取り組みもなされている。例えば，九州経済産業局は，2011年から産官学の有識者からなる「次世代自動車産業研究会」を立ち上げ，次世代自動車の発展動向や九州において取り組み可能な分野の研究や課題の検討を行っている。

(1) 福岡水素戦略
　より具体的に，各自治体の取り組みを見ると，福岡県は水素エネルギーに着目した総合的なプロジェクトを推進している。福岡県が進める「福岡水素戦略（Hy-Lifeプロジェクト）」は，水素の製造，輸送・貯蔵から利用まで一貫した研究開発や人材育成，社会実証，新産業の育成・集積を図ることを目的として策定された。戦略推進のため，産官学の671企業・機関で構成される「福岡水素エネルギー戦略会議」が，2004年8月に設立されている。

次世代自動車の本命の1つとみられているFCVは、燃料電池スタックの基本性能やコスト低減に加え、水素の安定的な生成や貯蔵、輸送などに課題を多く抱えており、さらなる研究開発と実証研究が求められている。福岡県では、北九州市と福岡市に設置された水素ステーションを結ぶ「水素ハイウェイ構想」を立ち上げ、燃料電池車の実証走行などを実施している。

　また、水素エネルギーに関しては、九州大学が世界的にみても先進的な研究開発や人材育成を行っており、水素エネルギー国際研究センター（2004年4月設立）、産総研・水素材料先端科学研究センター（2006年7月設立）、工学府水素エネルギーシステム専攻（2010年4月開設）、カーボンニュートラル・エネルギー国際研究所（2010年12月設立）、次世代燃料電池産学連携センター（2012年1月設立）など、数多くの関連研究センターや教育機関を有している。

（2）次世代自動車の社会実証

　EV等の次世代自動車とITSを活用した新たな交通システムの実証拠点づくりに向けた取り組みも、各自治体によって行われている。

　例えば、長崎県は、「長崎県EV・PHVタウン推進事業」として、2009年から「長崎EV&ITSプロジェクト」を五島列島で実施している。これは、観光客の移動手段（EVやプラグインハイブリッド車（PHV））と交通・観光インフラ（交通情報や観光情報）、エネルギーインフラ（火力発電、風力発電、太陽光発電、充電設備など）をITSを介してネットワーク化し、環境に優しい観光振興を図ろうという社会実験の一環である。本プロジェクトには、長崎県の他、国土交通省、経済産業省、各メーカーが参加しており、EV約130台、PHV2台、急速充電器28基、ITS約20基を導入している。

　同様の取り組みは、他の自治体でも行われている。例えば、熊本県は、2010年8月に本田技研工業と「次世代パーソナルモビリティの実証実験に関する包括協定」を結び、市街地や観光地（阿蘇山、天草など）において電動二輪や電動四輪の利用に関する実証実験を行い、次世代自動車普及に向けた課題の抽出に取り組んでいる。また、福岡県では、150万台構想の一環として「高齢者にやさしい自動車のコンセプト」を企画・提案し、高齢化社会への対応に加え、関連産業の振興の可能性について研究を行っている。

　こうしたEVやPHV、ITSの社会実証実験を通じて、各自治体は関連産業における事業機会の発掘やビジネスモデルの開発、関連産業の集積を期待している。

（3）研究教育機関の取り組み

　これまで九州の自動車産業は，研究開発領域の集積に弱みがあったが，近年，自動車の電動化・電子制御化や次世代自動車の研究開発に対応した研究センターの開設や大学院の設置が相次いでいる。

　例えば，（公財）北九州産業学術推進機構は，九州自動車産業の頭脳拠点化を目指して，2007年にカー・エレクトロニクスセンターを北九州学術研究都市に開設した。ここでは，車載電子システムを制御するカーエレクトロニクス技術に関する研究開発と人材育成を図っている。同センターは，産学連携の共同研究プロジェクトに加えて，地元企業向けの社会人教育も行っている。さらに，2009年4月には，北九州市立大学，九州工業大学，早稲田大学がそれぞれの得意分野を持ち寄り，連携大学院カーエレクトロニクスコースを開設し，毎年20名以上の大学院生を輩出している。

　九州大学も2011年4月に自動車を専門とする大学院統合新領域学府オートモーティブサイエンス専攻（以下，九大AMS専攻）を開設した。従来，航空工学や造船工学を専門とする学部や大学院は全国にあったが，自動車を専門とする学部・大学院は存在しなかった。そこで，九大AMS専攻は，自動車を理工学を基礎とする自然科学だけでなく，人文・社会科学からも自動車へアプローチする総合的な自動車の教育研究を目指して開設された。1学年20名程度の修士課程と5名程度の博士課程を有しており，特に修士課程においては，2ヵ月から5ヵ月にわたる長期のインターンシップを必修科目としている点に特徴がある。

　このように九州では，高度な研究開発を担う人材供給の拠点化という面でも取り組みが進みつつある。

5．おわりに

　以上のように，九州では自動車産業振興に関して，ものづくり拠点としての産業集積強化に加え，次世代自動車や次世代モビリティ社会の到来に向けた先行投資的取り組みが進められている。

　第一に，ものづくり拠点としての産業集積強化に関しては，従来は九州域外からの企業誘致や地元企業による新規参入が重要な政策課題であった。ただし，この点については，完成車の生産台数は150万台近くを実現し，地元調達率も1次部品レベルでは6割から7割に達し，一定の産業集積は形成されつつあるといえ

る。

　企業誘致や地元調達率の向上は今後とも重要な政策課題ではあるが，今後は東アジアの生産拠点との競争と協調を意識した，国際的な生産競争力の強化が重要性を増してくる。個々の企業の競争力強化に加え，サプライチェーン全体を通じた工程連鎖の最適化に向けた支援が集積全体の競争力を高める上で重要である。今後とも九州における完成車生産を維持・発展させるためには，東アジアなどの海外生産拠点との競争を意識した競争力のさらなる強化が必須の課題といえよう。

　第二に，次世代自動車への対応に関しては，九州の特性と実力を客観的に勘案した整合性のある支援策が求められる。現在，各自治体や九州経済産業局により，次世代自動車の研究開発やITSを用いた社会実験などさまざまな取り組みが提案され実施されているが，既存の自動車生産集積とは大きな乖離がある。

　例えば，水素の製造・運搬・貯蔵に関する技術，燃料電池に用いられる先端素材やデバイスの研究開発は，自動車づくりの中では最も上流に位置するテーマである。これらの研究における連携先は，自動車メーカーや装置メーカー，素材メーカー本社の研究所であり，必ずしも九州域内の相手と組むわけではない。こうした先端技術が実用化されるまでには，基礎研究，先行開発，車両開発，工程開発が必要であるが，九州の自動車産業は基本的に車両やユニットの量産拠点であり，トヨタ九州や日産九州が燃料電池車や電気自動車の開発に直接関わるわけではない。ITS等を用いた社会実験については逆に，最も下流の自動車利用に関わるテーマであり，やはり生産拠点としての九州自動車産業とは距離がある。

　これらの先端技術の開発成果や社会実験の検証結果は，日本全体の自動車産業の競争力強化に資するものであるが，量産拠点としての九州自動車産業にすぐさま恩恵が及ぶわけではない。九州には，車両や部品に関する研究開発機能を有する自動車関連企業は非常に少なく，その実力も限定的である。超小型EVなどの次世代のパーソナルモビリティも，試作車の開発や車両の組立であれば九州でも取り組むことはできる。しかし，同程度のことは中国や韓国，東南アジアでも可能だと考えられ，九州でなければできないものではない。

　したがって，次世代自動車に関しては，国際的な開発動向を見据えつつ，九州の特性と実力を勘案した上で，九州として次世代自動車の何を獲りに行くのかを明確にする必要がある。その上で，どのプレーヤーがどのように関わっていくのかを戦略的に検討していかなければ，次世代自動車に関する取り組みは，ブーム

に乗った一過性のものに終わる危険性もある。

【謝辞】
　本章の執筆にあたっては，九州の行政関係者に多大なるご協力をいただいた。とりわけ，福岡県商工部自動車産業振興室，北九州市産業経済局企業立地支援部ならびに地域産業振興部，大分県商工労働部産業集積支援室，佐賀県農林水産商工本部新産業・基礎科学課，長崎県産業労働部産業振興課ならびにグリーンニューディール支援室，熊本県商工観光労働部新産業振興局産業支援課，九州経済産業局地域経済部の皆様には大変お世話になった。記して感謝申し上げる。

【注】
1）2006年ごろまでの九州自動車産業における支援体制については，西岡正「北部九州自動車・部品産業の集積と地域振興の課題」小林英夫・丸川知雄編著『地域振興における自動車・同部品産業の役割』社会評論社，2007年が詳しい。
2）150万台構想の前身として，2003年2月に策定された「北部九州自動車100万台生産拠点推進構想」（100万台構想）がある。2006年に目標としていた100万台の完成車生産が達成される見通しとなったことから，同年に150万台構想へと改訂した。
3）福岡県商工部へのインタビューによる（2013年4月5日）。
4）大分県では，これらの支援策の効果もあり，2004年から2012年までの間に自動車関連企業を延べ45件誘致した。具体的には，誘致企業の事業所数は，2004年に4件，2005年に3件，2006年に6件，2007年に8件，2008年に7件，2009年は0件，2010年に3件，2011年に7件，2012年が7件となっている。なお，誘致件数は大分県商工労働部提供の資料による。
5）その前身として，2006年11月に「九州自動車産業振興連携会議」が設立されている。
6）THaNKSとは，"Trusty and Harmonious Nissan Kaizen activity with Suppliers"の略。
7）「北部九州自動車150万台先進生産拠点推進会議」（2013年4月24日開催）におけるトヨタ九州の講演資料より。
8）リングフロム九州の事務局を務めるアイシン九州へのインタビューより（2012年8月30日）。
9）福岡県「北部九州自動車産業振興戦略検討委員会報告書：北部九州自動車産業のアジアハブ化に向けて」2013年3月，および「北部九州自動車150万台先進生産拠点推進会議総会資料」（2013年4月24日開催）より。

第9章

中国地方における自動車産業の課題と取り組み
モジュール化からカーエレクトロニクス化へ

岩城富士大

1．はじめに

　中国地方は，九州とほぼ同規模のおよそ150万台の完成車生産能力を誇る自動車産業集積地として地域経済を支えてきた。自動車産業は，中国地方の域内工業出荷額の14.7％を占めるコア産業となっている。本章では，まず地域の自動車産業の現状を概観したうえで，地域の自動車産業にとってパラダイムシフトをもたらしたモジュール化および電動化・エレクトロニクス化への取り組みについて述べていく。この取り組みは，当初，マツダ本社が立地する広島県を中心に始まった。その後，中国経済産業局や各県の産業支援団体を巻き込んで，中国5県の取り組みとして拡大していった。こうしたモジュール化および電動化・エレクトロニクス化への対応をきっかけとして，中国地方では産業界，行政，大学の産官学が密接に連携した自動車クラスターの取り組みが発展した。中国地方の取り組み事例を紹介することで，他地域の自動車産業振興への参考に供したい。

2．中国地方の自動車産業の概観

　中国地方の自動車関連産業は，域内製造品出荷額の14.7％を占め，全就業人口の1割強の雇用を生み出す極めて裾野の広い産業であり，経済への影響が大きい。中国地方における完成車の生産台数は，1990年代にバブル崩壊以降低迷したが，2000年以降は順調に回復した。その後，2008年のリーマンショックの影響に加え，長く続いた円高の影響もあり再び生産状況は低迷したものの，2012年度に入り，マツダのCX-5や新型アテンザといったヒット商品の投入と円高の修正に

図9-1 中国地方における主要な自動車関連企業の立地状況

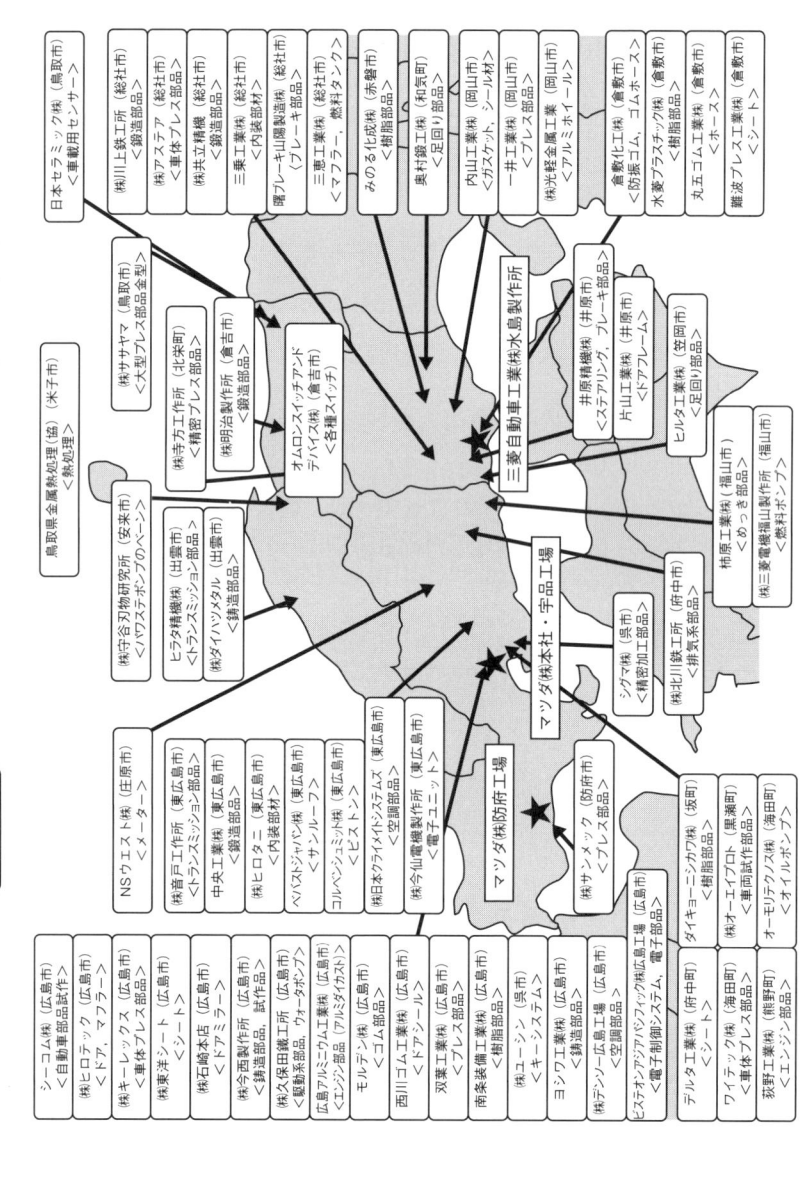

- 日本セラミック㈱（鳥取市）〈車載用センサー〉
- ㈱川上鉄工所（総社市）〈鍛造部品〉
- ㈱アステア（総社市）〈車体プレス部品〉
- ㈱大文字精機（北栄町）〈精密プレス部品〉
- 三菱工業㈱（総社市）〈鍛造部材〉
- 曙ブレーキ山陽製造㈱（総社市）〈ブレーキ部品〉
- 三惠工業㈱（総社市）〈マフラー、燃料タンク〉
- みのる化成㈱（赤磐市）〈樹脂部品〉
- 奥村鋳造㈱（和気町）〈足回り部品〉
- 内山工業㈱（岡山市）〈ガスケット、シール材〉
- 井上工業㈱（岡山市）一プレスホイール
- ㈱岡山軽金属工業（岡山市）〈アルミホイール〉
- 倉敷化工㈱（倉敷市）〈防振ゴム、ゴムホース〉
- 水菱プラスチック㈱（倉敷市）〈樹脂部品〉
- 丸五ゴム工業㈱（倉敷市）〈ホース〉
- 難波プレス工業㈱（倉敷市）〈シート〉

- 鳥取県金属熱処理（協）（米子市）〈熱処理〉
- ㈱ササヤマ（鳥取市）〈大型プレス部品全型〉
- ㈱寺方工作所（北栄町）〈精密プレス部品〉
- ㈱明治製作所（倉吉市）〈鍛造部品〉
- オムロンスイッチアンドデバイス㈱（倉吉市）〈各種スイッチ〉

- ㈱守谷刃物研究所（安来市）〈パウダーボンプのベーン〉
- ヒラタ精機㈱（出雲市）〈トランスミッション部品〉
- ㈱ダイハツメタル（出雲市）〈鍛造部品〉

- 三菱自動車工業㈱水島製作所
- 井原精機㈱（井原市）〈ステアリング、ブレーキ部品〉
- 片山工業㈱（井原市）〈ドアフレーム〉
- ヒルタ工業㈱（笠岡市）〈足回り部品〉

- 柿原工業㈱（福山市）〈めっき部品〉
- ㈱三菱電機福山製作所（福山市）〈燃料ポンプ〉

- マツダ本社・宇品工場
- シグマ㈱（呉市）〈精密加工部品〉
- ㈱北川鉄工所（府中市）〈排気系部品〉

- マツダ㈱防府工場
- ダイキョーニシカワ㈱（坂町）〈樹脂部品〉
- ㈱オーエイプロト（黒瀬町）〈車両試作品〉
- オーモリテクノス㈱（海田町）〈オイルポンプ〉

- シーユム㈱（広島市）〈自動車部品試作〉
- ㈱ヒロテック（広島市）〈車体部品、ドア、マフラー〉
- ㈱東洋シート（広島市）〈シート〉
- ㈱石崎本店（広島市）〈ドアミラー〉
- ㈱今西製作所（広島市）〈鋳造部品、試作品〉
- ㈱久保田鐵工所（東広島市）〈駆動系部品、ウォータポンプ〉
- ㈱バストンインダストリーズ（東広島市）〈エンジン部品、アルミダイカスト〉
- 広島アルミニウム工業㈱（東広島市）〈ピストン〉
- モルテン㈱（広島市）〈ゴム部品〉
- 西川ゴム工業㈱（広島市）〈ドアシール〉
- 南条装備工業㈱（広島市）〈プレス部品〉
- ㈱ユーシン（呉市）〈キーシステム〉
- ヨシワ工業㈱（広島市）〈鋳造部品〉
- ㈱デンソー広島工場（広島市）〈空調部品〉
- ビスティアジアパシフィック㈱広島工場（広島市）〈電子制御システム、電子部品〉
- デルタ工業㈱（府中町）〈シート〉
- ワイテック㈱（海田町）〈車体プレス部品〉
- 荻野工業㈱（熊野町）〈エンジン部品〉

（出所）中国経済産業局作成。

より反攻に転じている。

現在，中国地方には，マツダおよび三菱自動車工業（以下，三菱自工）の2社の完成車メーカーが立地し，マツダの宇品工場（広島県），防府工場（山口県）と三菱自工の水島工場（岡山県）の3つの完成車工場がある。特にマツダは，本社機能とプラットフォームからの開発機能を同一拠点に持つという，地方の自動車メーカーとしてはユニークな形態となっている。また，マツダと三菱自工は，他の日本車メーカーと比べて輸出比率が高いのが特徴である。国内生産台数に占める輸出台数の割合は，2012年の実績値でみると，マツダが79.5％と国内メーカーの中で最も高い。三菱自工も71.1％とマツダに次ぐ水準であり，為替相場の変動に影響されやすい体質となっている。

図9-1は，中国地方の主要自動車メーカーならびに部品メーカーの立地状況を示している。中国地方の自動車産業には，金型，機械加工（切削，研削，研磨など），塑性加工（鍛造等），鋳造，表面処理，樹脂成形等の基盤技術において高度な技術やノウハウが集積している。また，地域には自動車用ではないものの電機・電子産業もあり，半導体，センサー，制御ソフトなどの技術集積もある。

3．二度にわたるパラダイムシフトへの対応

現在，自動車産業は次世代自動車の開発へ向けて，百年に一度のパラダイムシフトの渦中にあると言われている。そんな中，中国地方の自動車産業はかつてもう1つのパラダイムシフトを経験している。一度目の波はモジュール化であり，現在直面している二度目の波が次世代自動車の電動化／エレクトロニクス化である。本節では，一度目のモジュール化の波に中国地方がいかに対応していったか述べていく。

（1）モジュール化

自動車におけるモジュール化は，1990年代，メディアから「欧州からモジュールの黒船が日本を直撃する」とまで言われた大きな波であった。2000年頃，マツダが欧州フォードと中・小型車（B/Cカークラス）を欧州で共同開発を行い，開発した図面を日本へ持ち帰って生産するといわれ，図面と一緒に欧州のモジュールサプライヤーが中国地方に押し寄せるとも懸念された。モジュール生産に慣れていない地場のサプライヤーに大変なインパクトが出るという予測から，地域をあ

図9-2 自動車の代表的なモジュール

コックピットモジュール
センターパネルモジュール
リフトゲートモジュール
フロントエンドモジュール
ドアモジュール
タンクモジュール
インテークモジュール

（出所）筆者作成。

げてモジュール化への対応に取り組んだ。図9-2に自動車の代表的なモジュールを示す。

(2) モジュール化への対応①：強力な開発助成

　地域サプライヤーのモジュール化への対応を支援するため，広島県は2001年から補助金として1億5,000万円を3年間，その後2004年から2年間は1億円を拠出し，5年間で合計6億5,000万円をモジュール開発に投入し，地域サプライヤーの技術開発を強力にサポートした（図9-3参照）。

　その結果，さまざまなモジュールが地域で開発された。2005年のプレマシーを皮切りにマツダ車に搭載され，新規事業として結実した。2012年3月末で実績を集計すると，広島県からのモジュール助成金の6億5,000万円に中国経済産業局経由の国からの助成や広島市からの助成分を含めると，モジュール関係の助成金は29億円余りに達した。その結果，累計で235億6,000万円というモジュールの新しいビジネスが地域にもたらされた。

図9-3 広島県によるモジュール開発助成金

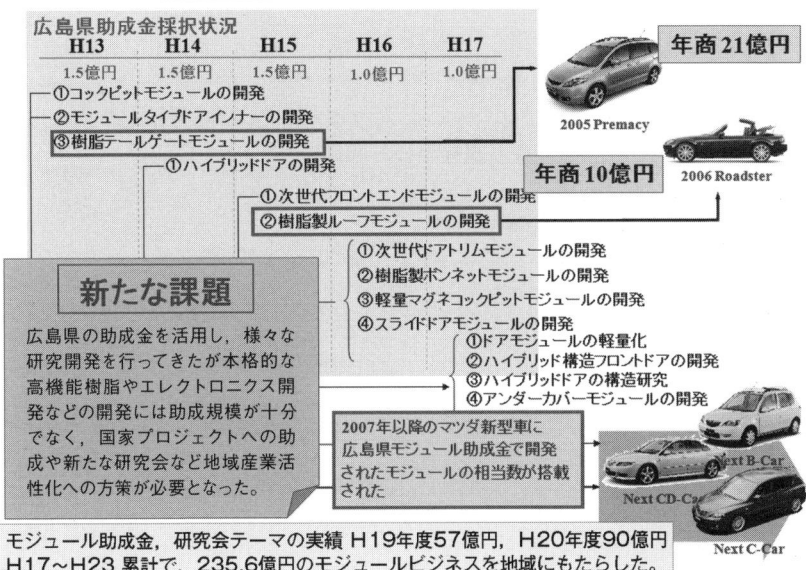

広島県助成金採択状況
- H13 1.5億円 ①コックピットモジュールの開発
- H14 1.5億円 ②モジュールタイプドアインナーの開発
- H15 1.5億円 ③樹脂テールゲートモジュールの開発
- H16 1.0億円 ①ハイブリッドドアの開発
- H17 1.0億円 ①次世代フロントエンドモジュールの開発 / ②樹脂製ルーフモジュールの開発

2005 Premacy 年商21億円
2006 Roadster 年商10億円

- ①次世代ドアトリムモジュールの開発
- ②樹脂製ボンネットモジュールの開発
- ③軽量マグネコックピットモジュールの開発
- ④スライドドアモジュールの開発
  - ①ドアモジュールの軽量化
  - ②ハイブリッド構造フロントドアの開発
  - ③ハイブリッドドアの構造研究
  - ④アンダーカバーモジュールの開発

新たな課題
広島県の助成金を活用し、様々な研究開発を行ってきたが本格的な高機能樹脂やエレクトロニクス開発などの開発には助成規模が十分でなく、国家プロジェクトへの助成や新たな研究会など地域産業活性化への方策が必要となった。

2007年以降のマツダ新型車に広島県モジュール助成金で開発されたモジュールの相当数が搭載された

Next B-Car / Next CD-Car / Next C-Car

モジュール助成金、研究会テーマの実績 H19年度57億円、H20年度90億円
H17～H23 累計で、235.6億円のモジュールビジネスを地域にもたらした。

(出所) 筆者作成。

（3）モジュール化への対応②：モジュール研究会の設立

　一方、地域には新たな開発上の課題が発生した。モジュールの構造はお菓子のモナカに似ている。外側に皮（モジュール構造材）があって、中にあん（エレクトロニクス部品）が入った構造といえる。地域では、この皮の部分を鉄板や樹脂で製造するのは得意となったものの、あんに相当する中身は、エレクトロニクス部品に代表される高付加価値の高い部品であり、地域で十分に対応できなかった。モジュール全体が担当できるように技術開発力をつけていくためには、大型の国家プロジェクトに採択されるような開発力強化が必要であった。そこで、新たなモジュールの提案ができる企業体質の育成を目指して産学官連携の研究会を立ち上げた。

　それが「モジュール・システム化研究会」である（図9-4参照）。2006年より地域の75の団体が1年半にわたり活動を行った。これには地域の工学部系の大学がすべて参加した。行政は中国経済産業局と広島県、広島市が仲よく参加し、地域をあげて協働する素地ができあがった研究会となった。

　研究会は、8つの分科会とそれらをまとめる全体会合で構成された。具体的に

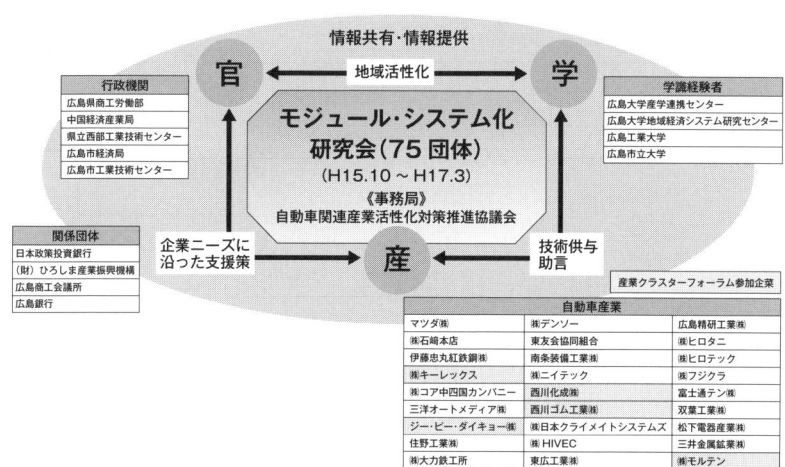

図9-4　モジュール・システム化研究会

　　　　　　　　　　　情報共有・情報提供
　　　　　　　　　官　←　地域活性化　→　学

行政機関
広島県商工労働部
中国経済産業局
県立西部工業技術センター
広島市経済局
広島市工業技術センター

モジュール・システム化
研究会（75団体）
（H15.10～H17.3）
《事務局》
自動車関連産業活性化対策推進協議会

学識経験者
広島大学産学連携センター
広島大学地域経済システム研究センター
広島工業大学
広島市立大学

関係団体
日本政策投資銀行
(財)ひろしま産業振興機構
広島商工会議所
広島銀行

企業ニーズに沿った支援策　　　技術供与・助言

産

産業クラスターフォーラム参加企業

自動車産業		
マツダ㈱	㈱デンソー	広島精研工業㈱
㈱石崎本店	東友会協同組合	㈱ヒロタニ
伊藤忠丸紅鉄鋼㈱	南条装備工業㈱	㈱ヒロテック
㈱キーレックス	㈱ニイテック	㈱フジクラ
㈱コア中四国カンパニー	西川化成㈱	富士通テン㈱
三洋オートメディア㈱	西川ゴム工業㈱	双葉工業㈱
ジー・ピー・ダイキョー	㈱日本クライメイトシステムズ	松下電器産業㈱
住野工業㈱	HIVEC	三井金属鉱業㈱
㈱大力鉄工所	東広工業㈱	㈱モルテン
デルタ工業㈱	広島アルミニウム工業㈱	㈱ワイエヌエス

（出所）筆者作成。

は，第3世代フロントエンドモジュール分科会，第3世代ドアモジュール分科会，第3世代コックピットモジュール分科会，第3世代ルーフモジュール分科会，熱マネジメント分科会，B2O（受注生産）分科会，SCM／物流分科会，支援策の効果的活用分科会が立ち上げられた。分科会活動は，①まず研究会全体で情報の共有化が図られ，②研究テーマの抽出，③研究テーマごとのグループ化，④共同開発チームの編成，⑤助成金への応募検討といったステップで進められた。

（4）モジュール化への対応③：活動成果
　こうした活動の成果として最優等生といえるのは，経済産業省の地域ものづくり革新枠という，3年間で7億円という大型の委託研究の開発であった。図9-5に示すように，これはモジュールへ対応した5つの新しい高機能樹脂材料を開発し，出口として自動車の用途のみならず，航空機や鉄道，住宅，家電に使える幅広い高機能樹脂材料を開発したものである。当時，推定で2兆5,000億円ある国内のマーケットのうち，1,000億円分を地域に新しいビジネスとして持ち帰るという挑戦的なプロジェクトであった。
　この開発プロジェクトの結果，自動車のみならず航空機へのビジネス展開など新事業を創出し，大きな成果を生んだ。その1つであるガラス代替樹脂について

図9-5 モジュール研究開発，2006年度地域ものづくり革新枠　採用テーマ

軽量で高剛性な高機能樹脂とこれを活用した商品展開技術の開発
（ダイキョーニシカワ㈱，デック㈱，デルタ工業㈱，㈱ワイエヌエス，マツダ㈱，㈱橋川製作所，㈱レニアス，広島県立西部工業技術センター　広島大学，京都工芸繊維大学）

基盤技術	高機能樹脂	事業化分野

基盤技術：最適設計技術／材料適用開発技術／一体成形技術／高精度・高剛性金型

高機能樹脂：
① ガラス代替樹脂（市場規模）7,100億円⇒（ターゲット）325億円
② 金属代替高強度樹脂（市場規模）3,500億円⇒（ターゲット）75億円
③ 中空成形構造部材（市場規模）9,000億円⇒（ターゲット）310億円
④ 傾斜機能断熱樹脂（市場規模）1,900億円⇒（ターゲット）50億円
⑤ ウレタン代替ネット樹脂（市場規模）3,500億円⇒（ターゲット）240億円

事業化分野：家電／情報通信／自動車／鉄道・航空機／住宅
（液晶ディスプレイ，高精度導光板，家電製品筐体，自動車用ガラス，自動車用外板，自動車用天井材，航空機用シート，家電製品断熱材，窓ガラス，自動車用シート）

（出所）筆者作成。

詳しく述べよう。

　ガラス代替樹脂の最大の狙いは軽量化であった。重量の重いガラスを樹脂に置き換えるべく，強度や耐摩耗性に優れた新しい樹脂素材を開発した。自動車のバックドアを事例とすると，鉄板製のドア部分とガラス部分をすべて樹脂で作ると，およそ10kgの軽量化になる。1.2トンの自動車を80kg軽くすると5％燃費が改善されるといわれており，この10kgの軽量化は燃費改善に大きく貢献する。

　この開発成果を受け，中国地方の樹脂成形の大手サプライヤー，ダイキョーニシカワは，関西の自動車メーカーと共同で滋賀県にオール樹脂製のバックドア生産工場を建設中で，2013年秋から量産に入る予定である。中国地方で開発した高機能樹脂が，まず関西で採用されたため，地域としては嬉しさ半分といったところである。

　高機能樹脂の開発成果として2番目には，自動車よりも先に旅客機で採用が予定されたネットシートがある。シートに多用されるウレタン樹脂は非常にリサイクルが難しい。そこで，ウレタンに代えて，樹脂をパイル状に編むことで同様のクッション性を実現し，非常に薄く軽量なシートを実現した。これによりスペースの節約にもなり，航空機の座席数を増やすことが可能になった。搭載予定の中

型ビジネスジェットへは，採用が見送られたが，2011年，マツダ・デミオのスカイアクティブ車へ搭載が先行された。航空機に使用可能な新しい樹脂と成形方法がものづくり革新枠で開発された。こうしたモジュール化を中心とした地域自動車部品産業に対する支援の実績により，地域の支援機関（公財）ひろしま産業振興機構は，2012年6月にイノベーションネットアワード2012（地域産業支援プログラム）・優秀賞の表彰を受けた。

こうした取り組みによって中国地方では，開発した樹脂材料を上手に使ったモジュールの外郭，つまりモナカの外皮の技術力は十分となった。しかし，コアとなる高付加価値部品であるあんの部分への対応が課題として残された。そこで次節では，現在，地域が課題と認識しているカーエレクトロニクス化への取り組みについて述べていく。

4．カーエレクトロニクス化への対応

クルマがハイブリッド車（以下，HV），電気自動車（同EV），燃料電池車（同FCV）になると，自動車の部品は非常に大きな影響を受ける。2006年に実施した地域産業活性化調査（NOVA調査—経済産業省）により分析した結果，HVやEVになるとエンジンが変わったり無くなったりし，トランスミッションも変化する。エンジンが残る場合でも，補機類がベルト駆動から電動化されるなど大きな変化がある。例えば，これまでの車は，インテークマニホールドに発生するバキュームをブレーキの倍力装置等に活用していたが，アイドリングストップ機構を導入すると，停車中はエンジンからのバキュームは期待できない。また空調機器もアイドリングストップすると温度調節が効かなくなり，オーディオやナビの電力源も確保しにくくなる。そのため，相当な対策，すなわちさまざまな補機類の電動化が必要となってくる。

（1）電動化のインパクト

そうした電動化が与える影響を地域で担当している部品について分析を行った。自動車部品は総計3万点と言われるが，その部品を単価500円以上のモジュールやシステムでくくると大体200点となる。そのうち中国地域で担当し，生産しているのは99品目であった。部品点数でいうと，およそ5割を中国地域で作っている。逆に言うと，5割は他の地域から供給されている。その99部品のう

ちの61部品が，電動化によって何らかの影響を受けるということがわかった（図9－6参照）。これは地域の部品サプライヤーが，この電動化あるいはエレクトロニクス化の波に対応できなければ，約6割（61／99品目）の自動車部品ビジネスが地域からなくなるリスクがあることを意味した。

また，200点の部品をコスト面から評価すると，中国地方から調達されているのは約4割にとどまっていた。部品点数比では5割ゆえ，地域ではかなり付加価値の低いものを作っていることがわかる。言い方を変えると，大きく重くて輸送費がかかるようなものを地域で担当していることになる。地域外産品は，4割が中国地方以外の日本産で，そのほとんどが愛知県と関東圏から来ていた。残る2割が海外調達であった。合計すると6割の部品が地域外から広島地域のマツダに入っている。岡山県に所在する三菱自工も同様の比率であることが，同様の調査結果で判明した。

地域外部品の大部分はエレクトロニクス部品で，エンジン制御，安全システム，アンチロックブレーキ，エアバック，ナビゲーション，オーディオといった基幹システムや高付加価値部品が中心であった。しかし今後，次世代自動車をみ

図9－6　ハイブリッド化・電動化により影響を受ける部品群

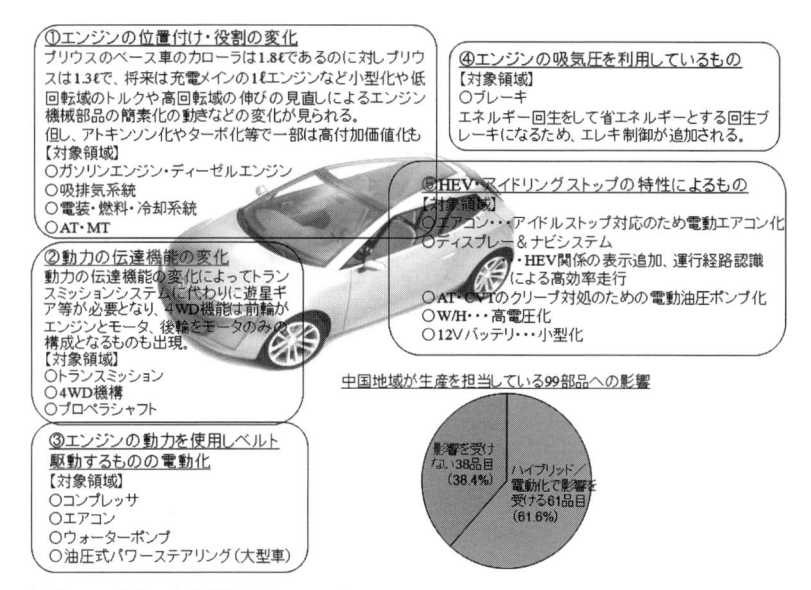

①エンジンの位置付け・役割の変化
プリウスのベース車のカローラは1.8ℓであるのに対しプリウスは1.3ℓで，将来は充電メインで1ℓエンジンなど小型化や低回転域のトルクや高回転域の伸びの見直しによるエンジン機械部品の簡素化の動きなどの変化が見られる。
但し，アトキンソン化やターボ化等で一部は高付加価値化も
【対象領域】
○ガソリンエンジン・ディーゼルエンジン
○吸排気系統
○電装・燃料・冷却系統
○AT・MT

②動力の伝達機能の変化
動力の伝達機能の変化によってトランスミッションシステムに代わりに遊星ギア等が必要となり，4WD機能は前輪がエンジンとモータ，後輪をモータのみの構成となるものも出現。
【対象領域】
○トランスミッション
○4WD機構
○プロペラシャフト

③エンジンの動力を使用しベルト駆動するものの電動化
【対象領域】
○コンプレッサ
○エアコン
○ウォーターポンプ
○油圧式パワーステアリング（大型車）

④エンジンの吸気圧を利用しているもの
【対象領域】
○ブレーキ
エネルギー回生をして省エネルギーとする回生ブレーキになるため，エレキ制御が追加される。

⑤HEV・アイドリングストップの特性によるもの
【対象領域】
○エアコン・・・アイドルストップ対応のため電動エアコン化
○ディスプレー＆ナビシステム・HEV関係の表示追加，運行経路認識による高効率走行
○AT・CVTのクリープ対処のための電動油圧ポンプ化
○W/H・・・高電圧化
○12Vバッテリ・・・小型化

中国地域が生産を担当している99部品への影響

影響を受けない38品目（38.4%）
ハイブリッド／電動化で影響を受ける61品目（61.6%）

（出所）2006年度　地域活性化調査。

てみると，中国地域で生産している4割の部品もエレクトロニクス化され，センサー，アクチュエーターやソフトウエアが必要となったりして，いわゆるメカトロニクス化されてくることが判明した。

そこで，中国地方がエレクトロニクス化へ対応できなかった場合のリスクを試算した。まず，地域の中核企業であるマツダの売上は約3兆円で，うち7割が部材購入費で約2兆円となる。その4割が地元調達というから，現在8,000億円が地域における自動車部品ビジネスである。その6割にあたる5,000億円がエレクトロニクス化に対応できなければ失われる恐れがある金額となる。これは工業出荷額の減少と同時に，地域雇用の減少も引き起こすことになり，非常に大きな問題である。こうした考えから，地域をあげてエレクトロニクス化に対しての活動が必要となった。

（2）電動化への対応戦略

広島地域のエレクトロニクス化戦略として，以下の3点を提案した。図9-7

図9-7 中国地方におけるカーエレクトロニクス化戦略

◇中国地域は車両基本構造部品（バンパー，ボンネット，ミラー等）の集積があり，エレクトロニクス部品の多くはそれらに付加されるものであるため，モジュール化，メカトロニクス化などにより，**カーエレクトロニクス化も大きなビジネスチャンスになる。**
◇カーエレクトロニクス化は開発規模を増大させており，カーメーカーの近傍にいて，開発において密接なコミュニケーションを行えること，生産拠点に近く輸送コストを抑えることができること，生産変動への対応が容易なことなどは**中国地域の大きな強みとなる。**

戦略領域
●「環境」「安全」に係るエレクトロニクス化により地場企業が現在生産している部品が"変化する"領域
●地域への影響の大きな領域
●エレクトロニクス技術を既存製品に融合させることにより事業拡大できる領域

Ⅲ．横断的領域における戦略
①情報交流及び事業化促進 　研究会等の機能強化，販路開拓への展開　等
②企業連携（戦略的アライアンス） 　各種M&A（技術提携，JVなど）による技術補完及び事業展開補完　等
③異業種間連携，地域間連携
④産学連携
⑤人材育成・確保

	Ⅰ．短期的戦略（キャッチアップ）
環境 HEV/ 電動化	①ベルト駆動エンジン補機の電動化 　ウォーターポンプ，オイルポンプ，エアコンコンプレッサ，廃熱エネルギーの再生　等 ②バッテリー・パック・モジュール　等
安全	③デプロイアブル・ボンネット・システム　等

	Ⅱ．中長期的戦略（待ち伏せ）
ハード	①地域技術ポテンシャルの育成／活用 　ヒートシンク，蓄電装置，電流センサ，アイドルストップ電源装置，音声認識技術，ICタグ　等 ②次世代技術の取り込み 　SiC　等 ③ITS参入の検討 ④電子制御ユニットの開発受託
ソフト	⑤シミュレーション／モデルベース開発 ⑥ソフトウェアの品質関連 ⑦開発支援ツール開発，メンテナンス領域

（出所）2006年度　地域活性化調査。

にその全体像を示す。

　第一に，短期的にはすでに進み始めたエンジン補機類の電動化に対するキャッチアップを急速に行う必要がある。HVで見ると，先行するトヨタは1997年に世界初の量産型HVとしてプリウスの製造・発売を開始した。2008年の当戦略提案時にはすでに10年以上の遅れがあり，まずはハイブリッド系の電動化補機部品をキャッチアップで開発にかかるべきと提言した。

　一方，キャッチアップばかりではいつまで経っても追いつくことにならない。そこで第二に，中長期戦略として，2020年を目標としてエレクトロニクス化に必要な技術開発を行うこととした。2020年時点で必要とされるであろう技術を予測して，地域の大学や公的開発機関に地域外のシーズとの連携を加えて開発し，必要なタイミングに中国地域から必要な技術を提供できるよう用意しておくことを目指した。これを中長期の「待ち伏せ戦略」と呼んで提案した。

　とはいえ，自動車はグローバルな産業であり，地域のみでの対応では時間がかかる。技術力の面からも地域だけでは世界とは戦えない。そこで第三の柱として，図9-7の左下に示すように，横断的な領域における戦略的なアライアンスが必要との考えに至った。これはM&Aや技術提携，合弁会社の設立といった幅広い取り組みが必要との提案である。当時の想定では，愛知や九州，東北などの国内連携を主とした提案であったが，その後の円高の進行や世界における地産地消の動きといった今日の局面で考えると，韓国や中国，インドなど，国際的な連携も含めた形での取り組みが必須の状況である。

　他方，次世代自動車に代表される，いわゆるハイテク技術への対応ばかりが自動車産業の課題とはいえない。今後，自動車需要が伸びていくと予測されているのはBRICs諸国などの新興国市場とされており，小型で軽くて安い自動車，これを実現するための技術開発も非常に重要になってくる。そのため，これまで中国地方で重点的に対応してきたモジュール化やエレクトロニクス化だけでなく，軽量化やローコスト化についても重要なテーマであると提言している。

（3）地域研究会の設立：戦略的産業活力活性化研究会

　こういった技術開発ニーズに対して地域をあげて取り組むため，第3節で述べたモジュール・システム化研究会を抜本的に強化した「戦略的産業活力活性化研究会」（通称，戦略研）を2006年3月に設立した。戦略研の参加団体は，2013年3月現在，167にのぼる。サプライヤーは140社が参加し，そのうち地元企業は125

社を占める。地域をあげた産官学金の研究会となって活動している。傘下には，軽量化，エレクトロニクス化，リサイクルと3つの分科会を持って活動している。

軽量化分科会には80社・団体が参加し，①高強度樹脂，②発泡・断熱樹脂，③ハイテン有効活用，④ハイブリッド軽量化ボディ（アルミ，マグネシウムの効果的活用）といったテーマに取り組んでいる。エレクトロニクス分科会（124社・団体）では，①ハイブリッド／電動化，②組み込みソフト／モデルベース開発，③RT／自動車の高知能化，④RF-ID（ICタグ），⑤高輝度LEDといったテーマに取り組んでいる。リサイクル分科会（43社・団体）では，①バイオ素材開発，②プラスチックリサイクル技術開発，③ハーネス／レアメタルの解体・分離技術開発に取り組んでいる。

(4) 産学官連携の取り組み

図9-8は，これまでの中国地方での取り組みを左側に広島県，右側に中国経済産業局の取り組みを中心に整理したものである。当地域ではまずモジュール化への対応を，広島県が主体になって広島市の協力を得て活動を展開していった。

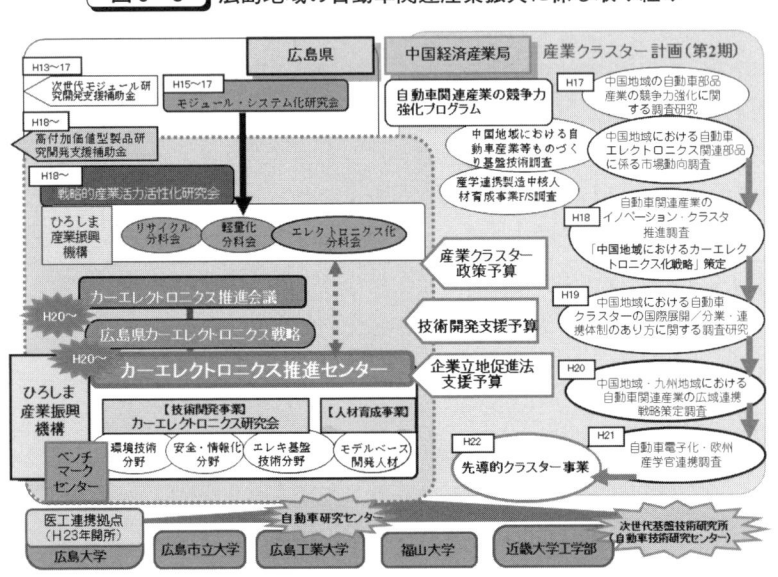

図9-8 広島地域の自動車関連産業振興に係る取り組み

(出所) 筆者作成。

モジュール化への対応に一定の目途が立った段階で，次なるテーマであるエレクトロニクス化への対応として戦略研が立ち上げられた。

これに連動して，中国経済産業局では地域産業振興施策としてカーエレクトロニクス化への対応を課題として取り上げ，3年にわたって国からの資金を得て産業活性化調査（NOVA調査）を行った。次世代自動車による地域産業へのリスク予測と対応策を提言するために，地域の産学官メンバーとシンクタンクが共同で調査を行った。この調査結果に基づき，中国経済産業局は広島県に対して地域のカーエレクトロニクス戦略提案を行った。これが次節で説明するカーエレクトロニクス推進センターの設立につながった。

5．カーエレクトロニクス推進センターの設立

広島県は戦略提案を受けて，2008年6月にカーエレクトロニクス委員会を設立するとともに，広島県カーエレクトロニクス戦略を策定した。そして同年7月，カーエレクトロニクス推進センター（以下，カーエレセンター）を（財）ひろしま産業振興機構内に設立した。

（1）カーエレクトロニクス推進センターの取り組み

カーエレセンターでは，技術開発の支援とベンチマーキングセンターの運営および人材育成を担当している（図9-9参照）。

人材育成では，地域の工業系大学とのネットワークが構築された。この人材育成のネットワークを通じて大学間の連携ができるとともに，それぞれの大学には自動車開発の研究室が設立されることとなった。まず，2010年に近畿大学に基盤技術研究センターが，次いで広島工業大学に自動車関連の研究室が開設された。そして2011年4月には，広島大学医学部内に後述する医学と工学を連携させた自動車研究センターが設立されることとなった。こうして地域の大学に自動車の研究拠点が設立されるきっかけとなった。

こういった取り組みは，広島県を皮切りに，中国経済産業局のリードのもと中国地域の5県に拡大されていった。さらに前節で述べたように，国内だけでなく，海外を含めた広域連携の取り組みへと発展しており，中国経済産業局を中心に自動車クラスターとして実施している。この部分は後ほど述べることとして，まずはその先兵としての広島県のカーエレクトロニクス化への取り組みについて

図9-9 カーエレクトロニクス推進センターの取り組み

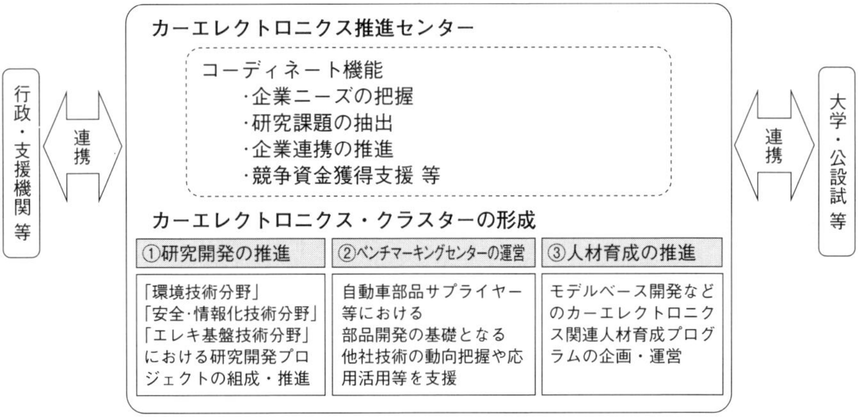

カーエレクトロニクス推進センター
コーディネート機能
・企業ニーズの把握
・研究課題の抽出
・企業連携の推進
・競争資金獲得支援 等

行政・支援機関等 ⇔ 連携

大学・公設試等 ⇔ 連携

カーエレクトロニクス・クラスターの形成

①研究開発の推進｜②ベンチマーキングセンターの運営｜③人材育成の推進

「環境技術分野」「安全・情報化技術分野」「エレキ基盤技術分野」における研究開発プロジェクトの組成・推進｜自動車部品サプライヤー等における部品開発の基礎となる他社技術の動向把握や応用活用等を支援｜モデルベース開発などのカーエレクトロニクス関連人材育成プログラムの企画・運営

(出所) 筆者作成。

述べる。

　カーエレセンターは，広島県，広島市や中国経済産業局といった行政あるいは地域の工学系大学と連携して，大別して3つの事業を実施している。

　第一に，地域の研究開発の支援を，特にカーエレクトロニクス化を中心に行っている。

　第二は，ベンチマーキングセンターの運営である。特に技術力が十分でない地場の2次以降のサプライヤーの育成のためには，ベンチマーク活動[1]が必須との認識のもと，公的機関としては日本で初めて，2009年に常設のベンチマークセンターを広島県呉市にある広島県総合技術開発センター西部工業技術センター内に設立した。地域部品サプライヤーの任意団体である，ベンチマーキング利活用協議会を同年設立して，年平均2台のベンチマークを行っている。協議会員の費用分担で車両を購入して，試乗会，システム評価，分解を通じての解析を行い，技術向上に努めている。

　第三の活動は人材育成で，モデルベース開発などのカーエレクトロニクス関連の人材育成プログラムの企画・運営を行っている。

　カーエレセンターは，広島県の公的資金を投入しているため，成果は厳しく査定され，県との約束で定量化目標を掲げて活動している。例えば，当センターでは3人の常勤のコーディネーターを雇用していることから，短期的には1人2

件，年間6件のプロジェクトを起こす目標が掲げられている。人材育成は年間30名のカーエレクトロニクスのエンジニアを毎年輩出するという目標で活動している。設立後の4年間は，予定どおりの実績を上げながら進んでいる。

長期的には，5年後を目標として，大規模な競争的資金，例えば国の資金を毎年1件取得し，大型開発を地域で毎年実施できるようにしてほしいとの要請がある。10年後には，地域にカーエレクトロニクスの部品サプライヤーをクラスターのように形成するという目標の下で，現在活動している。

また，地域にはマツダと三菱自工が立地している利点を活かす活動も行っている。地域をあげた開発活動を効率よく実施していくために，自動車メーカー2社からダイレクトにニーズを発信してもらい，そのニーズに対して技術開発を重点的にやっていくことを志向している。

（2）カーエレクトロニクス開発の仕組み

カーエレクトロニクスの研究開発は，地元の自動車メーカー2社からの情報提供では足りないものは，戦略研などを通じて自ら調べ勉強し，追加のニーズを出

図9-10 カーエレクトロニクス開発のフロー

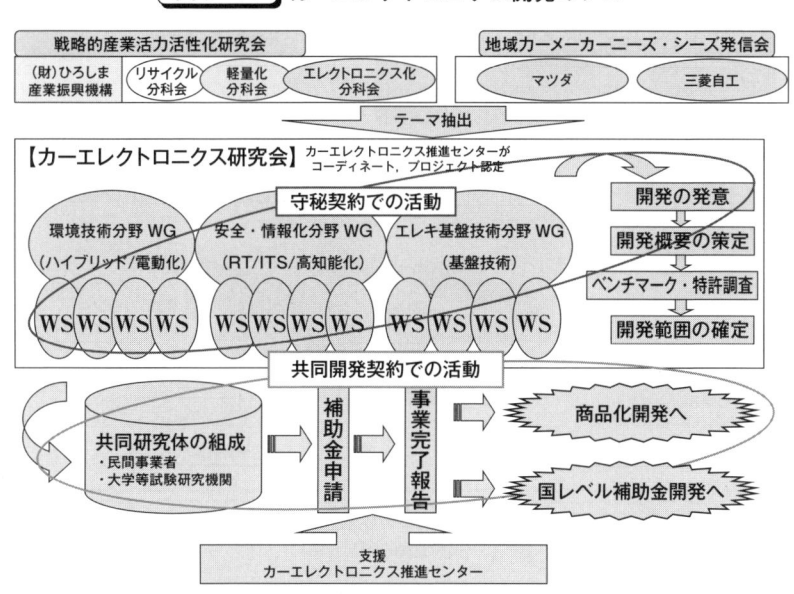

（出所）筆者作成。

して，その結果で研究会を起こすという開発のフローを設立している。図9－10は，カーエレクトロニクス開発の流れを描いている。

まず，研究会の段階では，開発を発意して開発範囲を確定していく。具体的には，対象となる車種や技術についてベンチマークを行い，特許調査をして方向を出す。このタイミングで知的財産の問題が出てくるため，守秘契約を結んで活動していくのが第一段階である。

次に，こうして共同研究体ができあがると，共同開発契約を結び，公的な補助金を取りに行き，事業完了までをカーエレセンターのコーディネーターを中心に各機関連が携して支援をしていくという形が基本となっている。

(3) ベンチマーキング活動とVE活動

地域のサプライヤーの技術力強化を支援していくには，ベンチマーキングとVE (Value Engineering) 技術の2つが非常に大きなキーになる[2]。そこで，ベンチマーキングセンターを，全国の公的ベンチマークセンターの第一号として，2009

図9-11　ベンチマーキングセンターの概要

(出所) 筆者作成。

第9章 中国地方における自動車産業の課題と取り組み | 215

ベンチマーク活動の概略

イベント	実施場所	期間	内容
試乗会	BMセンター周辺	2〜3日	BM参加企業による車両見取りや一般道での試乗
車両評価（各社持ち帰り）	各社	30〜60日	各社保有の評価設備を利用した車両性能評価（空調性能，車内騒音性能，音響性能，操作性，機能，隙）
車両分解	BMセンター	5日	部品レイアウト，取り付け構造，他部品との隙，サービス性，防錆等の評価
部品展示	BMセンター	(3日)	BM車の部品調査，自動車部品教育VE指導
部品内部調査（部品持ち帰り）	各社	−	BM部品希望企業による部品分解調査（部品内部形状＆レイアウト，材料，使用部品，機能，回路等）

(出所) 筆者作成。

年9月に広島県呉市にある広島県立西部工業技術センター内に設立した。その後，同様の趣旨で日本全国に10カ所のベンチマークセンターが設立されることになり，広島における取り組みはそのきっかけを作ったといえる。

　ベンチマーキングセンターでは，2009年から毎年平均2台ずつのベンチマークを行っている。ベンチマークのため分解する車の調達方法には，ひと工夫凝らした。車購入資金を行政が用意すると，部品の貸与となり贈与税が発生してしまう。そうなると，部品をサプライヤーが持ち帰り，自由に分解・解析できなくなってしまう。そこで，中国地方ではNPO的な協議会を立ち上げ，会員各社で資金を出し合って車を共同購入する仕組みとした。こうして購入した車種をベンチマーキングセンターで分解した上で，各社担当の必要部品を持って帰り，解析できるようにした。

　当センターの活動は，一般的なベンチマーキング活動と少し違っている。分解のみに注力するのではなく，まず，完成車の状態で試乗し，車全体の評価を行う。次に，システム評価が必要な分野については車を貸し出して，各社の開発拠点に持ち帰り，システムとしての評価を行う。その後，会員企業がベンチマークセンターにて分解調査して，部品を持ち帰り，詳細分析を行う。競合他社のサービス部品を買ってきて分解調査するのとは違い，自社担当部品と車全体との関連

を理解しつつベンチマークが可能な仕組みとなっている。

VE教育については，2009年度より国の緊急雇用基金を活用して開始し，現在は県の基金で，都合4年間実施してきた。半分が講義などの机上教育で，あとは実技を2日間のカリキュラムで教育している。受講料は，公的基金を使った教育ゆえ無料で，我々のコーディネーターが教育実習を行うとともに地域企業を訪問して改善の支援を行う形で実施している。

(4) カーエレクトロニクス人材育成

人材育成においては，今後のカーエレクトロニクスの制御技術ではモデルベース開発が非常に重要な技術になるとして，これに特化して教育メニューを設定している。地域の工学系大学から講師を派遣してもらい，年間おおよそ40人ずつの卒業生を送り出している。

6．中国地方全体の取り組み

(1) 中国地域自動車クラスター

自動車産業はグローバルな戦いといわれているが，中国地方ではまず地域間の

図9-12 中国地方における域内連携

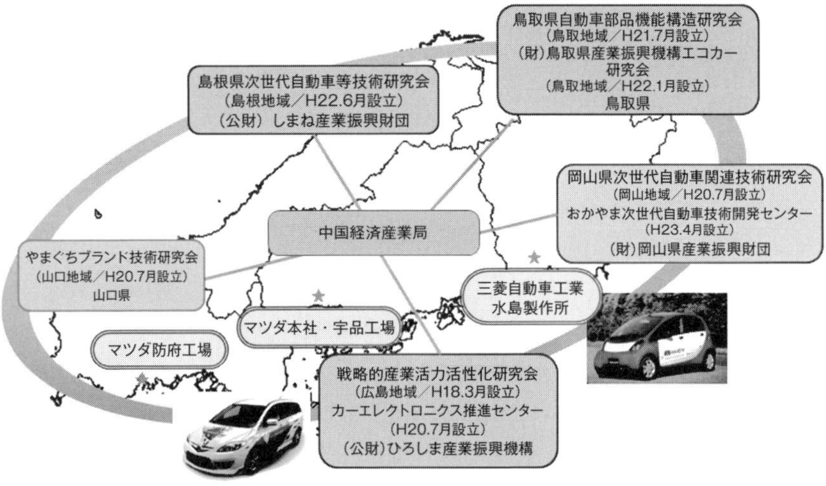

（出所）中国経済産業局作成。

第9章　中国地方における自動車産業の課題と取り組み ｜ 217

図9-13　中国地域の自動車産業施策展開に向けた基盤形成

	2005FY	2006FY	2007FY	2008FY	2009FY	2010FY	2011FY	2012FY
Phase 3 海外展開		●[NOVA調査] カーエレクトロニクスのための国内及び海外との連携可能性の検討	●[NOVA調査] カーエレクトロニクスの国際標準規格に係る対応及び海外展開方策の検討 （欧州産学官連携モデルの検証）	●[展示商談会] 欧州（独／仏）販路開拓	●[展示商談会] 中国（広州）販路開拓 ●[新興国市場調査] 地域部品サプライヤーの新興国展開支援のための情報収集（タイ、インド）	●[新興国市場調査] 地域部品サプライヤーの新興国展開支援のための情報収集（中国、韓国）	●[先進国技術交流] 医工連携分野における欧州企業等との技術交流（欧州）
Phase 2 国内連携	●[産研調査等] 中国地域自動車関連産業振興政策立案	●[NOVA調査] カーエレクトロニクス強化戦略策定		●[NOVA調査] カーエレクトロニクス分野の競争力強化のための九州地域との連携方策の検討 （九州地域からのカリキュラム・講師の提供）		●先導的クラスター 地域競争力強化事業「先進課題対応事クラスター」（九州地域との連携開始）	●先導的クラスター 地域競争力強化事業「先進課題対応事クラスター」（九州地域・他地域との連携検討）
			●[展示商談会] ートヨタグループへ ーマツダグループへ 販路拡大	●[展示商談会] ー日産グループへ 販路拡大 （域内連携・マッチング） ー広島県東部、岡山県、鳥取県	●[展示商談会] スズキグループへ 販路拡大 ーAT International 2009出展	●[展示商談会] ーダイハツグループへ 販路拡大 ーマツダグループへ 販路拡大		●[展示商談会] ーマツダグループへ 販路拡大
Phase 1 域内強化	自動車関連産業の競争力強化	中国地域の自動車関連産業の競争力強化プログラム策定				●地域主導型 クラスター 企業立地法・広域連携事業 「中国5県次世代自動車クラスター」	●地域主導型 クラスター 企業立地法・広域連携事業 「中国5県次世代自動車クラスター」	
	戦略的産業活性化研究設置（広島県）	（地域企業の ニーズ収集）		カーエレクトロニクス推進センター設立（広島県） 岡山県次世代自動車関連技術研究会設置（岡山県）	ベンチマークセンター設立（鳥取県） 島根県自動車部品機能構造研究設置（鳥取県）	エコカー研究会 設置（鳥取県） 島根県次世代自動車等技術研究会設置（島根県）	自動車医工連携研究会設置（中国経済産業局） おかやま主導型自動車技術研究開発センター設立（岡山県）	
	・産学官ネットワーク形成 ・技術開発等プロジェクトの発掘・醸成			やまぐちブランド技術研究会設置（山口県）				

(出所) 中国経済産業局と筆者が共同作成。

連携からスタートした。

　中国地域には5県（島根，鳥取，岡山，山口，広島）あり，2006年度の広島県の戦略研を皮切りに，2010年度までに5県すべてで自動車の研究会がスタートした（図9-12参照）。岡山県はEVの開発センターを，鳥取県はエコカープロジェクト，島根県はベンチマーク活動，山口県はやまぐちブランド研究会と，それぞれの地域の特性やサプライヤー構成を勘案しながら活動の重点分野を選定し，地域の開発力や販売力を強化している。近年では，これに加えて九州との連携を精力的に進めている。今後は，愛知や東北との連携の検討も必要であろう。

　中国経済産業局は，こうした各県の取り組みの連結ピンとなって「中国地域・先進環境対応車クラスタープロジェクト」を推進している。本プロジェクトは，これまでの地域の取り組みと課題を踏まえ，将来的に先進的な技術領域での技術水準を高め，経営基盤を強化し，中国地方を世界でも有数の強靭な競争力を有する産業集積とすることを目標としている。そのために，図9-13に示すように，中国地域内の強化から出発し，国内連携，海外市場へと段階的に取り組みを広げていっている。

(2) 海外との連携

　自動車産業はグローバル産業であるため，海外との連携を模索すべく，中国地方では2009年から海外調査も計画的に行っている。調査チームは，戦略研メンバーの地元サプライヤーと大学の先生方，行政や支援機関で構成している。次世代自動車の方向性確認や販路拡大のための展示商談会，海外進出の際のインセンティブや現地サプライチェーンの状況などについて現地調査を行い，その結果を戦略研での報告や報告書として地域に情報展開している。

　初年度の2009年には，欧州の6社の自動車メーカーを中心に現地調査を行った。電動化や軽量化など，次世代自動車の技術の方向性を確認するとともに，モジュール化対応のため地域で開発した各種モジュールの試作品を持ち込み，技術展示会を開催した。地域のサプライヤーは，ただちに製品を欧州市場に売り込むというより，欧州の自動車メーカーの多くが進出している中国で待ち受けて，ビジネス展開することを考えた。そこで，フロントエンドモジュール，コックピットモジュール，ドアモジュール，バックドアモジュールなどの立体展示物を持っていき，売り込みというよりは将来の技術動向の確認を行った。その上で，組めるメーカーがあれば組んでいこうというスタンスで臨んだ欧州調査であった。

2010年には，新興自動車生産地として成長著しいインドとタイの現地調査を行った。この調査にも地元サプライヤーや自動車メーカーの担当者に加え，大学研究者，行政の政策担当者が参加した。エコカーの輸出拠点拡大へ向けたタイの施策の状況やインドにおける自動車関連企業の動向，部品調達の実体，低コスト化，環境対応など幅広いテーマについて実地調査を行った。

2011年は，中国および韓国を対象とした。現地の自動車メーカーや支援機関，工業団地，大学等の調査を行った。その狙いは，中国における自動車産業の実情の把握，地元部品メーカーの中国進出へのサポート体制の調査，中国民族系自動車メーカーの開発志向，韓国における自動車関連中小企業の支援体制について現状を把握することであった。この調査では，特に韓国現代モービスがモジュール戦略を積極的に推進していることもあり，現代自動車の生産ラインを含めて重点的に調査を行った。

2012年は，3つの目的で再び欧州を調査した。第一の目的は，欧州における電動系の次世代自動車の取り組み状況の把握と，電動化に伴って発生する電磁波が人体へ及ぼす影響に関する取り組み状況の調査である。第二の目的は，脳認知や感性など人間医工学的な取り組みの現状把握である。第三は，フォルクスワーゲン（VW）が2012年2月に発表したMQBに代表される新しいモジュール戦略について現地メーカーと情報交換・技術交流することであった。VWのMQBと類似した新たなモジュール戦略のコンセプトは，日産CMF（Common Module Family）やトヨタTNGA（Toyota New Global Architecture）などとして日本の自動車メーカーも発表しており，サプライヤーへ与える影響や新興国などへの進出戦略との関連を調査する必要があった。

（3）中国地域自動車クラスタープロジェクトのこれまでの成果

こうした一連の取り組みの成果として，2013年3月現在，以下のような成果が得られた。

第一に，研究開発に関しては51の研究開発プロジェクトの創出・支援に結びついた。自動車メーカーの技術ニーズと中国地方の自動車関連企業や大学等のシーズのマッチングを行い，生み出された産学官連携による自動車関連技術開発プロジェクトに対して，中国地方では6年間に51件，約20億円（中国経済産業局執行分）の新製品・新事業の創出支援が行われた。その結果，主なもので16件の事業化につながった。

第二に，人材育成に関しては，企業立地促進法に基づく広域的人材養成事業として，設計シミュレーション開発事業やCAD/CAMによる製造・開発技術の講習が行われ，自動車分野の専門人材として943名の育成が行われた。

　第三に，販路開拓では，地域の金融機関の協力を得て，トヨタ，マツダ，日産，スズキ，ダイハツの各企業グループに対し，展示商談会を開催した。中国地方の自動車関連企業は延べ265社が参加し，大学も5校が出展した。その結果，商談成立は50社におよび，成約金額は68億1,000万円に達した。

　第四に，海外展開に関しては，調査ミッションの派遣や受け入れにより，海外の自動車クラスターとの交流，調査事業，ビジネスマッチングなどを通じて海外展開への布石が打たれた。その結果，中国地方のサプライヤー等への情報提供のほか，「フランス・中国地域　自動車クラスター交流フォーラム」の広島市での開催（2010年5月）などの交流，「日系自動車部品販売調達展示会（JAPPE2010）in広州」への出展（参加企業15社）などにつながっている。

　第五に，国内での広域連携として，域内での研究拠点開設が相次ぎ，域外との交流も活発化した。本クラスター活動が契機となり，近畿大学工学部（東広島市）は2008年4月に自動車技術研究センターを，2010年4月には次世代基盤技術研究所を開設した。すでに述べた通り，（公財）ひろしま産業振興機構は，カーエレクトロニクス推進センター（広島市），ベンチマーキングセンター（呉市），VEセンター（呉市）を相次いで設立した。この他にも，広島工業大学（広島市）の自動車研究センター（2009年9月開設），（株）広島テクノプラザ（東広島市）のEMCセンター大型電波暗室増設（2009年），（公財）岡山県産業振興財団（岡山市）のおかやま次世代自動車開発センター（2011年4月開設），広島大学（広島市）のひろしま医工連携・先進医療イノベーション拠点（2011年4月開設）などが続いた。

7．地域における電動化ビジネスの最大化に向けて

　これまで論じてきたように，クルマの電動化は中国地方の自動車関連産業にさまざまな影響を与えるリスク要因となっている。中国地方では，こうした電動化に伴うリスクを新たなビジネスチャンスに変えるべく，電動化ビジネスの最大化に向けて「次世代自動車社会研究会」を2011年に発足した。これは，次世代自動車全般について多角的な視点から検討する研究会であり，カーエレセンターが事務局となり，28社・機関（企業20社，大学5校，公官庁3機関）が産官学連携の活動

第9章　中国地方における自動車産業の課題と取り組み　|　221

体制をとっている。

また，同年4月に広島大学霞キャンパスにひろしま医工連携・先進医療イノベーション拠点が設立された。これは，麻生内閣の第4次補正予算によるJST地域産学官共同研究拠点整備事業および翌年の文部科学省地域イノベーション戦略支援プログラムを活用して設立されたものである。その研究分野は3つあり，①人間医工学応用自動車共同研究プロジェクト，②医工連携医療機器共同研究プロジェクト，③先端細胞治療再生医療プロジェクトに取り組んでいる。このうち，最初のプロジェクトが自動車に関連した研究に取り組んでいる。

（1）電動化の発展と導入目標

モーター，インバーター，電池といういわゆる電動系の三種の神器と言われている部品は，アイドリングストップ車，減速回生車，HV，プラグインハイブリッド車（以下，PHV），EV，FCVと電動化比率が進むにつれて急速に増える。図9－14に示すように，電動化はHVから進むのではなく，従来エンジンの環境

図9－14　加速する電動化要素技術

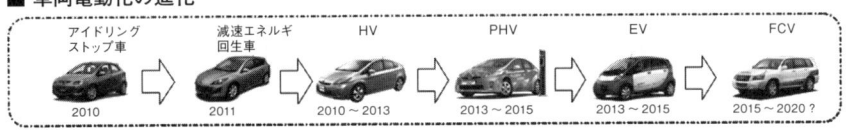

■ 車両電動化の進化

アイドリングストップ車	減速エネルギ回生車	HV	PHV	EV	FCV
2010	2011	2010～2013	2013～2015	2013～2015	2015～2020？

地域としては，本格電動化の推定時期（上記）の5年後を参入のターゲットとして開発を加速していく。

■ 電動化要素技術とパワーエレクトロニクス部品

要素技術と事業化部品		アイドリングストップ	減速回生	HV	PHV	EV	FCV
モータ	空調用電動ウォータポンプ	○	○	○	○	◎	◎
	エンジン冷却用電動ウォータポンプ	○	○	○	○		
	モータ，インバータ冷却電動ウォータポンプ			◎	◎	◎	◎
	ブレーキ負圧用真空ポンプ			◎	◎	◎	◎
	ジェネレータ	△	◎	◎	◎		
	車両駆動モータ			◎	◎	◎	◎
インバータ＆コンバータ	DC-DCコンバータ	○	○	◎	◎	◎	◎
	車両駆動モータ用インバータ			◎	◎	◎	◎
	（ワイヤレス）充電器				◎	◎	
	車載AC100V電源	○	○	◎	◎	◎	◎
電池	2次電池	△	◎	◎	◎	◎	◎
	燃料電池						◎
その他	パワーケーブル		△	◎	◎	◎	◎

△従来のオルタネータや鉛バッテリ，電源ケーブルを特殊化したもの　○燃費改善上あったほうがよい　◎必要　AC100V電源は，社会的要求

（出所）ひろしま産業振興機構カーエレクトロニクス推進センター作成。

図9−15 電動化ビジネス：中国地方における取り組み可能性の推定

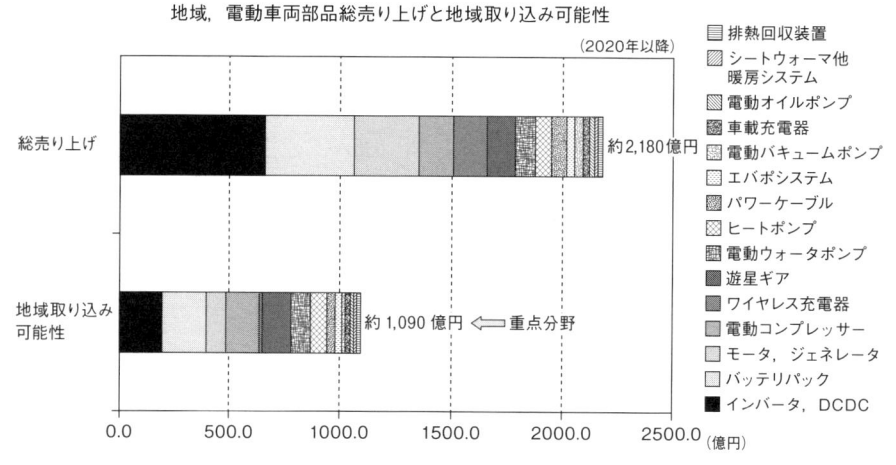

地域，電動車両部品総売り上げと地域取り込み可能性
（2020年以降）

凡例：
- 排熱回収装置
- シートウォーマ他暖房システム
- 電動オイルポンプ
- 車載充電器
- 電動バキュームポンプ
- エバポシステム
- パワーケーブル
- ヒートポンプ
- 電動ウォータポンプ
- 遊星ギア
- ワイヤレス充電器
- 電動コンプレッサ
- モータ，ジェネレータ
- バッテリパック
- インバータ，DCDC

総売り上げ：約2,180億円
地域取り込み可能性：約1,090億円 ⇐ 重点分野

(出所) ひろしま産業振興機構カーエレクトロニクス推進センター作成。

対策車からすでに始まっていることがわかる。

　中国地方では，地域の部品産業の実力を勘案すると電動化技術の第1段階では参入は難しいと考え，本格的に普及するであろう時期を見据えて参入タイミングを設定した。セカンドモデル，つまり5年後からの導入を目指している。具体的には，2015年から2017年頃にかけて，地域から関連する部品を供給できるように技術開発や人材育成を進めている。

　各種シンクタンクの予測をサーベイしたうえで，ATカーニー（株）の予測値（2009年11月）を参考として，2020年の次世代自動車の全世界での普及状況を，HVのシェアが17％，PHVが9％，EVが1％と想定し，リスクと事業機会を算出した。

　すでに述べた通り，電動化の進行により，中国地方が失う可能性のある部品ビジネスは480億円程度である。逆に新しく生まれる電動系の部品領域には2,000億円強の事業機会があり，この4分の1を取り込めたら地域として部品産業が維持できると推定した（図9−15参照）。その2,000億円のうち，地域産業や大学が持っているシーズなどで対応できる分野を検討すると，1,000億円程度は取り組み次第で可能と考えた。そこでまず，バッテリーパックから研究開発を開始し，2020年に向けて公的補助金の獲得やマツダ，三菱自工といった地域の自動車メーカー

の委託研究等を受けて，電動化ビジネスを最大化する戦略で進めている[3]。
　その中心となるのが，次世代自動車社会研究会とひろしま医工連携・先進医療イノベーション拠点である。

（２）次世代自動車社会研究会
　こうしたクルマの電動化に伴う技術変化を研究し，技術開発を推進するために図９－16に示す一連の研究開発体制を構築した。その１つに次世代自動車社会研究会がある。

①　活動体制
　次世代自動車社会研究会には４つのワークショップ（WS）が設けられている。車全体で次世代自動車を評価する「車両評価WS」，部品や制御技術を学んで，特にキャッチアップ技術，待ち伏せ技術を把握して開発をしていく「部品・制御技術WS」，国土交通省が新たに技術基準を策定しているコミューター（大部分は

図９－16　事業化に向けた取り組み：研究会と地域イノベーションとの相関図

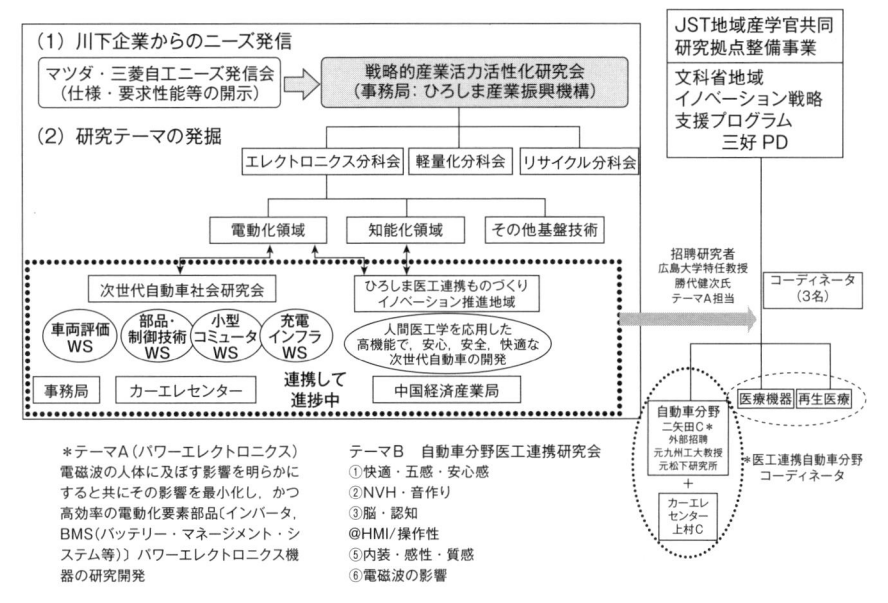

*テーマA（パワーエレクトロニクス）
電磁波の人体に及ぼす影響を明らかにすると共にその影響を最小化し，かつ高効率の電動化要素部品（インバータ，BMS（バッテリー・マネージメント・システム等））パワーエレクトロニクス機器の研究開発

テーマB　自動車分野医工連携研究会
①快適・五感・安心感
②NVH・音作り
③脳・認知
④HMI/操作性
⑤内装・感性・質感
⑥電磁波の影響

（出所）筆者作成。

電気自動車と推定）に地域としての参入を検討する「コミューター電動車両WS」，充電ステーションや水素ステーションなどのインフラを検討する「インフラ（スマートグリッド）WS」である。

② 活動の概要

2012年度は，自動車メーカーの協力のもと，9種類の次世代自動車（試作車も含む）を集め，実際に実証走行を行い，そのメリット／デメリットを含め技術的課題を検討した。市街地での近距離のコミューター的用途の走行，50km程度の中距離の走行，郊外での長距離（160km程度）の走行と，3種類の走行状況で実証を行った。さらに，地元自動車メーカーのテストコースを借用して，地元サプライヤーの技術者が自らハンドルを握り，EV，HV，PHVの評価を行った。比較対象として，マツダの環境対応車であるスカイアクティブエンジン車も加え，次世代自動車を体感する機会を設けた。

2013年度は，低価格なHV，PHV，マツダがリースを開始したEVと3台の電動系次世代自動車を用いて，電動化部品開発に必要なデータを地元サプライヤーが主体となって取得する取り組みを行う。

研究会では3つの着眼点を持って活動している。

- メカニカルな部品が電動化によってメカトロニクス化した場合に，地域で生産可能とするためのキャッチアップ開発。
- バッテリーパックのように重くて嵩張る部品は，輸送効率の観点から地元での生産にメリットがあると考えられることから，対象部品を優先して開発。
- 2次，3次サプライヤーの育成を目指し，基幹部品の構成部品の生産が可能な技術力をつけるための1次サプライヤーによる技術報告会の実施。

ただし，キャッチアップ技術だけでは地元のマツダや三菱自工からも発注が得られない。そこで，キャッチアップの技術開発に加えて地域のユニーク技術を盛り込むことを目的として，戦略テーマとして電磁波からの人体防護を考慮したパワーエレクトロニクス開発を取り上げて活動している。以下に述べる2つのテーマを掲げて，研究開発活動に着手した。

(3) テーマA：電磁波からの人体防護を考慮したパワーエレクトロニクス開発

1つ目のテーマは，電磁波からの人体防護を考慮したパワーエレクトロニクス

の開発である（図9-17参照）。

今後，電動システムはますます大型化する。減速時のエネルギー回生を例に取ると，HVからPHV，EVと進むにつれ駆動モーターが大型化し，また回生電流が増加し，それに伴って電磁波が増加する。加えて，コストを安く，車両を軽く小型化し，スイッチング周波数を高くしていくと，ますます電磁波が強くなる。

充電を考えると，現在の充電プラグは非常に重い。お年寄りや女性には操作が難しいので，非接触充電が要請されている。しかしそうなると，同様に電磁波のレベルが上がってしまう。

またEVでは，エンジンルームから発熱体のエンジンがなくなるため，軽量化やスタイリングの自由度を狙い樹脂化が進む。当然，樹脂では電磁シールドが不可能であるため，樹脂のシールド技術を含めた新しい技術開発が必要となる。

こういった観点で，電磁波に強いパワーエレクトロニクスの開発を「テーマA」として取り組んでいる。テーマAには①電磁波の基礎技術の研究，②シールドの研究，③不要輻射電磁波が少ないパワーエレクトロニクスの研究と3分野の

図9-17　テーマA：電磁波からの人体防護を考慮したパワーエレクトロニクスの研究開発

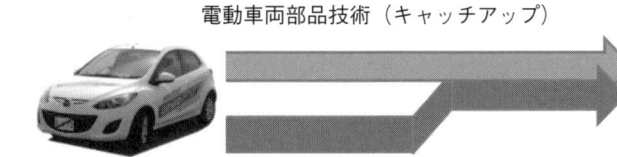

電動車両部品技術（キャッチアップ）

地域ユニーク技術（電磁波からの人体防護を考慮したパワエレ）
①電磁波，不要輻射の少ないパワーエレクトロニクス
②シールド技術
③評価技術

・電動システムの大型化（制動エネルギ回生 ⇒ HEV ⇒ PHEV ⇒ 電気自動車）
・電動システムの高周波化（小型化，低価格化）
・非接触充電　　　　　　　　　　　　　　　　【電磁波環境悪化】
・車の軽量化（樹脂化）によるシールド効果の減少への対応

企業8社，大学1校，公設試1機関，支援機関2機関で組織

（出所）ひろしま産業振興機構カーエレクトロニクス推進センター作成。

開発に取り組んでいる。

(4) テーマB：自動車領域における医工連携の研究開発

もう1つ (テーマB) は，医学と工学との連携による高付加価値な技術の開発である (図9－18参照)。これには大きく6つの研究分野を設けている。すなわち，快適・五感・安心感，NVH・音創り，脳・認知，ヒューマン・マシン・インターフェース (HMI)，内装・感性・質感，電磁波の影響の6分野である。中国地域には，インパネやメーター，空調システム，シート，トリム等の内装部品に強みのあるサプライヤーが多く，こうした分野において医工連携研究によって地域内装品の高付加価値化を図っていく狙いである。

実際の取り組み事例として，省エネ空調システムの開発やハイレゾサウンドシステムの開発について簡単に紹介する。

① 省エネ空調システムの開発

電気自動車で暖房する場合，普通ガソリン車のようにエンジン冷却水という熱源がないため，電気ヒーターを使うことになる。しかし，単純にヒーターで空間を暖めると，エネルギー効率が悪く消費電力が多くなる。我々の実証実験では，暖房中は電気自動車の走行距離が半分か，それ以下になってしまうことがわかった。電気自動車の走行距離を伸ばすためには，ヒーターの使用電力を下げる必要がある。HVなどの他の次世代環境対応車でもヒーター用の熱源が少なく，空調機器の省エネ化は必要である。そこで，人間の感性を考慮して，シートヒーターやハンドルヒーター，輻射ヒーターを組み合わせ制御することで，電気エネルギーを節約できる可能性がある。人間がどう感じているかを医学的な観点で評価して省エネ化する空調開発を行っているのである。

② ハイレゾリューションサウンドシステムの開発

人間の耳に聞こえない非常に高い周波数の音を人体に浴びせることによって，脳が活性化するとの先行研究がある。この効果をオーディオ機器に活用することにより，高音質で，かつ副次効果で居眠り運転や前方不注意防止に効果のある安全システム開発を目指している。

この現象はハイパーソニック効果と言われている人体への音の影響であるが，まずは人間の耳に聞こえない非常に高い周波数の音が，音質として嬉しいのかを

第9章 中国地方における自動車産業の課題と取り組み | 227

図9-18 テーマB：自動車分野医工連携研究会における6分野の活動

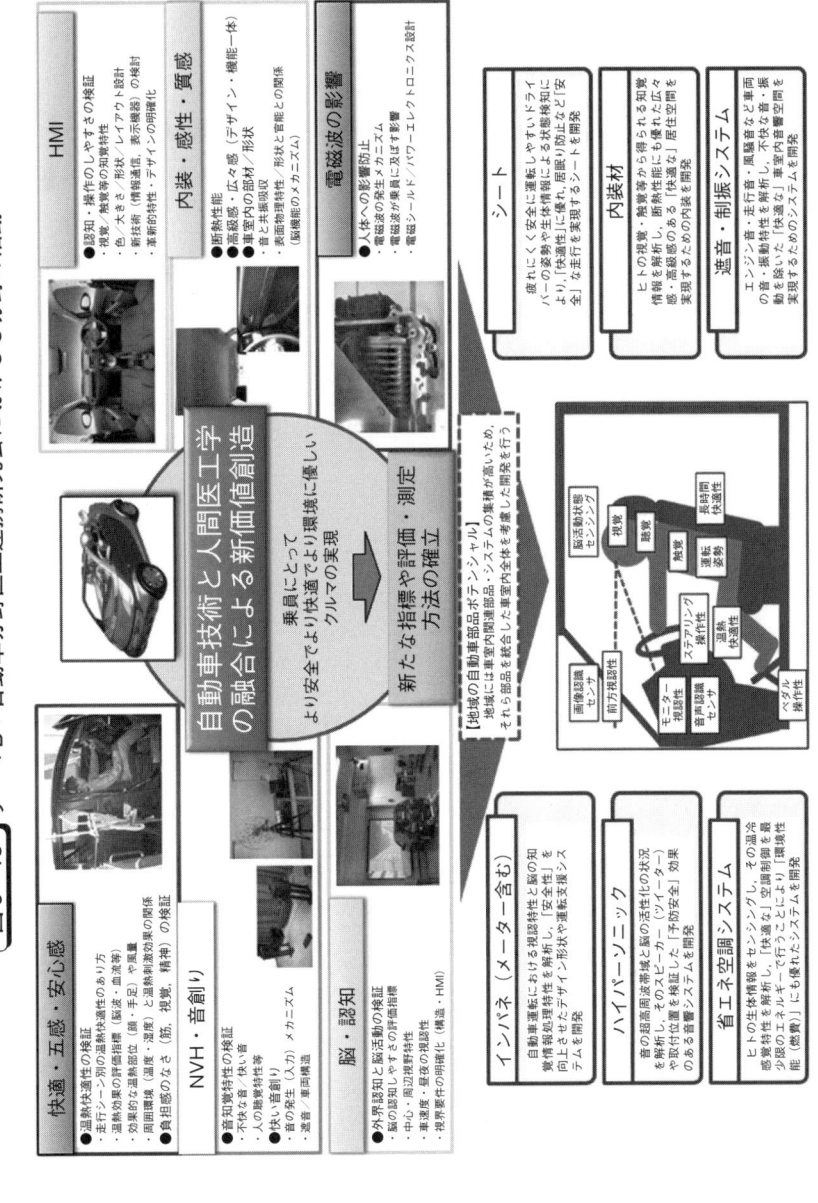

HMI
- 認知・操作のしやすさの検証
  - 視覚・触覚等の知覚特性のあり方
  - 色、大きさ、形状、レイアウト設計
  - 新技術（情報通信、表示機器）の検討
  - 革新的特性・デザインの明確化

内装・感性・質感
- 断熱性能
- 高級感・広々感（デザイン・機能一体）
- 車室内部品の部材、形状
- 表面物理特性、形状と官能との関係（脳機能のメカニズム）

電磁波の影響
- 人体への影響防止
- 電磁波の影響メカニズム
- 電磁シールド、パワーエレクトロニクス設計

シート
疲れにくく安全に運転しやすいドライバーの姿勢や体圧情報による状態検知と、「快適性」に優れた、居眠り防止などに安全な走行を実現するシートを開発

内装材
ヒトの視覚・熱感覚から得られる知覚情報を解析し、断熱性能にも優れた広々感と高級感のある「快適な」居住空間を実現するための内装を開発

遮音・制振システム
エンジン音・走行音・風騒音などの音・振動を解析し、音響特性による車両の不快な音・振動を除くこと「快適な」車室内音響空間を実現するためのシステムを開発

自動車技術と人間医工学の融合による新価値創造

乗員にとってより安全でより快適でより環境に優しいクルマの実現

新たな指標や評価・測定方法の確立

[地域の自動車部品ポテンシャル]
地域には事業分野関連部品・システムの集積が高いため、それら部品を統合した事業内全体を考慮した開発を行う

- 脳内活動センシング
- 視覚
- 聴覚
- 運転姿勢
- 長時間快適性
- 画像認識センサ
- モニター視認性
- 前方視認性
- 音声認識センサ
- ステアリング操作性
- 温度快適性
- ペダル操作性

快適・五感・安心感
- 温冷快適性の検証
  - 走行シーン別の温熱快適性のあり方
  - 効果的な温熱刺激（温度・手足）や風量
  - 周囲環境（温度・湿度）と温熱刺激効果の関係
- 負担感のなさ（筋、視覚、精神）の検証

NVH・音創り
- 音知覚特性の検証
  - 不快な音、好ましい音等
  - 人の聴覚特性等
- 快い音創り
  - 音の発生（入力）メカニズム
  - 遮音・車両構造

脳・認知
- 外界認知と脳活動の検証
  - 脳の認知しやすさの評価指標
  - 中心・周辺視特性
  - 車速と視認性、昼夜の視認性
  - 視覚要件の明瞭化（構造・HMI）

インパネ（メーター含む）
自動車部品における視認性能と脳の知覚情報処理特性を解析し、安全性向上かつセットさせたデザイン・形状で「ゾーン」のある音響システムを開発し、予防安全・効果のある音響システムを開発

ハイパーソニック
音の超高周波帯域と脳の活性化の状況を解析し、そのスピーカー（ゾーン）の取付位置を検討した「手予防安全・効果のある音響システムを開発

省エネ空調システム
ヒトの生体制御をセンシングし、その温冷感覚特性を解析し、「快適」な空間制御を最小限のエネルギーで行うことにより環境性能（燃費）にも優れたシステムを開発

（出所）中国経済産業局作成。

評価し，そのうえで人間行動へのポジティブな影響があるかを評価している。次いで，ネット配信のハイレゾリューションサウンドを活用して，高音質，軽量で安価なオーディオシステムの開発を行い，音質の嬉しさを評価し，そのうえで人体への影響を確認しようとしている。

このように医学と工学とを連携させて行う新しい自動車づくりは，異分野連携によるイノベーションといえる。当研究は，当初，音響工学の研究者と地元企業との産学連携研究としてスタートしたが，医師を加えて医工連携として再スタートしたものである。もちろん医学と工学との間には谷があるため，その間を埋めるために生理認知心理学の研究者も加えた知のネットワークを形成することで，新しいイノベーションを起こすべく活動している。

8．おわりに

われわれ中国地方の自動車部品産業の現在の課題は，大きく分けると2つある。

1つは，これまで述べてきたエレクトロニクス化／電動化への対応である。国際エネルギー機関（IEA）の2010年調査によると，在来型の石油は2006年にオイルピークを迎えたと言われている[4]。しかし，アメリカを中心にシェールガス革命が起きており，石油の将来は不透明となっている。自動車にとっては，エネルギー問題と並び，温暖化対応を見据えたCO_2規制も，もう1つの大きなテーマとなっている。米国カリフォルニア州では，2018年からゼロエミッション規制が強化される。販売量に対して一定の割合のゼロエミッション車が必要との規制で，PHV，EV，FCVの販売が必要となる。これは電動車両であり，エレクトロニクス化／電動化へ対する社会ニーズの発信である。

欧州では，2020年にCO_2の規制値が会社平均で1km走行あたり95gに強化される予定である。会社平均値でCO_2排出量95g／kmというレベルは，その会社全体がトヨタのプリウスと同レベルにならないといけないという厳しい規制値である。中国でも2020年には必要なガソリンの3分の1は，国として供給できないとの推定がある。石油が足りないということから，PHVやEVを2015年から2020年の5年間で500万台に増加させるとして大きく電動化シフトを始めている[5]。

われわれ中国地方は，機械加工や樹脂成形を主体とする現状から，より一層カーエレクトロニクス化の技術開発の取り組みの強化が必要だということを表し

ている。

　次世代自動車の持つ技術的な面に注力しているうちに，自動車産業ではもう1つの側面が見えてきた。六重苦（円高，高い法人税率，自由貿易協定への対応遅れ，環境規制の強化，製造業の派遣禁止などの労働規制，電力不足）と言われた自動車の逆境は，ここ数年来の円高こそ多少緩和してきたものの，為替変動リスク対応のための地産地消化やユーザー志向への最適化などの観点から，これからも本当に日本で海外向けの自動車や部品がつくられ続けうるのかといった課題が浮上してきた。

　地元自動車メーカーのマツダは，85％の国内生産比率を保ってきた。しかし，近年，マツダはメキシコに現地工場を建設中であり，ロシアにも進出した。インドやアセアン，南米への進出も検討が必要といった情勢である。

　そういった状況の中で，あまり規模の大きくない地元のサプライヤーが海外に随伴進出できるのか，できないとすればどう対応するのかという課題に向き合う必要が改めて出てきた。行政と一緒になってリスク予測と対応策を立案し，地域のものづくりの将来をどうしていくのか大きな課題が見えてきた。

　もう1つ忘れてならないのは，さまざまな予測からどうやら当面，自動車は一気にEVとなることはなく，エンジンとモーターが併存する自動車が主力となりそうだという点である。となると，次世代自動車は動力源を2つ（エンジンと駆動用モーター）持つことになるわけであるから，当然コストが高くなる。環境対策とはいえ，ユーザーにそのコストをすべて分担いただけるとは思えず，コストを下げる技術が非常に重要になると考えられる。中国地方では，カーエレクトロニクス化に加えて軽量化やローコスト化技術にも狙いを定めて，地域の部品サプライヤーと活動を進めているところである。

　こうしたことから，広島県は2013年4月1日付けで，「カーエレクトロニクス推進センター」を「カーテクノロジー革新センター」として発展的に改組することを発表した[6]。述べてきたように，当初カーエレセンターは，中国地方が苦手とする電動化／エレクトロニクス技術に対応する目的で設立され，ベンチマーキング活動，VE活動，次世代自動車社会研究会，人間医工学連携研究などを推進してきた。今後は，電動化／エレクトロニクス化に加え，自動車メーカーによる海外生産・海外調達の拡大に伴う国内生産の縮小や徹底したコスト削減，軽量化などの古くて新しい課題に統合的に取り組むために，カーテクノロジー革新センターと改称し支援機能を整理統合していく予定である。

　以上，中国地方が直面した2つのパラダイムシフト，つまりモジュール化と

カーエレクトロニクス化を出発点として，中国5県の自動車クラスターならびに次世代自動車への取り組みを述べてきた。

プラットフォーム開発能力を持つ自動車メーカーが立地する広島県は，電動化要素部品の開発に重点を置いている。組立工場あるいは部品産業が立地する他の4県では岡山県と鳥取県が，EVやコミューターといったプラットフォーム開発まで踏み込んだ取り組みを行っている。島根県や山口県はベンチマーク活動や研究会で実力を磨いている。このように，次世代自動車が本格化していく中で，地域の自動車ビジネスを拡大していく戦略に違いが出てきている。

中国地方の各県は，それぞれの持つ特徴を活かして自動車産業振興に取り組んでおり，類似性の高い東北地方がどういう産業振興戦略をとっていくか，中国地方の取り組みを十分に参考とされたい。

【注】

1) ベンチマーク活動あるいはベンチマーキング（Bench marking）とは，本来は，ある事柄に対する価値判断などでの基準づけを意味する。JIS生産管理用語では，企業経営において戦略や種々のビジネスプロセスについて，「特定企業の優れた活動の状況を記録として残し，企業活動の一つの基準とする方法。Z8141-1119」としている。日本経営工学会編『生産管理用語辞典』日本規格協会，2002年，407ページ。
2) VE（Value Engineering）とは，価値工学とも呼ばれ，ある製品の開発において，その製品が備えるべき機能とは何かを原点に立ち返って評価し，設計構造や素材などを設計段階から見直すことで，コスト削減を図る手法である。
3) 『平成23年度　広島県環境対応車社会適合性研究事業結果報告』による。
4) International Energy Agency, *World Energy Outlook 2010*, 2010, p.122.
5) 「中国，次世代エコカー育成，20年に累計500万台計画」『日本経済新聞』2012年4月19日。
6) 2013年4月1日付け広島県次世代産業課発表より。

第Ⅲ部

東北自動車産業の発展に向けて

── 第10章 ──

自動車産業集積地としての東北，中国，九州

共通の課題，異なる前提条件

目代武史

1．はじめに

　本章では，東北，中国，九州の3つの地域における自動車産業集積の比較を通じて，産業集積としての特徴や課題の相違について考察していく。

　昨今，いずれの地域も厳しい国際的な生産拠点間競争に直面している。また，自動車の電動化・電子制御化，さらには電気自動車やプラグインハイブリッド車，燃料電池車といった次世代自動車に対してどのように対応するかといった課題も共通している。

　他方で，東北と九州はいまだ発展途中の新興自動車生産地である一方，中国地域は長い歴史を誇る成熟した自動車産業集積地である。そのため，部品サプライヤーや金型・治具メーカーの集積は，量的にも質的にも違いがある。東北や九州が集積地としての競争力を高めていくためには，中国地域のような質量ともに充実した集積を形成することが望ましい。ただし，各地域での集積形成における時代背景は同じではない。中国地域は高度経済成長期に先行的に自動車産業集積を高めていった。九州もまた1990年代半ばから2000年代中盤までの日本車の輸出が好調な時期に，集積が拡大していった。一方，東北はこれから自動車産業集積としての離陸期に入るが，輸出が海外現地生産に置き換わっていき国内生産が減少傾向にある中で集積強化を図っていかなければならない点に違いがある。

　このように，東北，中国，九州は，自動車産業集積として同時代的な課題に直面しているが，これまでの発展経路や発展段階の違いから，個別には異なった課題に取り組んでいかなければならない。本章では，こうした問題についてより具体的に各地域の状況を見ていき，今後の産業振興における論点を整理していきたい。

2．東北，中国，九州地域における自動車産業集積の様相

本書では，すでにこれまでに東北，中国，九州の自動車産業集積の特徴について検討してきたが，本節では改めて3地域の特徴を整理してみたい。

（1）自動車産業集積の概要

まず，各地域の産業集積の規模をみていこう。図10-1は，3地域の比較が可能になった1993年から2012年までの完成車生産台数の推移を示している。1993年は，東北では関東自動車工業岩手工場が，九州ではトヨタ九州が操業を本格化した年である。この年における両地域の生産台数は，それぞれ1万9,000台，45万台であった。他方，中国地域では，1993年はバブル景気の頂点でもあり，170万台を超える生産台数を記録した。しかし，バブル崩壊後は，中国地方における生産台数は減少を続けた。2000年代半ばには好調な輸出に支えられ，160万台規模

図10-1 東北，中国，九州における完成車生産台数の推移

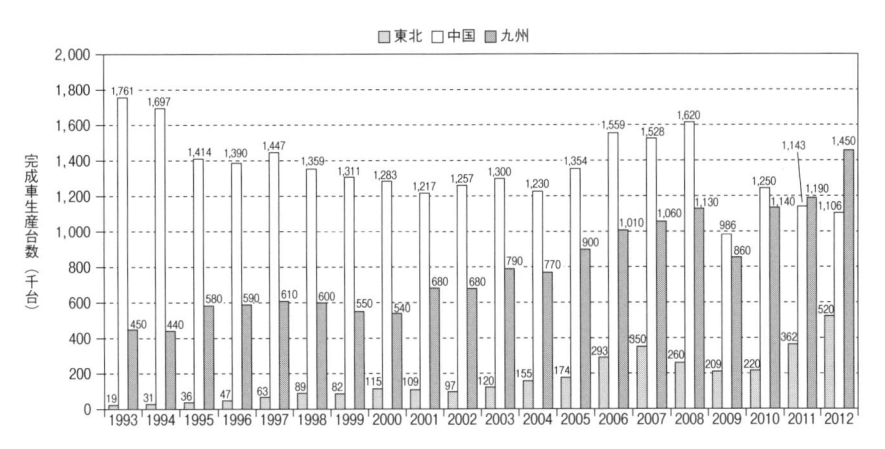

年	東北	中国	九州
1993	19	1,761	450
1994	31	1,697	440
1995	36	1,414	580
1996	47	1,390	590
1997	63	1,447	610
1998	89	1,359	600
1999	82	1,311	550
2000	115	1,283	540
2001	109	1,217	680
2002	97	1,257	680
2003	120	1,300	790
2004	155	1,230	770
2005	174	1,354	900
2006	293	1,559	1,010
2007	350	1,528	1,060
2008	260	1,620	1,130
2009	209	986	860
2010	220	1,250	1,140
2011	362	1,190	1,106
2012	520	1,143	1,450

（注）中国および九州は暦年ベース。東北については暦年ベースか年度ベースかは不明。そのため厳密な地域間比較はできない点に注意されたい。

（出所）1．中国および九州のデータは，ひろぎん経済研究所調べ。
　　　　2．東北の生産台数は，1993年～2005年までは，小林英夫・丸川知雄編著『地域振興における自動車・同部品産業の役割』社会評論社，2007年，34ページによる。2006年～2010年の生産台数は，田中武憲「東北のモノづくり復興における関東自動車工業岩手工場の役割」『名城論叢』第12巻第4号，2012年，38～39ページ，2011年は「みやぎ自動車産業振興プラン」2012年5月，12ページ，2012年は「河北新報」2013年4月11日による。

図10-2 東北，中国，九州における自動車関連産業の集積状況

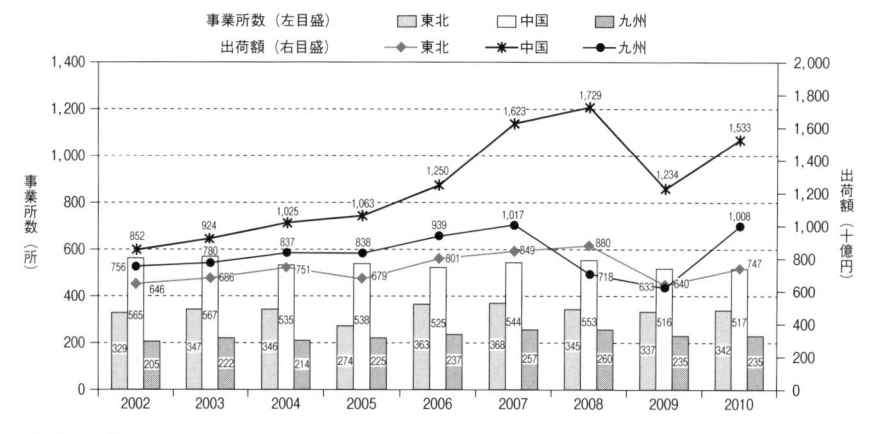

(注) 自動車関連産業として「自動車タイヤ・チューブ製造業」「自動車車体・付随車製造業」「自動車部分品・付属品製造業」を集計。
(出所) 工業統計表「産業細分類別統計表（経済産業局別・都道府県別表）」各年版より筆者作成。

の生産台数まで回復したが，リーマンショック時に再び急激な生産台数の落ち込みを経験した。この間，九州では生産台数は順調に伸びていき，2006年には100万台を突破した。リーマンショック時には生産が落ち込んだが，翌年には回復し，2011年には中国地域の生産台数を逆転するに至った。

中国地域や九州と比べると，東北の生産規模は非常に小さい。生産台数が10万台を超えたのは2000年に入ってからで，2007年には35万台に達した。2010年末には，宮城県に本社移転してきたセントラル自動車の生産が始まったが，2011年3月に発生した東日本大震災により生産活動に大きな打撃を受けた。しかし，その後サプライチェーンの急速な回復，小型ハイブリッド車アクアの生産開始等により，2012年の生産台数は50万台を超える水準にまで成長を遂げた。

次に，部品産業の集積状況を比較する。図10-2は，各地域の自動車関連産業の事業所数および出荷額の推移を示している。工業統計表によると，中国地域の自動車関連産業の事業所数は550ヵ所前後であるのに対し，東北は約350ヵ所，九州は250ヵ所程度となっている。完成車生産台数が大幅に小さい東北の方が，九州よりも事業所数が多くなっているのは，福島県に立地するサプライヤー数が多いためである。例えば，2010年における東北全体の自動車関連産業の事業所数は342ヵ所であったが，このうち福島県には111の事業所が立地している。福島

県のサプライヤーは，歴史的に北関東に工場を構えるホンダや富士重工，日産などへの部品供給拠点として発展してきた経緯があるため，完成車の生産規模とは乖離があるのである。

自動車関連産業の出荷額を見ても，中国地域は東北や九州と比較すると突出して大きく，1兆5,000億円前後の規模を誇っている。それに対し，東北は8,000億円前後，九州は9,000億円前後の出荷額となっている。ただし，事業所数と同様，出荷額も福島県の比重が大きい点には注意が必要である。2010年における東北全体の出荷額は，約7,467億円であったが，そのうち福島県の出荷額は3,133億円に達し，4割以上を占めている。

このように，自動車関連産業の事業所数や出荷額をみると，東北は九州と遜色ない規模となっている。しかし，その多くの部分は北関東とリンクした福島県の産業集積を反映したものであり，1990年代以降トヨタグループ第3の拠点として発展を開始した岩手県や山形県，宮城県の自動車関連産業の集積規模は，九州とはまだ大きな差が存在している。

(2) 車両開発－工程開発－生産機能

では次に，各地域における集積の中身について比較していこう。自動車産業として長い歴史を持つ中国地域には，研究開発から調達，生産に至る機能を有するマツダ本社と三菱水島工場が立地している。それに対し，東北と九州は，基本的に生産機能に特化したサテライト拠点である。表10－1は各地域の産業集積としての特徴を整理している。

まず，研究開発について見ていくと，中国地域には，マツダ本社が先行技術開発からプラットフォーム開発，エンジンやトランスミッションなどの基幹ユニット開発，車両開発までフルセットで開発機能を有している。それに付随して，中国地域に進出している1次サプライヤーや地元1次サプライヤーも部品開発機能を有しており，マツダと一体的に部品開発に取り組んでいる。自動車産業では，部品の調達先も開発段階でおおむね決定されるが，地域内に開発機能を有するマツダはもちろん，1次サプライヤーも調達決定権を持ち合わせている。

それに対し，東北や九州では，域内における開発機能は非常に限定的である。東北の場合，トヨタ東日本が車両開発機能を有しているが，開発拠点は静岡県の東富士総合センターにある。トヨタ東日本が生産する車種は，東富士総合センターにおいてトヨタ本社の開発部門と協働しつつ車両開発が進められる。部品に

表10-1　東北，中国，九州における自動車産業集積の特徴

	東北地方	中国地方	九州地方
基礎研究 次世代自動車関連	岩手大学研究センター、東北大学未来科学技術共同研究センター、山形大学	広島大学、広島工業大学自動車システム研究センター、近畿大学次世代基盤技術研究所	九州大学次世代エネルギー研究センター（水素燃料電池、太陽電池等）、AIM事故防止安全支援、九州大学車両工学、九州国際大学（トヨタ九州と連携）、FAISレンタルスペース、カーエレ連携大学院
プラットフォーム、ユニット、車両、部品開発	● 域内には、PF／ユニット／車両設計一体的工程、車両開発機能なし（東海富士総合センター間発機能あり） ● 地元部品メーカーの部品設計機能は極めて限定的 ● 完成車メーカー、進出1次部品メーカーの調達方法を域内で設計	● マツダ本社にはPF／ユニット／車両開発機能あり ● 部品メーカーにも部品設計機能あり（完成車メーカーに調達決定権）	● 域内には、PF／ユニット／車両開発機能なし（トヨタ九州がボディ設計機能強化中） ● 地元部品メーカーの部品設計機能は極めて限定的 ● 完成車メーカー、進出1次部品メーカーの調達決定権は限定的
工程開発	完成車メーカーは車両設計と一体的に工程設計、域外で設計された部品の生産方法を域内で設計	完成車メーカーは車両設計・部品設計、部品メーカーと一体的に生産方法の設計	完成車メーカーと一体的に工程設計、域外で設計された部品の生産方法を域内で設計
生産活動	● トヨタグループ国内第3の生産拠点（小型車中心） ● 生産台数　50万台超（2012年） ● 地元調達率　5割弱（2009年時点）	● 生産台数　110万台超（2012年） ● 輸出比率約7割（マツダ） ● 塗装品の多くを域外調達（約4割）	● 生産台数　146万台（2012年） ● 輸出比率7〜8割（トヨタ九州、日産九州） ● 地元調達率6〜7割（内外装品中心）
地元部品メーカー／進出1次部品メーカー	トヨタ、デンソー、電装、東日本	マツダ、三菱自工水島製作所	トヨタ九州、日産九州、日産車体九州
利用	● EV、PHV社会実験、普及推進（EV、PHV）の導入、急速充電器の設置、ITSインフラの整備 ● EVタウン（青森県）、PHV推進事業	● EV、PHV社会実験、普及推進（EV、PHV）の導入、急速充電器の設置、ITSインフラの整備 ● EVタウン（岡山県）、PHV推進事業	● EV、PHV社会実験、普及推進（EV、PHV）の導入、急速充電器の設置、ITSインフラの整備 ● EVタウン（佐賀県、長崎県）、PHV推進事業（熊本県）

（出所）筆者作成。

ついてもこの段階で調達先が決定され，トヨタ本社が主導的に調達先を決定する。

　また，九州では，トヨタ九州とダイハツ九州がボディ設計機能の強化を現在図っているところであるが，現時点では限定モデルなどのボディ設計にとどまっている。また，プラットフォームの開発やエンジンなどのユニットの開発は，国内外で生産される多くの車種の基幹技術に関わるため，本社地区で行うのが原則であり，トヨタ九州，日産九州，ダイハツ九州ともにこれらの開発を九州で行う予定はない。ただし，ダイハツ工業は，2014年にエンジン開発拠点を福岡県久留米市に開設する予定としており，今後はエンジン設計機能が九州に立地することになる。現状では，九州で生産される車種は，関東や中部，関西といった本社地区で開発されており，部品の開発も本社地区の周辺に立地する進出サプライヤーの本社で行われている。そのため，部品調達の決定権についても，完成車メーカー，サプライヤーともに本社が有している。

　次に，工程開発であるが，3地域に立地する完成車メーカーは，ともに高い工程開発能力を地域に有している。例えば，トヨタ東日本は，トヨタグループで最新鋭の車両組立工場を有しており，コンパクトでフレキシブルな生産ラインを独自開発した。トヨタ東日本の前身である関東自動車工業とセントラル自動車は，ともに車体組立メーカーとして従来から高い工程開発能力を有していた。2011年1月に操業を開始した大衡工場（当時はセントラル自動車宮城工場）は，従来に比べ大幅に生産ラインをコンパクトなものとし，ラインも生産量に応じて伸縮できる構造とすることで高いフレキシビリティを実現している。九州においても完成車メーカーは高い工程開発能力を有しており，高い生産競争力を支える強みとなっている。

　一方，部品の工程開発については，地域によってやや事情が異なる。いずれの地域においても1次サプライヤーは独自の工程開発能力を持っているのだが，東北や九州においては部品設計は域外で行われ，その製造方法を域内で開発していく構図となっている。しかし一般に工業製品では，製品の開発段階で原価の大半が決まると言われており，製品（部品）開発と工程開発は一体的に進められることが望ましい。しかし，東北や九州では，すでに設計された部品を所与として，工程を開発していくことになるため，源流に遡った原価低減において不利な状況となっている。それに対し，中国地域では部品開発も域内で行うサプライヤーが多いため，工程開発とも一体的に原価低減や品質向上を図りやすい。

最後に，生産活動とサプライチェーンについてみていく。図10-1で示したように，東北の完成車の生産規模は2012年にようやく50万台を超えたところであり，中国地域（約110万台）や九州（146万台）と比べるとかなり小さい。九州では，トヨタ九州が進出した1990年代前半とダイハツ九州が移転してきた2000年代にかけてサプライヤーの立地が大きく増加した。集積が集積を呼ぶ状況になるためには一定規模以上の完成車生産台数が必要といえよう。また，中国地域と九州では，輸出比率が極めて高く，マツダは域内生産の約7割，日産九州・日産車体九州は7割強，トヨタ九州は8割以上を輸出している。

　部品の地元調達状況は，地域により違いがある。東北や九州では，嵩張り輸送効率の悪い内外装部品の地元調達化が進んできているが，高い性能要件を要する機能部品や荷姿の良い電装系部品は域外から供給されている。完成車メーカーが直接調達する部品の地元比率は，東北で5割弱，九州では6～7割程度である。しかし，1次部品の構成部品や素材の地元調達率は相対的に低く，サプライチェーン全体ではまだ地元調達化の余地は大きい。例えば，九州には伝統的に製鉄業の集積があるものの，自動車用の中・大型の金型を加工できるメーカーや金型用特殊鋼の供給業者が限られており，多くが広島や関西あるいは海外から調達されている。

　一方，中国地域においても地元調達率は意外にもさほど高くない。集計方法がそれぞれ異なるため，地域間の単純な比較はできないが，中国地域の地元調達率は約4割にとどまる。残りは4割が国内の他地域からの調達，2割が海外調達となっている（第9章第4節参照）。中国地域で地元調達されているのは，駆動・伝導および操縦装置やエンジン部品といった機械系部品や内外装部品などである。ABSやエアバッグ，エンジン／パワートレイン用制御ECUやその他の電装品・電子部品などは域外調達である。東北や九州では，機能系部品や電装部品の地元調達化が望まれているが，成熟した自動車産業集積地である中国地域でもこうした部品は必ずしも地元調達化されていない点は留意すべき事実と言えよう。

3．国際的な生産拠点間競争と東北・中国・九州

(1) 国際的な生産再編の動き

　近年，自動車メーカー各社は，海外市場の現地ニーズへの対応や為替相場の変動に強い生産体制の構築を目指して，海外での開発・調達・生産体制の強化を目

図10-3 日本自動車産業の国内生産および海外生産の状況

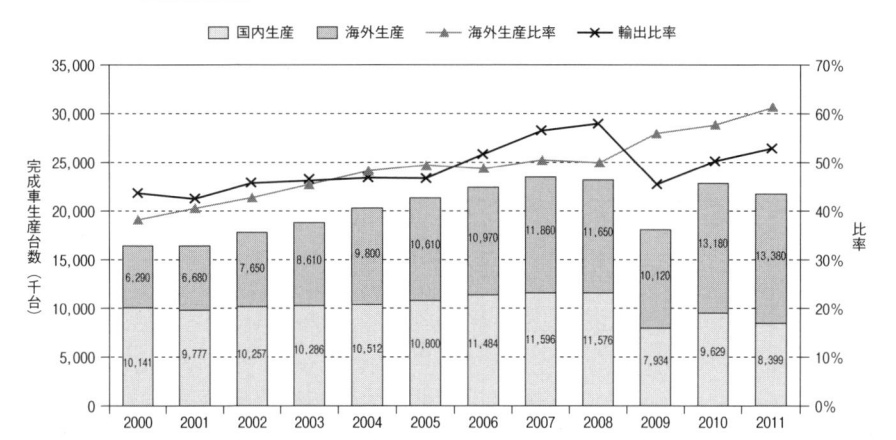

(注) 1. 生産台数は，乗用車，バス，トラックの合計。
2. 海外生産比率＝海外生産台数／（国内生産台数＋海外生産台数）
3. 輸出比率＝輸出台数／国内生産台数
(出所) 日本自動車工業会のデータにより筆者作成。

指している。図10-3は，日本の自動車産業の国内および海外生産台数の推移を示しており，国内生産が縮小する一方，海外生産が伸びていることがわかる。また，表10-2は，海外への生産移管の状況を整理している。多くの車種が日本からの輸出から現地生産へと切り替わっていく傾向にある。さらに，一部の車種では，海外生産した車両を日本に逆輸入するケースも出てきている。

このように，国内の自動車工場が生産を維持・発展させるためには，開発された車種の生産地としてふさわしいと本社に選ばれる力を強化していくことが必要条件となってくる[1]。東北，中国，九州の自動車産業は，国際的な生産ネットワークの一部を構成する存在であり，国内外の生産拠点に対し競争優位を構築していかなければ，生産車種を獲得・維持していくことはできない。

このことは，地域の自動車関連産業にとっても同様である。域内に立地する完成車工場は，車両の生産拠点として選ばれるべく，生産システムやサプライチェーンの最適化を追求している。地域の自動車関連企業は，部品や治具・金型，素材の調達先として地元の完成車メーカーに選ばれ続ける力を強化していかなければ，域外や海外からの輸入部品に域内の自動車部品需要を奪われる危険性に常に直面している。

表10-2 日本メーカーによる生産車種の海外移管の状況

	移管年	モデル	備考
トヨタグループ	2013年	ハイランダー	トヨタ九州から米インディアナ工場へ移管
		LexusRX	トヨタ九州からカナダ工場へ移管
	2015年	LexusES	トヨタ九州から米ケンタッキー工場へ移管
	未定	Lexus車種	中国での生産を検討
日産グループ	2010年	マーチ	追浜工場からタイ工場へ移管
	2012年	ティーダ	追浜工場での生産を終了
		ティーダラティオ	タイ工場から日本へ逆輸入
		新型ノート	追浜工場から日産九州へ移管
	2013年	ローグ	日産九州から米スマーナ工場、韓国ルノーサムソンへ移管
	2014年	ムラーノ	日産九州から米スマーナ工場へ移管
	未定	次期ティアナ	日産九州からタイ、中国、米工場へ移管予定
ホンダ	2012年	新型アコード	狭山工場から米オハイオ工場へ移管
マツダ	2014年頃	デミオ、アクセラ	国内からメキシコ工場へ移管
スズキ	2015年	Aスター	タイ工場から日本へ逆輸入
三菱自工	2012年	新型ミラージュ	タイ工場から日本に逆輸入

(注) 日産は、2012年末からの円安の進行を受け、2013年度中のローグの海外生産移管を延期する模様である(日本経済新聞、2013年4月12日朝刊)。

(出所) 機械振興協会経済研究所『空洞化の危機に直面するわが国自動車産業の国内立地競争力』2012年の図表1-4-2(9ページ)をベースに、アイアールシー『九州自動車産業の実態2013年版』2012年や各種報道資料の情報を追加。

(2) 地域により異なる影響

ただし、国際的な生産再編の動きが地域の自動車産業集積にどのような影響を与えるかは、東北や九州と中国地域では状況が異なる。

完成車の輸出比率の高い中国地域では、海外現地生産の拡大は地元における部品需要を大きく減少させるリスクをはらんでいる。例えば、マツダは2012年度のグローバル生産台数118万5,000台のうち、33万8,000台を海外で、84万7,000台は国内で生産した[2]。国内生産も約8割を輸出に回しており、海外市場に大きく依存した構造となっている。同社は、海外市場への適応と為替リスクへの対応のため、2016年を目標として国内生産と海外生産の比率を50対50にバランスさせる方針を掲げている。マツダは、海外需要の増加に海外生産の拡大で対応することにより、国内生産は維持するとしているが、国内生産が縮小する可能性は否定でき

ない。また、三菱自動車工業の水島製作所も深刻な稼働率低下に悩んでおり、2012年の稼働率は5割を切った模様である。そのため、2013年中に生産能力を4割削減し、年産約35万台の体制とする方針である[3]。三菱は、新型ミラージュ（2012年発売）の生産を全量タイで行い、日本を含め世界中に供給するなど、国際的な生産体制の集約を図っている。国内生産能力にはかなりの余剰感があり、今後さらに生産が縮小される可能性もある。

　中国地域には、すでに地域に根付いた自動車産業集積が形成されているだけに、完成車生産台数の減少は地域経済に大きな影響を与える。そのため、マツダや三菱水島製作所への取引依存度が高いサプライヤーは、海外進出や国内他系列への取引拡大を図っていかなければ、事業を維持していくことが難しくなっていくと予想される。

　一方、九州では1990年代から2000年代にかけて多くの生産車種が中部や関東の本社地区から移管され、完成車生産台数も大きく伸びた。その結果、集積が集積を呼ぶ状況となり、自動車関連産業の集積が進んだ。

　しかし、今後は逆に、九州で生産されていた車種が海外拠点へと移管されていく段階に入ろうとしている。特にトヨタ九州や日産九州、日産車体九州は輸出比率が高いため、海外拠点に対して生産拠点としての競争優位性を維持・向上させていかなければ、生産台数を維持できない恐れがある。

　完成車の生産拠点として九州は、中国や韓国の自動車産業集積と近く、廉価な海外部品の活用という点では有利である。しかし、この点は地元の自動車関連産業にとっては、物価水準や為替相場など競争条件の異なる海外の自動車産業集積地との競争を意味する。特に日産九州は、九州のみならず中国や韓国を含めて「地元」と定義しており、海外部品の調達にも積極的である。図10-4は、東北、中国、九州における自動車関連部品の輸出入額の推移を示している。九州の部品輸入額は、3地域の中で最も高いばかりでなく、年々増加傾向にあることがわかる。

　九州は、自動車関連産業の集積が進みつつある中で、海外生産拠点との競争時代を迎えている。1次部品に関しては、かなりの程度、地元調達化が進んできたが、構成部品や素材、金型・治具まで遡ると、まだ少なくない部分が域外からの供給に依存している。言い換えると、サプライチェーン全体を見ると、依然として部品の工程連鎖が間延びしている。九州が車両の量産拠点として競争優位を強化していくためには、工程連鎖を最適化する観点から地元調達化の推進を図って

図10-4 東北，中国，九州における自動車部品の輸出入状況

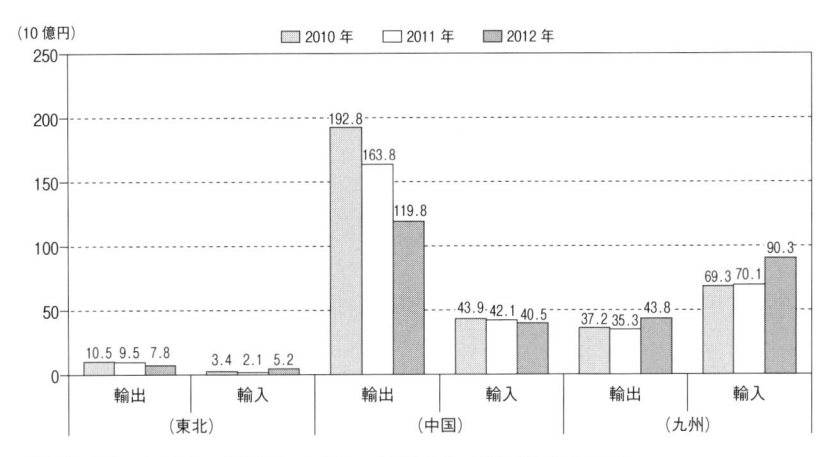

(10億円)
□ 2010年　□ 2011年　■ 2012年

	2010	2011	2012
輸出（東北）	10.5	9.5	7.8
輸入（東北）	3.4	2.1	5.2
輸出（中国）	192.8	163.8	119.8
輸入（中国）	43.9	42.1	40.5
輸出（九州）	37.2	35.3	43.8
輸入（九州）	69.3	70.1	90.3

(注)「自動車の部分品」の集計結果。ただし，中国地域は，「自動車の部分品」に加え，「自動車用の電気機器」を含む。なお，東北と九州には「自動車用の電気機器」に該当する品目はない。
(出所) 横浜税関，神戸税関，門司税関公表のデータにより筆者作成。

いく必要があろう。

　最後に，東北では，自動車産業集積が未成熟な段階から，国際的な生産拠点間競争に直面している。トヨタ東日本は，コンパクト車の生産拠点であり，ヤリスセダンなどの輸出向け車種の生産も行っている。しかし，トヨタグループは海外需要に対して現地開発・現地生産で対応する戦略であり，日本からの輸出が海外現地生産に置きかえられていく可能性がある。中国地域や九州では，輸出が域内における生産規模の拡大をけん引したが，東北では外需を取り込む形で生産規模を大幅に拡大していくことは期待できない。幸い同社では，2011年末から生産を開始した小型HVの販売が好調であり，高水準の操業が続いている。しかし，2012年の完成車生産台数は50万台強にとどまり，集積が集積を呼ぶ規模にはまだ至っていない。したがって東北では，中国地域や九州ほど大きな生産規模が確保できないかもしれない状況の中で，自動車関連産業の集積を図っていかなければならない点に競争力強化の難しさがある。

4．次世代自動車への対応

　地域の自動車産業振興においてもう1つの大きなテーマとなっているのが次世代自動車および次世代モビリティ社会への対応である。ガソリンエンジンなど内燃機関をベースとした自動車からモーターやバッテリーを主な駆動源とするEVやPHV，FCVに自動車がシフトすると，産業構造も大きく変化すると予想されるためである。このテーマに関しては，成熟した自動車産業集積地である中国地域と新興集積地である東北・九州で取り組みの姿勢や課題が異なる。

（1）現実的取り組みを進める中国地域

　次世代自動車に対する中国地域の取り組みは，東北や九州と比べると現実的である。第9章で議論したように，地元サプライヤーの多くが供給するメカ系部品が電動化・電子制御化により，部品そのものがなくなったり，大きく要素技術が切り替わったりする可能性があるためである。中国地域は，内燃機関をベースとする自動車の開発・生産拠点としてすでに確立した産業集積を有するだけに，EV化やPHV化への対応は切実な課題である。

　そこで中国地域では，今後の自動車技術の変化が地域の部品産業にどのような影響を与えるのか研究を重ねてきた。次世代自動車の開発動向や普及予測といった一般的な動向だけでなく，地元の完成車メーカーが地元調達する部品がどのような影響を受けるのかを調査研究してきた。その過程で，地元に研究開発機能を持つ完成車メーカーが存在する点は，次世代自動車の影響を検討するうえで東北や九州にない利点となっている。

　中国地方の中核企業であるマツダは，今後も内燃機関がかなりの長期にわたり自動車技術の中核であり続けると考えている。同社は技術開発戦略として，中核技術である内燃機関の性能をまず磨いていき，その上にアイドリングストップ機能やエネルギー回生機能などを付加していく「ビルディングブロック戦略」を標榜している。すなわち，一足飛びにEVにシフトするのではなく，内燃機関に電動システムや電子制御技術を段階的に加えていくことで，実用的な技術を現実的な価格帯で市場導入していく戦略である。

　また，中国地域の調査団が2012年に行った欧州調査によると，VWやBosch，AVLといった欧州の有力完成車メーカーやサプライヤー，システムエンジニア

リング会社は，今後の車両技術としてEVよりも発電用エンジンを搭載したレンジエクステンダーEVを有力視していることが明らかになった[4]。レンジエクステンダーEVは，名称こそEVとなっているが，複数の動力源を持つという点ではある種のHVである。国内では，トヨタがHVからPHVへと段階的に電動比率を高めていく戦略をとっており，欧州と日本とで経路は異なるものの方向性は収斂しつつある。

こうした状況を踏まえ，中国地域では，車両システムの電動化・電子制御が進み，地元サプライヤーに短・中期的に影響を与える領域と，長期的に技術の高度化や実用化が望まれる領域の二本立てで対応を考えている。表10-1の点線で囲まれた領域は，次世代自動車に関わる取り組みを表している。短期的な対応が必要な領域では，マツダや地元の産業振興機関の支援を受けつつ，例えば，エンジン補機類の電動化への対応や部品素材の軽量化といったテーマに取り組んでいる。長期的なテーマとしては，ひろしま医工連携・先進イノベーション拠点が地元企業とも連携しながら，電動化に伴って発生する電磁波が人体に与える影響などを研究し，電磁波を防御する素材やシステムの研究開発に着手している。

このように中国地域では，次世代自動車の発展の方向性を見据えつつ，地元産業集積の特性と実力を勘案した現実的な取り組みを行っている。

(2) 九州・東北における取り組みとミッシングリンク

一方，九州や東北における次世代自動車に対する取り組みはいくぶん野心的である。

例えば，九州では，福岡県が「福岡水素戦略（Hy-Lifeプロジェクト）」のもと，水素の製造，輸送・貯蔵，利用までをカバーする研究開発や人材育成，社会実証，新産業の育成に取り組んでいる。その中で，水素をエネルギー媒体とする燃料電池車に関する研究開発も推進している。九州大学の水素エネルギー国際研究センターや次世代燃料電池産学連携センター，カーボンニュートラル・エネルギー国際研究所などの研究機関が，水素技術に関わる基礎研究を推進している。この他にも，FAISカー・エレクトロニクスセンターや九州大学大学院オートモーティブサイエンス専攻などが自動車先端技術の研究・教育を行っている。

東北においても，東北大学の未来科学技術共同研究センターが「次世代移動体システム研究会」を立ち上げ，産官学が連携して次世代自動車の基礎研究に取り組んでいる。環境と安全に配慮した次世代の移動体とそのシステムを提案してい

くことで，次世代自動車の研究開発・生産拠点として産業集積の高度化が目指されている。

また，電気自動車などの次世代自動車と高度道路交通システム（ITS）を活用した次世代自動車の普及・利用を促進する社会実験も行われている。これは，経済産業省が推進する「EV・PHVタウン構想」の一環であり，九州では長崎県や熊本県，佐賀県が，東北では青森県が実施主体となっている。

こうした一連の取り組みは，次世代自動車および次世代モビリティ社会の到来を見据えて，内燃機関自動車の生産サテライト拠点から次世代自動車の研究開発拠点へと一気に産業集積の高度化を図ろうとするものである。両地域とも地域に東北大学や九州大学などの高度な基礎研究拠点を持つことが強みとなっている。

しかし一方で，東北や九州で発展を遂げつつある自動車産業集積は，生産機能に特化しており，次世代自動車の研究開発の取り組みとは乖離がある。表10-1の点線で囲まれた部分が東北，九州における次世代自動車関連の取り組みや推進主体を表しているが，基礎研究や利用に関する取り組みはあるものの，次世代自動車の商業化につながる車両開発や生産を担う主体は地域内にほとんど存在しない。九州では，トヨタ九州やダイハツ九州がボディ設計機能を強化しつつあるが，これはあくまでも量産対象車種に関して製造性の良い車両設計を実現するための取り組みであり，次世代自動車を開発するものではない。

東北では，トヨタ東日本が岩手工場で最新の小型HVを量産しており，HV用エンジンの生産も大和工場で開始する計画である。また，HV用二次電池を生産するプライムアースEVエナジーといった次世代自動車に関わる企業も存在する。しかし，HVの研究開発は，トヨタ本社で行われており，東北に次世代自動車に関する基礎研究成果を受け止め，実用化するための開発機能は現時点ではほとんど存在していない。トヨタ東日本は，車両の企画・開発を行う機能を有しているが，その開発拠点は静岡にある。

また，急速充電器の設置やITSの試験的導入など，EV普及のための取り組みも熱心に行われている。しかし，利用インフラを整備すれば，EVの開発や生産も地元で行えるようになるわけではない。ガソリンスタンドは全国にあるが，ガソリン車の工場が全国にあるわけではないのと同じである。

このように，九州や東北では，次世代自動車の研究活動と生産拠点としての自動車産業集積との間にミッシングリンクがある。中国地域における現実的な取り組みと比べると，次世代自動車に関わる何を地域として獲りに行くかという視点

が欠けており，せっかくの先行投資的取り組みを地域にどのように還元するのか戦略的な道筋を描けているとは言い難い。

5．おわりに

　自動車産業は，東北，中国，九州のいずれの地域においても地元経済を支える重要な柱となっている。そのため，自動車産業振興に向けて各地域が相互に学び合うことは非常に重要である。

　海外生産の拡充により域内生産が伸び悩む恐れのある中国地域にとって，150万台規模の自動車産業集積に成長した九州は，有望な部品市場である。九州にとっても中国地域は，自動車産業の先輩地域であることから，両地域では2012年度から中国経済産業局と九州経済産業局が中心となって「中国地域・九州地域の自動車産業に係る合同有識者会議」という相互交流の場を設け，両地域が一体となった自動車産業振興へ向けた取り組みを始めている。

　一方で，本社機能を持つ完成車メーカーの有無など，中国地域と東北・九州とでは産業集積としての前提条件が異なり，中国地域の取り組みを東北や九州がそのまま真似ることもできない。また，中国地域や九州では，輸出がけん引力となり産業集積を拡大することができたが，海外現地開発・現地生産が基本となりつつある中で，東北では産業集積の推進力として輸出の拡大を当てにすることもできない。

　こうした中，東北や九州が中国地域から学ぶべきは，地域の特性や実力を勘案したリアリティのある自動車産業振興の考え方やそれを推進する産官学連携の枠組みであろう。第9章や本章第4節で論じたように，中国地域では自動車技術の電動化や電子制御化が，域内の自動車部品産業の大きな脅威となっており，産官学を挙げて対応に取り組んでいる。その際，一足飛びにEVの開発に走るのではなく，国内外の自動車技術の開発動向を実地調査しつつ，域内のサプライヤーに影響のある領域におけるキャッチアップ戦略と，将来的に必要になってくる技術領域における待ち伏せ戦略の両面で産官学共同の研究開発を推進している。こうした取り組みにおいて自動車産業に精通した自動車メーカーのOB人材が豊富に存在することは，中国地域の強みとなっているが，東北や九州においても同様の取り組みは十分に可能であろう。こうした産官学共同の取り組みにおいて，中国地域ではいかに課題を明確化し，関係者間で共有し，実効性のある協業に落とし

込んでいっているのかをベンチマークすることは，東北や九州の自動車産業にとって重要な教訓となろう。

【注】
1）藤本隆宏『ものづくりからの復活』日本経済新聞出版社，2012年，83～85ページ。
2）マツダ「アニュアル・レポート2012」，5ページ。
3）「三菱自，水島のライン集約，生産能力なお過剰」『日本経済新聞』2013年4月23日（朝刊）。
4）（一財）ひろぎん経済研究所『平成24年度　医工連携・先進環境対応車創出事業　事業報告書』2013年3月，78～98ページ。

第 11 章

東北自動車産業の発展への課題

折橋伸哉

　第Ⅰ部では，東北地方における自動車産業の現状を概観し，東北経済の歩みと現状を踏まえた上で，宮城・岩手・山形の各県における取り組みについて分析した。宮城・岩手両県における地場企業育成の最前線で活躍されている萱場文彦氏そして鈴木高繁氏の講演記録も収録し，現場で何が課題になっているのか，率直なところを理解することができた。そして，第Ⅱ部では，九州および中国地方における自動車産業の現状および課題について，それぞれの地域でのオピニオンリーダー自身が分析を行った。そして，第Ⅲ部第10章では，東北も含めた3地域における自動車産業集積の比較を通じて，産業集積としての特徴や課題の相違について考察した。

　本書を締めくくるのにあたり，東北地方において自動車産業を発展させる上での課題について，これまで本書や開催してきたシンポジウムにおいて展開されてきたさまざまな議論を踏まえつつ考察したい。

1．東北地方の自動車産業基地としての強み・弱み

　本節ではまず，東北地方の自動車産業基地としての強みおよび弱みについて，第Ⅰ部での議論などを踏まえて，改めてまとめておく[1]。なお，これから述べる全体像を一覧にしたのが，表11-1である。

(1) 強みとなりうる要素
　第一に，技能労働者の豊富な供給余力。これは，トヨタ自動車（以下，トヨタ）が東北地方を第三の拠点として位置づける上で，まさに最も強力な誘因となってきたのだが，東日本大震災後，復興関連事業の本格化に伴う人材需要の高まりに

表 11-1　東北地方の自動車産業の強みと弱み

	プラス	マイナス
内部条件	・技能労働者の豊富な供給余力 ・技能労働者の定着率高 ・電機産業で培ったもの造り能力（小物部品，多品種少量，金型一貫内製） ・東北大等が持つ先端技術シーズ ・産学連携に積極的な大学の存在（岩手大など） ・工業用地の確保が容易かつ低コスト ・地元行政の支援 ・リスク分散	・自動車関連産業の集積不足 ・電機産業に合わせた事業システム（生産・資金繰り）・ビジネスマインド（短期志向） ・自動車事業の経験・理解不足 ・完成車・1次サプライヤーの開発・調達機能が無い ・現場管理・開発設計レベルのもの造り人材不足 ・自動車部品についての提案・設計能力不足 ・過疎化・少子高齢化，大学進学率上昇などにより，技能労働者の層が意外と薄い
外部条件	・トヨタ系車両組立メーカーに加え，一部の1次サプライヤーの進出	・今後，供給先市場に大きな成長見込み薄＝自動車産業の地産地消傾向＋国内市場の低迷 ・先進地域（東海・九州）の生産拠点との競合
	・自動車産業の一大集積のある北関東に地理的に近い ・自動車の電子制御化への動き→アーキテクチャにも変化？ ・新興国・途上国における自動車市場および産業の興隆 ・経済のボーダーレス化＝国際競争力が欠かせない	

出所：目代武史「東北地方の自動車産業の実情―実態調査に基づく分析―」『東北学院大学東北産業経済研究所紀要』第29号，2010年3月，20ページの図5を筆者が加筆修正

よって，早くも黄信号が灯っている。実際，被災地でもある宮城・岩手両県の有効求人倍率は，最近，軒並み全国平均を大きく上回っている[2]。

　第二に，技能労働者の定着率が相対的に高いこと。東北地方の人々の純朴さがこれを支えているといわれる。いうまでもなく，これは生産現場でのものづくり能力の蓄積・向上に大きく寄与する。

　第三に，高度成長期以来，電機・電子産業で培ったものづくり能力。小物部品の生産を長年行ってきたことや，金型専門メーカーが地域に存在しないために，第3章で登場したA社やC社にみられるように，自社で金型を内製することを通じてその製作ノウハウを身につけたこと，多品種少量生産に対応できることなどがあげられる。

第四に，東北大学などが持っている先端技術シーズ。理工学系では，電気通信など世界的な水準に達している分野を数多く抱えており，この中には次世代自動車向けに活かせる可能性が高いものも少なくない。実際，東北大学はトヨタといくつかの分野で共同研究を行っている。山形大学など他の東北地方の大学工学部でもこうしたシーズはあり，その活用が期待される。

　第五に，岩手大学など産学連携に積極的な大学の存在。例えば，岩手大学はトヨタ東日本岩手工場に近い岩手県北上市に金型研究センターを設けている。

　第六に，工業用地の確保が容易かつ低コストである点。

　第七に，既存の工場から一定の距離がある東北地方に生産拠点を持つことは，リスク分散につながる点。直線距離で500キロ以上離れている愛知県豊田市周辺と宮城県仙台市周辺とが同時に大地震に見舞われる可能性は低いだろう。なお，「トヨタの第二の拠点」である福岡県は，直線距離で豊田市と800キロ程度離れており，これまた同時に大地震の被害に見舞われる可能性は低いだろう。

（2）弱みとなり得る要素

　その一方で，弱みとなり得る要素も数多い。

　第一に，詳しくは第Ⅰ部の各章や第10章などでも述べてきたとおりであるが，自動車関連産業の集積が圧倒的に不足している。

　第二に，地場メーカーが，これまで拠ってきた電機産業に合わせた事業システム・ビジネスマインドに固執する傾向があること。

　第三に，地場企業経営者の自動車産業についての経験・理解不足。とりわけ，承認図方式やモデルチェンジサイクルの長さについて。

　第四に，自動車メーカーおよび1次サプライヤーの開発および実質的な調達機能が東北地方にはない点。トヨタ東日本は，調達部門の出先組織を宮城県大衡村の本社内，すなわち東北地方に設けてはいるが，調達先の最終的な決定権限は，最終製品の納入先であるトヨタ本社（愛知県豊田市）の調達部門が依然握っているとみられる。さらに，トヨタ東日本の開発機能の主力は，トヨタ本体の東富士研究所に隣接する同社東富士工場内にある。各種報道では，トヨタが，トヨタ東日本が生産している車種について，調達先の決定権限をトヨタ東日本に委譲する方向ともいわれているが，多分に希望的観測に基づいているとみられ，実際のところどうなるかは，現時点では決して楽観することはできない。

　第五に，現場管理・開発設計レベルのものづくり人材が圧倒的に不足してい

る。第2章や付録1でも指摘されているように，高度成長期以来，電機・電子産業が東北地方に進出して一定の工業集積を形成してきたのであるが，大半の進出企業はその「頭」の部分，すなわち研究・開発機能はそれぞれの創業の地であり，かつ本拠でもある太平洋ベルト地帯に残したことも，この背景にある。工学系の教育・研究機関は少ないながらも確かに存在し，優秀な人材を輩出してきたのだが，こうして受け皿となる企業が地域に存在してこなかったためにその大半が東北地方を後にしてきたのである[3]。したがって，自動車部品についての提案・設計能力が不足している。

　第六に，過疎化や少子高齢化の進展，大学進学率の上昇などから，技能労働者の層が意外と薄い点。この点についても詳しくは後述する。

　第七に，今後，供給先の市場に大きな成長が見込めない点。これは日本国内の自動車組立生産拠点に共通することだが，第10章でもふれている通り，自動車メーカー各社ともに今後は原則として消費地において完成車組立生産を行う方針である。頼みの日本国内市場も，すでに人口減少局面に入っていることや高齢化の進展，そもそも市場自体が成熟しきっていることなどから，今後拡大は見込めないばかりではなく，縮小していくことが予想される。

（3）プラスにもマイナスにもなり得る要素

　もちろん，プラスにもマイナスにもなり得る要因も存在する。

　第一に，富士重工業（群馬県太田市），本田技研工業（埼玉県狭山市および寄居町），日産自動車（栃木県上三川町）といった自動車メーカーおよびその関連サプライヤー群といった，自動車産業の一大集積のある北関東に隣接している点。とりわけ，福島県，および宮城・山形両県の南部に可能性がある。1次サプライヤーを誘致する上で，トヨタ東日本以外への納入可能性があることはプラスになり得る反面，北関東に立地している各自動車メーカー系のサプライヤー群にも，トヨタ東日本の東北地方の各工場への納入可能性があるともいえる。

　第二に，自動車の電動化・電子制御化がますます進んできている点。自動車そのものの製品アーキテクチャ（設計思想）にも今後変化が生じる可能性があり，そうなるとこれまでの産業構造にも変化が生じる可能性がある。ただ，高速で走行する自動車に求められる機能は，その動力源にかかわらず引き続き多岐にわたることなどから，自動車の製品アーキテクチャそのものが現在のインテグラル（摺り合わせ）・アーキテクチャからモジュラー（組み合わせ）・アーキテクチャへと

無条件に変化することはないと考える[4]。

　第三に，トヨタによって小型乗用車の生産拠点として位置づけられている点。先述の通り，小型乗用車は自動車市場が急拡大している新興国において主力セグメントであり，また原油価格の高騰に伴い，米国市場でもその構成比率が拡大傾向である。したがって，伸びしろは確かに大きい。その一方で，市場に魅力があるということは，それだけ多くの競争相手が参入し，世界的に熾烈な競争が展開されていることを意味している。一時の超円高の状態は修正されたものの，依然として円高水準であることには変わりはない中で，勝ち残っていくことは決して容易なことではない。また，先述の自動車産業全体の「地産地消」への動きもあり，輸出市場に大きな期待をすることはできない。

2．越えなければならない課題

　本節では，前節の分析を踏まえて，自動車産業を東北に根付かせる上で越えなければならない課題について，部品調達における課題と人材育成における課題とに分けて論じる。

（1）部品調達における課題

　先述のような，トヨタの「日本国内第三の拠点化」といったチャンスを，東北経済の復興および活性化に本当につなげられるかどうかは，東北地方で生産する自動車の構成部品の生産を，どれだけ東北地方内で担うことができるかにかかっている。

　むろん，その担い手には，車両組立工場における内製も含まれるが，その範囲は海外生産工場などの事例などから，バンパーなどの樹脂大物部品など極めて限定的であろう（自動車メーカー自体が，長年外注に依存してきたことによって，その生産技術を喪失している部品が数多い）。では，自動車メーカーと直接取引を行う，いわゆる1次サプライヤーの段階はどうかというと，その一角に，自動車部品の開発・生産の実績がない地場メーカーが食い込むのは正直言って不可能である。したがって，1次サプライヤーについては，現在その多くが立地している中部地方などから進出してもらうほかない。しかし，地場企業がその下の2次サプライヤー以下の裾野を支える存在として参画できないと，1次サプライヤーの東北進出へのモチベーションは決して高まらないし，結果として東北経済も潤うことはな

い。完成品の組立を行うことによって一定の雇用が生まれても，より多くの付加価値を東北地方で加えないと，その分創出される雇用は少なくなり，経済効果も自ずと限定的になるからである。

　しかしながら，地場企業が自動車部品生産に参入するには越えなければならないさまざまなハードルがある。そこで，「はじめに」でも述べたように，東北学院大学経営学部自動車研究チームでは，2008年以来，これまで5回にわたって公開シンポジウムを開催し，他地域からも識者をお招きしながら，いろいろと議論を深めてきた[5]。

　では，どういったハードルがあるのかについて，本書の各章やシンポジウムでのこれまでの議論を振り返りながら，述べていきたい。

① 自動車部品産業の集積が乏しいこと

　まず，何といっても，自動車部品産業の集積が乏しいことが，東北地方の大きな弱点である。

　東北地方における自動車組立ラインは，しばらくの間，バブル期に企画され，バブル崩壊直後の1993年に稼働を開始した関東自動車工業岩手工場の第1ラインのみであった。同工場向けの生産だけでは，ほとんどの場合，到底採算ベースには乗らないことから，1次サプライヤーの進出はあまり進まなかった。ただ，第1章でふれたように，それ以前の1960年代から進出しているアルプス電気やケーヒンが，地場メーカーを育て，一定の集積を形成していたのも事実である。

　その後，2011年のセントラル自動車の宮城県への移転で，東北地方の自動車生産能力は一定規模を確保しつつある。しかし，かつてトヨタや日産，ダイハツなどが九州地方に進出した際とは違って，日本国内での自動車生産の拡大は今後，見込み難いのが現状である。実際，中部地方での自動車生産台数はかつて各社が九州地方に進出した際のように増えるどころか，むしろ少し前までの超円高も大いに災いして大幅に減少している。そのため，東北地方の自動車産業集積を充実させたいという立場からは1次サプライヤーの進出を期待したいものの，先述の事情から中部地方における1次サプライヤーの既存工場に豊富な供給余力があるので，自ずと進出ペースはかつての九州進出時よりも鈍くなることが予想される。運賃や在庫負担は掛かるものの，同じ日本国内なので当然のことながら発展途上国とは違って関税などは掛からないので，既存工場で生産した上で運べばいいからである。多くが高度成長期に建設された既存工場における，設備の老朽化

の進行や人材確保難の顕在化といった要因が，1次サプライヤーの意思決定に影響を与えることももちろん有り得るが。

② 2次・3次サプライヤーの層が薄い

加えて，2次・3次サプライヤーの層も薄い。中部地方などから東北地方への進出は，その企業体力から，極めて少ない上に，自動車産業の要求水準（QCD共に）を満たす部品を安定的に納入できる実力を持った地場メーカーも少ないのが実態である。また，各種素材についてもほとんど生産基地は東北地方には存在せず，関東以南からの供給に依存している。したがって，第3章に具体的な例があげられているように，不可避的にサプライチェーン全体にわたって緩衝在庫を積み増す必要があって，トヨタが伝統的に重要視してきたジャスト・イン・タイムの実施は事実上不可能である。

③ 一定の基盤はあるが，転換は進まず

では，東北地方でサプライヤーが育つ素地はないのだろうか。いや，一定の工業基盤は確かにあると考える。つまり，素地がまったくないということは決してない。岩手県の南部鉄器に代表されるように伝統的な鋳物産業もあるし，良質な家具やレクサス向けのハンドルを生産していることで全国的に有名である天童木工（山形県天童市）など，日本国内はもちろんのこと，世界的にも通用するような優れた技術を持った地場企業も決して少なくはない[6]。加えて，電子工学など工学系では全国的にみても著名である東北大学をはじめ，岩手大学や山形大学などその他の大学の工学部もそれぞれ強い分野を持っている。さらに，1960年代以降の半導体・電気産業の集積と，それに伴って徐々に生まれてきた地場の電子部品メーカーもある。もっとも，先述の通り，進出企業の多くは研究開発部門など中核機能を，その発祥の地である関東地方や近畿地方などに残したまま，人手の要る大量生産工場のみを東北地方に設けた，いわば「頭抜き」の進出だったのだが。

しかしながら，そういった工業基盤の自動車産業への転換は，なかなか思うように進んでいない。とりわけ1985年のプラザ合意以降，産業の空洞化が徐々に進み，それによって多くの地場の電子部品メーカーが苦境に陥っているのにもかかわらずである。では，なぜ生かされないのかというと，従来属していた電機・電子産業などと自動車産業とでは要求される条件がまったく違うからである。具体

的には，第一に，自動車産業では概ね4年のモデルチェンジサイクル（乗用車）の間での投資回収を考えるのだが，サイクルがより短い半導体産業や電機産業に身を置いてきた彼らは，依然，短期間での投資回収を志向する傾向が強い。第二に，半導体産業や電機産業では一定の不良率は所与である一方，自動車産業では不良品は人命に直結するため，「完全品質」が要求される。こういった産業特性の違いから自動車産業への進出に二の足を踏んできたのである。

④　解決策の探求

では，どうすればいいのかということで，これまで開催してきた公開シンポジウムなどでの議論を通じて明らかになったことの要点を簡潔に述べていきたい。

第一に，1次サプライヤーを積極的に誘致して，できるだけ中部から，あるいは関東，近畿から出てきてもらうということ。というのは，自動車メーカーと直接取引できるようになるためには，生産技術だけでなく，製品技術についても高度な開発・提案能力が必要であるため，東北の地場部品メーカーが1次サプライヤーとして食い込むのは当面はかなり難しいためである。

第二に，2次，3次，さらにそれ以下を含めたサポーティングインダストリーの構築を図っていくということ。なお，その際には，次の項でも述べる通り，部品製造業者あるいはその候補の意識改革，技能向上が重要な課題となる。まずは，貸与図でQCDが安定した製品を生産し，能力構築・信頼関係樹立を目指し，徐々に製品技術の開発能力も構築し，さらに上を目指していくといった方向性になるだろう。第6章で萱場氏が指摘されている通り，そこに王道はなく，息の長い地道な取り組みが求められる。

（2）人材育成における課題

人材の側面での課題は，階層別に以下の4点に整理できると考える。

①　現場作業員クラスの質・量両面の確保をどう進めるか。

東北地方は，少なくとも東日本大震災以前には，全国的に見て有効求人倍率は低めであり，人材の供給余力は一見十分にあるように見える。ただ，少子高齢化の進行によって若年人口が減り続けている上に，首都圏などへの流出も多く，すぐにも払底する可能性がある。東日本大震災の発生およびその復興事業に伴い，本章執筆時点ではすでに人材不足が深刻化している[7]。そうなると，知名度や企

業規模（＝安定性）において優れている完成車組立メーカーや1次サプライヤーであればまだしも，2次サプライヤー以下では知名度に乏しく，また企業規模も小さいために，良質な人材の確保がなかなか思うに任せない。また，他地域と共通する問題であるが，事務職を希望する傾向が強いといった，近年の若者の就業意識の問題もある。

② 現場中核人材の不足

設立後まだ年数の経っていない東北地方の生産拠点にとって，円滑な現場運営を支える現場作業長の不足は極めて頭の痛い問題である。それを補うために，進出してきた1次サプライヤー各社は，本社周辺の工場出身の出向者を数多く配置しているが，そのコスト高に悩んでいる（このあたりは，海外生産工場とまさに共通した課題である）。そのコスト削減とともに，現場でのモラールの向上のためにも，一刻も早いプロパーの中核人材の育成が待たれる。東北地方の工場に求められているのは，他地域の工場と同様に，ただ単に高品質の製品を安定的に生産することのみではなく，不断の改善努力や問題解決によって国際競争力向上を図ることである。それを実現できる人材がまさに求められているのである。

③ エンジニアの供給体制の脆弱さ

エンジニアの確保も課題である。東北地方の各県では，地域経済の復興を目指して積極的に工場誘致を進めており，自動車産業関連以外でも新規工場開設が相次いできている。しかしながら，東北地方における大学工学部，工業高専，工業高校などといったエンジニア候補の育成を担うべき高等教育機関の人材供給体制は，増加しているエンジニアリング人材の需要にとても十分応えられるものではない。そうなると，九州地方においてリーマンショック前までしばしばみられていた，進出してきた大手企業にエンジニアリング中核人材を吸い取られ，地場の中小企業が人材確保難に陥るという現象が，東北地方においても再現してしまう恐れが高い[8]。

このほか，宮城県の外郭団体が育成コースを開設するなどの取り組みが行われており，第6章で登場された萱場氏が担当されているわけであるが，まさに孤軍奮闘の様相を呈しており，マクロ的に実効性のある対策となっているとはとても言い難いのが実情である。

④　経営者の意識改革の必要性

　地場企業の自動車産業への参入を成功させるためには，自動車産業の産業特性をよく理解し，その参入によって得られるメリットに強い魅力を感じる経営者を開拓する必要がある。ここでいう「自動車産業の産業特性」とは，具体的には例えば「参入に成功するまでには長く厳しい道が待っている」とか，「参入に成功できれば，電機産業などよりも相対的に長いビジネスサイクルで回っており，受注に成功すれば数年間は安定的な事業運営が可能になる」といったことである。また，これは自動車関連産業だけに限った要件ではないが，社員を掌握し，強いリーダーシップを持った経営者の存在が，新規事業への展開の成功には当然のことながら決して欠かすことができない。そういった経営者を地域で生み出していくためには，第6章で鈴木氏が述べられているような地道な努力が欠かせないし，さらに言えば，その経営者の意識を，来たるべきさまざまな試練を経ても，いかに維持していくかも課題であろう。

3．むすび

　東北地方は，未だに東日本大震災からの復興途上にある。大震災による甚大な被害に加えて，第2章でもふれている通り，大震災発生以前から長期低落傾向にあった東北地方の経済を，かつてのような成長軌道に再び乗せるためには，自動車関連産業を根付かせるのは決して欠かすことはできないと考える。ただ，そのためには必ず越えなければならないハードルが，本章を含む本書全体で述べてきたように，数多く立ちはだかっている。それらを，地域を挙げて1つ1つ地道に解決していくこと。そのことこそが，東北地方の真の復興につながる道であると信じてやまない。

【注】
1）目代武史「東北地方の自動車産業の実情―実態調査に基づく分析―」『東北学院大学東北産業経済研究所紀要』第29号，2010年3月，12ページから20ページまで，も参照。
2）もっとも，求人側と求職側（最近は復興事業関係の建設業が多くを占める）とのミスマッチが著しいのが現在の東北地方の実態であり，求人倍率が高いことが，すべての求職者が職に就くことができていることを意味しているわけではない。他地域でもそうであるが，自動車関連企業各社は，より魅力のある作業現場づくりに精励することが，優秀な人材を安定的に確保する上では決して欠かすことができない。

3) 例えば，トヨタにも，本書にも寄稿いただいた萱場氏やトヨタ東北の最後の社長でいらっしゃった杉山正美氏など，東北大学出身者が数多い。筆者は，これまで各社の海外生産工場を数多く回ってきたが，仙台市の勤務先住所を記した名刺を差し出すと，自身が東北大学出身なので学生時代を過ごした仙台が懐かしい，などとお声掛けをいただいたことが幾度もある。
4) アーキテクチャの考え方については，藤本隆宏『日本のもの造り哲学』日本経済新聞社, 2004年などに詳しい。
5) 私どもが2008年度以来，毎年開催してきたシンポジウムの議事録は，東北学院大学が発行した以下の機関誌に収録されているので，参照いただきたい。なお，パネルディスカッションの抄録を，本書の付録1に収録している。
　・2008年度シンポジウム：『東北学院大学東北産業経済研究所紀要』第28号，2009年3月。
　・2009年度シンポジウム：『東北学院大学東北産業経済研究所紀要』第29号，2010年3月。
　・2010年度シンポジウム：『東北学院大学経営・会計研究』第18号，2011年3月。
　・2011年度シンポジウム：『東北学院大学経営学論集』第2号，2009年3月。
　・2012年度シンポジウム：『東北学院大学経営学論集』第3号，2013年3月。
6) 天童木工株式会社について詳しくは，村山貴俊「ビジネス・ケース ㈱天童木工」『東北学院大学経営学論集』第2号，67ページから81ページまで，を参照いただきたい。
7) もっとも，これは短期的な現象であり，復興事業の完了に伴い，復興事業による旺盛な人材需要は，中長期的には解消に向かうものと思われるが。
8) 付録1に収録の居城教授のコメント参照。

付　録

シンポジウム「東北地方と自動車産業」
5年間の軌跡

付録1　パネルディスカッション抄録
2008〜10年および12年

東北学院大学経営学部自動車産業研究チーム

> 本付録は，これまで東北学院大学経営学部自動車産業研究チームが，企画・運営してきたシンポジウム「東北地方と自動車産業」の各年のパネルディスカッションを編集のうえ，再掲するものである。東日本大震災の問題を取り扱った2011年は付録2に掲載することとし，ここではそれ以外の4年間を扱う。
> 　やや分量が多いが，東北あるいは他地域において自動車産業振興を手掛ける自動車会社OBなど実務家の生の声とご所見が収録されており，今後，東北など地域自動車産業を研究する際の貴重な資料になると考えている。なお，ご登壇いただいたパネリストの敬称は省略させていただく。

1．2008年テーマ「自動車産業とその裾野産業の振興のための課題を探る」

目代武史　第1のテーマは，東北の自動車産業の戦略的ポジショニングをどう考えるかです。言うまでもなく，東北は自動車産業の集積地としては最後発です。後発の利益を活かし，後発の不利を回避するためには何に注意すべきなのでしょうか。

　例えば，中国地域は元来自動車の集積がありますが，車のエレクトロニクス化が進めば，中国地方の集積も危機的な状況に陥るリスクがあります。一方で，そうした点も踏まえて，九州地方では完成車組立150万台といった目標を掲げつつ，次のターゲットであるエレクトロニクス化についても積極的に推進しようとしています。

　他地域が先に進んでいく中で，東北が後発者としてまともに勝負をしても，い

つまで経っても追いつけないでしょう。しかも，自動車産業はグローバル産業。グローバルに熾烈な競争が展開されています。最後発地域である東北がまずどの辺を狙っていくのがよいのかを議論しないと，産業集積にしろ，人材育成にしろ，方向性が定まりません。したがって，まずこのテーマについて議論を進めます。

居城克治 地域の自動車産業のポジショニングを考える場合，2つの視点があります。

　1つには，進出してきている自動車メーカーのグローバル戦略の中で，九州あるいは東北がどういうポジションに置かれているのかです。自動車メーカーは民間企業ですので，当然競争に勝って利益を上げていかなければなりません。ですから，自動車メーカーから見ると，東北のポジショニングは，東北に与えられた仕事を確実にこなし，確実に利益に結び付けていくことです。そこに，東北の産業集積をどうリンクさせていくのかが一番の軸になってきます。

　一方で，地域の立場からも，東北における自動車産業はこうありたいという絵が多分出てくるでしょう。九州でも自動車生産150万台の構想を出しましたが，これは逆に言えば，九州から見た1つのポジショニングの願望なのです。ですから，この論議を進める際に，どちらの立場に立つのかが課題となります。

　最重要となるのは集積の強化でしょう。「東北地方の売りは何ですか？」これは，九州が言われたことでもあります。各自動車メーカーは，基本的に世界最強の力を持つために，サプライチェーンの最適化を目指します。その中に東北が入ろうとすれば，当然最強の力を持ってそのサプライチェーンに入っていかなければだめです。逆に，九州からすればぜひ地場企業が入ってほしいとか，地域で雇用が増えてほしいとかといった望みを託したポジショニングもあります。でも，実力が伴わなければ足を引っ張る結果になってしまいます。メーカー側から言われたのは，「九州の売りは何ですか？　もし中京地区よりもいいものがあればいくらでも我々は買いますよ」ということです。ですから，世界で通用する売りを，東北がどう情報を発信してどう作っていくのかが鍵です。ポジショニングが，単に行政や地域財界の願望であっては困ります。グローバル競争に通用する視点で見ていかなければなりません。ただ，これは九州でもまだ答えが出なくて悩んでいるテーマです。

目代 岩城さんは，中国地域もある分野においては後発であるという意識をお持ちだと思います。具体的に，どういう問題設定をして，どういう関係者の間で議

論を進めていっているのでしょうか。

岩城富士大 中国地域の地場カーメーカーの主力はマツダです。マツダはフォードグループの一員ですが，「世界最適調達」がよく議論にあがります。すなわち，世界の中で勝ち抜くためには世界で最も強くなければならない。世界で戦うためには，グローバルにもローカルにも目利きをする，グローカルでなければいけません。

というのは，地元から部品調達がなくなって組立作業だけになったら，地域の経済は致命的な打撃を受けます。実は自動車の組立の付加価値は非常に低いのです。ですから，部品まで含めて地域に産業がないとダメなのです。

それから，最終的に地域でやる際に，例えば地域の大学や企業にどのようなシーズがあって，そのシーズをうまく育てたら世界で勝てるかどうかがポイントだと思います。そうでない限りは，非常にしんどいでしょう。

目代 中国地域では，地元の部品メーカーは日々の仕事で精一杯で，なかなか新しいことに手を出す余裕もないと思います。また，広島と岡山の県境周辺には，東北と同様に電気・電子の集積があるのですが，自動車産業の方からラブコールを送ってはいるものの，なかなか振り向いてくれない状況があります。

岩城 電気・電子産業の強さと自動車産業の強さは，相補関係があります。すぐには飛び込めない反面，部品を開発したら，最低でも4〜5年，場合によっては10〜15年にわたって同じ部品を量産し続けられます。これは，電気・電子産業から見たら大きなポイントになるでしょう。

目代 私は以前広島にいましたが，広島から見ていると東北は非常によく見えました。しかし，隣の芝生は青く見えてしまっていたようです。九州の実態はいかがでしょうか。

居城 九州では，例えば福岡県の「100万台構想」「150万台構想」や北九州市を中心としたカーエレクトロニクス関連のプロジェクトがあります。しかし，意外と外側を作るのはうまいのですが，内実がなかなか伴っていかないのが実情です。

例えば，九州は「シリコンアイランド」と呼ばれ，いかにも半導体産業の分厚い集積がありそうな感じがします。しかし，実際に作っているのは川中から川下であり，「頭脳」（開発・技術部門）がないのです。自動車も，やはり「頭脳」がありません。ですから，九州でカーエレクトロニクスを本当にやっていくとすると，その川上にどうやって拡大していくかが課題です。車載半導体も，基本的に

は本社地区と大手半導体メーカーの開発部門が共同で開発し，その量産段階で九州に仕事が流れてくる構図です。組み込みの仕事もカーエレクトロニクスの基本部分が決まった後に九州に来ることはあります。九州のカーエレクトロニクスといっても内実をよく見るとまだ追いついていないのが実情です。

目代 完成自動車の生産台数が少ない中で，東北が戦略的ポジションを練っていくのは極めて難しいのも確かです。短期的には，基礎体力の強化を図り，QCDを求められる水準まで引き上げていくことが必要です。それと同時に，東北には電気・電子産業の集積があることから，行政や地元経済界はカーエレクトロニクス関連事業を狙っていると思います。しかし，他地域の事例を見ますと，グローバルに戦えないと意味がないという点は，1つの重要なポイントになってくるでしょう。

そこで，第2テーマの自動車産業の集積強化に議論を進めます。

先述のとおり，完成自動車の生産台数は，東北では極めて限られています。2010年で40万台を越えるかどうかという規模です。しかも，基本的には生産組立機能の立地にとどまっています。そこで，いかにして研究開発機能を東北が持つかがしばしば議論されます。しかし，完成車メーカーは，研究開発機能の配置はグローバルな文脈の中で考えていきますので，こちらの勝手で進む話でもありません。

この点について，九州が同様の課題を抱えています。一方で，東北には電気・電子の集積があってここから参入を果たそうと考えております。その点では，中国地域と同じ状況です。他地域の取り組みなどを参考にしつつ，東北でどのような集積強化の取り組みができるのか議論をしていきます。

折橋伸哉 東北に立地した大手の電気・電子メーカーの多くは，高度経済成長期に労働力不足に悩み，創業の地である関東や近畿から，主に労働力の確保を目的に，生産機能の一部を東北に移しました。一方で，研究開発機能などの中核的な機能は，本社地区に残したケースが多かったのです。もちろん，アルプス電気のように，本社の管理機能は東京に残しつつも，開発機能までも東北に移された企業もあり，すべてがそうではありませんが。

さらに，そうした生産拠点に納入されている電子部品メーカーは，例外もありますが，多くはいわゆる貸与図メーカーです。したがって，東北における電機・電子産業の研究開発能力はそれほど強くないと推察されます。

では，どうしたら東北の集積を強化できるのでしょうか。既存の電子部品メー

カーの多くは，上記の理由から，自動車メーカーに直接納入する１次部品メーカーにはなれません。したがって，当面は何とか１次部品メーカーに納入する２次部品メーカーに食い込むことを目指すべきです。そのチャンスを増やすためにも，より多くの１次部品メーカーに東北に出てきてもらう必要があるわけです。

ただ，東北の完成車生産能力はまだ限られていますので，「さあ，東北に出てきてください」と，１次部品メーカーの背中を押せる規模には程遠いのが現状です。

幸い，隣接する関東北部には，日産や富士重工，ホンダが生産拠点を構えており，これだけで年産100万台を優に超える生産能力があります。これらの拠点への供給も視野に入れると，１次部品メーカーにとってそれなりのインセンティブになり得ます。デンソーがすでにそういった狙いで生産拠点を福島県に設けることを決定しています。デンソーに続く１次部品メーカーを東北南部に誘致していくことが，東北に自動車産業集積を形成する最も近道であると考えます。東北南部には，福島県に加え，宮城県および山形県の南部も含まれるでしょう。

目代 これから東北が辿ろうとしている道は，かつて九州が辿った道だと思いますが，九州で自動車部品生産に参入を果たした企業は，いかにして参入したのでしょうか。

居城 九州には，大体500社程度，ローカルの参入企業がいます。多くは，最初に進出してきた日産の進出時に手を挙げた企業です。でも，実際には当初なかなか上手くいきませんでした。次にトヨタが進出してきましたが，ちょうど進出時にバブルがはじけてなかなか稼働率が上がりませんでした。すなわち，地元の立場からすると，二度裏切られていて，自動車産業に二の足を踏んでいるのです。経営者がどう意思決定をするのかが一番大きいと思います。

九州では，この500社を1,000社にしたいのですが，２次グループがなかなか出てきていません。逆に言いますと，トヨタが地場調達したくても，ほぼ枯渇しかかっています。なぜかというと，私は口が悪くて「自動車産業は宗教と同じだ」とよく言っているのですが，１次で踏み切った企業は，「トヨタ教を信じる者は救われる」というところまで行っています。そこまでいかないとなかなかうまくいきません。

東北の企業でも自動車産業に対していろいろ不満があるでしょう。これは九州でもまったく同じです。ダイハツを例にあげると，軽自動車を造っていますから発注単価は低めです。大分の地場企業を中心とした中小企業の集まりで，「ダイ

ハツさんとの取引は儲からんもんね」といわれます。そういった集まりで私は，「社長，それは言い方が間違っている」と言います。要するに，「あなたは儲からないと言うけれども，それは正確に言うと儲けられないと表現しなければいけない」のだと。実際，その値段で中京地区や大阪地区の企業さんは利益を上げているわけですから。

先ほど，人件費の話を出しましたが，九州の地場企業は首都圏や中京圏の企業よりも多分およそ4割程度の優位性を持っています。ところが，見積もりを取ると，逆に4割程度高いのです。この状態は，もう何年も変わっていません。ですから，問題は自動車産業に参入できない企業のノウハウ不足にあります。参入した企業はその辺りを何とかしてクリアしているのです。日産との取引に成功した企業の例では，以前は中国と同じで，安い人件費を提供して言われるまま作るだけで，見積もりは大き目に提示していました。今ようやく日産型の作り方に慣れてきて何とか利益を出せるようになりました。経験を積むことで経営者が自動車産業のやり方を理解し，その経営者の指導によって工場全体も自動車産業に合った形に舵を切ってきたのです。そこが出来て初めて自動車産業に入っていけます。

東北でもすでに参入を果たしている企業がありますが，上位グループは黙っていても何とか切り替えが利く企業だと思います。一番肝心なのは，いかにして，次のグループに布教していくかです。

目代 資金面での補助や支援などが行政や金融関係からあったのでしょうか。

居城 基本的にはありません。行政にはお金がありませんので，当てにしてもまったく仕方がないですし，利子補給といっても真水ではほとんど入ってきません。資金は，民間企業ですから自分で何とか調達していくしかありません。その勢いがないと，自動車産業ではやっていけないと思います。トヨタも日産も，自動車産業はお金がかかるのをわかった上で入って来いといいます。だから，逆に言うと，出ていく側も勉強しなければいけないところだと思います。それが集積を作っていく一番のカギになるのではないでしょうか。

岩城 海外の組立工場の事例でいうと，当初はフルのCKDで部品を持って行って，最終的には現地調達率が90％とか100％に近付いていきます。東北はその状態を目指すのかどうかです。その場合，その現地調達部分もほとんどコピー生産になります。開発能力は持たず，一切決定権はなく，言われるとおり造るだけ。

そうではなく，現地調達率よりもコアになるものを地域で開発し生産するのを

目指す場合には，一緒に開発してくれるカーメーカーの開発部門や部品メーカーの開発部門がいないとだめです。だから，その集積を上げようと思ったら，開発も含めたアライアンス機能を出していかなければならない。これは非常に難しいと思うのです。その時に，もしやれるとしたらやはり先端的なシーズが地域に必要です。

東北には，将来ITSのように情報化の時代が来る中で，東北大にはアンテナやディスプレイの技術が，山形大には有機ELの技術があり，組み込みソフトウエアの技術は岩手大や会津大にあると認識しています。ですから，それをもっと上手に早く使うことを考えるべきです。いきなり地場企業だけではできないのでティア1とうまく連携することです。そして，将来どんなものに化けるかを見ながら戦略を立てて，そこに行政の出す補助金をうまく取ってきて進めることができるかがカギとなります。それとも，コピー生産で見かけ上の現地調達率を上げて生きていくのか選ばないといけません。待っているだけでは，恐らくどちらも実現しないのではないかと思います。

佐々木恵寿 自動車メーカーおよび部品メーカーが東北に進出する狙いは，人材確保のため，つまり優秀な人材が東北にいるからだと聞いています。この背景にあるのは，東北大をはじめ東北の諸大学でしょう。ただ単なる人材育成の場としてだけではなく，地元としては，これを機会に身近な大学の技術に注目し，地元企業との何らかの連携を図りながら，部品産業に参入するための「芽」を見つけていくことも必要だと思います。

山形大では，有機ELだけではなく，高機能高分子ポリマーの材料でも結構進んでおり，自動車の軽量化に貢献する技術を持っています。東北大は言うまでもなく，電気・電子や材料科学に元来強く，現在も多くの大手メーカーと幾多もの共同研究を行っています。業種も，自動車，電機，半導体など多様です。こうしたシーズを何とか地元のために活かせないものか。地元企業が単独で大学と対等に付き合って共同研究を行い，事業化にこぎつけるのには難しい面があるかもしれません。しかし，大学と大手メーカーとの開発研究に，何とかもぐり込むなどして，そこに商機を見つけることが可能なのではないでしょうか。

自動車の研究開発と絡んで言えば，9月の初めに東北大と仙台市が，青葉山の新キャンパスに企業の研究開発施設を誘致することで協定を結びました。市の職員と大学の研究者が営業活動をしたり，立地助成金を仙台市が進出企業に上積みしたりするといった内容です。その誘致対象として半導体，MEMS，自動車関

連産業があがっています。MEMSとは，半導体の加工技術を使ってつくった微小電気機械システムで，自動車がこれから目指すべき「快適」や「安全」，「環境」などの価値をつくる上でカギになる技術だと言われています。そうした大学のシーズを通して，自動車に限らず企業の研究開発部門が仙台や山形，岩手に出てきてくれることで，次第に自動車本体の研究開発機能の誘致も視野に入ってくると思います。仙台を中心に，大学とさまざまなメーカーとの連携による研究開発機能，研究開発施設の誘致・立地促進を図ることで，その先に，さらなる産業集積の展望を開きたいものです。

目代 大学や人材の話が出ましたので，テーマの3番目に移ります。

人材育成や先端的な研究について大学と組むのは非常に大きなポイントですが，いろいろ課題があります。例えば，大学の研究者は論文につながらない連携には腰が引けてしまう面があります。ただ，人材育成や研究の面で，自動車関係の学部あるいは研究所を設置する動きが出てきています。そこで，どういう形で東北における人材確保や育成を進めていくべきかについて，皆さんからお話を伺います。

折橋 団塊世代の経験豊富な技術者・技能者が一気に大企業から定年退職という形で去ることが社会問題としてクローズ・アップされて久しいですが，逆に東北にとってはチャンスだと思います。退職された自動車メーカー等のOBを招聘して，彼らにじっくりと東北の地で人材育成に当たっていただくことが考えられるからです。

それから，宮城県では自動車関連企業と同時に他業種の進出も2010年前後に相次ぐ見込みですが，工業高校あるいは工学部の卒業者は急には増やせませんので，人材の取り合いが懸念されます。そのためには，なるべく早く優秀な技能工，すなわち将来の現場管理者の候補者を育成するために，工業高校，工業高専そして大学の工学部に自動車産業で中核的な役割を担える人材を育成するようなコースを設けるべきだと考えます。東北大学は研究者養成機能が強い大学ですので，こうした人材育成はその他の国立・私立大学の工学部などに求められていると考えます。

最後に，最近，若者の理数系離れが指摘されて久しいですが，中長期的に地域振興を考えていく上では，子供たちへの進路指導のあり方も今後考えていく必要があると考えます。

目代 ちなみに，高等教育機関における人材供給について，東京大学の藤本隆宏

教授が面白い取り組みを行っています。「ものづくりインストラクタースクール」というもので，工場長レベルのベテランの人たちを集めて再教育しています。現場には精通しているが，若手に教えるのは苦手という人が多くいます。あるいは，自分の工場のことはよくわかるが他工場の指導となると勝手がわからないというケースもままあります。しかし，それは非常にもったいない。せっかくの現場の知識や経験を他人に伝えられるインストラクターとしてのスキルを身につけてもらい，現場に戻って次のインストラクターを育てていけば，日本のものづくりをより活性化できるのではないかという取り組みをやっております。ですから，大学の教育体制も不十分な点はありますが，一部に先進的な動きもあるのは心強い点だと思います。

居城 ちょっと違う視点から，九州で現実に起きている問題を指摘したいと思います。東北も九州も自動車産業誘致において人材の供給量が最大の売りとなっていますが，気をつけなければいけないのは，意外と底が浅い点です。もう九州では枯渇しかかってきています。ただ，トヨタに言わせれば，全然採用は問題ありません。1次メーカーのアイシンやデンソーから人が流れてくるからです。アイシンやデンソーは人が引き抜かれますが，募集すれば全然今のところまだ問題なく採用できます。地場メーカーから人が流れてくるためです。

その結果，進出組の1次メーカーと地場企業で人の取り合いになってきています。これは東北も同じだと思います。大半の人が多分関東や中京へ出稼ぎに行ってしまっているでしょうから，いずれ東北も九州で起こっている現象が顕在化してきます。東北の産業政策としてどちらに重点を置くのかが必ず問題として出てくるはずです。

それからもう1つの問題として，自動車の会社の知名度は意外と低いことがあげられます。トヨタや日産，ホンダは皆知っていますが，部品メーカーとなるとぐっと知名度が落ちます。デンソーやアイシンならともかく，その次に行くとほとんど知られていません。これは親御さんになればもっとわからないのです。今一人っ子が多くなってきて，これは九州でも同じですけれども，訳のわからない部品メーカーに行くぐらいなら地元のサニー（スーパーマーケット）に行けとなります。これは自動車メーカー側の怠慢さもあると思いますが，知名度を上げていかないと，高専からはもちろん，高校生も来てくれません。もう少し自動車文化の浸透と合わせて，自動車というものを地域の人に知ってもらわないと共存できない，学生も集まらないということがあると思います。

最後に，頭脳の点に関しては，九州大学が大学院オートモーティブサイエンス専攻を立ち上げますが，この仕掛けはトヨタ九州やダイハツ九州とリンクしてやっています。ダイハツ九州は，九大キャンパスの横に開発棟を建てますから卒業生を受け入れる体制ができます。開発の目標は，基本的には車体開発です。九州の自動車産業がここ10年というスケジュールで，車体をある程度つくれて完成車に仕上げられる体制に持っていくという目標で動いています。

目代　人材育成に関して，中国地方では，大学での自動車関連の学科の設立やカーエレクトロニクス関係の人材育成の取り組みがあります。

岩城　九大の取り組みに関して申し上げると，従来，日本のほとんどの大学の工学部には，造船工学と航空工学がありましたが，自動車工学はありませんでした。人材を育てずに自動車を誘致しようと思ってもだめです。

　これまで，自動車と電気・電子が日本を支えているにもかかわらず，それに対する研究開発投資や人材育成がきちんとなされていませんでした。ですから，本当に自動車を地域のコア産業と位置づけるなら，人材育成から始まって開発投資の援助まですべてのことを投入しないと，いくら絵空事で希望を言っても実現はしません。

　また，インドでは工学部を卒業する学生の数が年間30万人に達します。中国では20万人。日本とアメリカは10万人程度です。これで10年，20年と累積して戦ったら勝てるわけはないですよね。したがって，どこを攻めていくのか，どこを育てるのか，ぜひ大学の中で議論していただきたい。

　それから，東大ものづくりインストラクタースクールには，私もインストラクターとして2年参加いたしました。1人育成するのに授業料を3カ月で300万円取るんです。生産管理部長や海外工場を立ち上げたような方を再教育して中小企業に送り込むというものです。非常におもしろい試みだと思います。そうした卒業生を地域に誘致されるのも手だと思います。

目代　実は，さまざまな取り組みが色々な地域で行われていますので，そうした取り組みをしっかりベンチマークしていくことが東北にとって重要だと思います。

　さてフロアから，設計開発機能が地域内にない中で，九州ではどういう戦略で現地調達率70％の達成を図るのかとの質問が来ています。

居城　70％は希望的な数字で，実際にはすごく難しい数値だと思います。

　ただ，時間をかけてでも上げていかなければいけません。そのためにはQCD

の競争力を高める必要がありますが，企業育成政策としては古くからあるテーマです。そこで九州は，かつて関東や中京地区で昭和30～40年代に徹底的にやってきた中小企業育成政策を踏襲すればいいのか，あるいはアレンジで済ませるのか，それとも現代に合わせてまったく新しい形でやっていくのか考えなければなりません。

目代　次の質問は，エレクトロニクスの定義についてです。メカトロニクスもエレクトロニクスに含まれるのでしょうか。

岩城　カーエレクトロニクス化は，どちらかというとメカトロニクス化が大部分です。中国地域の域内調達率は40％と先ほど言いました。主にベルトで駆動されるポンプや樹脂製インパネなどですが，将来的にはこれらにセンサーやモーター，場合によってはECUが付いていきます。もともとあるメカニカルな部品にエレクトロニクスが載っていくケースで，比較的地域の企業がやりやすい部品です。

　一方で，純粋なエレクトロニクス，例えば半導体そのものは，我々の地域ではあまり対象にしていません。ですから，メカトロの場合はコアがメカの部品になるので，地域としては戦えると思っております。

目代　次の質問です。ジャスト・イン・タイム（JIT）とモジュール方式のコスト競争力を比較されていたらご教授くださいということです。

岩城　JITについては，よくよく考えないといけない時代が来たなと考えています。今までは，種類の多い部品をタイムリーに提供するために，部品メーカーはカーメーカーの近くにいるべきだと考えられてきました。

　ところが，日産やマツダが最近始めた確定順序生産では，量産4日前に完全に生産の順番を固定します。アメリカ向けのどんなスペックの車をまず流して，次にはヨーロッパ向けの何が流れて，というのを4日前に固定するんです。そうすると部品の生産と物流に4日間の猶予ができます。となると，今まではJIT納入のために地域のサプライヤーはビジネスが守られていたのですが，今回は4日の物流ラインの範囲ならどこからでも供給できることになります。もちろんあまり大きいものは輸送費がかかるので困るのですが，例えばエンジンコンピューターの場合，タイでつくってマツダの山口県防府工場に納入しても，名古屋でつくって納入しても，コストは同額程度なのです。それを考えると，東北地域の自動車メーカーが本当に東北地域から買ってくれるものは何なのかをよく考えないといけません。

モジュール化とは，そういうものを一まとめにして自動車メーカーのそばで組み立てて種類が多いものをできるだけそばでやるのが通例でした．しかし，これからは確定順序生産との絡みでよく考えないといけません．従来の古いモジュール生産の概念だけでは片がつかない確定順序生産という新しい方策が出てきたためです．

目代 次の質問です．ガソリン車に代わるエコカーでは，ニッケル水素電池やリチウムイオン電池の電源制御が発展の阻害要因となる可能性があります．したがって，エレクトロニクスの開発に並行してニッケル，リチウムなどの原材料工学の研究が求められると思うのですがいかがでしょうか．

岩城 おっしゃるとおり，特にリチウムイオンはレアメタルの代表的なものです．しかも，今日，ハイブリッド技術に関連して回生技術に触れましたが，現在のバッテリーはまだ回生した電気を十分に受け入れる能力が足りません．トヨタはその先の電池の開発部隊を200人がかりですでに立ち上げられたように，新しい電池やそれを構成する新しいマテリアルの開発はまだまだこれから活発化してくると思います．

目代 サポーティングインダストリーによる自動車産業の振興の可能性について，九州と東北で何が違うのかとの質問が来ております．私の方から一言実情を言っておきますと，北九州は鉄の町としての産業基盤があります．これが自動車とうまく連結しているかというと，実態は必ずしもうまく連結していません．文化がかなり違うのだと思います．

そういった意味では，東北と九州の違いというよりは，自動車をやっていた歴史があるかないかの方が大きい問題かもしれません．その辺が中国地域とは違っています．もちろん，中国地域も自動車が何もないところから生まれたわけではなく，海軍工廠などがあったりして技術の系譜があります．その辺のつながりも，今後，自動車産業を育成していく上で考えねばならない1つのポイントかもしれません．

2．2009年テーマ「昨今の経済危機を踏まえ，さらに議論を深める」

1「裾野産業育成」

目代 昨年度のシンポジウムの要点を整理します．

最初のポイントは，東北地方の自動車産業集積の背景，つまりなぜ東北地方な

のかという点です。第1の要因は，質・量両面での人の確保のしやすさ，第2に工業用地確保の容易さがありました。まとまった土地を確保するという点で東北に利があります。第3は，リスク分散です。トヨタは，とりわけ三河地方に重要な機能が集中しています。そこで何かあったときに完全に供給が止まってしまっては困るので，九州や東北に生産機能の分散を図っています。そして，第4の要因として，地元行政の非常に積極的な誘致策があげられます。

次のポイントは，東北地方の強みと機会です。東北地方には，電気電子産業の集積があって，これが非常に大きなポテンシャルになっています。また，東北大学など，電子工学分野における先端的な研究機関があります。次世代の自動車技術の研究開発のチャンスもあるでしょう。さらに，伝統産業，例えば鋳物などの伝統もありまして，そういったところに強みがあると言えるでしょう。

他方で，課題としては，やはり地元調達率の低さがあげられます。40％程度の地元調達があるとされていますが，付加価値ベースではずっと小さいはずです。この点をどうしていくのか。依然として少ないサプライヤー集積がどうなるのかが焦点となります。1つには，地域での完成車の生産台数が少ないため，設備投資を回収できるかが不安要素になってしまいます。それから，1次サプライヤーの誘致や地元企業の新規参入をどうやっていくかが課題でしょう。素材の供給にも問題があります。現状では，愛知など域外からかなり輸送してきています。さらに，物流インフラの整備や肝心の人材育成をどうするかなど，課題は山積しています。

半田正樹 最初に，いわゆる「裾野産業の集積問題」を取り上げます。論点整理でご指摘いただいた「今なぜ自動車産業が東北なのか」ということです。その場合に，東北の売り，強みは何かという点と関連する形で，議論すべき問題を用意しました。

それは端的に言えば，自動車産業の進出をどうとらえればよいのかということです。東北はもちろん，九州でももっぱら生産組立の機能だけが張りついています。言い換えれば，開発機能とか研究機能，調達機能がありません。すなわち，「頭」の部分がない形で自動車産業が東北と九州で展開されています。こうした状況をどう解釈すればいいのかを議論した上で，裾野産業の問題に入っていきます。

まず，「頭」がないという問題をどう考えるかは，いくつかの段階を踏む必要があります。つまり，東北はまだ初期の段階にあるので，発展の段階が進めば研

究開発機能を用意するという解釈もありえます。それに対して，今後とも東北では，「頭」は用意されない状態が続くという解釈もあります。3番目としては，車がこれからガソリン車からハイブリッド車，電気自動車へと次世代型になっていったときに，実は「頭」を置く，置かないということ自体が問題にならなくなる可能性もあります。

　自動車産業が東北にコア産業として定着するとすれば，「裾野産業の問題」に対しても非常にいいインパクトを与えるのではないか，サプライヤーも根づくだろうし，したがって「裾野産業の問題」にも直結するだろう，そういう問題かと思います。

居城　九州も頭脳部分がなくて，常に悩んでいます。これは東北も九州も考えておかなければいけないテーマとして念頭に置いておくべきです。

　例えばトヨタを事例にとると，中京地区がほとんど頭の部分の作業を担っています。しかし，自動車が21世紀半ばに向けて，技術的な様相を変えていくときに，どういう開発分担になっていくのでしょうか。要するに，本社地区が何の開発を担うかです。トヨタには3〜4万人を超える規模の開発人員がいますが，既存車種の開発に加えて次世代自動車の開発を考えると，それだけでは絶対足りなくなってきます。中京地区だけでは開発作業をすべて賄いきれなくなる可能性があります。将来的には，九州地区でも，トヨタ九州で生産する車種の一部やマイナーチェンジに関してはトヨタ九州自体で図面を引ける力をつけていく方向です。さらにダイハツ九州では，より踏み込んだ形で開発作業を九州地区が担っていく方向を打ち出してきています。日本自動車産業における開発・調達・生産の全体像でとらえると，頭脳の部分の人材供給をどう賄うのか，どこの地域に能力があるのかによって，開発分担の分布は変わってくるととらえています。

半田　その場合，先ほど申し上げた，いくつかのタイプとは関係なく，そういうステップを踏むと考えてよろしいのでしょうか。

居城　最先端の開発部分は離さないでしょうね。本社地区からまず出してきません。したがって，九州とか東北地方で，ハイブリッド車とか電気自動車の開発を視野に入れておくべきかについては，私はどちらかというと除外して考えています。

　当面は，既存の車種，例えば東北地方でしたら，ガソリンエンジンの小型車開発の一翼が担えるかが課題となってくるでしょう。また，それ以前にトヨタ九州は常に次のように発言しています。つまり，「開発，開発と簡単に言わないで

しい。トヨタ九州は自動車を生産するのが第1の使命の企業です。自動車をきちんとつくれる。そこの体制を強めることが我々の最大の課題なのです」と。その延長線上に出てくるのが生産技術の向上です。例えば，トヨタ九州はハリアーを生産していますが，次代ハリアーのモデルチェンジに際して生産ライン変更の作業をトヨタ九州で全部賄えるのか，それとも本社地区から生産技術要員を連れてこないと対応できないのか。生産技術の対応ができない中で，新車開発のテーマを口にするのは実態から大きくかけ離れてしまいます。そういう部分から議論を積む必要があります。

　ですから，開発というと非常に聞こえはいいのですが，トヨタ九州の実態からすれば，まずは自分の工場の中をしっかり運用できる力をつけていくことが最優先と考えるべきです。トヨタ九州では，今回，新型車SAIを生産車種に加えますが，乗用車系の第1工場の生産ラインにSUVを投入しますので大幅な生産ラインの変更になります。その作業をすべてトヨタ九州の中で対応できるぐらいの力は現在つけてきました。徐々に，順番に力をつけていくべきだと考えます。

　東北でも，関東自動車工業は開発機能を東富士に持っていますが，将来その作業分担がどうなっていくのか，あるいはこちらの企業自身が担える開発の部分がどのようになっているのかを明確化していくという視点が必要です。

岩城　自動車メーカーが部品を調達するときに，まず非常に重くて嵩張るものは何とかしてその地域でつくろうとします。逆に，地元からの調達を期待しないのは，技術的にその地域では難しいものとか，荷姿がいいものは，一番有利な場所で大量につくって各地へ供給するというスタイルをとります。東北の競争相手となるのは，そのカーメーカーの本拠地の組立工場やサプライヤーよりも，おそらくは海外の生産工場（トランスプラント）になる可能性があります。海外の生産工場では，もっと重くて大きいものだけがその地域でつくられています。残りはほとんどが日本から持っていっていることを考えますと，東北がどういうサプライヤーを含めたマップで今から生きていかれるのかが非常に大事ではないでしょうか。

　また，自動車がここ10年ぐらいかけて大きく変わる中で，追いかけるばかりでは希望がありません。そこで，東北が持っている，例えば電機・電子や電波関係のノウハウの蓄積など，待ち伏せ戦略に使えるものがきっとあるはずだと思います。こうした点について，どのような戦略を取ろうとされているのかを整理されてはどうでしょうか。私は，この地域はかなりのポテンシャルがあると思ってい

ます。
半田 その場合，いわゆる待ち伏せ戦略を考える主体についてはどう考えればよろしいのでしょうか。
岩城 まずは自動車メーカー自身の戦略を無視するわけにはいきません。トヨタや日産が東北に対して，海外の生産工場的な役割を期待しているのか，それとも九州のように，少しずつでも将来的には国内の開発も担当する分工場にするつもりなのか，その想いを確認する必要があります。

それと，もう1点は，カーメーカー側は，ある程度調査をしているとは言いながら，東北の産業能力に非常に詳しいとは限りません。したがって，それは支援機関などが地域の優れた能力と次世代の自動車で必要となってくる技術分野をマトリックスで分析をした上で，カーメーカーの戦略立案の人に売り込むというか，共同で作業を申し出るということになると思います。

その上で，地域が最も強そうな分野あるいは将来伸びそうな分野について，東北で例えば行政を含めた支援で3～5年の計画で強化していくのがいいのではないでしょうか。

半田 「頭」の部分の問題についてもう少し議論をしたいと思います。東北なり九州で自動車産業が立ち上がり，一定程度の集積が生まれ雇用も増えた。そこで満足するのか。あるいは，あくまでも中長期的にものづくりを考え，自動車産業が地域経済を引っ張っていくためには，やはり「頭」はどうしても必要だと考えるのか。この点について，繰り返しになりますが，お聞きしたいと思います。

岩城 自動車の部品は，基本的に承認図方式です。承認図方式は，プランニングを作るときからサプライヤーがカーメーカーと一緒に活動した上で，詳細設計をして，承認図を書いて，カーメーカーから承認を受ける形をとります。要は，サプライヤーが自ら設計を担当して提案をしないと，自動車のビジネスはほとんど来ない構造になっています。貸与図方式のように，カーメーカーが図面を書いて，このとおりに作れというのであれば，いわゆる頭は要りません。しかし，承認図方式で部品を作るとなると，提案力，すなわち開発力が要るんですね。その開発力も，場合によったら名古屋あるいは横浜に出向いて一緒に開発作業ができる力を含みます。トヨタや日産自身が東北で図面を書かない限りは，提案する場所は彼らの本社の開発拠点になります。いや，それはとても無理だとなると，ではティア1に対してそれができるかとなります。ところが，ティア1も恐らくまだ東北には，開発を持ってきていません。そのため，いわゆるすり合わせの開発

ができる提案力をつけようと思うと，拠点をどこにして，どういう頭のところに突っ込むかも含めた検討が要るでしょう。

目代　基本的には，私もそのように思います。車のフルモデルチェンジに合わせて，部品開発をしていくには基本的にカーメーカーの開発拠点の近くにいることが必要です。いわゆるレジデントエンジニアなどの形で部品メーカーから技術者をカーメーカーに常駐させて，そこで開発をずっと一緒にやるという体制がないと，なかなかフルモデルチェンジに合わせて部品開発をやっていくのは難しいと思います。

　となると，1次メーカーも日産の開発拠点のある横浜ですとか，トヨタの本拠地の愛知に開発拠点を置いていますので，2次メーカーもそこに行かなければいけないという話になってきます。その点では東北の企業にとって苦しい面があります。まずは（開発機能よりも）生産機能が求められる貸与図部品から入っていくしかないと思います。それにはやはり，部品の開発能力ではなくて，加工方法の開発能力や製造技術の開発能力の強化が必要になってくると思います。

　ですから，製品技術と生産技術とはちゃんと分けて考えて，まず，生産技術の開発能力を高めていくのが必要ではないかと思います。

半田　私に誤解があるのかもしれませんが，最初にお聞きしたかったのは，開発機能がこれまでは自動車メーカーの本社に集約していました。従来，自動車メーカーの本社が担当していた開発機能を各地方で独自に立てるということも，もちろんあり得るかもしれません。あるいは，自動車メーカーの本社機能とセットになっていたものを，車メーカーがセットそのものを分散することは，考えられないのだろうかちょっとお聞きしたかったわけです。

目代　車体のマイナーチェンジに関わるところは，製造拠点のある九州なり，関東自動車工業の岩手工場でやるという話はないことはないと思います。

　あるいは以前トヨタがどこかで言っていたのですが，例えばカローラをつくるときに，（昨今の自動車危機により状況が変わっている可能性はありますが）ベースの部分と現地市場のニーズに適合させた部分を分離するという話があります。つまり，素のカローラ，いわば素うどんみたいなカローラを国内でまず開発して，それをきつねうどんにするのか，肉うどんにするのかは，その辺のチェンジは市場のニーズに合わせて現地の開発拠点でやるという考え方です。しかし，パワートレーンなど基本性能にかかわる部分は，国内で開発することになります。その周辺部分は市場のある現地でそれぞれにやる可能性はあります。そうなったとき

に，例えばトヨタの本社では，カローラの根幹的なところを開発して，日本向けのボデーは，例えば関東自動車工業の東北でやるといった可能性について否定はできないと思います。

折橋 トヨタなどの動向を見ますと，目代先生がおっしゃったとおり，特に，車が走る，とまる，曲がる，その辺をつかさどる下回りの部分については日本で集中的に開発して，上物，すなわちキャビン内部とか外観とかについては各国の嗜好に応じて，海外に設けた開発拠点などにて対応して変えていくというような形ですね。

　現実に，車体メーカーである関東自動車工業の開発機能が担当しているのは上物です。したがって，東北に将来，開発機能が来るとしても，上物の開発にとどまるのではないでしょうか。車の根幹部分の開発機能は，トヨタの戦略としては愛知県に引き続きずっと置き続けると思います。

半田 昨年，鈴木さんのところにおじゃまして，いろいろお話を伺いました。その中で，同業者共同体を立ち上げられた点についてご説明いただいたことが，非常に印象に残っています。要するに，現場に非常に精通しておられながら，常にクリエイティブであることを目指されておられる，そういう鈴木さんの姿勢を知ることができたという印象が強く残っております。その点で，いま議論しています，開発機能が本社機能とセットになってきたのが，一部の開発機能の各地域への分散はあり得るとしても，全面的にということは難しいのではないかという問題を，鈴木さんとしては，どのようにお考えでしょうか。

鈴木高繁 ただ今自動車会社が何を欲しがっているかについては，ティア１の皆さんがニーズをよくわかっていらっしゃいます。自動車メーカーのこれからの車の開発を考えたとき，何を開発するかについてティア１より下の企業に預けていくことはあまりないだろうと思います。それは自動車という商品を自社で守ろうとするからです。特にこれから伸びるハイブリッド，電気自動車，燃料電池車については今まで考えられなかった企業が日本でも世界でも自動車に参入されることは明らかです。電気を含めた新たな分野が開かれたわけで，自動車の開発競争相手が飛躍的に拡大することは必須です。世界に出ていっても，肝心なところは自分でそれを保持します。会社を守らなければならないからです。

　開発力があるのはティア１の皆さんです。関東自動車工業もセントラル自動車も東北にもっとティア１に来てもらいたいのが本音だと思います。ティア１の皆さんはそれぞれが日本一の開発力，技術力，管理力の持ち主ですからすべてを安

心して任せられるわけです。開発力があり，管理力もある，コスト力もある，そういうところに来てもらいたいと強く願うのは当たり前だと思います。多くのティア1が来てくれるきっかけは九州で証明されています。九州では今は日産，トヨタを合わせて100万台を越えていますが，50万台を超えたころからティア1が続々と進出してくれました。ティア1大手の多くがなぜ今まで東北に来てくれないかといえば，利益を出さなければ生きていけませんから生産台数が少なくて経営が成り立たないところには来られないわけです。近い将来，関東自動車工業とセントラルの2つの会社が合わせて年産が50万台を超えるならば，ティア1は急速に増えると思います。そうなりますと，東北にトヨタさんから開発が委ねられる枠と可能性が広がって来ると思います。一般には，我々がどんなに努力をしても，トヨタさんの開発テーマを自分たちで直接受けられるということはまず考えられません。

　ただし，開発テーマがティア1からティア2に展開されることが多々ありますので，日頃からいろいろな提案を積み重ねておきますと開発に加わるチャンスが巡ってくることが考えられます。また，独創性のあるものは受け入れられる可能性が十分にありますので，やはり努力は続けておくべきだと思います。その姿勢は非常に大事です。

　東北大学が持っているシーズのレベルは，日本でも，あるいは世界でも極めて高いレベルです。自動車に適するであろう基礎研究と応用研究と実用研究の成果を合わせたものと，東北の優れた人材のいる会社，力のある会社が1つの開発チームをつくって自動車の開発が委ねられるようになりたいと考え，力をつける道を歩むことができれば，時間がかかると思いますが可能性は高いと思いますし，やってみる価値はありそうです。いろいろなことをチームで継続して提案すれば，それを作れと言われたときには作れる可能性がもともと高いわけですから，トヨタ，あるいはティア1の皆さんがチームに委ねようとするチャンスが生まれるかもしれません。

　ティア1に来てもらうためにも，東北6県が力を合わせて関東自動車工業，セントラルの2社に50万台以上生産してもらいましょう。我々，中小企業の仲間がその中で求められているのは，ものづくりでどこにも負けないQCDですね。大手が中小企業に求めているものの第1は，開発力ではないと思います。徹底的に安くつくる。品質がちゃんと守られて，納期も守られる。量も，質も，コストもちゃんとしたものができる仕組みと体制，そういう体質を持った会社が求められ

ています。
　まとめますと，東北大学を中心に，力のある会社が人材を出し合って1つのチームをつくり，活動を進め，開発に成功したものが量産の使命を帯びたときに，すかさず，周りの会社がそのものづくりに参加できるようなQCD力を蓄えている。そんな地域になれれば，今日の課題の自動車メーカーの開発が少しずつにしろ東北に委ねられてくるかなと思います。
　その開発チームの編成をどうするかですが，東北6県の産学官の各単位体を，バーチャル的に1つの会社と見立てて考えると答えが得られそうな気がします。アイデアに優れた所，企画力・開発力・資金力・製造力・営業力などに優れた所を巻き込んだ組織化です。必要に応じて新たに加わる所があってもいいでしょう。宮城県は宮城県としてチームを1つ，岩手県は岩手県としてチームを1つ作って，その中で話し合って役割分担を明確にして，将来のためを目指してお互いに協力しながら活動を進める。これは1つの方法ですが，幾ら大上段に理想論を振りかざしても，現実には格好だけでは目標は達成できません。もし東北六県を一地域としてチームが編成できたら，もっとすごいことになりますね。
　こんな形で進めていけば，東北の企業が持っている技術をうんと高め，深めていく原動力になります。少しずつですが光る技術にしていけば，自動車でも，航空機でも，精密産業でも，家電製品でも，必ずそこに使ってもらえる新たな活力が生まれます。海外だって，いつまでも低い賃金コストでいられるはずがないのですから，今は我慢のときです。中小企業が果たす役割，進むべき道は，あまり上の方を望まずに，上の方は上の方に任せて，中小企業は力を蓄え，支え合って共存共栄のための開発を目指すといいと思いますね。話を散らばらせてしまいましたが，「みんなで生きる」ことを考えていった方がいいのではないかと思います。

半田　可能性としては独自の開発機能もなくはないという話だと伺いました。その場合，ポイントになるのが，東北の場合は東北大学であり，さらにそのアイデアを具体化することのできる力のある企業がいるかどうかといったご指摘でした。
　見方を変えれば，これまで東北大がなぜそういう形に踏み込めなかったのか，あるいは踏み込まなかったのか。昨年のシンポジウムで，論文になるテーマでなければ研究者が手がけないとのご指摘がありました。ただ，この点はだいぶ状況が流動的になっていると見る必要がありそうです。最近の東北大は，「知の共同

体」から「知の経営体」へと大学の理念を変えました。国立大学では，国立大学法人化に伴い，国の支給する資金が大幅に絞られるようになり，独自に資金を調達する必要が非常に高まりました。そういうベースがあって，「知の経営体」といった言い方をするようになったと思うのですが，研究開発機能を手がけるバックグラウンドができつつある気もします。

ともあれ，実質的には，「裾野産業集積の問題」に話は移ってきました。

地元で育てる，地元に定着する。地元における点を線にし，それを面から立体へと持っていくのがなかなか難しいことは，ある意味当然ですが，割合はっきりしたと思います。方向として，実質的には「外から取り込む」という形になっていますが，そのあたりもそう単純な問題ではありません。

そうだとすると，外から，特に1次サプライヤーを呼び込むとすると，どういうことを考え，あるいはどういう条件を想定する必要があるのでしょうか。

居城 九州の実情から言いますと，九州の地場企業でトヨタ，日産系の1次サプライヤーにまで成長した企業は，1社も存在していないのが実態です。唯一，佐賀鉄工所（ボルトメーカー）がティア1かなと言われるぐらいのレベルです。ですから，九州にティア1の位置にいる企業は，基本的にそれぞれのカーメーカーの本社地区から進出してきた部品メーカーで占められています。

したがって，東北で1次サプライヤーを存在させたいと考えると，基本的には，企業誘致しか策はないと思います。では，どの領域で誘致するかとなると，先ほど岩城先生が指摘したように，物流で賄っていた調達を現地調達に変えることになります。つまり，重くて荷姿の悪いものから現地調達に切り替えていって，徐々に軽い方に，荷姿のいい方に移っていくわけです。現在，東北に進出しているサプライヤーの生産品を見ると，その次に可能性のあるものは，おのずと推定できる。その分野に焦点を当てて誘致活動を行うのが現実的な話だと思いますね。

九州もその方法でアプローチしています。九州で物流依存の大物部品ですと，トランスミッション関係が進出していないので，そのあたりに絞ってやりましょうとなります。現状では，大体，半分近くの部品分野の企業が進出してきていると思います。今後を考えますと，特にエンジンの構成部品やコンピュータ周りの部品は，お金が張って，荷姿がよく物流効率が良いためにまず出てこない。これに関しては，九州ではほとんどあきらめているのが実態だと思います。九州では，誘致できる企業は，ほぼ限界に達したとの見方をしています。

半田 生産機能を地方に持ってくる場合，それがメーカー本社の開発機能による全面的な支援を受けてということが，先ほど確認されました。1次サプライヤーの場合には，地元企業というのは，例えば九州の場合には1社もない。東北の場合も同じ状況ということでしょうが，その場合に，本社で1次サプライヤーの役割を演じている企業が地方に出てきた場合でも，同じように，その役割を果たす例がほとんどなのでしょうか。あるいは，違う例もあるのでしょうか。そのあたりの実態をお教えいただけませんでしょうか。

岩城 製造面で見ると，役割を別な人に頼むケースはありますけれども，開発という面で見ると，まさにそうだと思います。

　自動車というものは，大きく分けると，プラットフォームという部分と，ハットと呼ばれる部分とに分かれます。

　ハットは，言葉どおり，帽子という意味で，いわゆる自動車の上物です。海外の生産工場が現地でやらせているのは，大体，このハットに相当します。これは内装，シート，インパネといった部分です。マイナーチェンジとか派生車では必ず変わるものです。したがって，逆に普通に考えたら，東北でチャンスがあるのはそこだと思うのです。

　一方のプラットフォームはコア技術ですから，必ず本社でしかやりません。ただし，構成部品について，どこか上手に大量につくれる企業があれば，ギアだけとか，ドライブホイルだけとかいうのはないことはないです。ただし，設計機能という面で見たら，恐らくこのプラットフォームは最後の最後まで本社の近辺でやります。

　もう1点，恐らく地域で勉強されるのに最適なのは，90年代の後半にフォルクスワーゲンが自動車のコアを6分野に分けて表現し，それ以外はすべて外に出した点です。こういう流れが他のカーメーカーにも一時ありました。しかし，その時に日系のメーカーは，自動車にとってノンコアというものが実際あり得るのか疑問を持ちました。ノンコアとして外注してしまったら，いわゆるブラックボックスになって，コストも品質もわからなくなることを懸念し，日本メーカーは出しませんでした。ワーゲンをはじめとした欧米のメーカー，特にGM，フォードはどんと出してしまいました。その結果，今，ああいう状態になりました。

　ということで，そういう歴史を少し勉強された上で，さっき言いましたハットの領域について，地域で何ができるかを分析されたらと思います。

　もう1点，先ほどプラットフォームは出さないと言いましたけれども，今，ま

さに電動化でプラットフォームそのものが大きく変わろうとしています。そのあたりで，例えばITSの時代，いわゆる情報とコミュニケーション，インフォメーションが一緒になった電子プラットフォームの時代に，東北大のような大きな潜在シーズを持っている機関とトヨタや日産が組んでやるという姿ができると，その一部が地域に落ちてくる可能性はあります。

ということで，ハットでいくのか，プラットフォームの深いシーズでいくのかというのは，まさに地域戦略の部分だと思います。

半田 整理していただいて，非常にわかりやすくなりました。基本的に，プラットフォームの場合には，地元の入り込む余地はないと考えるべきだと。ただし，中長期的に自動車のトレンドを考えた場合には，電動化あるいはITSをにらめば，その可能性がないわけではないということでしょうか。現実的には難しいということですね。

いわゆるハットの方に関して言えば，内装，シート，インパネというレベルであれば，地元企業が参入するのは，それほど難しいことではない。もし，地元企業が関わるのであれば，このあたりの領域を射程に入れれば，ということだろうと思います。

岩城さんが，エレクトロニクス化あるいはメカトロニクス化という言葉をよくお使いになられています。この点をもう一度，自動車の今後も含めて，ご説明いただけないかなと思います。その上で，裾野産業に関連して，さらに議論を深めていければと思います。

岩城 化石燃料を極力使わない，あるいはまったく使わない自動車が要るという方向で，世の中は相当急展開をしております。そのとき，よくメディアなどで電気自動車になると誰でも自動車がつくれるという論議がされています。だけれども，ゴルフ場のゴルフカートのような電気自動車では，高速道路は恐ろしくて走れないと思います。街中でちょろちょろと乗る町乗り車と，いわゆる普通の自動車としての用途を考えたときに，電気自動車でも車の基本構造体の開発は非常に重要な仕事として残ると思います。

それともう1点は，エンジンがなくなって，プロペラシャフトもドライブシャフト，ガソリンタンク，排気管もなくなって，いわゆる電動車両化したときに電子プラットフォームというものが必要になってきます。そうした変革を遂げるときには，必ず新しい勢力，新しい技術が入り得る余地が出てくるものです。

ところが，そうは言っても，自動車というのはもともとあるブレーキとか，サ

スペンションなどの非常に大事な部分があって，まったくの新技術と既存のサプライヤーがどう組み合わせられるかが恐らく一番ポイントになってきます。そこを組み合わせられるフォーメーションが地域なり，カーメーカーを巻き込んでできるかが最終的な答えになってくると思います。

半田 エンジンルームからエンジン，プロペラシャフトなどがなくなったり，ブレーキドラムの中にモーターが組み込まれたり，といった自動車は，大分先と考えてよろしいのでしょうか。2020年よりも先になると。

岩城 多様な論議があって，電気自動車は20〜30年先だと言う人もいます。一方で，さっき言いました95g/kmというCO_2規制が2020年の規制として論議されております。恐らく欧州の重たい車をつくっているメーカーが反対するので，2025年ぐらいまでは延びるかもしれません。でも，2025年といったら今から15年後で，自動車のモデルサイクルでいったら，せいぜい3世代目ぐらいでその時代が来るのですね。2025年には，いくら甘い言い方をする人でも，3割から5割ぐらいは電動化されているだろうと。日米欧などの先進国では特にそうです。ただ，エンジンがまったくなくなるのは，そこまで近くはなく，もう少しかかると思います。ただ，30年ではないと思います。

　それともう1点は，現在，世界中が電池の開発に取り組んでいますので，電池のいいものが出てきたときには，私が言ったような甘い状況ではなくなる可能性はあります。例えば電池の能力が3倍になったら，まったく事態が変わると思います。

半田 そういう電動車が大分先の話だとして，すでに現在，エレクトロニクス化は急速に進んでいます。そうすると，裾野産業育成などの問題としては，業種を超えて転換するという話につながるかと思います。例えば，電気電子産業のサプライヤーが自動車産業のサプライヤーに転じていくことも考えられます。その場合，電気電子産業のサプライヤーであることは，強みとして考えられるかと思います。そのように考えてよろしいでしょうか。

岩城 そうは言っても，純粋なエレクトロニクス製品というよりも，メカトロニクスが大部分です。メカとエレキが組み合わさった自動車部品となると，単独の電気屋さんではちょっと難しいと思います。そういう意味で，基本になるメカをつくっている企業がこの東北地域にどの程度あるのかよく考えないといけません。

　それともう1点補足をすると，ハットの部分は，どんなに電動化や電子化が進

もうと，生き残る部品産業です。樹脂や鉄板が中心で，従来型の産業でかなりやれる部分があります。とりあえず自動車に出るのであれば，まずハットの領域に進出し，その上でプラットフォーム関係への進出も考えるならば，プラットフォームの行く末をよく見極める必要があります。あまり先ばかり見ているのもだめでしょうし，当座だけでもだめだと思います。

半田 ここで話をサプライヤーの育成に変えます。鈴木さんが直接携わられている共同受注組織に関して，官がどのように関わったときにうまく持っていけるのでしょうか。

鈴木 非常に難しいのですが，県と仕事をするときに，まず岩手県はどういう道を進もうとしているのか，何を目的，目標にしているのかを理解することを心がけています。岩手県の場合，自動車産業を通して，岩手の全体のものづくり産業の質を高め，地域経済を発展させて，人々を幸せにしたいという確固たる信念が方針になっています。官に期待することはプロジェクトを推進する上で困ったときにそれに応じた支援をしてくれることです。

自動車に入ろうとしたとき，社長以下にいろいろと話しましたが，単に「異業種やらないですか」，「同業種やらないですか」と言っても，自分のために得にならなければ，経営者は「うん」と言いません。経営者が「うん」と言っても，もし，技術や技能で交流をしようとしたときには，技能を蓄積して積み重ねてくれたベテランの皆さんは，「そんなの困るよ，俺が30年掛かって積み上げたものを何で人に教えなければならないんだい」と譲りません。そのところを理解し納得させることができないと，異業種も同業種も実際の活動は始まりません。

そのときに，県の何が役に立つかといえば，県はどういう方向に行こうとしているのかを，話の根底に持ち出すわけですね。同時に私の考えを加えて，今生きている私たちは次の世代に何をしていかなければいけないのかを呼びかけます。「あなたはどういう家族構成ですか。ああ，そう，高校生がいるの。高校生は就職大丈夫ですか，じゃあ，あなたが働いている今のいい会社をもっと良くして，息子さん，娘さんに喜んで働いてもらいましょうよ。もし働かないにしても，ほかの家の子に働いてもらってもいいんですよね。働きたい会社を残すのは，私たちの次の世代への責任ですよね」と会話を進める上では，県が何をしようとしているのか，官の皆さんがどういう努力を積み重ねているのかが大事です。

官のその他の役割としては，例えば資金です。中小企業が自動車に参入したいときにどういう支援ができるのか。もちろん，支援された方は，責任を持って事

業を確立し発展させて返済を完了させなければなりませんが，官には企業を支援する側とされる側の良き調整役となってもらいたいですね。銀行をもっと中小企業支援に積極的な姿勢に転換するような官の働きかけと共に，産業界の皆さんが「よし，やろう」という原動力の大前提を創ってくれることを期待しています。

半田 宮城県では，自動車産業の誘致を非常に強調しています。しかし，自動車産業を誘致しただけで，それにきちんと対応できる体制がとれているのかが問題となります。つまり，雇用が1万人生み出されますよという場合に，それに対応するような条件がすでに整えられているのかどうかというと，非常に心許ない。自動車産業を地域のコア産業として定着させるのであれば，単に誘致だけではなくて，やるべきことがいろいろあるのではないかと疑問に思っていますので，お聞きしました。

最後に，この「裾野産業問題」に関して，残された論点や次に取り上げるべき課題についてパネラーの皆さんから，ごく簡単にお話いただければと思います。

居城 九州の悩みを1つだけお話しておきたいと思います。

やる気のある企業は多分参入済みだと思います。ビジネスチャンスはすでにつかんでいると思います。ただ，それらの企業だけでは，地域の産業集積としては不十分というのは九州の経験からわかります。第2次，第3次と続いて参入していく中小企業をどうやって育成していくのか。多くの地場企業に自動車産業に対する興味をいかに持たせていくのか。中小企業経営者の意識を鼓舞して参入意欲を高めていくことが，いずれ東北でも課題になっていくと考えています。

目代 東北における自動車産業の振興を論じるにあたり，一般論で考える必要はありません。東北には，トヨタ系のメーカーが集積しているわけですから，そのトヨタの戦略がどうなるかという具体的な文脈のもとで考えていくべきだと思います。

例えば，現在のところ東北は，小型のガソリン車の生産拠点です。将来，電気自動車のウエイトは高まってくるでしょうが，ビジネス上，小型ガソリン車でも稼いでいかなければならない。小型ガソリン車としての開発・生産能力を磨いてそれで稼ぐのも東北の1つの道かもしれません。しかし逆に，ガソリン車に最後まで引きずられて，電気自動車やハイブリッド車への転換が最も遅れてしまうリスクもあるかもしれません。いろいろなチャンスやリスクがあるのですが，しかし，東北に1次メーカーを誘致するのであれば，やはりものが大きくて，荷姿の悪い部品領域を考える。あるいはバリエーションが非常にあって，完成車の生産

拠点に近いところで生産しないと物流が悪くなる部品領域に狙いを定める。そして，そこに携わる2次メーカーを育てていくのが，まずは直近の課題だと思います。

鈴木　岩城先生の中国地方で取り組まれている戦略や作戦を計画に反映して，それを実行していく。そこに多くの仲間を集めて活性化させる。素晴らしい活動です。私たち東北では，6県の企業が大学も官も一緒になって，運命共同体になれるかが地域産業育成の鍵ではないかと思います。

岩城　やはり，これから先の自動車を考えた時に，カーメーカーだけでも無理ですし，行政がただ支援をするだけでも無理です。欧州では，産官学の連携・提携を非常に上手にやっています。特にドイツでは，大学と公的な研究機関を上手に使って，ベンツやBMW，アウディなどが十分に手がけにくい非常に幅広い領域を大学と公的機関に任せてやっています。こうした取り組みは，東北大がある東北にとって参考になると思います。特に，ご存知のように，欧州は，部品メーカーの力が非常に強く，ボッシュとコンチネンタルという世界的なティア1がいます。部品メーカーが車を作っているとまで言われています。必ずしも正確ではありませんが，極端に言うと，そういう言い方をされるぐらい，上手に産学官の連携研究・提携をやっております。そのあたりで，何らかのこの地域のヒントになるのではないでしょうか。

折橋　次の人材育成とも若干重なりますが，地元のすべての部品メーカーの経営者にいかに自動車産業の特質を理解させて，参入を促すかが重要です。電機だと大体半年ごとにモデルチェンジをしていかなければいけないので，その間にきちんと減価償却を済ませて投資を回収して，次の投資に回していくといった非常に短いビジネスサイクルです。しかし，自動車産業の場合は，大体モデルサイクルが4年ですので，4年間かけてゆっくりと回収すればいい。1回受注すれば4年間はビジネスが保証されますので，参入すれば，そして成功すれば結構安定的な事業運営ができるという特徴があります。ただ，参入するまでには非常に厳しいハードルがある。その辺をいかに経営者にわかってもらうかが重要なポイントの1つです。

2「中核人材育成」

折橋　人材育成に関する論点を，3点ほど紹介いたします。

　第一に，現場作業員クラスの質および量両面の確保をどう進めるかです。量の

面では，東北は元来，有効求人倍率が全国的に見て低目で，人材の供給量は一見あるように見えます。ただ，少子高齢化で若年人口は減り続けています。実際，仙台市周辺以外の各市町村はほとんど軒並み人口が減っております。その上，首都圏への流出も多いので，すぐにこれが払底する可能性があるのです。しかも，組立メーカーや1次メーカーであればまだしも，2次メーカー以下ではなかなか良質な人材が確保できないという面もあります。その面では，トヨタとかデンソーなどの大手は，恐らく新卒を中心に採用されて，自前で教育訓練をなさるのでしょうけれども，自前で人材育成をするだけの体力がない地場部品メーカーを支えるために，団塊世代のベテラン技能工のOBの方をインストラクターとして招聘して，彼らに腰を落ち着かせた人材育成にあたっていただくプログラムを公的機関にて行っていただくことも一案という提案もありました

　第二に，開発を担える人材，そして現場での中核人材の育成をどう進めるかという点があげられました。九州大学大学院に，日本初のオートモーティブサイエンス専攻が設置されまして，人材育成の先駆的事例として紹介されました。そして，現場での中核人材の育成について，東京大学が「ものづくりインストラクター養成スクール」を立ち上げている事例が紹介されました。

　また，関東自動車工業岩手工場内に，車体開発部門の分室が今年4月に開設されました。移転予定のセントラル自動車の生産モデルの開発の一部も，将来的にここで担う可能性があると推察できます。この上物の開発に参画できる人材を育成して，関東自動車工業および取引獲得を狙っている部品メーカーに供給していくためにも，高等教育機関などの体制を整備する必要があるとの問題提起がありました。

　それから，第三点は，理系離れを食いとめ，工学部進学者をいかに確保していくかです。中長期的な地域振興，ひいては日本の競争力を確保する観点から，教育のあり方も含めて考えていかなければ，との問題提起もありました。

村山貴俊　最初に，宮城県の人材育成の現状について，経営学部教授・菅山より報告いただきます。

菅山真次　現場作業員クラスの質・量両面の確保，この問題に絞って，我々の調査の結果を報告します。

　まず，宮城県の潜在力について改めて確認します。

　最初にマクロ的な条件です。15歳から64歳の生産年齢人口で見ますと，宮城県はその割合が高く，有効求人倍率が全国平均よりも低くなっています。それに対

して，求職者数の絶対数は，北関東以北最大です。つまり，メーカーの側からすれば，人材はマクロ的な条件から言えば確保しやすく，特に高卒について大変量的に豊富です。大学についても，特に仙台圏を中心にして，かなりの数の高等教育機関があります。その一方で，地元から流出している人がかなり多く，地元での活躍の場が不足しています。とはいえ，潜在力としてはかなりあるといえます。

さて，今度はミクロ的に，現状を説明させていただきます。トヨタ東北さんを訪問させていただきました。そこでは新規高卒の採用が中心になっていて，全体の9割が高卒の採用，大卒は1割ぐらいです。

トヨタ東北では，近隣の工業高校から継続的に採用されていて，大変高い評価をいただいています。優良な従業員が確保できていて，将来的にも不安は今のところは感じていないとのこと。定着率も非常に高く，毎年50名くらい採用して，やめるのは1，2名ということでした。今のところは，特にトヨタ東北のようなトップ企業ではうまくいっていると感じました。そして，トヨタ東北のご指摘では，県民性としては非常にものづくりに向いているのではないかということです。全体的に言えば，朴訥であって，口は重いけれども，よく働く方が多いという評価です。

それで，トヨタ東北が関係を結んでいるのは，やはり中心は工業高校なのです。私は就職のシステムの歴史を研究したことがありますが，日本の就職システムでは，高校との間に継続的関係を結ぶという制度が大きな特徴になっています。ところが，90年代以降，このシステムが機能不全に陥りまして，その中から高卒者のニートとかフリーターという問題が出てきました。

このシステムが機能不全になる中で最も被害を受けているのは，普通高校です。実は，普通高校は偏差値からいうと概して高めです。そこで，進路選択のところで，学校の成績が少しいいので，工業高校，商業高校よりは普通高校に行こうという選択をします。しかし，普通高校を選択して，その次は大学進学，専門学校進学という進路を考えないとすると，今非常に就職が厳しくなっています。普通高校は企業との間に伝統的な実績関係が築けていないだけに，大変厳しい。ということは，逆に言うと，普通高校には，良質な労働力となれるような人材が潜在的にいるのです。そして，普通高校の数は，非常に宮城県は多いわけです。つまり潜在力としては非常に高い，我々はそこのところをまず前提として，議論すべきです。

しかし，実は，潜在力は潜在力のままにとどまるかもしれないわけで，将来の不安という観点では非常に大きなものを感じざるを得ません。先ほど，大卒は関東圏に流れていく人が多いという話でしたが，高卒も同じく東京に流れています。そしてその分，東北の各県から宮城に入ってきているという構造になっています。その点，少し不安定な側面があります。

さらに，少し悪い数字を並べると，高校生の内定率ランキングが全国では43位です。完全失業率は全国で下から4番目です。高卒の離職者は，全体で見ると，ワースト18位だと指摘されています。

さらには，若年者の就業意識やものづくり企業への理解度がどうも低いのではないかという声が業界の方からよく聞かれるという状況があります。その背景には，宮城県の歴史があって，基本的には，支店経済というか，商業，サービスを中心に発達を遂げ，現在もそうです。特に，父兄の方，保護者の方，本人も含めて，小売や金融，サービスといった部門への志向が強い。したがって，製造業大手であっても，知名度が低いということがあります。例えばパナソニックEVエナジーのケースでは，県を通して雇用説明会の情報を流していますが，一部の高校を除いて，なかなか来てくれず低調であるという状況があります。

このような中で，宮城県が人材育成に対してどのような取り組みをしているのかについて，最後に簡潔に触れます。

今述べました現状に対応して，高校生を中心にして就業意識，すなわち社会人としての基礎力を養成する活動が今のところは中心になっています。企業在職者を対象とした，特に現場の中核人材開発を担う人材の養成は，これからの課題であるのが現状です。

私どもは今回，宮城県経済商工観光部の産業人材対策課を調査いたしました。人材対策課は2007年の発足です。もともとは雇用問題の深刻化を背景に，キャリア教育全般を課題として立ち上げられました。そうしたところで，宮城県知事が富県戦略として製造業の育成を掲げたことで，ものづくり人材の育成へとシフトしていったとのことでした。

そこで，この対策課では，まずこれまで県が携わってきた事業をすべて総点検され，「事業の棚卸し」をされました。横軸に対象者をとって，小中学校，高校，大学・高専，そして，企業在職者，経営者をとります。そして，縦軸では，教育の内容をとって，これは基礎・基本から応用・専門というふうにとっていきます。こうしたマトリックスの形で，総括的にこれまで手がけてきた事業をこれに

位置づけました。その上で，全体のバランスを見直してから改めて事業を展開していこうとされています。これまでのところは，高校生を対象とした事業分野が中心で，担当者の方の表現で言いますと，「学校教育に刺さっていく」形を目指して事業を展開されています。例えば職場体験，インターンシップとか，IT分野について，出前授業を行うなどの活動が中心になっているというお話でした。

応用・専門分野で特に目を引くものとしては，みやぎカーインテリジェント人材育成センターがあります。同センターのパンフレットによると「ハード（自動車，電子回路），社会の潮流，IT技術（組み込み技術，CAE）を理解し，活用できる次代の自動車づくりを担う人材を育成する」となっています。内容的には，かなり応用的な面も含めて，幅広くカバーしているように見えますが，実際は，元の大学，高専の学生が対象になっていて，どちらかといえば基盤の教育とのお話でした。

このように中核人材の育成は，これから進められていく課題というのが現状だと思います。一部ではすでに取り組みが始まっていますが，成果を語れるのはまだこれからだという状況です。

村山 カーインテリジェント人材育成センターの教育プログラムは，応用分野の内容まで幅広く含むが，実態は学生向けの基礎教育にとどまっているとの指摘がありました。しかし実は，宮城県にいま必要とされているのが，まさにそれなのではないでしょうか。学生の就労意識を高め，大手誘致企業の現場を担える良質な人材を供給する。そのための対応を，いま宮城県は，社会人基礎力の養成という形でやっている。しかし必要量の人材を供給できるかは，やや不安が残るとの指摘もありました。

そこで，九州は，我々よりも10年，20年先輩であり，自動車関連産業に人材供給を行ってきた経験があります。九州は，誘致企業に対し，高卒，高専卒の現場人材をどのように供給してきたのでしょうか。また，供給に際してどのような問題が生じたのでしょうか。

居城 それでは，事実関係だけ報告させていただきます。自動車産業は，やはり規模が大きいことを認識しておく必要があります。トヨタ九州1社で1万人以上の雇用力を持っておりますので，半端な数ではないことをご認識いただきたい。次に，人材供給面に関してですが，基本的にこれまで問題になることは1回もありませんでした。リーマンショックの影響で，派遣を切って騒がれたことはありますが。どの時代においても，例えばトヨタ九州で，人で困るということは聞い

たことはありません。欲しい時には必ずとれる状況にあります。

　トヨタ九州とトヨタ本社では2割ぐらいの賃金格差があって，九州の競争力要因になっていますが，トヨタ九州と九州の地場企業との間の賃金格差が大体2割程度存在するといわれています。ですから，トヨタ九州が中途採用をかければ，賃金水準が魅力となりすぐに集まります。しかも，企業ブランド力がありますから。引き抜かれる母体は，1次の自動車部品メーカーです。トヨタが集めると，デンソーとかアイシンから人が流れていきます。

　では，デンソー，アイシンクラスの企業で，人手不足に困るかというと，どこからも困るという話は聞いたことがありません。1～2年前の自動車加熱期においても聞いたことがありません。いつでも採れる状況にありました。それではこれらの人材はどこから供給されてくるのかというと，これは九州の地場企業からです。ですから，九州で一番問題になったのは，地場企業から人材が進出組に流出してしまったという事実です。ですから，地元経済の本音の部分は，例えば県や行政が進出企業を誘致してくる。これは確かにいいのだけれども，行政はどちらを見ているのか。愛知県を見ているのか，福岡県を見ているのか，どちらの企業を支援しているのだという声が必ず漏れてきます。

　東北地方における人材の供給余力が薄いようでしたら，将来，関東自動車工業やセントラル自動車が，生産のピッチを上げていけば，いずれこの問題は表面化してきます。

　九州では，いわゆる地場企業にとってみれば，これまで問題にならなかった外国人労働をどう活用するのかというテーマで，今，騒いでいるのが実態です。新卒の高校生，中途採用者を含めて，地域内企業と進出組との人材採用バランスが大きなテーマとして将来俎上に上がってくると感じています。

村山　それこそ待ち伏せ戦略で，人材を育成していく必要がありそうです。誘致企業だけでなく，地場企業への人材供給も同時に考えていかなければならない。人材の企業間移動を見越して，先回りで人材育成を進めなくてはなりません。

　もう1つだけ質問させてください。トヨタ九州とか，アイシン，デンソーに地域採用された高卒や高専卒の方々が，その後，会社の中でどのようなキャリアを歩むのでしょうか。

居城　逆説的なお話をしますと，トヨタ九州で現在課題になっているのは，部長クラス以上の経営者クラスの人材まで地場が育ってきて，本社から派遣される社長以外は地場卒の取締役で全体が運営されるようになったときに，果たして，こ

れまでと同様に，良好な関係を維持していくことが可能なのか，というテーマです。逆に言えば，現在，そのクラスの人材はトヨタ本社から来ている方で，トヨタ本社でずけずけと発言できますし，仕事も取ってくる能力をお持ちです。いわゆる仲間同士の関係が維持されています。しかし，地場の人材が育っていくと，当然，子会社の位置づけで育っていった人たちがトップに育っていきますから，その人たちが本当に今の関係を築けるのかということをすごく心配しています。

このように，それが目の前のテーマになっている具合ですから，地元の人材が登用されていくことは間違いないと思います。

村山 非常にわかりやすい説明でしたが，先ほどの話と合わせて考えると，何か1つ対策を打つと別のところに影響が出て，それに対する対策がまた必要になるということです。だから，裾野を含めて広く全体を見て，地域としての施策を考えていかなければいけない。それが1つ重要なポイントになると思いました。

ここで少し視点を変えます。今までの議論はどちらかというと短期的な課題であり，誘致企業に対して現場を担える人材をいかに供給していくかという話でした。次に，もう少し中・長期的な課題として，裾野産業を担える地場企業の振興にむけて，どのような人材育成が必要になるのかを考えます。

おそらく3つほど課題があります。第1は，地場企業の中の開発人材をどのように育成するか。第2は，地場企業を連携させ，さらに地場企業と誘致企業を結びつける，いわゆるネットワーク人材の育成。第3は，地場企業の経営者の考え方や姿勢をどのように変えていくか。

地域でネットワーカーとして活躍されている岩城先生，鈴木先生にお越しいただいておりますので，第2のネットワーク人材の問題を取り上げます。ネットワーク人材とは一体何か，どのような仕事をし，どのような能力が求められるのか。

岩手からお越しの鈴木先生は，プラ21として北上の地場3社をうまく結びつけて，関東自動車工業に部品を納入することに成功されました。ご自身のコーディネートのお仕事，そしてプラ21の参入後の様子についてお聞かせください。

鈴木 関東自動車工業㈱は1993年から生産を始めています。2000年ごろ，私たちは，自動車会社が来ているのに自動車の仕事ができていませんでした。そこで，自動車に参入するにはどうしたらいいか，関東自動車工業にお話を持っていきました。当時の副工場長さんが，私たちのところに来てくれまして，何回かにわたり自動車とは，「自動車産業に参入するとは」という課題についていろいろお話

をしていただきました。

　私は定年を迎えるにあたり，それまで携わってきた技術の分野，管理の分野，中央の大会社とのつき合いなどの経験を定年後の人生に生かしたいと考えていました。将来に向かって，「学びたい場」と「働きたい場」を築こう残そうと考えた結果が，自動車産業に入ろうという決意につながったわけです。

　人はいない，技術はない，お金もない，実績もない。さてどうしたらいいか。頭の中に考えを駆けめぐらせ，そうだ，あの会社は成形加工でいいところがあるな，あそこには金型製造では岩手県の卓越技能者で表彰されるような力を持っている人がいるな，あの会社はいろいろな種類の仕事をしていて，トラブルが起こったときのトラブルシューティングは速いスピードでできそうだな。この3つを合わせて，あたかも1つの会社にすることができれば，プラスチック業界では名古屋地区の中堅どころの会社に匹敵する経営力を持つなと。さて，これら会社をつなげるのにどうしたらいいか思案しながら進めたのですが，そう簡単に賛同と参加の意は得られません。私の人生観をぶつけることがそれを突破する糸口になりました。最初に私がどうしたいのか，どう生きたいか私の考えを話しましたが，その時，社長にお願いして，社長とだけでなく必ず現場の人を呼んでもらって，私が社長にどういう話をしているのかをそばで一緒に聞いてもらい，かつお互いの意見交換もすべて部下の人にも聞いてわかってもらうようにしました。

　そのうち，部下の人も次第に意見を言うようになってくれまして，先ほど話しましたように，彼らの口から「いい会社にして，働きたい場，学びたい場を次の世代に残せるなら，こんなにいいことはないね」と話し出されるところまで持ってくることができました。これは共同で事業をする前提となるだけでなく，実は人材を育成することにつながるのではないかとの考えでもありました。

　共同事業は，社長がいくらオーケーしても，課長あるいは係長，あるいは職場のリーダーが賛同しない限りうまくいきません。今回取り組んだ共同事業は，単に仕事をつなげようだけではなく，「人のために事業をするという気持ち」が自然に湧き出てくれるような人材を経営者，特に社長たちの中に育てなければ，北上の，あるいは岩手の将来はないという考えがありまして，同時に人材育成をも果たそうと意図して進めました。

　おかげさまで，この事業の中心になっている会社では，2007年，2008年，2009年と毎年，売上高は伸びています。従業員数は，2006年の72人から現在は58人に減っていますが，今年の売り上げは当時と比較して1.7倍になっています。生産

性を高めて，コストを下げて，仕事を増やすことができた好例だと思います。努力の結果が如実に表れていますね。

　さらに素晴らしいことは，2006年7月からつい最近の納入まで，3社合わせて1つも不良を出していないということです。これはお客様から高い信用を得ます。やがて部下の人たちも姿勢が変わってきました。人材が育ち始めたということです。社長も，新しいことへの挑戦に「最初はびくびくだったけれども，実際，今ではやって良かった」と言ってくれています。やって良かったという心を持てたということは，次に新しいチャンスがあれば果敢に挑戦するという決断力が生まれたわけです。部下の人たちも成長していますから，社内が明るいです。会社に行って「土曜日も出ているのですね」と言ったら，「仕事がやり切れないくらいあって，大変なのです」と言いながら，にこにこしていました。

　企業間は，普通は何かトラブルがあってうまくいかないことが起こるのですが，トラブルはあるのでしょうが，力を合わせてやっていることが，売上増に表れています。全体に売り上げは増え，不良は起こさない。すると，自信がついてどんどん伸びようとしますので，トラブルは途中でいい方へ分解してしまうのでしょう。

　今は不況の時期ですが，ありがたいことに，すごいことが起こっています。自動車の新しい機種が岩手に移管されようとしていますが，発注先の5社から，結構な量の新しい仕事の引き合いが多くよせられて，今まさに嬉しい悲鳴を上げているのです。

　プラ21のメンバーが，いま何を考えているかといいますと，引き合いは万難を排してできる限り受注につなげ，周りで一緒にやっているがグループには入っていない同業者に仕事を分け合って仲間を増やし，この組織を広げていきたいというのが，直近の考え方であることがわかりました。

　自分が相手のために生きようと思い行動したとき，社長も従業員もすごい力を発揮し同時に人材が育ちます。技術を教え合うということでも，問題が出たときにすぐ助け船が出て，「部品のこういうところで，引けが出たのだな」それなら，「成形条件をこのように変更してみたらどうだ」というようなことが，グループ内のいろいろな経験の中からすぐに解決策がもたらされ，スピーディーに問題を解決してしまいます。大変うまくいっていると思っています。

　私が楽しみにしているのは，現在，プラ21は3社で構成されていますが，4社目，5社目の会社がグループに早く加わって欲しいということです。仕事を分

け合うことは，すでに始まっているようです。グループの仲間の輪がどんどん広がっていって欲しいと思います。実現もそう遠いことではないと見ています。

　同業種の事業共同体を組織して運よく成功しましたが，実は，社長の人柄を優先して選んだことが成功の第1要因だったと思っています。前々から多くの社長と知り合いになっていましたが，私が最適と判断した3社長の組み合わせなら大丈夫と決断して進めました。

　そういうわけで，プラ21は最初から腹を割って話すことができまして事業化が順調に進みました。しかし，同じ段取りで次のチームを仕掛けた時は，残念ながら，メインと考えた社長が私の考え方に同調されなくて，図らずも活動の入り口で止まってしまった苦い経験も味わいました。

　ここで話題を少し変えます。東北6県の自動車向けの技術展示会が今年で5回目ですが，トヨタ本社でこの10月に行われます。これには44のテーマが発表されますが，各々が素晴らしい内容になっています。単独でのレベルの高い技術や加工法を「組み合わせる」ことによって，従来の部品・製品にない新たな高い機能を持った価値あるモノ創りのいいチャンスが生まれると思っています。A社とB社をつないで新しい価値のある部品づくりをすることによって，今までにない付加価値のある，あるいは安心・安全に使えるモノづくりが可能となります。東北6県全体を1つと考え，同業種あるいは異業種のチームを編成し，新たなモノづくりを仕掛けていきたいと思っています。そのためにも今年の技術展示は大変楽しみです。

　それから，岩城先生は自動車会社のご出身で，プロジェクトチームを作り指導をされて幅広い成果を上げられていらっしゃいます。東北では残念ですが，同じような方はなかなか見られないのが実情です。私たちも皆で知恵を出し合って「中国地域と九州地域の連携」のような活動を進めていかなければならないと思います。しかし，県をまたぐ活動で取り払わなければならない障害があります。我々民間側は，日本全国どこの県の企業がどこと組もうと何とも思わないのですが，県の方々の方が，自由な交流に抵抗があるように思います。それはなくしていただきたいと思いますね。これからは県をまたぐ連携で，東北6県の部分と部分をつなぎ，積極的な活動を展開していくべきだと思います。

　北上は，江戸時代から石巻地方の海産物が船で運びこまれ，帰りは農産物が運ばれていくといった北上川の内陸港として栄え，同時に奥州街道の宿場町として多くの人々に関わりながら生き栄えてきた歴史があります。その中で排他的では

なく，むしろ友好的な伝統が育まれてきたことが今も生き続けていて，ネットワークを進める原動力になっているのではないかと日頃から思っています。多かれ少なかれ，東北にはこの伝統は受け継がれていると思います。自動車会社が進出してくれまして新しいチャンスが出てきました。この伝統を生かすべく，東北6県を運命共同体に持っていきたいと思っています。

　この機会に，高校生，特に工業高校生の基本的学力に問題があることを指摘しておきたいと思います。そのためにはまず，どこの県でも工業高校の入学レベルを上げなければいけません。何の科目でもゼロ点で入学できて，卒業するまで3年間を通して試験の成績がゼロ点で，最初から最後までゼロ点で卒業して社会に出ていく生徒がいます。教育が卒業方式ではなく押し出し方式になっている証です。ゼロ点で入学してゼロ点のまま卒業させるのが温かい心と思っているようですが，実際には社会に出たら本人が困ってしまうわけです。仕事をする上で本人はもちろん，採用した会社も，いい仕事をしてくれるという期待にはほど遠い結果が出てしまいますから，お互いに困ってしまうわけです。工業高校に，高い技術，技能を身につけて社会に役立つ仕事につくのだという信念を持って入った生徒は，最初のレベルがどうであれ，それ相当なレベルに達すると思います。

　工業高校生のレベルには大きな差があります。先ほどのトヨタ東北の場合は，優秀な生徒が自然に集まります。成績がよくて，礼儀作法を身につけて，社会に出て働きたい，働こうという意欲を持った人が社会に出る時に，大手のレベルの高い会社に行きたいと思い採用されます。大手企業には恐らく，工業高校でもトップクラスの人が何十人も入社試験に臨みます。その中からさらに厳選して採用が決まります。採用された人材は，最初から質が違うわけです。だから，辞めません。これは私自身の経験ですが，北上の工業団地を中心に1970年から企業誘致で大手企業がたくさん来てくれた当時，社内的には苦しい事情がありながら毎年10人，15人を採用していました。ところが，1975年ぐらいを境にして，私たち中小企業には工業高校の優秀な生徒を送ってくれなくなりました。以後，人材を高専，大学に求める割合を増やして対処してきました。やがて学生，生徒の就職難の時代を迎えて，先生方は生徒の就職先を見つけるために駆けずりまわりましたが，中小企業の反応は冷ややかだったと記憶しています。トヨタ東北は名の知れた大会社ですから，黙っていても多くの優秀な人材が集まります。それは当たり前なことですから，それ自体は問題ではありません。解決するには，工業高校全体のレベルを上げればいいんです。卒業生がみんな優秀な人材になりますか

ら。

　工業高校の質を上げる緊急の対応としてはいろいろ考えられますが，工業高校に，OBの人たち，民間の人たち，あるいは企業現役の人たちもどんどん行って，一緒にものづくりをしながら教育・訓練に参加し，生徒と先生を支援する体制なり仕組みを作って進めることなどが考えられます。最新の技術・技能を伝授しながらその中で人生を語ったり，会社なり社会等について話したりしながら，生徒と意見交換を通してできるだけ短期間に学校全体のレベルアップを図りたいですね。また中期的には，高校生に時間をかけて，社会とは，働くということとは，喜びとはなどを体験，体感させたいですね。

　ある人が私に話してくれたことですが，子供たちにミニチュア扇風機のキットを渡し，電線を示しながら，「この線をつないで扇風機を回しなさい」と指示してやらせたところ，ある子は電線の皮をきれいに剥いでつなぎ，見事に回すことに成功。ある子は回らないと泣いている。考えさせたら，時間がかかったが，銅線の周りのエナメルを取ってつないだら，ついに小さな扇風機が回った。そうしたら，お父さんとお母さんと子どもさんが同時に飛び上がって喜んだ。この感激はきっと深く心に残ったことでしょう。

　長期的には，小さいころからそういう感動を体験してもらえるといいですね。最初は，他愛のないことでも感動してもらえる本物を与えて感動体験を積み重ね，ものづくりを通して面白さや楽しさを無意識の中に育んでもらう。幼児の時代，小・中学校の時代をそんなふうに過ごして高校に進んだならば，夢も希望も膨らみます。大学でも自ら学ぼうとする意志を持った人材に育てていかなければなりませんが，プラス思考の人になるかどうかは，小さいころからの感動体験が決め手になるのではないかと思います。大学に求めること，高校に求めること，あるいは小中学校に求めることはいろいろありますが，即効性のあるペニシリンはありません。即戦力の人材は，企業の人たちが関わって手とり足とりしながら高校生を育てることがいいやり方の1つかもしれませんね。

　岩手県では，小学生，中学生，高校生，大学生に対して，学校・社会・家庭・企業が連携して人材育成に取り組んでいます。大事なことは，生徒・学生それぞれに，自分が成長しなければならないことと共に，自分の目標が何かをはっきり自覚してもらうことが大切なことであると私は考えます。県は，短・中・長期に目標を定めて取り組んでいます。この成果は，一例として工業高校生の技能国家資格取得者の大幅アップに表れています。

それと，ものづくりの世界を支えるのは高専がいいと思います。一関高専の卒業生たちが会社に入ってからの評価は，私もいろいろな会社を知っていてよく話を聞きますが，「高専の生徒はいいよ」，「何年か後にはリーダーだよ」，「もう係長・課長になっているよ」，「この人が将来は経営を担っていくことになるね」と，高い評価が圧倒的です。今，高専が実施しているCOOP活動なりGP活動は，技術力なり現場力をつける，時代が求める人材育成に最適な活動を展開しています。インターンシップも少し長期的に行われ，働く喜びが感じられるカリキュラムが組まれ，実力をつけた卒業生を世の中に送り出しています。このような人材が企業に入って意気揚々と生きてくれますから，後輩もそれを見て学び育つという人材育成のエンドレスなサイクルがまわっています。存在価値は日増しに高くなっています。高専については，いい卒業生を社会に輩出してくれていますので結構だと思いますが，社会が望むことは時代と共に変化しますので，注意を払っていてもらいたいです。

　先ほど，学生の就労意識の向上と誘致企業への人材供給に関する問題が提起されましたが，高校生が問題であるならば，社会全体で解決に向けて立ち上がり，何をいかに解決していくべきかを地域ごとに結論を出して，学校や親御さんとの話し合いを経て生徒たちにも直接ぶつかって対処することが肝心と思います。即戦力となる人材が欲しければ欲しいなりに，社会全体が責任を持って努力していきましょう。真正面からぶつかっていかなければ，何事も切り開かれていかないと思います。私から見て，宮城県は豊かなのです。宮城県は岩手県と違って豊かだから，努力を怠ってもそれなりの生活が維持できるわけです。県を挙げて家庭と共に反省しなければならないのではないか，どうするか，どうしたいかを皆で話し合ったらいいのではないでしょうか。話し合って出された結論を，みんなの力を合わせて行動に移し，解決するまで止めない覚悟がいるでしょう。

村山　次は，岩城先生にお尋ねします。中国地域で，ネットワーカーとしてどのような仕事をしてきたのか。特に，ネットワーカーに求められる資質や能力とは何か。また今後，宮城ないし東北でネットワークを作り，ネットワーカーを育成していく上で，広島と違って東北には自動車会社の開発部隊がないわけですが，一体何ができるのか。

岩城　1つは，やはりネットワークの旗振り役がそのターゲットにしている製品について，どれだけの理解と愛情があるかです。私は中国地域で活動してきまして，一番に説いたのは，自動車がどれだけ地域にとって大切かということです。

みんなわかっているようで，わかっていなかったのですね。先ほど電気電子との関係のグラフを出しましたけれども，あのグラフを見てびっくりしない自動車屋はいなかったわけです。自動車は一番だろうと思っていたところが，実は電機・電子の方が地域を背負ってくれていた。ただ，雇用で見ると，ずっと自動車が一番でした。そういう意味で，何が，どこまでというものをうまく皆にわからせること。

それからもう1つ，一番心がけているのは，リスクの共有化です。このまま行ったら何か起きるのか，ゆでガエルになるのか，いやいや，じっとしていても大丈夫なのかというものを，まず皆にわかってもらう。そのために，一番大事なことはベンチマークだと思うのです。

いくら私が口を酸っぱくして言っても，「いや，トヨタがこうやっている」とか，「フォードがこうやっているぞ」，あるいは「ヨーロッパのベンツがこうやっているぞ」という事実ほど強いものはないんですね。できるだけ事実を集めて分析をした上で，やはりこういう方向ではない，これは繰り返し言う。特に年寄りに対しては，何回も言う。最初は頭に入らなくても，5回ぐらい言ったら，どこかの場所でその人が自分の言葉で言っていますから。そうすると，成功だと。

それともう1つは，先ほど，鈴木さんからも出ましたが，連携チームをつくるときに，特に官の連携がポイントになります。どこでもそうなのですよ。県と局が仲が悪いとか，県と市とが仲が悪いとか。我々は企業のための仕事をしているのであって，その企業にとってよければ，県でも，市でも，あらゆる支援機関がダブルカウントでいいわけです。実は，今日お話をしたモジュール研究会の際に，過去にかつて県と市が1回だけ密接に共同してやったプロジェクトがあったことを聞き出しました。そこで，そこに金をつけさせて，県と市がまず一緒になってやっていく体制を作った。そこに局が入ってくれて，現在の中国地域の自動車プロジェクトは，すべて局，県，市と行政は一体になって入っている。それから，工学系の大学も一体になって入っている。ということで，そういう意味で言うと，私がやった一番のポイントは，方向は一緒なのに少し離れていた連中を説得して，とにかく同じ場につかせたということではないかと思うのです。

それから，最近20年間で地域は実は2回厳しい目に遭っています。2000年当時，バブルがはじけて回復しないときに，モジュールという波がヨーロッパからどっと押し寄せようとしていた。それから，今はカーエレクトロニクスという波がどんと押し寄せようとしている。そういうときに，地域にとって一番の産業の

構造がどう変革して，どんなリスクが起きるのか，そのリスクの共有化をでき得れば地域外の人もそれについてしゃべってもらうことで培っていく。例えば，三菱自工で電気自動車のアイミーブを開発した主査に広島に来ていただいたりしました。日頃，地域では聞けない話を話していただける方に来てもらう。日産の電動化の開発の総帥を連れてきてしゃべってもらう。そうすると，私が言う以上に，当然，信じて動いてもらえます。

それともう1点は，大学ですね。工学部には航空工学と造船工学があって，何で自動車がないのか。例えば，東北大に恐らく自動車工学はないと思いますが，地域のコアに自動車産業を掲げようとしているのにこれはどういうことかと思います。

論文にならんという話がありましたね。ところが，東北大出身で学長をされた西澤潤一さん，現在は首都圏大学の学長をされていると思いますが，ずっと昔にいいことを言われています。「私たちはヤギを養って紙（論文）を食わせているわけではありません。私たちの研究は製品に，商品にして初めて何ぼです。工学部はそうだと思います」と。「当時は，おまえは生ぐさい奴だと言われた」と笑って言っておられましたけれども。

私も実に同感でして，工学部は，データを論文にまとめてではなくて，商品になって初めて何ぼの世界というふうに思うのです。

それともう1点，地元の単科工業大学で今，高校生にアンケートをとりましたが，ロボットと自動車はすごい人気があります。それから，いま自動車は最先端の技術が入り始めて，論文も書ける分野になってきています。地域の工学系の大学では，やっと自動車の研究室が出来始めました。このように端からそうやって口説いてまわっております。

一にも二にも，情報によるリスクの共有化をして，将来を見定めて，何回も我慢強く話していきました。それでだめなら，トップを説得するという主義でやっています。実は，中国経済産業局に平山というまだ若い係長がいるのですが，彼のセットで，よく私のように民間出身でリタイヤした人間が届かないところは経済産業局のバッチを持っていって，これが見えんかということで，まずは大体5回やれば大丈夫。あとは仲間をつくることでしょうね。産官学連携と言いましたけれども，そういうことを考えている人は，産業界にも，官の世界にも，大学にもいらっしゃると思います。最初の輪は小さいかもしれないけれども，その輪を少しずつ大きくしていく。それが大事ではないかと思います。

3．2010年テーマ「参入に求められる条件とは」

目代 本日の第1のテーマは，参入の糸口をいかに掴んでいくかという点です。第2のテーマは，参入のハードルをいかに越えていくか。第3に，参入できたとして，その後いかに持続的に発展を図るか。そして第4に，参入支援の方策をいかに打っていくかというテーマを取り上げたいと思います。

それでは早速，「参入の糸口」について話をしていきます。まずは岩手において連携を通じて参入を果たしたプラ21の事例について，鈴木様に改めて参入の糸口を掴んでいったポイントをお話し願えたらと思います。

鈴木 私は，実際に事業に参加した企業ではなくて，その企業に声をかけた者として話します。参入の糸口は，各社のトップに本当に自動車に入りたい，どんなことがあってもやり抜くという気持ちをまずちゃんと確立させなければ，相手と話をしたときに話の糸口が見出せないと思うのです。だから，最初はとにかく経営者，特にトップの何としてもやりたいのだという情熱とか決意が必要だと思います。私の糸口は，岩手の中小企業の仲間に何としても力をつけて伸びてもらいたいという願いが，自分が行動する出発点になったということです。

目代 宮城では，いま萱場さんがさまざまな事例において教育や支援に携わっていらっしゃいます。宮城の現状について，どうとらえていらっしゃるでしょうか。

萱場文彦 私が考える糸口ですが，いま鈴木さんがおっしゃったトップの意向は大前提として，次は展示会が大変重要だと考えております。

アポをとりながら1軒1軒回っていると，1年かかっても会える人数は限られます。でも，展示会に出かけていけば，興味を持った人が千人以上もお越しいただけます。展示会をいかに活用するかが，糸口をつかむ第一歩と考えております。

目代 展示会は，すでに自動車部品産業の集積のある中国地域のメーカーも活用しますが，展示会で糸口をつかむ上で，何か気をつけるべき点はありますか。

岩城 我々の地域でも，すでに取引のあるマツダや三菱以外の他の系列に参入するには，やはり展示会が非常に重要です。

そのときに一番鍵になるのは，その売り込み先の会社の優れた技術をベンチマークした上で，さらにそれに対して新しいご提案をすることです。そうすると

相当熱心に乗ってきていただいて，ビジネスにつながる確率が高くなります。

　それともう1つは，中国地域でエレキ系のメーカーに自動車に参入してもらうためには，トップの説得から始まって展示会に一緒に行ってもらったり，いろんな調査に一緒に行ってもらったりして，まず自動車を知ってもらうようにしています。それからベンチマークを一緒にやって，さらに自動車を知ってもらうということを継続してやっていくことです。

目代　広島では，福山市周辺に東北によく似た電機・電子の集積があります。以前から自動車への参入が期待されていますが，その後，何か新しい動きはありますか。

岩城　やはり時間がすごくかかっていますが，現在，福山の数社が自動車の部品をやり始めつつあります。それと，鳥取に電機系のしっかりしたメーカーが十数社あり，ここを口説いてうまくいきかけているところですが，羽ばたき過ぎて，鳥取で電気自動車に取り組むプロジェクトが始まったりしています。パラダイムが変わって電気自動車の流れが出てきたことで，部品産業界がもう1回，自動車をやってみようかという新しい動きも出始めているような気がします。

村山　東北で，すでに自動車部品に参入している地場企業が，他の地場メーカーに部品加工の協力をお願いすると，残念ながら断られることがあるそうです。特に宮城県で多いらしいです。例えば，設備を手掛ける力のある地場企業が部品加工を宮城県の地場企業にお願いしても，安い，大きいと色々いわれ引き受けてくれない。仕方なく，山形の企業に声をかけると，非常に反応が良く，安くてもいいから一緒にやろうと言ってくれるというのです。

　もちろん宮城の企業でも一生懸命やられているところもあって，例えば北光は，東京に営業所を置きまして，そこに経験者を常駐させ，開発も任せられるような仕事を拾おうと積極的に営業活動をやっておられます。積極的な企業は一生懸命やっていますが，中には消極的な企業があり，言われてもやらないという企業がある。それが宮城の現状です。

目代　宮城の企業をいろいろ見ていらっしゃる萱場さん，いかがでしょうか。そういった地域としてのカルチャーや姿勢は，やはりあるのでしょうか。

萱場　そこまではよくわからないけれども，トヨタから来て見ると，皆さん大変控え目で，自分を売り込もうという発想があまりないのではと感じます。また展示会の話になるのですが，例えば，部品を置いて，お客様が目の前を通るけど，全然声をかけないでじっと待っています。何か言われると，今度は一生懸命説明

するのですが，自分がお客様のほうに回って，お尻をお客様に向けて部品を手にとって，お客様を忘れてしまったように説明される。こうした点は課題があると思っていまして，私どもは「プレゼン研修」もやったりしています。

半田 特に宮城県の企業は消極的だという話を，やはり何カ所かで聞きました。そうしたカルチャーというかエートスを考えるとすれば，宮城県というより伊達藩のところまで戻ることが必要なのかなと思います。つまり，かつては伊達藩の城下町だったということ，明治以降は第２師団のある，いわば親方日の丸的な空間だったのが大きな意味を持ってきたのではないかと思います。自分からは何もせず，待っていても何とかなるという文化といえばよいでしょうか。したがって，積極的に打って出る，あるいはリスクを冒してまで取り組むという意識をどうやって生み出すのかが問われるのではないかと思います。

そういう意味から，トップの意向がやはり非常に重要ではないかという気がします。企業調査を通じて感じたことでもありますが，結局，うまくいった例を分析すると，やはりトップの方の決断力とか，あるいは直感力，あるいはクリエイティブなものに対する非常に積極的なスタンスがあります。絶対にこれをやるという姿勢がはっきりしていて，それがリーダーシップを通して事業起ち上げにつながっていく，このような姿勢が，宮城県のうまくいった企業にはあるのではないでしょうか。

鈴木 入り口にもう一度戻ると，技術展示商談会は私も最大の効果が出せる糸口だと思います。それは，東北６県の企業が参加して，成約件数や試作依頼，研究開発の引き合いの件数を見ても，こういうチャンスがなくては，とても東北６県の企業がそういう実績を上げることはできないと思います。情報自体は，見学会とか視察会だとか，雑誌，専門誌，テレビ，新聞などから得られます。それで一番の問題は，ある仕事をしてくださいと頼まれたときにそれができないという例が多い。例えば，自動車会社やその関連会社からの情報は，だいたい県のほうに入ります。それを企業の実力とその問われている相手の要望を理解した上で見解を整理し，どの企業を紹介して，どう仕掛けて成果につなげるのが最適な方法かを考える，そういうことができる人が各県にどれだけいるかが鍵で，それができる人が実際に自動車の仕事を取り入れる原動力だと思います。

1つ，糸口に関して，私自身の経験についてお話をさせていただきます。

もう12年ぐらい前ですが，モーターショーに行き，部品展示場を訪れました。そこである機構部品を見つけました。それで，その会社の方に，「今これで困っ

ていることは何ですか」と聞きました。そうしたら指差して部品名を言いました。どういうことで困っていますかということに対しては，何も言ってくれませんでした。私はまだ自動車のことをあまり知らないときだったのですが，脳裏にその部品の形状を焼きつけて工場に戻りまして，自分で絵を書いて，部下にその部品をつくらせました。その部品の果たしている機能が何かは見てわかりましたから，耐摩耗性が高くて，摩擦も小さくて，それから耐久性があるもの，それで実際に強度のあるものということで，材料を選択して，加工をして，表面処理をして，こんなものならば役に立つのではないかというものを持って会社を訪ねました。「何しに来た」と言われました。モーターショーで問題があると言われたので作ってきましたとサンプルを示しました。そうしたらびっくりされて，ちょっと待ってくれと言われて10分ぐらい待たされました，彼は自分の部屋に取って返してサンプルをチェックしていたのです。その後，サンプル部品の正式図面を持ってきてくれました。実はこの部品はこういうものだよと説明してくれた図面を持って帰りました。10日間ぐらいでその正式な部品を作って持って行きました。モーターショーが10月でしたから，そこまでで12月でしたから2カ月ぐらい経っていました。北海道で耐寒試験が来年早々に始まるから，この部品を取り付けようということをその場で決めてくれて，この部品1個ではだめだから20個つくってくれと言われました。それでまたすぐ届けました。2月，3月と耐久テストが北海道で行われて，採用になりました。採用になったのですが，残念ながら私のほうは別の事業で投資をすることが決まっていて，その部品を量産するためにはまた途方もない投資が必要でした。結局，量産は断念して，申しわけないと謝りました。私としてはそのままで終わらせられないので，その部品を加工したノウハウを全部その方に差し上げました。それで許していただいたのですが，それが，私が自動車に興味を持ったきっかけでした。自動車会社というのは，こういう動きと考え方を持っていけば聞いてもらえるのだということが自分の実体験として頭と体の中に残りました。ですから，モーターショーに部品を展開するチャンスがないかというと実際にはあります。そんなこともぜひ若い方々に，思わぬところにチャンスが転がっていることを知っていただければと思います。

目代 先日，東京大学での研究会で，電機・電子が落ち込んできている一方で，東北では自動車産業が伸びつつあるにもかかわらず，このチャンスをどうして今生かさないのかという話題になりました。可能性として，自動車に食いついてい

かないと立ち行かないところまで来ておらず，まだ余裕があるのではなかろうかという話もありました。あるいは，東北地方の生産台数はセントラルを入れてもまだ40万台程度で，50万台ぐらいないと自動車集積が進まないのではないかということも議論になりました。

　地場のメーカーにはどんどん自動車産業へ参入していただきたいのですが，やはりそれぞれのメーカーさんは，ビジネスですから営利企業としてやっていかなければいけません。地元行政として一方的に自動車への参入を要請するわけにもいきません。この点について，例えば岩手ではどのように説得されていったのか，あるいは中国地域でも，電機・電子関係のメーカーに自動車への参入をどのように説得しているのでしょうか。この点について，何かご経験がありましたら，少しお話し願いたいと思います。

岩城　中国地域では，先ほど申し上げましたように，メカ系のメーカーだけではもう届かないところに来ています。今，電機・電子産業を地域の工業出荷額で見ると，2005年ぐらいから韓国や中国と価格競争に陥って，日本全体でも中国地域でも落ち始めています。ですから，電機・電子の人にはかなり危機感があって，特に中小の大きいほうのレベルの企業群は自動車への進出を検討したいと思っています。しかも鳥取のほうの企業群は，もう大手の電機メーカーは中国に逃げてしまっています。しかも，EVやプラグインハイブリッド，あるいは最近のスマートグリッドのように，電機系の人もやりたがっているテーマが自動車と電機の間にブリッジであるものですから，興味を持っています。一方で，LEDや太陽電池など新しい世界も活性化してきていますので，ある部分では，自動車と新しい産業がそういうサプライヤーの関心事を取り合っているという状況です。

　ただ，EVなどパラダイムが変わったものが出てきて，場合によっては電機屋で自動車がつくれるのではないかという雰囲気が，特に西日本ではあります。新産業として見て，ぜひEVに行ってみたいという機運が，岡山，鳥取，福岡，愛媛などであって，それを通じて，当然電気の部品も，機械系の部品も，樹脂系の部品もいるものですから，もう1回，自動車には新しいビジネスチャンスがあると思い始めたのだと思います。

目代　西日本で電子・電機の部品をつくっている会社，あるいは電気自動車をやってみようかという会社は，開発機能はある程度お持ちなのでしょうか。

岩城　中小企業といえども，かなり上手に3億円，300人のリミットを抑えているようなところ，あるいは大企業になったばかりのクラスが，こういう関心が高

いです。開発機能も一部持っているクラスの会社です。

目代 東北地域にも自動車産業に参入のチャンスがあるメーカーは少なくないと思われますが，開発機能をいかに持つかが重要になってくると思います。

　ここまでの議論を整理しますと，まず参入の糸口をつかむという点では，まずトップが参入の意思あるいは覚悟をどれぐらい持つかという点が前提条件となります。それから，実際に糸口をつかむために，例えば展示会などの機会をどれだけ有効に活用できるかがカギとなります。プレゼン能力の向上や現行部品や技術を分析する力の研鑽，こちらから積極的に提案をしていくバイタリティなどが非常に重要であるようです。そういった意味では，何も新しいことはありません。そういった基本的なことをどれぐらいやっていけるか，その底上げができるかが，まず入り口に立てるかどうかのポイントであろうと思いました。

　では次に，参入のハードルをいかに越えていくかという問題です。いろいろな議論の入り方があると思います。例えば，どういう領域に入っていくのがいいのか。得意なところから入っていくのがいいのか，あるいはこれから伸びそうなところから入っていくのがいいのか，あるいは，立地の優位性を生かせるところから入っていくのがいいのか。いろいろな切り口があると思うのですが，参入の方法から議論を始めていきたいと思います。

　まず，地元の事例を伺いたいと思います。プラ21はシート周りの樹脂系の部品を生産していますが，そもそもどうしてその部品領域に入ろうとしたのかをお聞かせください。

鈴木 その領域が与えられたということです。原点は，自分たちが得意とし，できる範囲を明確にして臨んだことです。例えば，ちょっと背伸びはしましたが，品質や大きさ，数量について自分たちが得意としているものを展示会で提案したわけです。それに対して興味を示してくれた会社にその3人の社長がすっ飛んでいって，いろいろ話し合いを始めました。すぐに関係の方を岩手に連れてきて，現場をつぶさに見ていただいて，できないことはできない，できることはできると正直に説明したのです。最初の出会いから，そういう意味では心の交流を大事にして信頼し合うことがうまくいきました。現場を視察された方は，これだけの金型の技術があるのか，それだけの生産力があるのかと感心されまして，ではぜひ利用したいとなりました。発注側は，生産できないものを押しつけても，できないのではそれを使うことはできないわけです。そういう意味では，プラ21の場合は，発注側と受注側のニーズがちょうど折り合ったところでスタートができた

のです。

　でも，品質レベルはそんなに簡単には守れません。品質管理レベルを引き上げ，さらに維持向上を継続しなければなりません。それを素早く確実に達成するために，ベテランの導入を考えました。いろいろな会社で経験を積んだそれなりのレベルに達した人を連れてきて，人材を育成する役割を持ちながら部門の責任者として配置するために適任者を探しました。できる範囲のことを素直にぶつけて，相手もその範囲を理解し了解してくれたので，プラスチック部品事業が始められたということです。

目代　地場メーカーが得意なことやできることをまず提案をしていき，関東自動車工業などの自動車メーカーと取引対象の品目を合意していくということなのですが，例えばシート周りの小物の樹脂部品をなぜ求めていらしたのでしょうか。東北で生産されている自動車に使用される部品は，その多くがはるばる域外から船便や鉄道で運ばれてきています。とりわけ，大きな部品やバリエーションの多い部品は，遠くから運んでくると非常に効率が悪くなります。つまり，地場メーカーの側ができるものをアピールするばかりでなく，取引先が求めている狙い目の領域もあると思うのですが，その辺いかがでしょう。

鈴木　できるものから始めます。次の段階は，金型から自分たちでやらせてもらいます。その次のステップは，もう少し大型のものです。この辺から徐々にお客様の期待に応えていかなければなりません。従来，岩手県の地場企業が持っていたプラスチック成形機の能力は，大体200トンクラスまでの大きさでした。製品の大きさとしては，一般的に言えば15センチ角から20センチ角ぐらいの大きさです。しかし，自動車部品メーカーはもっと大きなものを求めていますから，こちらは350トンの成形機を設置し，40～50センチの大きさのものまでできるようになりました。そして今，部品のサプライヤーが岩手に求めているのはさらに大きなものです。今，目代さんがおっしゃられましたように，岩手で生産するものは大きなものでないと意味がないのです。大型のものの生産は，600トン，800トン，1,000トン，1,300トンと成形機を大きくしなければ作れません。それに使う金型も必然的に大きくなります。しかし，そこに問題があります。例えばその600トン，800トン，1,000トンで使われるような成形用金型を岩手県の地場企業が製作できるかというと，未だできないのが実態です。精密，電機・電子からスタートして，ようやく自動車産業に差しかかったところですから，大型金型製作の準備もできないのです。ですから，これからはより大きな金型が作れるよう目指して

いるわけです。

　では，そのために何を整えなければいけないかというと，まず大型金型の設計ができるようにならなければなりません。次にその金型を製作できなければいけません。さらに今まで経験したことのないような大きなものについて，QCDを整えていかなければいけないということが起こります。このことについては，エンジニアリング会社を巻き込んで行こうと考えています。まだ3社は，この私の発想は知りません。大型金型が設計できるところを仲間に入れようという考えを温めています。

目代　これは，その金型の設計能力や製作能力，そしてそのQCDが整えばいけそうなのですか。それともそれにプラスして，資金繰りの問題などもあるのでしょうか。また，自動車メーカーや自動車部品メーカーの工場は非常に建物が大きいのですが，電機・電子関係の工場は天井も低くて，普通の家と変わらないぐらいの天井の高さです。350トンクラスの成形機を設置するためには，建物もそれなりに大きなものが必要になります。そういう工場の資金繰りだとか，建屋の大きさといった身もふたもない理由もあると思うのですが，その辺いかがでしょう。

鈴木　大ありです。例えば，今の350トンの機械を入れるのにも，建物を大きなものにしたぐらいですから，800トン，1,000トンとなったら，もうまったく新しい建屋を必要とします。それに付帯設備を含めると大変な資金が必要です。ですから，簡単には実現できません。金型の設計については，すでにある程度の大型金型にも対処できます。それに大型金型の製作については，地場の企業と進出企業が組んで作業分担をうまくすることができれば十分可能なことです。自分たちが金型の心臓部を作り，回りの大きな部分は他の会社に任せるという方法がとれるわけです。ですから，具現化に向けて努力をして，何とか大型のものが地場でできるようにしていきたいという思いですが，望みはかなえられると思っています。ただし，そこで立ちはだかるのは資金です。銀行もそう簡単には貸してくれません。経営計画をしっかりたてて返済できるということでなければなりません。

　それでもう1つ言わせてください。かつて350トンの成形機を入れるだけでも，中小企業は2億円くらい設備から建物までの費用がかかっています。当時，岩手県は1億円について2,000万円の最高の限度額で補助金を出してくれました。その2,000万円は大変有難かったです。ですから，これら補助制度はぜひにも続け

てほしかった制度です。モノづくりを充実させて稼いで，付加価値を増やし，利益を上げ，その分税収を増やし，県も東北も豊かにしていくために，県は地方自治体ですから投資はできないでしょうが，少なくとも考え方として，できるだけの配慮をして将来に備える責任があると思います。新たな価値を生み出すために手を打つべくぜひ取り組んでいただきたいということを，この場を借りてお願いします。銀行も，将来を見越して企業への投資枠を増やしていただき，このような事業，産業に目をもっと向けていただきたいと思います。

目代 技術の問題に加えて，色々な泥臭いレベルの支援も必要だというお話だと思います。宮城県の様子はいかがでしょうか。技術だけでなくプレゼンテーションに関する研修をされていますが，経営企画や見積もり，資金繰りなどの支援についてどう考えていらっしゃいますか。

萱場 あまり詳しくないので適切にお答えすることができませんが，それなりに経営支援，お手伝いみたいなものは，あるはずです。

　プラ21では，かなり挑戦的に新規に設備も入れて受注されました。その後の拡大の局面では，リスクは少し減っていくのかもしれませんが，出だしのところはすごくリスクが高いと思います。何もないところからプレス屋さんが樹脂インジェクションをやったり，樹脂屋さんがアルミのダイカストやったりするのは，非常に大きなハードルがあります。やはり自社技術でできるもの，今までの延長線の中でできるものを「とっかかり」にしないとどうしようもないだろうと思います。参入領域の議論の中で，いろんなところに入る可能性があるようにも受け取れましたけれども，実際は自分ができる領域にしか入れないと私は思っています。ですから，ひたすらに自社技術を磨くということが大変大事なことではないでしょうか。去年のトヨタの展示会でも，三河でもできるけど東北でもできますという提案は要らないとはっきり言われました。新技術や新工法など何か新しいものを持っていらっしゃいと。お金の話ももちろんいろいろあるでしょうけれども，自社技術で新しいものをどれだけ頑張って出せるか，そのハードルを越えることが大変重要な一歩ではないかなと思っています。

半田 成功事例をみると，いわゆるリスク対応力，つまり収益力のある領域を持って，余裕のある企業が新分野に入っていけるという場合もあるようです。そうだとすると，守備範囲の中でやるというモデルと，守備範囲というわけではないにしても余裕を持った形で打って出るというモデルとがとりあえず出てくると思います。

萱場 余裕は持たないと絶対出られないと思いますが，「プレス屋が樹脂に」といった話は，そうはありません。宮城の岩機ダイカストさんは，アルミのダイカストで今まで磨いてこられた技術の延長線で何とかなった。同じく引地精工さんは設備ですが，今までも設備をやってこられて，設備の延長線で何とかなった。やはり本当に異質なところに飛び跳ねるのではなくて，自分が持っている技術の中で，余裕があるからチャレンジできる。2モデルではなくて，本当は1つなんじゃないかなという気がいたします。

目代 経営戦略論のキーワードに，事業ドメインという概念があります。事業ドメインとは，その会社の生存領域あるいは提供している価値をどのように認識するかということです。例えば，わが社は自動車屋だとか，うちは電機屋だと考えるのか，あるいはうちはソリューションを提供する会社である，輸送手段を提供する会社である，等いろいろなとらえ方があると思います。

　岩機ダイカストは，ダイカスト，つまり鋳物の技術を中心に自社のドメインをとらえている会社です。言い換えますと，ダイカストの技術が生かせるのであれば，別に電機でも，医療用でも，自動車でも何でも来いという会社です。ですから，うちの会社の強みは何か，うちの商売のよって立つ柱は何かということを，製品や業種などの形であまり固定的なとらえ方をしないで，機能だったり，価値だったり，技術などの形で認識していくと応用先はいくらでも考えられます。そのようなとらえ方をすることも，培ってきたものをよそにも応用していく心構えや新しい事業モデルの前提になるのではないかと思いました。

　東北のメーカーが参入するためには，得意な領域から入っていくのも1つの考え方ですが，自動車産業はエレクトロニクス化や新興国市場の興隆など，大きく変化しつつあります。そういった中で，中国地域は狙いを定めた取り組みをしています。つまり，追いかけていく領域と先回りする領域，そして他所と連携する領域です。中国地域では，地場で取り組んでいく領域をどのように選んでいったのでしょうか。さらに，東北についてはどのような考えで参入の領域を選んでいったらいいのでしょうか。

岩城 国の予算を活用して，2006年から2008年まで3年がかりでカーエレクトロニクスの調査をしました。1年目は，カーエレクトロニクスの将来的な成長余地や地域のサプライヤーの意思について調査しました。その結果，どうやら皆さんの意思もかなりそちらにあることがわかりました。ただ，どうやって手を出したらいいのかまだみんなわからないという状態でした。そこで2年目は，本格的に

やるとしたら地域にどんな技術があって，どんな技術が足りないかを調査しました。その結果，メカ系のサプライヤーの集積はあるが，メカトロニクスのうちエレクトロニクスを担えるサプライヤーがいないことがわかりました。このうち大物については，地域でやるのは難しいということになりました。その当時でトヨタがプリウスのハイブリッドを発売してすでに10年経過していましたから，大物のメカトロは技術導入しかないだろうと提言し，結局，今年の春，マツダがトヨタと提携しました。中物以下については，頑張ればやれそうなエレクトロニクスのメーカーが，特に鳥取や福山，岡山のあたりに存在することがわかってきました。そこで，そういうサプライヤー群と広島を中心とした機械系のサプライヤー群と組み合わせて，中国地方としてメカトロを担当してもらいたいという方向を目指しています。

　なお手前味噌ですが，広島県の組織である当センターの名前には「広島」がついておりません。単純にカーエレクトロニクス推進センターという名前にしてもらったのは，広島だけでも戦えないし，もっと言ったら中国地域だけでも本当は戦えないだろうとの想いからです。その3年間の調査で，地域の人の意思を聞き，能力を分析した上で，資金をあちこちからご提供いただいて，地域がカーエレクトロニクス化に向けて動いているところです。

目代　自動車産業はグローバル産業で，東北もその一部に組み込まれています。東北は，トヨタ本社から離れていることもあり，どうしても目先の問題にとらわれがちです。エレクトロニクス化や新興国市場との競合も相当先まで進んでいるわけで，何らかの手を打っていかないといけません。そこで，地場として入っていける狙い目の領域はどういったものか，どなたかご意見がありましたら自由に発言をお願いします。

岩城　セントラル自動車や関東自動車工業，トヨタが東北地域に対してどんなニーズを持っているのか，あらゆるチャンネルを通じて発信してもらうといいと思います。例えば，こんな大型の重量計の新技術がほしいだとか，東北大が持っている金属や金の技術を使って，半導体の技術でこんなものができないかといった具合です。実は，中国地域でも，2000年当時のモジュールの波の際，我々はマツダ側のモジュール戦略を開示してもらいました。顧客となる川下の企業のニーズの開示を，いろんなチャンネルを通じてしてもらって，それに対して大学や公設試験研究機関（公設試）を含めて地域として何が応えられるかを検討しました。

　こうした形でモジュールへの対応はかなり上手くやりましたが，カーエレクト

ロニクスについてはまだ地域に十分な力がありません。3年間いろいろな研究会活動をやった上で，今回初めてマツダと三菱から正式に「地域でこれできるか」とニーズを提示してもらいました。その中でできるものを，あるいは「これでは無理だけど，これならどうだ」という形の交流会を，毎年やろうと合意しました。1年間かけてニーズ発信とシーズ発信をやって，展示会をやっていく。その翌年にはその成果を見てという具合に，毎年ローリングしてやっていこうということで動き始めました。こうした取り組みをうまく参考にしていただけたらと思います。

目代 東北では顧客企業のニーズをそこまでは把握していないのではないかと思います。例えば，商談会などで参加企業は個別に情報をつかんでいるとは思いますが，地域として情報を整理し，全体として情報をプールするところまでは行っていないのではないでしょうか。各県に準備室やとうほく自動車産業集積連絡会議などがありますが，地域としてのグランドデザインを描くための調査などは必ずしも十分ではない，もしくは情報が十分に共有されていないのではないでしょうか。

さて，参入のハードルを越えるためには，参入領域の選定に加えて，一定水準の品質，コスト，納期を実現する必要があります。これは必須の条件で，クリアするための能力を構築していく必要があります。能力構築の問題についてはどのようにお考えでしょうか。

村山 私たちが調査した3社は，総じて学習能力が高いと感じました。東北で自動車となると，能力が不足しているところからのスタートなので，その足りない部分をどう補っていくかが課題です。3社は，みなさん勉強熱心だと思います。

引地精工は，自動車の設備に参入する際に，ベンチマークのために名古屋の企業を20社，30社訪問し，中には技術導入や技術提携をお願いしたメーカーもあるということでした。岩機ダイカストでも，これは本当かどうかわからないですが，トヨタ側から見せられたのは，ほとんど情報が入っていない図面だったようです。当然のことかもしれませんが，部品に関する詳細な情報は，その部品をトヨタに納入するティア1のほうに蓄積されていた。だから，現物を見ながら設計し，試作し，試験するしかなかった。これがなぜできたかというと，もちろんすでに自動車に関してはある程度の能力が備わっていたわけですが，私は，やはり同社のもとからの学習能力の高さ，さらに経営者のダイカスト技術にかける情熱が大事だったと思います。

東北の地場企業の場合，どこも足りないところからのスタートなので，取引先と一緒になって勉強する意欲とか，技術や能力が足りなければ三河地区の企業まで行って勉強させてもらって，必要であれば技術提携も行うという姿勢が重要ではないでしょうか。

目代　宮城県で，企業の能力づくりのお手伝いをされているのが萱場さんです。支援をされている立場から，参入のハードルを越えるための能力形成へ向けて，どのようなことが求められるとお考えでしょうか。

萱場　こうやれば越えられるというものはありません。先ほども王道は無いと申し上げましたが，ひたすらに地道な努力しかないというのが私の印象です。

　とにかく車のことを知らなければ仕方がありません。必死になって勉強するところが最後は伸びていくし，受注の可能性が高まっていくのではないかと思います。何十社かがチャレンジしても1社か2社かぐらいしか上手くいかないのではというのは，北上を見ても九州を見ても思います。それでも1社か2社のチャンスをつかむ企業は，必死になって勉強しているところだとおっしゃる村山先生と同じ意見です。トヨタでは「愚直に，地道に，徹底的に」と言いますが，そのようなスタンスしかないのではないかと思っています。

岩城　我々の地域で，そういうストーリーとまったく違う，2つの面白い事例があります。

　地場にダイキョーニシカワというプラスチックの会社がありますが，この会社は日本製鋼所と組んで樹脂の成形技術を開発しました。ダイ・スライド・インジェクションとか，ダイ・ローテッド・インジェクションというもので，オイルストレーナーを樹脂化する技術です。これにより，コストと重量がともに7割近く下がりました。そうすると，地域外のある自動車メーカーが，ある車種の量産1年ちょっと前に飛んで来られました。エンジン部品であるインテークマニホールドの軽量化と性能向上のためにその樹脂成形技術が要るということで，他系列ともいえるダイキョーニシカワに白羽の矢を当てたのです。かつてインマニなどやったことはありませんでしたが，短期間で開発をやり遂げました。つまりダイキョーニシカワは，樹脂成形の技術を磨いていたがゆえに，自動車メーカーのほうから新分野の仕事が飛び込んできたのです。

　一方，ちょうどほぼ同じ時期にマツダでも，インマニの樹脂化の流れがありました。中国地域にはインマニをアルミで作っている部品メーカーがありました。その部品メーカーは，他のアルミ部品も作っていますが，インマニが主力製品で

す。さて，地場のダイキョーニシカワがインマニの樹脂化に成功したわけですから，マツダは発注先を切り替える選択肢もありました。しかし，マツダはマツダで，優れたインマニ技術を持つ地域のサプライヤーをやっぱり育てなければいけないということで，アルミ製インマニの会社に樹脂技術の導入を含めて技術支援をして，今や立派な樹脂のインマニの会社になりました。

ということで，1つは，徹底した樹脂の成形技術を持っていて他分野の部品が舞い込んだケースと，インマニそのものの機能を十分に熟知していて，材料や成形方法が変わるならどこからでもその技術は持ってくればいいという2つのケースがあると思うのです。そういう形で，ニーズそのもののコアがわかったら，どう取り組むべきかは，持っている技術が強いのか，ほかに流用できる技術なのかというところで判断をすると，少しハードルが下がるかもしれません。

目代 これは，実は非常に示唆に富む話で，どう入っていくかと同時に，東北のメーカーがどういう相手と戦っているかという話でもあります。

先ほどダイキョーニシカワが，樹脂製のオイルストレーナーを開発し，トヨタへの納入に成功したという話がありました。しかし，次期モデルではトヨタ系の部品メーカーに取引がスイッチしてしまいました。これは系列を何がなんでも守るという話ではなくて，そのトヨタ系の下請メーカーが生産しているさまざまな関連部品があって，そのメーカーがつぶれると，オイルストレーナーだけではなくて他の部品の供給も滞ってしまう危険性が背後にあるのです。部品コストについても，さまざまな部品を生産しているからこそ範囲の経済が働きます。ところが，系列メーカーのある部品の生産がなくなると，その他の部品の調達コストが結果的に上がってしまう可能性があるわけです。ですから，系列の部品メーカーをある程度維持するということは，経済合理性もあるのです。

そういう中で，他系列に売り込んで東北の地場メーカーがそこに割って入るのは，既存の系列メーカーと競合をすることになるわけです。どれぐらいそうした事情を勘案して，コストなり，デリバリーなり，品質なりのアドバンテージを提案できるかが問題となるのです。そこまでいかないと，トヨタにしても，わざわざ三河の今まで取引のある部品メーカーから仕事を取り上げて，東北の部品メーカーに仕事を出すわけにはいかなくなるのです。つまり，単にその部品単品だけにとどまらず，その結果生じるさまざまな波及効果もあるわけです。その辺も考えた末で，やはり東北でやった方がいいというところまで持っていけると理想だと思います。

鈴木 技術でも，技能でも，QCDでも，力がついてから参画といっていては，なかなか難しいと思うのです。何事もそうですけれど，勉強しているだけではだめで，世の中に出て実践しないと実力はつかないものです。自動車部品への参画も，力がついて相手に認められるまで待っていたら，多分何年たってもそこまで行かないと思います。だから，入ってしまえと。私の指導方針は，「コスト何割違うの」，「3割違います」，「1年後は何割ぐらい，今の相手の要求に対して1年後にはどのくらい行く」，「ここまでぐらいいけそうです」。「2年後は，そうか，入っちゃえ」。清水の舞台から飛び降りたのは社長かもしれませんけど，急速に力がつきます。飛び降りた後はどうしても困るから，品質不良を出したらだめだから，納期が守れなければだめだからと，会社全体で何とかしようと努力する，努力しなければつぶれるから。同じ学ぶといっても，学ぶ期間は短く済みます。そこのところを乗り越えないと，本当に自動車に役立つものづくり企業にはなれません。

　彼らはもう60年以上，トヨタをはじめとする自動車会社と一緒にやってきているわけでしょう。途中過程ではそんなこといくらでもあったと思うのです。それをくぐり抜けながら実力をつけてやってきた。東北はつい最近始まったばかりで，力の差は歴然としています。だけど，精密で，電機で，電子で物をつくってきたんだから，自動車の部品ができないわけはないのです。というのは，精度から考えたら自動車以外の産業のほうがよほど高い精度ですから。そこのところを，よし，飛び込んでしまえと決断できる人をみんなで育てればいいと思います。

　それから，先ほど言い足りなかったのですが，仕事が東北に来ますよね。自動車会社や関連会社などから色々な仕事が来ていると思いますが，多くは断ってしまっているのではありませんか。加工が難しい，生産量が多すぎる，コストが見合わない，儲かりそうもないなど多くの理由があるとは思います。そういうときに，誰がどういう形でそれをバックアップするかです。挑戦して実践の中から力をつけていくということが，今の東北には必要ではないかと思うのです。やらないよりも数段上の実力が早くついていくのではないか，そんな思いを感じながら，今まわりの社長さんたちと話し合っています。

目代 では次に，参入後の話はなかなか難しいところもありますので，ちょっと飛ばしまして，支援の話にいきたいと思います。

　自動車参入の条件としては，最後にはそれぞれの企業や経営者の覚悟や努力次

第にはなると思います。その中で、現場で取り組む企業に対して、いろんな意味でサポートが必要だと思います。東北地域の地場メーカーへの支援メニューとしてどのようなものが考えられるでしょうか。その支援メニューには、どういうプレーヤーが関わってくるべきなのでしょうか。さらには、優先順位や時間軸はどのように考えるべきでしょうか。こうした点について、最後にディスカッションをしていきたいと思います。

萱場 宮城県における支援の3本柱の中でも一番キーになるのは、展示会ではないかと考えています。展示会は大変効率のいい場ですから、これは県あるいは東北6県として一生懸命推進をしていく必要があります。しかし出展企業側からみると、展示会に出るためには当然、自社技術を磨き、提案を出さなくてはいけないし、結構、知力も体力も要ると思っています。今までは、東北の企業ということで珍しがられて展示会にも来ていただきましたが、いよいよ本気で「技術内容で勝負」という時期に来ているのではないかと思っています。提案の中身の充実を図るべく、インキュベートしていくことも必要です。提案をする人を育てる必要もあるし、提案に対して向こうから宿題をもらったときに答えていける人を育てる支援も必要だと考えます。ただ、現実はなかなか厳しく、いま四苦八苦しています。

目代 展示会で把握した先方のニーズや宿題、出展企業が対応できなかったテーマ等について、何らかの形で集約していますか。情報として集めて、県として把握したり、それを皆で共有したりしているのでしょうか。

萱場 全体でみると、次年度どうやるという議論の中で、今年の課題が集約されていると思います。個別企業の分は結果の集約のみです。

鈴木 展示会終了後、すぐに参加企業を訪問して状況を確認します。それから、年2回から3回、その後の状況について聞きながら、何が問題か、どうしたら成り立っていくのかの相談にのっています。

　ついでに話をさせてください。展示会の重要さは、萱場先生のおっしゃる通りです。中には意味ないのではないかという意見の人もあるようですが、これは続けることによってお互いが理解しあえるし、認識が高まるわけです。展示会を通して新たな事業が生まれ、連携が進められた事例は数々あります。これはぜひ継続をお願いしたいです。

　これからの東北にとって重要なことは、産学官活動と産－産連携だと思います。宮城県の場合、東北6県の中で特に恵まれているのは、東北大学の存在で

す。昨年の研究発表（第1回東北大学次世代移動体システム研究報告会）を聞きに来ましたが，11人の先生方が自動車に関して大変貴重な研究をなされながら，中小企業の皆さんがそこに参画して共同研究を進めています。これは将来に対して大変有意義なことです。また産－産がお互いに切磋琢磨し合うのも大事です。産学官活動の場合には，調査，研究，発表，講演，講習，セミナーなどが活動の主体になっています。東北のこれからのことを考えますと，産－産のつながりにもう少し力を注いでいくべきかと思っています。産－産連携は，製品開発，加工技術開発，共同事業など具体的なモノづくりを織り込んだ活動が主体で，産業振興に直接的な役割が果たせると思います。同時に売りにつながるものですから，QCDの勉強訓練にもつながってきます。

　何よりも大事なことは，岩手県の場合ですが，「ものづくり」というのは殊のほか大切なものを担っていることを，例えば知事から県民の皆さんにもっと発信してほしいのです。お金を使うことは皆さん得意なのですけど，お金を稼ぎ出すことについて注意を払っていないのです。それは，ものづくりから生み出されたお金という価値が県を潤していることが忘れられているからです。そういう前提の中で，ものづくりの大切さを折に触れて話し，浸透させていただきたいのです。

　今，経済産業局で進めてくれていますサポートインダストリーの川上，川下産業が一緒になっての活動は，実は思ったよりも多くの勉強ができます。川下が使うためには川上にどうあって欲しいかは，必然としてサポートインダストリーの中で展開されるわけですから，おのずから両者が学べるわけですし，学ばねばなりません。産－産活動の中でもサポートインダストリーで展開される産－産では，開発したものが確実に使用される可能性が高いことに大きな価値があります。川上，川下が一緒になって共通課題を達成する過程を経ることで，東北のものづくり力は確実に上がります。自動車の産業への貢献度を増すための土台づくりには，産－産連携が重要な鍵になります。

目代　中国地域では，岩城さんが地場企業のサポートに取り組まれてきていますが，東北にとって参考になりそうなポイントがありましたらお願いいたします。

岩城　東北6県で随分トヨタさんや日産さんに上手に売り込みに行かれているとお見受けします。ただ，中国地域に比べると，やはり県単位で動いておられるイメージを強く受けます。特に今年から経済産業省は，広域連携を重視する方針を打ち出しています。鳥取，島根，山口には，ほとんど自動車産業がないこともあ

り，勉強が不足している部分もありました。そこで，ベンチマークをまず5県で一緒にやるということで，広島の呉にあるベンチマークセンターに来ていただいて一緒に勉強をしています。それから，最初の3年ぐらいは，書かれた提案書を全部当センターでチェックして，ブラッシュアップするお手伝いをしました。これには，中国経産局も自らのこととして一緒に動いていらっしゃいます。

　今回，先ほどご紹介をしたカーメーカーとのニーズ・シーズマッチングも5県でやっています。中国5県の国立大学にはすべて入ってもらい，近場の私立大学を加えて，できるだけ行政と産業界と大学がもう1回，今年本気でやってみようと動き始めております。

　また広島地域は，県や局などから結構，補助金を上手に出してもらっています。大体，自動車メーカーや部品サプライヤーは，あまり行政からの支援を受けようとしない風潮がありました。よく言えば自立できているのですけど，中国地域の部品メーカーのレベルで言うと，規模が小さく，将来に向けての開発投資が十分にできません。そこで，モジュールの時にかなり県にお願いをして，毎年1億5,000万円を5年間出してもらいました。その7億5,000万円と，国が追加を出してくれて，およそ7，8年間で合計20億円レベルの助成が入っています。結果，2008年の実績で見ると，地域のビジネスとして90億円にもなっています。こういう事例もあって，本当に東北地域に自動車に対しての覚悟があるのなら，産業界と同時に行政のほうからも覚悟をつけて支援をいただけたらと思います。

　当然，税金の投入ですから，最後にはちゃんとビジネスにし，法人税か何かで戻さなければいけませんが，まずは力をつけないと始まりません。武士は食わねどばかりでは，国を支えている自動車産業がおかしくなり，国がもたなくなります。自動車に代わるべき50兆円レベルの工業出荷額が稼げるビジネスは他にはなかなかないものですから，もう少し考えないといけないなと思っております。

目代　岩城氏は，資金調達が非常に上手なのですが，単に集めてくるだけでなく，上手にビジョンとプロセスを描いて，地場メーカーの出荷額の成長につなげました。資金を出す側は，税金ということもあり出資の効果が気になります。そこで，資金の提供によってどのような結果が出てくるのかを上手に示しながら，技術的ロードマップを描き，現実のビジネスにつなげていったのです。東北の地場企業も苦しい状況にありますので，資金をいかに獲得し，上手に使っていくのかということも大変重要なポイントになってくると思います。

半田　宮城県の場合，従来車というか，ガソリン車とハイブリッド車の範囲で自

動車産業の誘致を進めてきたという印象があります。岩城さんのお話ですと，時代としてはグローバルな観点から考えれば，電気自動車や燃料電池車といった次世代自動車の時代に入ってきている。そうだとすると，次世代自動車では，その参入の条件も大きく変わる可能性があります。そうしたことを見通した上で，県が対応しているかというと，どうもそのあたりは非常に弱いのではないでしょうか。

　つまり，県もかなり積極的に自らの構想力を発揮して自動車産業に対応しているようにはあまり見えない感じがします。むしろ，進出企業の動きを受け身的にとらえて，それでインフラ整備等々を行うという形になっているのではないでしょうか。ですから，目代さんのリクエストは，経済的次元での公的支援についての見解ですが，むしろ行政が自動車産業に対する自らの構想を積極的に打ち出すというくらいのスタンスが必要なのではないかという点を強調したいと思います。

岩城　2020年を見定めて地域として自動車産業振興をどうしていくかを議論すべく，今年の10月に中国経済産業局が「2020年の地域自動車産業政策を考える有識者委員会」を立ち上げる予定です。これには，トヨタ，日産，マツダ，三菱の開発担当の本部長クラスに，地元大学で自動車を研究している経済系の先生4名，工学系の先生3名，その他の産業界のメンバーが参加します。地元のマツダの話だけではバランスを欠く恐れがありますので，トヨタ，日産，三菱の話も伺って地域戦略を考えていく予定です。また，東大ものづくり経営研究センターの藤本隆宏先生に座長になっていただいて，国際的な知見もインプットしながら，地域の政策を作り上げようとしています。

　それと，次世代自動車は一気にはEVになっていくわけではありません。ハイブリッド車やプラグインハイブリッド車は当面の主力であることは間違いなく，エンジンはまだまだ必要です。とはいえ，EVへの対応は必要です。

　慶應義塾大学の清水浩先生を中心に設立された，（株）シムドライブという電気自動車を開発する会社があります。第1期目で32社が参画されて，現在，第2期を募集されています。一口2,000万円でそのプロジェクトに入ることができます。我々の地域も行政が半分出して，残りの1,000万円を10社ぐらいが分担し，岡山県と鳥取県が入りました。シムドライブの有力メンバーにナノオプトロニクステクノロジーというベンチャー企業がありますが，来年の3月から生産を開始し，2020年には10万台のEVをつくるとしています。鳥取では今年の5月にJTが

米子工場を閉鎖しましたが，その約850億円に及ぶ穴を埋めるべくこのベンチャー企業を鳥取県が精力的に誘致をしました。それから，愛媛では改造EVのプロジェクトを立ち上げています。新車でCO_2を下げるのもいいのだけど，市場にある車をEVに改造してCO_2を下げる取り組みです。これは，東大の村沢義久先生が旗を振っておられます。1台100万円で全国で100万台くらい，恐らく需要があるとみられています。その一角を愛媛で取り組まれています。

それから，福岡県の麻生渡知事が旗を振られ，たしか35の県が賛同した，老人に優しい一種のコミューターEVのプロジェクトもあります。広島でもコミューターP-HEVのプロジェクトを今立ち上げております。EVは，一気呵成な全面展開は難しいですが，コミューターとして考えたら構造が非常に楽で，参入は比較的容易になります。改造EVはもっと楽です。もともと成立している車のエンジンとトランスミッションを外して，バッテリーとインバータとモーターを積む形ですので，ベンチャー企業や地域の自動車産業が斜めに入るといったアクションが全国で起きているのではないでしょうか。特に東北のように，半導体や磁石などの技術があるのなら，何も全面的にEVに取り組まなければならないということはありません。当面は，HEVやP-HEVなど，エンジンとモーターがある車が主力として残ると思います。この辺りの動きは地域の産業振興にも役に立つのではないかと思いますので，少し勉強されて検討いただいたらと思います。

鈴木 中小企業はリスクを背負って決断します。県には本当に心の底から支援してもらいたいと思います。県もリスクを分担する位の姿勢で臨んでもらいたいです。資金の点でもです。

それと，やはり大学で自動車に取り組んでもらいたい。岩手の場合には，岩手大学で自動車に取り組んでもらえるよう，大学も資金に限りがあるようですので，県が目標を定めてバックアップすることをぜひお願いしたいです。

また，東北経済産業局や各県は，組立メーカーやティア1，ティア2の本音はどこにあるのかをもっと正確につかまえる努力をしてほしいと思います。

折橋 岩城先生がおっしゃられたことは非常に夢のあるお話ですが，お金が必要になってきます。では，どこから捻出するのか。県や国からという話がありましたが，税収が落ち込んで，財政は火の車です。公的な支援のみでこういった夢のあるプロジェクトの資金需要をすべて賄うのは困難です。やはり民間レベルで，資金をどこかから回して来ないと，現実に持っていくのはなかなか難しいと思います。

となると，民間金融機関がこの担い手となる必要があると私は思います。ただ，銀行をはじめとする民間金融機関は，しばしば指摘されるように，不動産などの担保を求める姿勢が依然として根強いのが現実です。その一方でアメリカなどでは，ビジネスプランのポテンシャルに対して融資するという姿勢が，ベンチャーキャピタルおよび投資銀行などをはじめとしてあります。アメリカ的な金融のこうした姿勢についてはぜひ見習って，日本の金融機関もこういった夢のある，将来性のあるところに投資をしていただければと思います。

目代 2020年以降の自動車産業の姿，グローバルな自動車産業の動向，それを踏まえたビジョンやロードマップの描き方，さらには個々の企業の資金繰りや建屋の屋根の高さといった本当に泥臭いレベルの話まで，非常に幅広いことが議論されました。いずれについても1つ1つクリアしていくしかありません。自動車産業への参入や育成は，何も慈善事業として取り組むものではありません。個々の企業にとってはビジネスとして，地域としては経済的な柱として，何としてもこれを物にしていかなければならないのです。そこには産学官に加え，金融がかかわってきます。経済学および経営学の立場から，東北における自動車産業の発展を単なる夢ではなくて現実のビジネスなり，経済の柱に育てていくような研究なり支援をやっていくことが我々，大学側の責任だと思います。

4．2012年テーマ「あるべき支援体制とは」

折橋 最初の論点は，自動車産業未経験の地場企業にいかにすれば自動車産業について真に理解してもらえるのかという課題です。新興の自動車産業地域の中では先輩格である九州地方のベンチマークをしたほうが，より東北の解決策を考える上でより役に立つと思いますので，目代先生，お願いします。

目代 九州には自動車関連企業が700社以上あるといわれています。そのうち地元企業の比率はまだ低く，域外からの進出企業が多くを占めています。地元企業に対しては，各種のセミナーや講演会が催されています。日産九州やトヨタ九州，ダイハツ九州の社長さんや部長クラスの方に，定期的にそれぞれの会社の生産戦略や調達方針などを講演いただいています。また，工場見学会などを開いて，カーメーカーや進出サプライヤーの生産現場を見に行ったりしています。

ですが，地元経営者のマインドを真に変えるという点では，やはりカーメーカーや進出1次サプライヤーとの接触が大きな契機となっているようです。例え

ば，トヨタ九州はTPS研究会を開催されていて，自動車関連以外の地元企業にも門戸を開いています。研究会自体の仕組みは，他の地域で行われているものと近いと思いますが，会場企業を1つ決めて，その現場を教室として参加企業が実際に改善提案をしていくというものです。実際の現場で実践を通じて学び合うわけです。

　報告で紹介した戸畑ターレット工作所は，もともと新日鐵系で製鉄関係の部品をつくっていまして，その後TOTOの水栓金具をやっていた会社です。その会社が現場改善の勉強のために参加したのが，トヨタ九州主催のTPS研究会でした。研究会を通じて，自動車産業の奥行の深さを実感するとともに，成功するかは別にして，現場の実力アップを期待して，自動車部品事業への参入を本格的に検討し始めたという経緯があります。

　取り組みを始めてから，アイシン九州とリングフロム九州に関わるようになりました。当時のアイシン九州・加藤社長は，地元企業の発掘や育成に非常に熱心でした。そのアイシン九州が戸畑ターレット工作所を熱心に指導しました。アイシン九州から部品受注を獲得する最終段階で，トヨタ本社での審査がありました。トヨタは，同社が自動車部品生産の実績がないことを懸念しましたが，アイシン九州が同社を品質保証面でバックアップすると約束することで，受注を後押ししました。戸畑ターレットの社長さんはこのことに非常に強い感銘を受けたそうです。TPS研究会が入口になり，1次サプライヤーとの付き合いを通じて自動車産業の考え方や慣行を理解していくというパターンが多いように思います。

　ですから，勉強会は入口にはなるんですが，やはりカーメーカーや1次メーカーと一緒に何かを取り組む中で本当の理解や意識改革が進むというのが，九州の事例から得られる1つの教訓ではないかと思います。

萱場　目代先生があげられた会社さんでは，きっとキーマンがいると思います。どういう方が，キーマンになっていたのでしょうか。

目代　社長さんが第1のキーマンですが，もう1人のキーマンとして社外から迎えられた自動車産業の経験者の方がいらっしゃいます。戸畑ターレットの社長は，自動車産業に関しては素人でしたので，自動車事業を進めるにあたり，経験者を探していました。たまたま日産の生産現場に長くいらして，退職後，九州に進出した部品メーカーで工場長と営業部長を兼務された方がいらっしゃいました。その方が，退職後，北九州市の人材バンクに登録されていまして，たまたま戸畑ターレットが市に相談した際に，その人物を紹介されたわけです。彼が結

局，自動車事業における生産体制の構築に大きな役割を果たすと同時に，営業の責任者にもなり，受注獲得へ向けて同社を引っ張っていきました。

萱場 キーマンが出てこないと話にならない，という気がしております。キーマンは育つのか，育てられるのかというはなはだ難しい問題に突き当たる可能性はございますが，キーになる人，全社を引っ張っていける力があって，なおかつ技術にも精通している人がいないと事は始まらないと思っています。

ほかにも，まだ受注にはつながっていないけれども，かなり活発に開発に取り組んでいる会社さんが宮城にありますけれども，あの人だからやれるんだよね，という人が必ずおります。だから，そういう形にならないとなかなか難しい。

例えば，先ほどの藤田憲一さん（福岡県の現場指導アドバイザー）の生産指導のビデオにも出てきたみたいに，社長さんが，何で悪口言われなければならないのかみたいなレベルではダメです。ビデオの事例ではその後で社内の意識改革ができたからうまくいったんだと思いますが，指導者がおっかないから最初は言うこと聞くけれども，その指導者が帰ったら「はい，おしまいね」というパターンがすごく多いみたいです。改善をやるのなら，改善の本質を理解したキーマンが現れて，社内を動かしていく，それを外から少し押してあげる，そういう形でないと結局うまくいかないと思います。

岩城 キーマンの前に，やはり一番大事なのは，その全体を引っ張る川下の自動車メーカーです。マツダであり三菱自工の態度が一番大事なんです。やはり発注元企業がどう考えているのか，地場を育成しようとしているのか，引っ張ってくれているのかがまずはキーになります。

先ほど中国地域では産官学の連携で活動していると申し上げましたが，マツダや三菱自工が自らの言葉で地域にこれをやってほしいと言ってもらい始めたのは，実に2年前からです。やはり，それで地場企業の目の色が変わりました。そこがまず大事です。さらに，人材育成の勉強会についても，自動車メーカーやティア1の有力な会社が参加をしないような勉強会にはティア2以下の企業ってついてこないんです。やはり態度をみて「ああ，自分たちにも必要なんだな」との理解がまずできれば，取り組み姿勢も変わってきます。

そういう意味で，自動車メーカーを巻き込むのが，キーマンの非常に大事な態度かもしれません。

折橋 ただ，広島のように自動車メーカーが開発機能も含めて地域内に持っている場合には容易に可能なのかもしれませんが，残念ながら，東北にはありませ

ん。一番近い開発拠点は，トヨタ東日本の東富士地区（静岡県）です。そういう場合にはどうすればいいのですか。

岩城 いや，まずは開発の前に調達ですよね，サプライヤーが見ているのは。調達機能は，九州でもかなり本社から譲り受けています。東北でも，地場を開拓して現地調達を7割とか8割にしていきたいと各会社が思っているわけです。そこの人を含めた自動車メーカーの態度だと思います。

村山 現行の部品をとってくるという点では，旧関自工とか旧セントラルの参加こそが重要になると思います。岩手のプラ21も，早い段階で関自工の副工場長を巻き込んだのが1つの成功要因といえます。次世代のものをとるとなると，確かに折橋先生が指摘されたように開発センターの近くにいないといけないという問題が出てくるかと思います。

　あと，これまで東北で部品納入に成功した地場の企業を調査してきて，それらの企業には，危機に直面した時に物凄いパワーを発揮したという共通点がありました。先ほど報告の中で触れた岩手のA社も，電機・電子で仕事が減ってきて経営状態が苦しくなったことが自動車部品参入のキッカケでした。折橋先生もトヨタ在外拠点の研究で指摘されているように，危機こそが企業を本気にさせるのではないかと思っております。

目代 現在，九州の成功した地元企業に加えて，あまり成功していない中小零細企業も訪問調査を行っています。確かに，危機に対する経営者の認識は非常に重要な条件の1つだと思います。先ほどご紹介した戸畑ターレット工作所は危機感を持っていた会社です。

　一方で，危機的な状況にあって，いわば経営する意思を放棄してしまった会社もあります。そういった会社に行きますと，「発注先が仕事を増やしてくれたらうちはもっとやれるのに」，「景気が回復したらうちも立て直せる」，「物づくりをする力はあるから仕事をくれたらちゃんとつくってみせるのに」という声を聴きます。では，営業活動をしているかと言えばやっていません。「うちは単工程だからなかなかできる仕事がない」ともおっしゃいます。また，仕事量が多くても，設備能力上対応できないから，仕事が大きすぎても駄目。そういう意味では，最後はやはり経営者だと思います。特に中小零細企業は，とにかく経営者に尽きるのではないかというのが，色々な会社をまわってみての率直な感想です。

折橋 2番目の論点に移りますが，では危機的な状況にある部品メーカーが生き残りをかけて自動車産業に参入しようとする場合，彼らに対して，ハード，ソフ

ト両面においてどういった支援が必要なのかを考えていきます。

　もちろん過剰な支援はかえって成長を阻害することもあり得ます。特に他力本願的な経営者に対して過剰な支援をやってしまうことは，何も努力せずにそれにぬくぬくと浸かってしまうのでとりわけ禁物です。

　まず，ハード面についてですが，地場企業が求めている生産設備とか治工具といったハード面の支援はどういったものがあるでしょうか。とりわけ自動車産業の経験が浅い企業は，どのようなハード面の支援だと思われますか。

岩城　実はうちがベンチマーキングセンターを立ち上げて以降，日本全国11カ所で同様の施設ができました。ところが，車を分解してみると，周辺にある部品を含めて，ばらした人も機能がわからない。そこで，その部品について，どういう役割で，これとこれを比べてみてどこが改善されたといったことを謎解きして差し上げて初めて理解できました。やはり自動車をわかってもらうためには，自動車メーカーを使う，ティア１も使う，地域のノウハウを持っている大学などを含めて支援をするスキームをつくらないと効果がありません。今まで経験のない企業には，車を分解しても，各々の部品が何のために，どんな機能で，どんなコストがかかっているのか，まったくわかりません。こうした点を時間をかけながらやっていかないと，新規に参入していくのは難しいと思います。

折橋　つまり，ソフト面もセットにしないとなかなか本当の実は上がらないということですね。では，ソフト面も含めて議論していきますが，ソフトの中でもとりわけ重要なのは人材育成です。ものづくりを担う人材をいかに，地域として育成していくのかが一番大きな課題だと思います。まず宮城県では，ものづくり人材の育成を，どのような考えで，どのように取り組まれているかを簡潔にお話しいただければと思います。

萱場　まず，県が主催するカーインテリジェント人材育成があります。そこでは主に学生を相手に，自動車の基礎を教える講座を用意しています。その講座の中で，車に実際に触ってもらい，慣れ親しんでもらうようにしております。

　それから，私どもの産業技術総合センターの去年までの取り組みとして，機能構造研修会を実施していました。企業の技術系の方を中心にして，皆で車を分解し，また組み立てながら，車の機能や構造を理解していただきました。それで，自社技術で取り組めそうなことを探していただきました。もちろん，これはまったくのトライであって，それだけで本当に取り組める部分が見つかるとは思っていません。しかし，何かの機会に遭遇したときに，「ああ，そういえばセンター

で車をいじったよね。ドライバーとスパナがあれば，車なんて分解できるんだ。じゃあやってみようよ」と思っていただければ，それで良いのです。そうした取り組みを通じて，車に慣れ親しんでもらい，中身を知ってもらうことが大切です。

それから，もう少し幅広い人々に自動車に馴染んでもらうため，車を分解して部品を並べて，部品の説明会も実施しています。時間的には2時間から3時間くらいです。何十人という単位で来てもらって，車を見てもらいながら，運転はするけれどもフードも開けたことないというような人に対して，「インパネの中はさ」とか「エンジンの中身はね」といった講義を行い，自動車への拒絶感を多少なりとも減らすということに取り組んでおります。

このように，まず底辺を広げて，そこから少し対象を絞り込みながら深く勉強してもらい，最後は自社技術をもとに自動車の中で何ができるかを考えていただく，そのようなスキームで教育を行っているつもりです。

折橋 実は私どもの大学でも，萱場先生にお越しいただき，エンジン分解の実演をしていただきました。こうした取り組みは，中長期的にはじわじわと効いてくると思いますが，短期的にはなかなか実効性が期待できないとも思います。

それで，より短期的に効く可能性のある取り組みについて考えていきます。九州では，トヨタや日産のOBや現役の方がアドバイザーとして活動されています。こうしたアドバイザー制度は，指導成果の定着に大きな課題があります。私自身，途上国の生産現場で日本人のベテラン作業者が指導されている現場を見てきました。しかしながら，その方が1人でその現場にずっと張りついているわけではなく，指導の密度はそれほど高くありません。そのため，指導を受けたときは良くなるけれども，少し期間が経つとまた元に戻ってしまうといった問題を抱えている現場がかなり多く見られました。かといって手取り足取りその現場でずっととどまってやっていると他は疎かになります。また，具体的な改善にまで踏み込んで指導してしまうと，そのアドバイザーに依存してしまって，過剰な支援になってしまうわけです。その辺について九州のこのアドバイザー制度の実態はどうなのですか。

目代 アドバイザーがいなくなった時に，現場の改善運動をいかに持続させるか，あるいは現場が後戻りしないようにいかに歯止めをかけるかということだと思います。

このアドバイザー制度やトヨタのTPS勉強会などは，先ほど申し上げたよう

に，選ばれた会場企業の現場に他の参加企業が足を運んで，改善の仕方を学び，改善提案をしていくというものです。研修の対象となるのは，会場企業の工場のある一部の工程です。提案された改善を実際に実践するのは，会場企業の従業員です。それが上手くいけば，その会場企業内の他の工程や工場に横展開していくことになります。研修期間は3カ月から4カ月程度です。参加企業は，研修を通じて学んだ改善の手法を持ち帰って，自社で展開していくことになります。

ですので，TPS研究会の場合は，自社に持ち帰って自社でいかに活動するかは，参加企業のやり方次第ということになります。そこでどれだけ展開できているかまでは把握できていませんが，トヨタ九州の場合は，参加企業からの要望に応じて，改善活動のフォローアップもされているようです。

折橋 そのフォローアップはどの程度の頻度で実施されていますか。

目代 3カ月から4カ月の研修が終わった後に時々です。テーマを設定して，その活動経過を2週間後や1カ月後にチェックして，フィードバックしていく形です。

福岡県以外にも，例えば，熊本県でも同様の制度を持っています。ただし，アドバイザーの数が足りないので，アドバイザーが福岡から出張してきて集中的に活動し，やり方を植え付けたらまた帰るという形で展開されています。アドバイザーがいないところで，いかに歯止めをかけるかという点はまだよくわかりません。

アドバイザー制度は，期間ごとにテーマを持って活動されています。例えば，活動を開始した2007年は，まず現状把握のために地場企業の現場を回ってテーマ探しをされたようです。その上で，2008年は工程改善だとか，2009年は見える化の推進だとか，全体としてのテーマを掲げて取り組まれています。

指導企業の数は，毎年30社から40社の間ですので，ずっと特定の企業に張りつくことはできません。ですから1年を半分とか3つぐらいに切って，ある一定数の会社をまわるということになります。

地元企業がどの段階にいるかも重要です。つまり，これから参入に向けて勉強しますという段階と，具体的に部品受注に向けて動き始めた段階では状況が違います。例えば，リングフロム九州の一員として，アイシン九州やトヨタ九州，あるいはトヨタ本体とやり取りして，部品受注へ向けて準備していく段階では，1つ1つの活動がよりビジネスに近くなり，スピードアップやレベルアップが求められてきます。

したがって，地元企業のいる段階に応じて，関与すべきサポートの主体は変わってきます。それを上手につなげていけるかが重要なポイントの1つだと思います。すでに部品取引に参入済みの企業については，取引先から求められるものを実現していかないと取引が続きませんので，継続的に能力アップを図っていかなければなりませんが，未参入の会社についても，段階に応じた支援の主体や方法論を考えていかないといけません。

折橋 宮城県にもアドバイザー制度がありまして，萱場さんもアドバイザーでいらっしゃいますが，萱場さんはどういった姿勢で地場の自動車産業未経験の企業の育成に当たっておられますか。

萱場 宮城県では私のほかにあと5人ほどいます。大半の方には生産改善の指導をしていただいています。私はちょっと毛色が違いまして，先ほど申し上げたような技術人材の育成に取り組んでおります。

生産改善の皆さんにお願いしているのは，「あなたが改善してはだめだ」ということです。指導対象企業の中にきちんと受け止め，引っ張っていける人，つまりキーマンをつくってくださいといっています。そうしないと「あなたが帰ったら，すぐに元に戻ってしまいますよ」という話をしております。

私が取り組んでいる技術人材の育成も簡単ではありません。例えば，ある人が，私のところに来て，例えば1日6時間ぐらい，4日で30時間弱の研修を受けたとしても，自動車のほんの入り口を見たにすぎません。自動車というのは底が深いわけです。あとは自分で頑張ってくださいという形にしかならないわけです。

例えば，私ども産業技術総合センターが力を尽くして何かの部品を開発して，「はい，あなたの企業でつくりなさい」ということは，私どもの使命ではないので，絶対にできません。それは，各企業さんで自らリスクをとってやっていただく領域です。ですから，各企業に，そういうことができる人を育てていくことが大切です。

先ほど，先は長いと言われましたが，私は実は，それが一番の近道ではないかなと思っております。とにかく車を知っていただき，それで自社技術でできることを考えていただく。さらにその先として，発注側に優れた提案を持っていかないといけません。広島では，発注側がニーズを教えてくれるという話がありましたが，トヨタでは，夢のまた夢，そんなこと絶対教えてくれません。ただし，提案を持っていけば，話を聞いてはくれます。

良い提案でなければ，どうせ悪口を言われるわけですが，そのときに「わかりました。では，そこを改善してまた持ってきます」という力をつけないと1回きりで終わってしまいます。そういう力があれば，「先日ご指摘いただいた不具合を直してもう1回来ました」とまた行けるわけです。3回目，4回目，5回目と回を重ねていくうちに，「やあやあ」と言えるぐらいに仲良くなってきます。仲良くなって，相手のところに行けるようになると，「いや実はね，あなたこれ持ってきたけれども，本当に困っているのはこっちだよ」みたいな話が聞けるようになるんです。そうなるまでは，本当のニーズというのは聞けないし，教えてくれないものです。

本当のニーズがつかめるようになるまで，しつこく改善提案を持って行ける人材をつくらなければいけない。そのためには自動車の基礎をしっかりわかっていて，ベンチマーク活動もしっかりやって，例えばこの部品だったら日産はこう確保している，トヨタは今こう確保している，だけれども何代か前のモデルではこうだったということをしっかり理解できる人材が必要です。そういう人材を育てたいと考えていますが，これはまだ願望です。まだ全然できていません。

岩城 我々5県の財団で1年に1回ずつ，大手のカーメーカーを対象として地場の中小企業を展示商談会に連れて行っています。あるときにトヨタの購買に事前の準備のために行った時にこういう話がありました。これは恐らくこの地域での参考になると思います。

ある財団の人が準備ミーティングでトヨタのマネージャーの方に「地場に高輝度LEDをつくっている会社がいます。商談に連れてきてディスカッションができますか」と聞いたんです。すると，トヨタの購買担当マネージャーの方が「高輝度の白色LEDはすでにレクサスは使っています。レクサスに使っているものとそのLEDはどう違いますか」と言われたんです。そこで，財団の担当の方が「いや，我々財団なんでそんな詳しいことは知らないんです」と答えましたら，トヨタの人は血相を変えて「そんなことで企業の支援ができますか」と言われたんです。

これは，我々にとってもベンチマークのヒントになりました。売り込みに行くのに売り込み先の現在の力量がわかった上で提案をしないと，古いものは聞いてもらえないんです。

そのときに，もう1つトヨタの人がおもしろいことを言っていました。普通，提案書には従来技術と提案する新しい技術を書いています。そのトヨタの方は，

「新しいほうはあまり見ません。古いほうが理解できていない人に新しいものを提案できるわけがないからだ」とおっしゃるんです。これがベンチマークをもっと精力的にやろうという決定的な理由になりました。

　だから，それ以降は，日産に行くときは日産車をベンチマークしていきます。ダイハツやスズキに行くときは，先方にどの車種を分解して勉強してきたら役に立ちますかとあらかじめ聞いています。その上でうちのベンチマークセンターで分析してから臨んでいます。そのあたりが重要なヘソかもしれません。

折橋　そういったことをカーメーカーは教えてくれるんですか。

岩城　当然，カーメーカー側も改善したいと思っています。お互い時間は無駄にしたくありませんから。

折橋　では，提案ができる人材をいかにすれば育成できるんでしょうか。

岩城　例えば，骨董品はいい骨董品を見る以外に方策がないように，自動車は自動車そのものをどこまで勉強するかです。それも優れた部品を。それで私はいつもばかの１つ覚えのようにベンチマークだと言うんですが，大事なことです。

　島根県と鳥取県でもベンチマークを始めましたが，自動車を開発できる人材がいないと分解してもわかりません。そうした開発のできる人材は，おそらく自動車メーカーのOBでないと難しいと思います。ですから，自動車メーカーに断られても頼みに行く姿勢が必要です。中国地域でも，本当に自動車を指導できる人材はそんなにはいません。そうした人材を見つけてくるのも，我々の仕事だと思います。

折橋　自動車産業について深く理解し，かつ指導もできるような人材が非常に重要であり，その必要性はますます増していますが，そういう方をいかに育てていけばいいでしょうか。

岩城　それは恐らくそのための戦略が要るんです。先生がいなければ生徒は育たないわけですから，先生を発掘して，その人たちに動ける体制をつくっていく必要があります。しかも，先生の側も３年，５年たったら技術は陳腐化するので，その先生にも新しい技術を常に入れる必要があります。

　東京大学ものづくり経営研究センターがやっている「ものづくりインストラクタースクール」の分校が日本全国に７カ所あります。広島にも１つできました。そういった場でOBも協力して，その人が実技をやりながら，その人も育ちながら次の生徒を養育していくという好循環を実現する人材育成制度が要ると思います。

折橋 広島のものづくりインストラクタースクールは，うまく機能していますか？

岩城 まだ広島は一世代しかやっていません。うまく育った人が人材育成でいい成果を上げ始めています。ところが，ものづくりについては，恐らく5年，10年と人材育成に時間がかかります。OBや新規の人材を今5年かけて育成を始めています。

折橋 時間の関係で3つ目の論点に移ります。

自動車の設計思想の変化に対する支援側の対応についてです。自動車は，ここ100年ぐらい続いた内燃機関中心の機構から段階的に電気自動車の方向に移りつつあります。トヨタはハイブリッド車については先行しているため，その後追いではなかなか追いつけません。中国地域では，ある部分で先取りして待ち伏せ戦略でやっていくというお話もありましたけれども，支援側としてどう対応していくべきでしょうか。

岩城 少しだけ反論したいと思います。メディアでは，EVになると自動車がレゴ化あるいはPC化して，誰でもつくれるようになると喧伝しています。しかし，これは大きな間違いです。誰でもつくれるのはゴルフカートまでで，自分の女房や娘に運転させられる安全な自動車は簡単にはできません。

なぜかというと，ブレーキやサスペンション，ハンドルといった基本機能を司る部品は，専門の部品メーカーはいても，それがちゃんと動くためのディメンジョン（プラットフォーム）は，カーメーカーしか設計技術を持っていません。ゴルフカートのメーカーが見よう見まねで作ったようなEVでは，とても公道を安心して走れません。

また，EVの普及予測をみると，2020年で1％ぐらいではないかと言われています。5％や10％といった説もありますが，たとえ10％としても残りの90％の車にはエンジンが残ることを意味します。90％を捨てて一気に電動系だけの仕事をするというのは，サプライヤーを惑わすことになります。将来の技術動向とそのインパクトを予測して，地域が何をするかという戦略をまずつくるのが非常に大事です。

目代 EVの普及はそう簡単には進まないという点は賛成です。また，普及が進んできているハイブリッド車は，エンジンもモーターもあり，設計思想としては非常に擦り合わせ的です。今後も電動化は進むにしても，簡単にはモジュラーな設計や生産にはならない点は，まず押さえておかなければなりません。

もう1つのポイントは，九州はあくまでもものづくりの拠点であり，次世代自動車のことは実はあまり心配しなくてもいいかもしれないという点です．対照的に，広島地区では，部品メーカーは，承認図方式で開発段階からカーメーカーと一緒にものづくりに取り組む1次サプライヤーが中心ですので，電動化・電子制御化に対応できなければ，仕事を失うリスクがあります．それに対して九州では，カーメーカーや1次サプライヤーが用意した図面に基づいて，生産機能を提供する2次サプライヤーが中心です．いわゆる貸与図方式のもとで，いかに求められる品質やコストを実現するかが最優先の課題であり，電動化に対応した部品の開発は，実はあまり関係がありません．

　ですから，日本全体の動向や課題と，それを地域にブレークダウンしたときの課題とは完全には一致しません．日本全体や世界の動向をそのまま縮小投影して九州に持ってきても，そのまま九州の課題になるわけではありません．九州の自動車産業にとって，クルマのアーキテクチャがどうなるかを一般論で論じても仕方がありませんので，九州で生産する車種に即してアーキテクチャがどうなるかを考えないと，かえって惑わせることになるのではないかと思います．

折橋　九州はものづくり拠点なので，あまり次世代車のことは考えなくてもいいというご意見がありましたけれども，東北はどうでしょうか．

村山　私は，やるべきであり，やって欲しいと思っております．まず1つは，製品アーキテクチャがどう変わったとしても，絶対に必要になる部品があると思います．例えばセンシング関連です．衝突を回避するために自動車の周りの情報を集めてくるセンシングの技術は，パワートレーンがガソリン，電気，ハイブリッドどれになろうが絶対に必要になってきます．製品アーキテクチャに関わりなく，将来に必ず必要とされる技術や部品に取り組むという方法があります．

　もう1つは，ビジネスとはあまり関係がないところで，別の山を築くことです．大学を頂点とした山を築き，夢のある次世代の車づくりを仙台で展開できないかと思っています．その山の中に，ティア2となる地場企業，さらにはアルプス電気やケーヒンなど東北に長く拠点を置くティア1にも参画してもらい，ビジネスとは少し距離をおいたところで次世代の自動車や交通システムのあり方を構想する．例えば，慶応大学のSIMドライブのような取り組み．仙台ではSIMドライブを超えるようなことをやってもらいたい．

岩城　先ほど全般的な予測としてEVがそれほど伸びないという話をしましたが，2050年までスパンを広げて考えるとエネルギー制約の問題から事情が変わってき

ます。アメリカ環境局が出している予測では，2050年にはガソリン車は５％になり，それ以外は電動系の車になって，最大のシェアを占めるのは燃料電池だろうと読んでいます。これは，石油が枯渇するからというよりは，石油が非常に高くなり使いにくくなるからです。

現在，先進国の10億人がモビリティを享受していますが，今後，新興国でも自動車に乗るようになると，エネルギーセキュリティーの点からも，脱石油は難しいとしても省石油化へと舵を切っていかざるを得なくなります。

こうしたロングレンジの予測をしながら，シーズ開発をどうやっていくか，2020年を見ながら浮つかずに足元を固めていく必要があります。全体を俯瞰しながら，どこを目指すかをよく分析しながら地域の戦略を立てていかないと，生かじりの議論で進むとかえって逆効果です。

萱場 80年代に，21世紀になったら自動車は全部プラスチックになるという話がありました。けれども，鉄屋さんが頑張ったから，まだまだ鉄は残っています。それから，最近感激したのがマツダのスカイアクティブというエンジンで，ホンダのハイブリッドと同じ燃費を出しました。既存の技術がもうだめだということは絶対ないと私は思っています。どんどん技術を磨いていけば，ガソリンエンジンもまだまだ燃費が改善し，燃料代が高くなっても生き残ることができるでしょう。今のまま立ち止まったら死ぬしかないわけですが，スカイアクティブ２，３と次々と出していけば，どんどん燃費がよくなっていくと思います。

したがって，私の感覚としては，うろうろしないで自社技術を磨き続けるべきです。プレス屋ならプレスの技術をしっかり磨いて世界一のプレス屋になれば，注文もとれるだろうし，生き残ることもできるでしょう。樹脂屋なら世界一のインジェクションができるようになる。あっちに宝がありそうだからといって方向転換するのではなく，ひたすら今持っている自社の技術を磨いていく，それが非常に大切な道ではないでしょうか。

一方，支援する立場としても同じです。例えば，プレス屋さんなら樹脂に行きなさいなんて口が曲がっても言えません。プレスの中で，どうやってより良いものをつくっていくか，そこをお手伝いします。樹脂なら樹脂。それで良い部品をベンチマークしていただいて，「今の樹脂はこういう樹脂もあって，こんな薄いものもできて，こういう部品があってね。あんたのところ，これできる？」と。プレス屋さんだったら，例えば非常に小さな燃料を噴き出すインジェクターというものがあります。その先にコンマ１ミリぐらいの穴をパンチで斜めに開けるわ

けですが,「おたくには,そういう技術ありますか?」と。そういう方向での支援です。ぶれないで自社技術を磨いていただく。そういうスタンスで企業さんと接しております。

岩城 我々中国地域は,部品点数で5割,コストで4割しか内製しておりません。そこが次世代自動車になってきたら減るかもしれないという問題がまずあります。それから,車の生産が海外に出て行ったら補給ラインが延びて,さらに部品が減少するかもしれないという課題があります。そのあたりは地元のマツダと経産局,広島県,広島市,全体を支援している我々の財団とで定期的にディスカッションをしています。顕在化している問題と調べてみないとわからない潜在的な問題について一緒に調べた上で,合同で答えを出していこうとしています。その上で,国,県からの助成金を含めて支援策を議論しながら進めております。

(編集担当:折橋伸哉,目代武史)

付録2　東日本大震災と自動車サプライチェーン
2011年シンポジウムの記録

1．岩機ダイカスト工業の震災被害と復旧への取り組み

横山廣人

> 本稿は，2011年10月1日に東北学院大学経営研究所が主催したシンポジウム「震災下の企業経営〔第2部 自動車産業〕サプライチェーンの寸断と危機管理力の構築」（於，東北学院大学土樋キャンパス押川記念ホール）での，岩機ダイカスト工業(株)常務取締役・横山廣人氏（現，同社専務取締役）による報告である。
> 　横山氏には，震災時のものづくり現場で何が起こり，どのように対応されたかをご講演いただいた。これは，視聴率を意識したマスコミによって脚色されたストーリーではなく，ものづくりの現場における生の震災体験談であり，そうした事実をしっかり記録し後世に残すことも我々大学人に課された重要な使命と考える。

会社概要

　いま従業員が320名ちょっとです。事業内容は，アルミダイカスト，亜鉛ダイカスト製品を手掛けております。もう1つは，まったくダイカストとは関係ないMetal Injection Molding，これはステンレスの粉を成形し焼結するものです。

図 付録-1 岩機ダイカスト工業の生産拠点

1-1 本社工場（アルミ・亜鉛・スクイズダイカスト，金型工場）

1-2 坂元工場（アルミダイカスト・加工工場，製品倉庫・金型倉庫）

1-3 宮の脇工場（鉄・ステンレス粉末射出成形・焼結…MIM）

1-4 茨田工場（マグネシウムダイカスト）津波により流出

付録2 東日本大震災と自動車サプライチェーン | 337

1-5 埼玉工場(特殊金型構造による超高速精密亜鉛ダイカスト製品)

1-6 アメリカTPP(Tucson Precision Products)

(出所)写真は講演資料より転載。地図は、横山廣人「METI-RIETIシンポジウム 大震災からの復興と新しい成長に向けて プレゼンテーション資料」2013年3月22日より転載。

事業所は国内に5工場，あとアメリカに1工場，全部で6工場です（図 付録-1）。まずこれが本社工場です。今回はこちらの工場は津波の被害はありませんでした。坂元工場は，国道6号線であと5分ほど行きますと福島との県境です。坂元工場の敷地の一部まで波が来ましたが，工場には津波の被害はありませんでした。もう1つが宮の脇工場です。実はJR坂元駅のそばに今はほとんど使っていない茨田工場がありましたが，これは津波で完全になくなりました。そこには，ダイカストマシン5台，生産用ロボット，遊休設備がかなり置いてあったのですが，それらがすべて流されるという被害状況です。あと埼玉県新座にある埼玉工場。もう1つ，米国アリゾナ州のツーソンにTucson Precision Productsがあります。

今の主要取引先は，宮城県にあるケーヒンさん，それからTHKさん，あとトヨタ自動車さん，ボッシュさん，カルソニックカンセイさん，日本精機さん，ヴァレオジャパンさん。これらは，ほとんどが車の部品をつくっている会社です。あと地元の企業ですと，東北リコーさんとか，WJPさん，あとオリエンタルモーターさんとか，これは車以外の部品をつくっている会社です（図 付録-2）。

売り上げの約80％は車の部品をつくっている会社です。今盛んにいわれているサプライチェーンですね。頂上に組み立てメーカーさん，例えばトヨタさん，ホ

図 付録-2　岩機ダイカスト工業の主要取引先

ダイカスト部門売上の80％が自動車関連

主要取引先
- ㈱ケーヒン・THK㈱・トヨタ自動車㈱
- ボッシュ㈱・カルソニックカンセイ㈱・日本精機㈱
- ㈱ヴァレオジャパン・東北リコー㈱
- WJP㈱・㈱トミー・オリエンタルモーター㈱

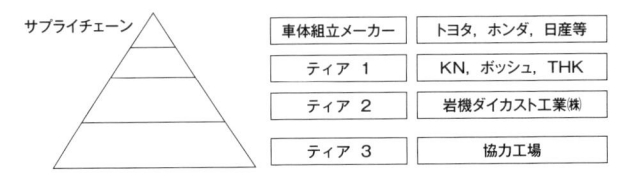

サプライチェーン		
	車体組立メーカー	トヨタ，ホンダ，日産等
	ティア1	KN，ボッシュ，THK
	ティア2	岩機ダイカスト工業㈱
	ティア3	協力工場

（出所）講演資料より転載。

ンダさん，日産さんとか，あとマツダさんとかいろいろな自動車メーカーがあります。その下にティア1，例えば，KNというのはケーヒンさんの略ですけれども，ケーヒンさん，ボッシュさん，カルソニック（CK）さん，THKさん，これらがすべてティア1の会社となります。私どもはその下のティア2におりまして，ティア1に部品を納めるわけですね。そうすると，ティア1はいろいろな部品を集めて加工・組立をして車体メーカーに届けます。車体メーカーは，いろいろなところから来た部品を組み立てて車に仕上げていく。こういった構造になっております。

　私どもの抱えている21の協力会社は，ティア3になるわけです。そうすると，このティア3の下にもしかするとティア4とか，まだいろいろと下の方にある会社さんもございます。ちなみに，私どもはティア3までとの関係，つまり21の協力会社への発注で終わりです。今回サプライチェーンで問題になったのは，例えばティア2，ティア3のどの会社が津波で流されたか，地震で被害を受けたかが，ティア1の方でしっかり把握できなかったことにあります。

東日本大震災の発生とその後の復旧活動

地震直後　次に，地震発生から復旧までの経過をご報告いたします。まず3月11日。地震が来て，津波が来ています。これは2，3日後に撮った写真ですけれども，山元町もご多分に漏れず津波の被害を結構受けました。これは山下駅前のところですね。この辺も駅までの間の住宅地です（写真 付録−1）。

　じゃあ私は何をしていたのかと申しますと，ちょうどその時，山元町役場で総合計画審議会という会議がありました。私はそこに出席をし，今後の山元町はどうあるべきかと，いろいろ意見交換をしていました。その最中に地震が来まして，みんな，机の下に隠れろとか，私の場合は机の下というより，大きなファイル1冊持って立って，ただ手で壁を押さえているだけでした。その時に自然と目がいったのは，外を見て真っ先に目がいったのは，自分の会社の方角でした。火事になっていないか。見たのは，それだけでした。それで揺れがおさまってすぐに役場から出て，車でちょうど5〜6分でしたから，飛ばして会社に戻りました。

　戻った時に，工場ですから当然，火災が心配です。あらゆる消火器を使って，700度ぐらいに溶けているわけですが，そのアルミニウムの溶湯が床にこぼれましたから，それを何とか消し止めたと。工場内は消火器の白煙で真っ白になって

写真　付録-1　山元町の被害状況

(出所) 講演資料より転載。

いました。

　それと停電です。私どもが今回，非常に困ったのは，停電によって電気炉が止まったことです。電気炉は，4時間ぐらいすると完全に固体になります。その間，例えば30分ぐらい過ぎるとシャーベット状態になってくる。それから固まるまでは，かなり早いです。

　従業員は全員，駐車場に避難して，けが人はありませんでした。あと，広報システムが使えないため，町の広報車が出て一生懸命，津波が来るぞ，と叫んでおりました。そこで，みんなで駐車場に待機し，工場の高台から浜の方を見ていると，3時40分頃，海岸近くの松並木を越えてくる津波が確認できました。松の木の上を越えてくるんです。かなりすごかったというか，波が防波堤にぶつかり，それが白煙のようで火事にも見えました。でも，あんなに被害があるとは思わなかった。それで，津波も来たことだし，もうこれ以上のことはないだろうということで，全員を帰宅させたのが4時過ぎでした。ただ，その段階で，本社工場以外の坂元工場，宮の脇工場がどうなっているかは，まだ断片的にしか情報を入手できていませんでした。人的被害もわかっておりませんでした。でも，家に帰れない従業員が20数名いまして，事務所の会議室などに泊めることにしました。

　翌12日に，初めて自分の会社の中に入ってみました（図 付録-3）。外から見ると全然傷んでいないんですよ。ところが中に行くと，例えば設計室では，机の上にディスプレイなどが並んでいたのですが，すべて床に落ちていました。何とかハードの方は生きていました。落下した割には意外に被害が少なかったと記憶しております。

　これは金型工場のマシニングセンターですね。これは工場の雨水調整用の池の護岸が崩れたとか。これは先ほど説明しました茨田工場。これが津波で流された工場です。これは1週間以上たってからだと思いますが，それまでは入れませんでした。これはダイカストマシンですね。このダイカストマシンは150トンのマシーンですから，マシーン重量は10トン以上あります。10トンで，なおかつケミ

付録2　東日本大震災と自動車サプライチェーン | 341

図　付録-3　復旧スケジュール

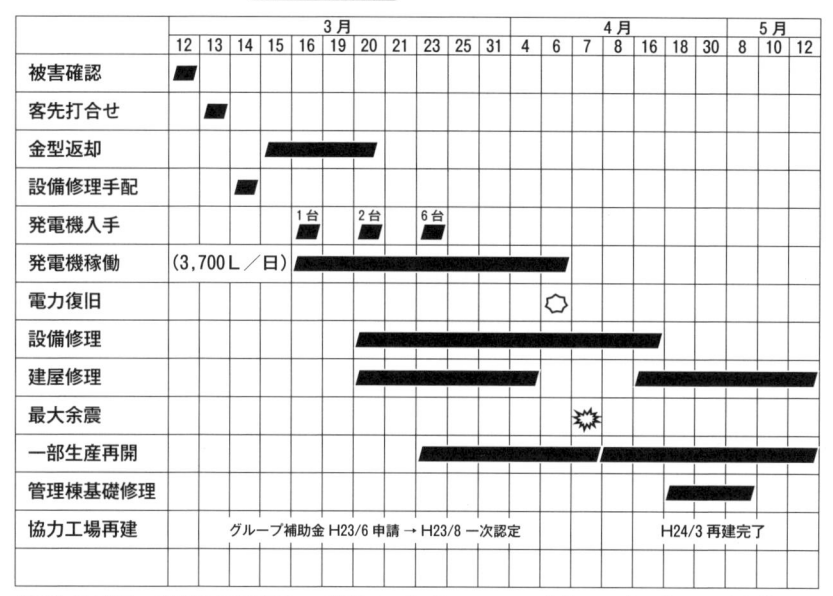

	3月								4月					5月		
	12	13	14	15	16	19	20	21	23	25	31	4	6	7	8	16	18	30	8	10	12
被害確認	■																				
客先打合せ		■																			
金型返却				■■■■■■																	
設備修理手配			■																		
発電機入手					1台		2台		6台												
発電機稼働	(3,700L／日) ■■■■■■■■■■■■■■■■■■■■■■																				
電力復旧														○							
設備修理							■■■■■■■■■■■■■														
建屋修理							■■■■■■■■■■■■■■														
最大余震														☀							
一部生産再開								■■■■■■■■■■■■■■■													
管理棟基礎修理															■■■■						
協力工場再建			グループ補助金 H23/6 申請→H23/8 一次認定											H24/3 再建完了								

（出所）横山廣人，前掲METI-RIETIシンポジウム　プレゼンテーション資料，2013年3月22日より転載。

カルアンカーで固定していますから，普通は外れません。これが津波で10メートル以上飛ばされている。津波の力がいかにすごかったかということです。

　焼結ラインでは，成形工場の天井が落ちたり，溶解炉が固まって，この辺から割れた。これは何かといいますと，アルミの溶解炉を保持するためにヒーターを入れているんですね。そのセラミックスのチューブの中にヒーターが通っていますから，それが1回固まって収縮が始まると，このセラミックスの保護管が割れてしまう。1回割れると，ここからアルミが吹き出してくる。ですから，もう1回アルミを溶かす必要があります。ところが，固まってしまったために保護管が出せなくなってしまうとか，大変苦労をしました。これが約2週間後ですから，大体4月の第1週目ぐらいでようやく修理が終わった状況です。これが実際に固まった炉の部分です。溶けている時は，ここが赤色になっております（写真 付録-2）。

　それで次の日に人的被害を確認したところ，社員は，ほとんどけが人がなかった。ただ，たまたまほかの工場に内職さんが来ておりまして，何時まで会社に残りなさいと指示したんですが，裏の方から出て行って，それで津波に流された方

写真 付録-2 固まってしまった炉

(出所) 講演資料より転載。

が2名ほどいました。あと従業員の家族は，25名ですから，ご両親とか全部で50～60名の方がなくなっていることになります。住居被害が，全壊，半壊で49名ほど。今，宮城地区の従業員が280名おりますから，280分の約50というと結構な割合になると思います。

設備の被害については，先ほど申しましたように電気炉がすべて固まった。あと茨田工場は津波で流失しました。技術管理棟の1階が地盤沈下。我々の工場は，重量物の機械を設置しますから，床の厚さを300ミリほどに厚くしました。300ミリの厚さになおかつ鉄筋を入れていますから，普通は割れたり沈んだりしないはずです。ところが，今回の震災であまりにも揺れが大きかったため，フロアは何ともなくても，コンクリートと土の間に約200ミリぐらいの隙間ができました。これの修理に約1カ月ぐらいかかりました。コンクリートを中に流し込みますから，金額にしますと，そこだけで6,000万円分ぐらいのコンクリートを使用しました。

それから，坂元第3工場などの壁が倒壊したとか，モルダロイの焼結炉破損とか。あと，私どもの協力工場がそばにありまして，そこにもマシニングセンターを貸し出していたんですが，それが4台ほど津波で流されました。

復旧に向けて たまたま弊社社長が，木曜日から埼玉工場の社員旅行で九州に行っていました。それで九州で地震があったことを知り，我々はテレビが視られず，携帯で津波がどうだ，こうだとやり取りしておりましたが，あっちの人たちは津波が襲ってくるのをライブで見ていたわけです。それで，最初は何とか携帯がつながったので，こちらにいろいろな情報が社長から入って来て，じゃあ，どうしようか，ということになりました。それで社長が日曜日に埼玉工場に戻り，宮城では客先との打ち合わせが一切できない状況でしたから，埼玉工場で客先と納入について打ち合わせを始めました。

電気が来ないので電気炉が固まってしまっております。ということは，物がつくれないということです。物ができない中でどうしようかとなり，そこで出てき

たのが，金型を返却するという決断でした。金型は我々の財産ではなくて，客先のものです。我々は金型をつくりますが，つくった後は代金をいただいて相手の持ち物になります。そうすると，一般的には，金型を返してちょうだいと言われた場合は，我々はそれを返さざるを得ない状況にあります。けれども一般的には，金型を返せというのは，まずあり得ない話です。ですが今回は，逆に我々の方から，生産できないので金型を返しますと依頼をしたのです。

　なぜかと申しますと，我々には供給責任があります。ダイカスト製品を生産するためには，金型が必要です。金型の中に溶けた，例えば非鉄金属，アルミとか亜鉛とか，代表的なのはその2つですけれども，それらを流し込んで固めるという製法ですから，金型がなければだめです。その金型の形状というのは各社で異なるわけです。できた品物は同じですけれども，つくる過程において金型をどのようにするか，そこに各社のノウハウが詰まっております。金型を返却するということは，そのノウハウを出してしまうということですから，ものすごくリスクのある決断だったと思います。金型を見れば，その会社の考え方がわかってしまいます。QCD，要するに品質とコストと納期ですね。これらを満足させるためのすべての考え方が金型に詰まっているわけですから，これを出すということは，我々の考え方がすべてよそに出てしまうわけです。一般的には外部に出したくない。仮に出すといった場合も，昔よくあった話として，使えないようにしてから金型を返したと聞いています。例えばハンマーで叩いて製品部を破損させて返すとか。それほど金型は重要なものです。

　ところが，我々にはティア2として責任があるわけです。仮に1週間後に物が欲しいのですが大丈夫ですかと言われた時に，うん何とかやりましょうと，ここで曖昧な返答を仮にしたとします。その場合，1週間後には完璧に品物を納めないといけません。納めないといけないものを納められない時，我々に数億というようなペナルティが来るはずです。相手先のラインを止める，これは絶対できないことですから，最初からじゃあお返ししますといった方が良いだろうということで，こういう決断をしたと。

　ところが，どこの会社さんでも1回金型を返したら，じゃあ我々復興しましたから金型を戻してくださいと言っても，そうなることは絶対にあり得ません。それで，我々の仕事量は半分になるだろうと思いました。今，前期ですと売上高72億ぐらいでしたけれども，これが30数億に減っても仕方ないだろうと考えて決断しました。なお，これは返却したものではないですが，金型というのはこういう

写真 付録-3 ダイカストの金型

(出所) 講演資料より転載。

ものです(写真 付録-3)。

それから16日に,電気も何もないですから,じゃあディーゼル発電で何とか事務所だけは動かそうよということになり,ディーゼル発電機を1台設置しまして,メールを復旧させたり,あとは,私ども地下水があるので,電気が入るとトイレは使えるようになります。それで地下水のポンプと事務所の電気照明と,あと電話とインターネットをつないだと。それで何とか客先といろいろな情報交換を始めました。

18日に東北電力から初めて電気が来たんです。これで生産できるかと思っていたら,近くの山元変電所が津波で完全に塩水をかぶったということで,別の系統から送電されてきました。私どもがフルに電力を使うと,大体2,500キロぐらいになります。ところが,そんなに使うと送電がパンクしてしまう可能性があるため,保安電力だけ,例えば機械がどうなっているかの確認をするための電気しか使えませんでした。でも,何とかそれぐらいは確認できるようになりました。

それから19日,これは320キロの発電機2台と,あと軽油を2,000リッター,これは我々の納入先から無償でご提供いただきました(写真 付録-4)。これはどうしてかといいますと,我々は,ある会社のディーゼルエンジンの燃料ポンプをつくっておりました。今回の震災でそのディーゼルエンジンの燃料ポンプが研究にも使われるということになりました。ところが,エンジンをつくりたくても我々の部品がないとつくれないということになって,じゃあそれを生産するために何が欲しいですかといわれました。我々は電気が欲しい,次に軽油が欲しいと伝えました。それをすべて相手先が準備してくれました。これは非常に助かりました。

そういうご支援をいただいて,20日ぐらいから第3工場などの生産準備を

写真 付録-4 発電機

(出所) 講演資料より転載。

開始して，22日から完全に生産を始めています。

　21日に東北電力の岩沼営業所に行って，そこで言われたのが，まだ見通しは立たないけれども2週間後ぐらいに何とか送電できるかも，ということでした。ということは，3月いっぱいはだめなんですね。それがありましたので，今度すぐに自家発電用のディーゼル発電を7台，例えば富山県とか埼玉県，いろいろなところのリース屋から借りてきて，何とか7台を揃えました。

　ところが，発電機を揃えたのはいいですが，今度は軽油がないんです。それで軽油をどのぐらい使ったかというと，皆さんが一番わかりやすいように表現すると，ドラム缶で1日18本です。ということは3,600リッターの軽油を使いました。これを集めるためにいろいろなガソリンスタンドに電話をしたところが，ガソリンスタンドでは，ガソリンはすぐになくなりましたが，軽油は結構持っておりました。ただ汲み上げるのが大変だということで，これは意外だったのですが，じゃあ1日800リッターをお願いしますという決め事をしたらそのとおりに入ってきましたので，何とかなりました。ガソリンはそうはいきませんでしたけれども。

　それで，これは坂元工場で，仙台の豊基礎工業さんから借りた発電機です。これが一番デカイやつでした（写真 付録−5）。これですと，1日1,000リッターぐらい多分使ったのではないかと思います。ちょうど，この後ろに，私ども実は太陽光発電を300kw持っておりました（同上写真）。この日は，電光掲示板にありますように120kw発電していますが，我々が太陽光でつくった電気を電力さんに逆送電すると（送電線工事の作業員が感電するため）危ないということで，1回停電してしまうと太陽光発電は使えなくなります。ですので，天気の良い日は200kwぐらい発電していましたが，この電気をみすみす捨てておりました。

　あと，25日ぐらいになりまして，各鋳造工場が一部生産を開始しています。

　これが山元変電所です。これは大体修理が終わったところです（写真 付

写真 付録−5 　発電機（前方）と太陽光発電の出力表示板（後方）

（出所）講演資料より転載。

写真 付録−6　山元変電所

(出所) 講演資料より転載。

録−6）。これは古いトランスですから，全部水が来ていますから，今ですとトラックの上に仮のトランスを上げて，それで送電しているような状態です。

実は，ここから（先の海沿いの）東の地域は何も残っておりません。もう何もないんですけれども，最初3月に行って，電力さんから，いついつまでに電気を通しますよというお話をいただきました。ところが，津波に流されて送電線がないわけですから，新しく電柱を立てる以外に術がないんです。そうすると，毎朝行って，今日は10本，次の日行くと20本とか，電柱を立てるのは結構早いんです。ところが，あるところまできたらぴたっと作業が止まった。それでどうして止まったんですかと聞いたら，この先はまだ遺体捜索も進んでいない。それで自衛隊が入って作業しているので，そこから先はダメですということでストップしてしまいました。

それで4月6日に，電力の完全復旧と申しますか，我々がフルに使っても良い電力を送電していただくことになりました。そこで発電機を外したんです。外して次の日の夜，また大きな余震が来ました。その時，当然，停電になったわけです。そうすると，わぁー，これでもう終わりかなと。でも，やれることはないかということで，みんなで溶けているアルミを汲み出しました。固まっても大丈夫なぐらいにまで溶けたアルミを外に汲み出す。それをやりながら，何とかやっているうちに，4時間ちょっとで電気が復旧したと思いますが，それで何とかつながりました。あと1時間，復旧が遅れていたら，またここから3週間くらいはダメだったと思います。

写真 付録−7　ロンダーのレンガ張り替え

(出所) 講演資料より転載。

あと，4月16日からは，設備は大

体直りまして生産を開始しました。実はこれがロンダーでして，ここの中をアルミが流れています（写真 付録-7）。今回，この炉のこっちもすべて固まったんですね。直すために何をするかというと，全部レンガを剥がして新しいレンガに張り替える作業を行い，これに結構な時間がかかりました。

生産の回復状況と雇用維持

　次に，今の生産の状況です。4月は，例年の一般的な平均値の40％にまで低下しました。5月が50％，それから65，80，90，現在は100％のフル生産に戻っております。ところが，これがいつまで続くかということになりますと，多分我々の見通しとしては，11月まではいいかな，12月になったらまた落ちてくるかなと見ております。その要因として，まず車の販売台数がまた落ち込んでくるだろうと，それと円高による海外移転の加速と海外メーカーとの競争激化が考えられます。

　前回のリーマンショックと違うのは，リーマンショックの時は，私ども，あれは確か1月から，例えば月の売り上げを100としますと，それが1月に20％しかなかったと。そこからずっと20，30，40というのが，1，2，3，4，5，6月と，その辺まで続いていました。それと比べると，今回の受注状況の戻りというのは結構早かったと思っております。

　じゃあ今後，我々はどのようにするのか。今，円高がものすごく騒がれています。そこで，我々はいろいろな話をいただいております。例えば，今度ここに来てくれないかとか，そういったお声掛けはいっぱいいただきますが，今のところ中国とか東南アジア，アセアンの方に進出する計画はありません。これはなぜかといいますと，我々は国内で物をつくるためにいろいろなノウハウがあり，我々の技術すべてを出して物づくりを行っています。そうすると，例えば中国に行ったと仮定します。そこに行っても同じノウハウをすべて出さなきゃいけない。同じ金型でやらないといけない。そうしたら同じものはできます。じゃあそれで物をつくって，果たして我々の会社が中国に行って何年もつのかと。おそらく，10年はもたないと思います。当然ノウハウがわかってしまえば，どこでもできるわけです。これは何としても守らないといけない部分なので，今のところ頑なに国内でやると考えております。

　それともう1つ，開発と生産現場は，やはり同じところにあるべきだろうと考えております。例えば，開発が日本，物をつくるのが中国。今はもう開発部隊も

中国に出ていくようになっておりますが，やはり一緒につくるのが，私は理想だと思っております。そういう意味でも，行くべきじゃないと。

じゃあ残るためにどうするんだと。我々が勝手に国内に残ります，残りますと言っても，仕事がなければどうしようもありません。今，何をやっているかというと，コスト2分の1活動をやっています。コスト2分の1ということは，すべて2分の1ということなんです。我々の給料も2分の1にしなきゃいけないということになりますので，本当にできるのかと。これはできるかどうかわかりません。ただ，目標値として2分の1でやろうよと，そのぐらいやっていかないと中国に勝てないという意識を持っています。例えば人件費に関していえば，やはり今以上に自動化を進めるとか，自動化をやることによって人が少なくて済みます。それと，同じものをつくるのに小さい機械でやれればそれだけ経費がかからないわけですから，原価が下がってきます。いろいろなことをすべてやっていって，初めてコストは下がってくる。とにかく頑張ろうと思っています。

それと，先ほどこのシンポジウムの第1部で旅館の女将さんたちもおっしゃっていました。私ども，例えばリーマンショックの時も今回もそうですけれども，やはり雇用を守らなければいけないということを強く感じております。リーマンショックの時も，あの時はかなりひどかったですから，64歳，65歳，年金のもらえる方に関しては，すみません，年金もらってください，ということで辞めていただいた経緯があります。ただ，それ以外の方，年金もらえない方とかそういう方はやはり辞めさせてはいけない。今回も同じでして，誰一人辞めてもらった方はおりません。それと，今年，新卒者8名に内定を出しておりました。どこでも同じ4月1日が入社式なんですね。ところが，さすがに4月1日の入社式はできないということで，4月のたしか2週間ほどずらして入社式を行っております。ところが，入社式が終わっても，次の日から仕事がないわけですから，あなたたち，悪いけれど，1カ月になるか2カ月になるかわかりませんが，ボランティアをやってよということで，次の日から山元町役場のボランティアに新入社員8名，プラス会社から3名ぐらいが行っています。そうすると大体10名から11名が毎日ボランティアに行って，いろいろな支援物資の受付とか，あと避難所の食事の世話とか，そういうことをやってもらいました。

後で話を聞くと，社員をボランティアに送り出して良かったと思っているんですが，避難所にいる方もだんだん慣れてくるんですね。最初のうちは，先ほど女将さんが言っていたように，食べ物がない時は何でも欲しがる。ところがある程

度，支援物資が良くなってくると，パン1つにしても，例えばジャムがついていないパン，こんなの要らないとか，それでジャムのついたのよこせとか，だんだんわがままになってくるということでした。ある意味，それは仕方ないことかなとは思いましたけれども。

あと，私どもにも，いろいろな会社さんから支援物資をいただいておりました。在庫を取りにくる時に，大型トラックで支援物資をたくさん持ってきていただきました。ところが，そういうものは，会社でそんなに要らないんです。支援物資はほとんど町の方に寄付し，あと見舞金もかなりいただいたんですけれども，これもまた会社で使ってもどうしようもないと。ただ義援金に出してしまうと，どこでどう使われるかわからなくなります。それで我々は何をしたかというと，山元町の教育委員会に持っていって，これは中学校，小学校の生徒さんたちのために使ってくださいと直接お金をお渡ししたうえ用途を指定いたしました。義援金いくらとかは載りませんが，おそらくより有効に使っていただけたと思っております。

今後の対策

私どもの工場がいかに停電に対して脆かったかを痛感しました。やはり工場である以上，いろいろな危機管理というか，危機管理といってもたいそうなことをやっておりませんが，例えば消火訓練とか避難訓練，いろいろやります。でも，停電に対する対策というのは何1つやっておりませんでした。過去の経験からいっても，そんなに長い時間，電気が止まるということがなかったんですね。例えば，皆さんはまだ生まれる前かもしれませんが，昔，私どもの会社のそばでクリスマスイブに1メートルぐらい雪が積もった時があったんです。その時でも，停電は2日ぐらいだったと思います。ですから，電気というものは常に供給される，そういう考えがあったんです。

それで今回，反省しまして，非常用発電機を3工場に設置して，有事においても，電気炉の凝固防止，通信手段の確保をしようということになりました（写真付録-8）。最低限，電気炉さえ固めなければ，我々の会社は，仮に同じような規模の災害が来たとしても1週間かからないで再開できます。それもあって今回，発電機を，もう設置は終わりましたけれども，3工場に設置することにしました。

今回助かったのは，在庫があったことです。私どもにいろいろな会社さんが見

写真 付録-8 非常用発電機

(出所) 講演資料より転載。

学に来られますが，皆さん一様に在庫が多いですねと言われます。ここにいらっしゃる方はほとんど専門の方でしょうから，我々の会社は，在庫，金額にして0.8〜1.0。要するに0.8カ月から1カ月の在庫がないと工場が回りません。そんな（在庫）金利の負担，どうするのなんてよく質問されますが，ところが，我々の生産効率を考えると0.8が最低限度です。これが0.5まで下がったらもう赤字が大幅に増える，というか，物をつくっているのか段取りを替えているのかわからないぐらいに段取り替えが増えます。そうすると機械の稼働率が落ちるわけです。今回も何とかその在庫によってしのげましたので，今後もやはり適正な在庫量をちゃんと見ていきたいと思っております。

（編集担当：村山貴俊）

2．大震災と宮城の自動車部品製造企業の取り組み

村山貴俊

> 本稿は，2011年10月1日に東北学院大学経営研究所が主催したシンポジウム「震災下の企業経営〔第2部 自動車産業〕サプライチェーンの寸断と危機管理力の構築」（於，東北学院大学土樋キャンパス押川記念ホール）での報告を補正のうえ掲載したものである。報告の導入部分で折橋伸哉が報告した東北の自動車産業振興に関するマクロ分析は割愛し（その内容は，折橋が執筆した本書「はじめに」，「終章」に所収），筆者が報告した宮城県の地場企業2社の取り組みを中心に再構成した。
> 　問題意識は，震災下での宮城県の地場企業2社の事例を踏まえ，高い確率で発生が予測される南海トラフ大地震などの有事に備え，自動車産業のサプライチェーンの危機管理力と競争力の同時構築の可能性を試論することにある。

地場ダイカスト・メーカー2社の被災状況と復旧活動

　先ほど横山氏から岩機ダイカストさんの被災状況と復旧作業について詳しくご説明をいただきましたが（前節を参照），ここでは，もう1社，石巻の堀尾製作所さんの状況とあわせて報告します（表 付録-1，図 付録-4）。

　堀尾製作所さんについても，新聞などでいろいろ記事に取り上げられておりますので[1]，皆さんもある程度ご存知かと思います。実は，堀尾製作所さんも，ダイカスト製品を手掛けるティア2メーカーです。以下では，3.11の震災下における宮城県のダイカスト・メーカー2社の状況について，我々が聞き取りした内容および新聞・雑誌の記事を参考に報告します。

表　付録−1　(株)堀尾製作所　会社概要

▷	本社所在地	宮城県石巻市北村字高地谷一
▷	業務内容	ダイカスト部品製造・加工（亜鉛が主。一部アルミも手掛ける）
▷	納入業種	電気，電子，自動車，精密など
▷	特　　徴	宮城に工場を立地するティア1メーカーを主要取引先とするティア2メーカー。金型設計能力，品質保証能力を持つ。現在，解析能力を強化中。合金の開発について共同研究を行っている。

（出所）http://www.horioss.co.jp および現地調査より筆者作成。

図　付録−4　2社の所在地

（出所）筆者作成。

被災状況　岩機ダイカストさんは，先ほど横山氏の報告にもあったように，山元町内の主要3工場はいずれも高台にあり，津波の直接的な被害は免れました（ただし坂元工場の敷地内まで津波は到達）。しかし，今では需要が少なくなったマグネシウム・ダイカストを生産していた茨田工場が津波にのまれ，生産設備を流失しました。そのほか，協力工場に貸与していたマシニングセンターも流失しました。

主要3工場では，炉から高温の溶湯が床にこぼれだし，小規模な火災が発生しましたが，すぐに消火器で鎮火したため大事には至りませんでした。津波の大きな被害は免れたわけですが，本社工場敷地内の地盤の弱い部分に建てられていた金型設計・加工用の建屋の床が波打ち，金型工作機器にもズレが生じたということです。同じ建屋の2階にあった金型設計部門は，本社食堂への移設を余儀なくされ，さらに波打つ建屋の床を修復するのに数千万円という費用がかかりました。

　石巻の堀尾製作所さんも，石巻の内陸部に立地しており，津波の直接的被害を受けることはありませんでした。また設備や建屋にも，揺れによって大きな被害が出ることはありませんでした。揺れ自体は，むしろ2003年に発生した直下型地震＝宮城県北部地震の方が大きかったといいます。03年の北部地震の際には，工場敷地内の盛り土部分に建てられていた2階建ての建屋が大きく倒壊しました。それを機に，2階建ての建屋を平屋に改修していたため，今回の地震で大きな被害は出ませんでした。ただし，協力会社の雄勝無線さんが津波に流され，生産設備（400〜500万円）を流失しました。実は，その設備は，堀尾製作所さんが協力会社の雄勝無線さんに貸与していたものです。その仕事について，堀尾製作所さんが自分たちでやること，すなわち内部化してしまうことも可能でしたが，雄勝無線さんに事業継続への強い意志があったため，むしろその復旧支援にまわりました。まず，雄勝無線さんの生産ラインを堀尾製作所さんの工場の空きスペースに移設しました。流失した生産設備については，新たに購入したり，主要取引先アルプス電気さんからもさまざまな支援が受けられたということです。ちなみに，我々が同社を訪問した2011年7月の時点で，すでに雄勝無線さんは別の場所に工場を移し，操業を開始されておりました。

　さてその後，被災地では，時間の経過とともに対処すべき問題が刻一刻と変化していきます。そのように変化する問題や課題に，各社がどのように対応していったかをみていきます。

情報をつなぐ　震災の直後に両社が直面した深刻な問題は，情報の途絶でした。周知のように，被災地では，電力が途絶えたことで，テレビもみられなくなりましたし，仙台の中心部でさえ基地局の電源喪失によって携帯電話やメールが非常につながりにくい状態になってしまいました。我々も，電灯もなく，情報も十分に得られない中，不安な時間を過ごしたことが思い起こされます。

　堀尾製作所の関係者によれば，「周囲の被害状況がよくわからなかった。自社

だけが被害にあっているのではないか」と，かなり不安に感じられたようです。さらに「サプライチェーンを止めたら大変なことになる。多額の賠償金を支払わなければならない」という焦燥にかられたということです。その後，埼玉県にある親戚のダイカスト・メーカーからの連絡によって，初めて東日本が広域にわたり大変なことになっていることを知ったといいます。

　他方，岩機ダイカストさんでは，本社のある高台から海を眺めていて実際に津波が来るのが見えたが，沿岸部にこれほど大きな被害が出ているとは思わなかったそうです。たまたま同社の埼玉工場の社員旅行で九州にいた社長から「津波が来て大変なことになっているぞ」と連絡が入り，被害の大きさを知ったといいます。その後，横山氏のお話の中にもありましたように，社長が埼玉工場に戻り（3月13日），得意先や業者との打ち合わせを進めていくことになります。

　こうした状況の中，取引先のティア1メーカーからは，早期の生産復旧計画が伝えられることになります。実は，大手ティア1メーカーも，サプライチェーン全体にどのような影響が及んでいるのかをしっかりつかめていなかったのだと思います。ティア1メーカーからは「取引先のGM〔の関係者〕が〔工場視察のために〕東京まで来ている」「〔自動車メーカーは〕4日後には工場を動かすだろう」（引用文中の〔　〕は筆者が加筆。以下，同様），だから「明日にでも部品が欲しい」などの要望が取引先に伝えられたと聞いております。こうした状況の中，ティア2メーカーは，取引相手のティア1が指定する期日に間に合わなければ他社に転注されてしまうとの焦りをいっそう強く感じていくことになります。実は，ティア1メーカーも，同様に転注のリスクを感じていたのだと思います。とりわけGMなどは，世界中から部品調達することが可能であり，特にそれらメーカーと取引するティア1メーカーは生産態勢の早期復旧に向けてかなり焦りを感じていたはずです。実は，震災の影響が広範囲にわたり，その後の復旧にある程度の時間がかかり，サプライチェーン全体の流れに詰まりが生じたことから，この時に急いで生産した部品，そして一気に出荷した在庫品などが，後に余剰になることはすでに知られている通りです。

　他方で，国内自動車メーカーは，震災後の比較的早い時期に，生産再開の延期を公表します。例えば，トヨタ自動車は，被災企業に過度の負担をかけてはならないとの判断から，3月22日まで工場を停止することを発表しました。トヨタで，実際に一部の工場で生産が開始されたのは3月28日です。ホンダは，自らの工場や開発拠点も大きなダメージを受けたことから，3月24日時点で，四輪工場

の操業停止を4月3日まで延期することを発表しました[2]。

　以上のように，震災直後に情報が途絶する中，ティア1，ティア2各社は復旧活動に急いで取りかかることになります。焦燥感をより大きくしたのが，情報の途絶と状況把握の難しさでした。ちなみに，先ほどの横山氏のご報告の中でも，岩機ダイカストさんでは3月16日にディーゼル発電機を使って電話とメールを復旧させ，そこから取引先との情報交換が徐々に進んでいったとありました。例えば，今後の危機管理の強化として，情報通信機器を稼働させるための最低限の電力供給源の確保と，それによる情報伝達手段の確保が重要になってくると考えられます。

サプライチェーンをつなぐ　次いでサプライチェーンをつなぐために，岩機ダイカストさん，堀尾製作所さんも，生産態勢の回復を急ぐと共に，平時では考えられないような緊急対応を求められることになります。まず，岩機ダイカストさんでは，平時でも0.8〜1カ月分の在庫を抱えておりましたので，これをすぐにティア1に引き渡すことになります（3月15日）。あわせて，先ほどの横山氏の報告の中で詳しく説明されておりましたが，ダイカスト・メーカーの命ともいうべき金型をティア1に返却する決断を下しました。その金型を使って同業者（競合相手）のティア2が同部品を生産していくことになるわけですが，同社の斎藤社長は「〔金型が戻ってくることはないので〕これで仕事が半分なくなった」といわれたようです。自社の今後よりも，まずサプライチェーンをつなぐこと，すなわち供給責任を果たすことを優先させたわけです。

　堀尾製作所さんでは，自らの生産設備は比較的早く復旧できたようです。過去の北部地震の経験が存分に活かされたのだと思います。ただし停電によって，結局，稼働再開は3月24日になってしまいました。また，先に触れましたティア3の雄勝無線さんの生産ラインの自社工場内への移設にあたっては，ティア1からも生産ライン認証の簡素化などで特別な配慮があったといいます。このあたりは，雄勝無線さんを助ける支援の輪ということで，地元紙や全国紙などでも大きく取り上げられておりました。

　他方，岩機ダイカストさんは，工場そして設備も大きいためか，復旧までに大変なご苦労があったと聞いております。炉の中で凝固した溶湯をバーナーで溶かし，またパイプに詰まったアルミをほじくりだして取り除くのにおよそ1カ月もかかってしまったといいます。地元紙には，修理費に1億5,000万円もかかった

と記されておりました[3]。さらに，先ほどの横山氏の話の中にもありましたが，生産開始に向けて電力の確保が課題となり，富山，埼玉などからディーゼル発電機9台を調達し，さらに軽油など燃料代でもかなりの出費があったということです。今回の教訓として，停電時に炉が固まらないよう最低限の電気を供給し続けられる非常用ディーゼル自家発電機を，2011年9月に各工場に敷設したということです。

信頼をつなぐ　次に信頼をつなぐということが問題になります。すなわち，自社に関する正しい情報を，いかに発信するかということです。情報を入手することから，今度は，情報を発信することに課題が移行していきます。2社の所在地は石巻と山元であり，いずれも沿岸部において津波の被害が甚大であった地域です。両社の工場は，いずれも高台あるいは内陸部にあり，津波の直接的な被害は免れました。しかし，工場の立地条件や被害状況を詳しく知らない遠方の取引先や同業他社は，両社が津波の被害をもろに受けたと思ってしまったわけです。

　実際に，堀尾製作所さんの工場が津波に流されたと誤解した取引先が，他社に転注するための準備を進めていたということです。たまたま埼玉県にある親戚のダイカスト・メーカーにその仕事の見積依頼が入り，その親戚から堀尾製作所さんが無事であり生産継続できることが伝えられ転注されずに済んだようです。岩機ダイカストさんの場合は，某TV放送局が全国放送で同社の設備が流された様子を震災後のかなり早い時期に放送しました。実際に私もその放送を見ましたが，茨田工場の流された巨大な設備が瓦礫の中に転がる様子が映された時，私もこれは大変なことになったという印象を持ちました。我々もすぐに調査に行きたかったのですが，あの映像が頭に残っていたため，結局，数カ月間は岩機ダイカストさんに連絡をとることを控えました。何トンもの巨大な生産設備がいとも簡単に流されるなど津波の威力に驚かされたということですが，幸い主力3工場は津波の直接的な被害を免れましたし，茨田工場の流失した設備は今ではほとんど稼働していないマグネシウム・ダイカストの生産設備でした。しかし，その放送をみた，特に遠方の土地勘のない皆さんは，岩機ダイカストさんにかなりの被害が出ていると思われたわけです。実際，大阪のほうでは「岩機はもうダメ」という噂も流れたようです。実際に，他社が，（津波でダメになったと思われる）岩機ダイカストさんの仕事をやらせてくださいと取引先に営業をかけていたともいいます。4月8日に，設備の8割復旧という情報を自社のHPを通じて発信しており

ます．非常に難しい問題ではありますが，震災時のマスコミの報道の在り方も，今後，重要な検討課題になってくると思われます．

　これ以降，特に岩機ダイカストさんには，サプライチェーン断絶という問題に関連して，マスコミからの取材依頼が次々と舞い込んできたわけですが，逆に，会社の無事を全国に発信する手段としてそれら取材を積極的に受け入れたということです．もちろん，必ずしもすべてが正しく報道されたわけではなかったようですが．また，三陸の沿岸地域の被害ばかりがクローズ・アップされる中，岩機ダイカストさんが取材を受け入れることで，三陸地域と同じように大きな被害を受けた山元町および町民の方々が直面する苦しい状況を全国に発信したいという気持ちもあったようです．

雇用をつなぐ　次に雇用確保という問題が出てきます．先ほどの横山氏のスライドの中にもありましたが，4月（40％），5月（50％）に生産量が大きく落ち込みます．これは，サプライチェーン全体の流れが滞って自動車メーカーや電機メーカーの生産が軒並み落ち込んだにもかかわらず，3月にサプライヤーが供給責任を果たそうと部品の在庫分を一気に吐き出したり，また追加の生産を急いだことなどが原因であったと思われます．そうした状況の中，両社とも従業員の解雇は一切行いませんでした．

　堀尾製作所さんでは，リーマンショックの際には，急激な生産減少により，やむなく派遣とパートさんには辞めてもらったといいます．2011年春から新しい仕事が入る予定になっていたため，これからまた少しずつ雇用を増やせるかなと思っていた矢先に震災が起こり，残念ながらその新規の仕事も流れてしまったといいます．我々が訪問調査を実施した2011年7月時点で，「いまの仕事量で従業員50人というのは，会社として我慢してやっている．本来，パートさんがやるような仕事を金型設計者がやっている」という状況でした．とはいえ，雇用は何とか今後も維持するという方針で，できれば仕事と雇用を増やして地域に少しでも貢献したいというお考えをお持ちでした．岩機ダイカストさんも，「みんなで耐えてやっている．家族や家を失った人の首は切れない」と，帰休制度を一部活用しながら，社員全員の雇用を維持する責任をしっかり果たすという方針をお持ちでした．

電力をつなぐ　夏場を迎え生産が徐々に回復してくる中，電力使用制限という新

たな課題に直面します。岩機ダイカストさんですと，横山氏のご報告にもありましたように，7月＝80％，8月＝90％という水準にまで生産が急速に回復してきておりました。

岩機ダイカストさんは，先ほど横山氏の報告にもありましたように，坂元工場に以前から太陽光発電（最大出力300kw）を導入していました。これで日中は230kw位の電力が確保されるものの，夕方には30〜40kw，また晴れていても風があると発電量が低下するなど，太陽光発電ゆえの不安定さがあるといいます。平日を休みにして土日出勤にしたり，数日休んで1週間連続で稼働する，という節電用シフトを組んで何とか乗り切るというお考えでした。しかし，現場の作業員の方々は，不規則なシフトで働きにくいと感じているようでした。手当の関係で人件費が1.5倍に跳ね上がるため，夜勤の利用は無理だといいます。

堀尾製作所さんは，リーマンショックの影響で生産が落ち込んでいた昨年の消費電力量を基準に，そこからさらにマイナス15％の制限となるため非常に厳しいといいます。新たな仕事の話もあるが「電力制限があるため，乗り出すことができない」，しかしアジアに仕事が逃げていってしまうので「口が裂けても能力オーバーとはいえない」という非常に苦しい状況に置かれているということでした。また，仕事と雇用を増やして地域貢献をしたいが，電力使用制限が大きな足枷になっているといいます。

以上が，宮城県の地場メーカー2社をめぐる震災後約半年間の現場の状況でした。次に，これら事例をもとに，競争力を維持しながら危機管理力を強化するために，どのような取り組みが必要になるのかを考えていきたいと思います。

危機管理力と競争力の同時構築の可能性

東京大学の藤本隆宏先生は，東京大学ものづくり経営研究センター・ディスカッションペーパー No.354「サプライチェーンの競争力と頑健性——東日本大震災の教訓と供給の『バーチャル・デュアル化』」の中で，「次の大災害発生の時や場所は不確実だが，グローバル競争は日々確実に来る」という認識から，サプライチェーンを管理する産業人は，あくまでも，競争力（competitiveness）と頑健性（robustness）のバランスの良い両立を図るべきだと主張する。とくに円高や不況に直面する近年の日本の貿易財産業が，災害に対する頑健性の強化に注力するあまり，国内の現場や製品の競争力を低下させてしまうならば，日々のグローバル競争で劣勢となり，当該企業・産業は，次の大災害を待たずに衰退・消滅する

危険さえある」[4]といいます。非常に重要な指摘であり，ここでは宮城県の地場企業2社が震災時に実際に直面した諸問題を踏まえつつ，競争力を損なわない危機管理力の強化の可能性について試論を展開します。

情報の問題　第1に，地元サプライヤー2社が震災発生後に真っ先に直面した問題，つまり情報の途絶の回避について考える必要があると思います。やはりサプライチェーン全体の情報伝達体系をどのように再構築し強化するのかを改めて問い直す必要があるように思います。震災直後に情報をうまく入手できれば，周辺の被害状況の把握ができ，その後の復旧への段取りが立てやすくなります。また，そうした情報の受信だけでなく，自社の被災状況や復旧計画を取引先に発信できれば，誤報や誤解による転注を回避でき，その後の取引の継続にも資することになります。

　今回の震災では，通信網の脆さ，特に停電に対する脆弱性が露呈しました。有事に強いといわれてきた携帯電話も，基地局の電源が落ちてしまったことで使えなくなりましたし，携帯電話の2次電池がいったん切れると停電で充電できなくなるという問題が起こりました。千年に1回の大震災と津波であり，これほど大規模な地震災害はめったに起こらない，そんなことをいちいち心配してどうするのか，といわれればそれまでですが，やはり今後，より優れた社会インフラの構築という観点から自然災害など有事に強い通信網の在り方を考えていく必要があると思います。これは，どちらかというとインフラ関連産業が問題意識を持って取り組むべき課題といえます。

　次に，個別企業が取り組むべき課題として，自動車メーカーや電機・電子メーカーが，直取引のないティア2以下のメーカーをあまり把握できていない，という事実が浮き彫りになったともいわれています[5]。直接取引しているティア1よりも下のレベルのサプライチェーンの様相を，うまく把握できていなかったという問題です。やはり今後，自動車メーカーなどは，有事においてサプライチェーン全体の状況を迅速かつ正確に把握するための情報共有空間を整備していく必要があります。

　例えば，今回の震災時に比較的うまく情報収集を行った会社として，ソニーの事例が雑誌に紹介されていました[6]。ソニーでは，War Roomという震災対策室を立ち上げ，ここが部品に関する情報を一元的に収集管理したうえ，社内ポータルサイト上に各部品の調達情報を逐次更新していき，各事業部の調達担当者がそ

れを自由に閲覧できるようにしたといわれております。例えば，平時の企業間取引で使用されているERPの中に，ポータルサイトを利用した有事対応のサブ・システムを付加することはできないのでしょうか。そして，そのポータルサイトにはサプライヤー側からも自社の被災状況や復旧状況を逐次発信でき，それによって全体状況を把握しつつ，どこにボトルネックがあるかを確認し，さらにそれらボトルネックへの支援にも役立てていく。もちろん，これは通信網がある程度，正常に使用できることが前提条件になりますし，そもそも直接取引がないティア2以下にそのようなシステムを共有させることが可能なのかという一部法律にも関わってくる問題（例えば，独禁法の優越的地位の濫用），さらにどこまで共有させればよいかという範囲設定の難しさなど数多くの課題が残ります。

　ただし今回の震災の中で，NPOやボランティア組織などが，被災地向け支援物資の需給を調整するためにポータルサイトを素早く立ち上げ，ある程度の効果を発揮したことも事実です。また，有線の通信網に関しては，比較的早い時期から使用が可能であったとされ，例えば岩機ダイカストさんでも，3月16日にディーゼル自家発電でパソコンの電源が確保されたことで，メールを使った取引先との情報交換が進んでいったということです。そのため，パソコンなど情報関連機器を動かせる非常用自家発電装置の整備も求められます。

リスク管理　第2に，岩機ダイカストさんでは，在庫分を出荷することでサプライチェーンを一時的につなぐことを試みたわけです。やはりここで在庫の問題を少し検討してみる必要があると思います。確かに金利負担や保管スペースのことを考えると，競争力の構築とは両立しにくいというのが基本的な考え方です。実際に，宮城県内のトヨタの部品製造子会社を訪問した際に，有事対応策として在庫を増やすという考えを社員から提案されたというが，それは行わない方針であるということを聞きました。しかし今回の震災では，その在庫があったことで，ある程度生産が継続され，サプライチェーンがある程度つながりました。この事実をどのように考えれば良いのでしょうか。

　先ほど報告にありました岩機ダイカストさんが，なぜ0.8カ月～1カ月分の在庫を持っていたかというと，小さなロットが多いところにJITをいれると，段取り替えばかりが多くなり逆に生産性が下がり，またサプライチェーンに組み込まれている中小企業は予期せぬトラブルに備えて，また万が一にもサプライチェーンを止めて多額の賠償金をかぶるという事態を招かないためにも，平時から少し

多めの在庫を抱えているということです。やはり余分な在庫は競争力と相容れないというのが基本的な考え方になるわけですが，ここでは上記のように生産管理の観点から生産性と両立する在庫があり，それが有事に役立つこともある，という点をさしあたり押さえておきたいと思います。ちなみに，雑誌からの情報ですが，日立GSTや三菱電機などは，震災を機に，有事に備えて一部の部品について適正在庫の水準を積み増す計画を立てているともいいます[7]。今後，そうした行動の是非を問う必要があると思います。

　第3に，サプライチェーンの寸断を防ぐために，サプライチェーンの中に潜むリスクを今後どのように分散していくかという課題があります。今回，最終メーカーからティア1への発注が分散されていても，意図せずティア2以下で発注が1社に集中しているというダイヤモンド型ないし樽型と呼ばれる構造が問題になりました（図 付録-5）。要するに調達の流れの結節点にある会社が，地震や津波で被災したり，原発事故で立ち入り禁止になったため，サプライチェーン全体に大きな影響がおよび，しかも最終メーカーがそのダイヤモンド型構造をよく把握

図　付録-5　サプライチェーンのダイヤモンド構造

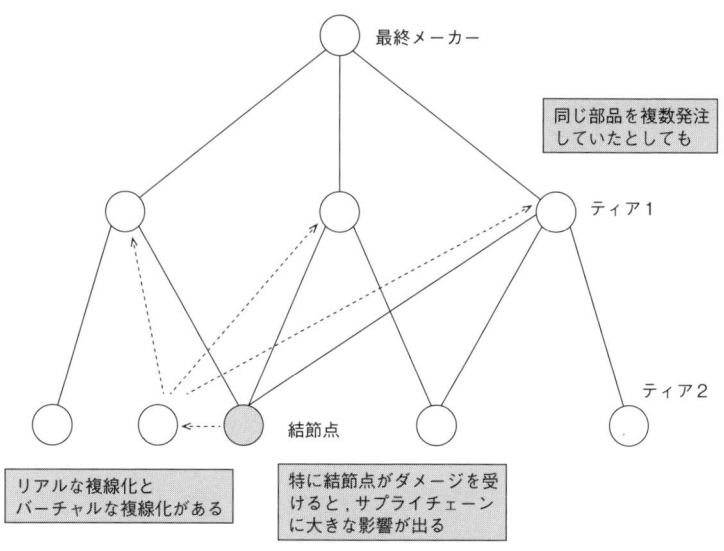

（最終メーカー）

同じ部品を複数発注していたとしても

ティア1

ティア2

結節点

リアルな複線化とバーチャルな複線化がある

特に結節点がダメージを受けると，サプライチェーンに大きな影響が出る

（出所）藤本隆宏「サプライチェーンの競争力と頑健性――東日本大震災の教訓と供給の『バーチャル・デュアル化』」東京大学ものづくり経営研究センター・ディスカッションペーパー No.354，2011年などを参考に筆者作成。

していなかったともいわれています。

　他方で，リスク分散を目的とした過度の複数発注や工場分散は，サプライチェーン全体のコスト競争力を削ぐことになります。そこで，リスク分散とコスト競争力を両立させるための仕組みとして注目されるのが，先にあげたディスカッションペーパーの中で東京大学の藤本先生が提唱する「バーチャル・デュアル化」です[8]。平たくいえば，自然災害などで稼働できなくなった工場から金型やレシピを持ち出して，被災していない他の工場で生産を継続する，そのための避難訓練を日頃からやっておくということです。例えば，自治体同士が相互に助け合う，いわゆるペアリングの事前協定の仕組みにも似ていると思います。なお，岩機ダイカストさんでは，社長が被災地域外で情報収集にあたられたことで迅速な意思決定が可能になったということで，今後は本社機能のバックアップの可能性についても各社検討していく必要があるのではないでしょうか。

　実際，今回の震災では，東北の日本海側では電力が供給され続けており，日本海側に抜ける主要な一般道は（渋滞による混雑とガソリン不足という問題はあったものの）ほぼ利用できる状態でしたので，藤本先生のいうバーチャル・デュアル化という仕組みが事前に組み込まれていれば，ひょっとするとうまく機能していたかもしれません。東と西，北と南の間で有事のペアリングマップのようなものを作成しておき（図 付録-6），平常時に避難訓練を行ったり，あるいは生産ラインの事前認証を済ませるという，このバーチャル・デュアル化と呼ばれる仕組みの有効性を，今後，実証的に検証していく必要性は高いと思われます。

　そして，その仕組みの実現可能性を議論する際には，企業の生命線ともいうべき技術や知識が詰まった金型やレシピを企業外ないし工場外に持ち出せるのかという問題，また岩機ダイカストさんで実際に起こったように，一度外に出してしまった金型やレシピは基本的に戻ってこないという問題にも目を向ける必要があります。ただし，平常時に取引関係のある協力会社間であれば比較的実行可能性

図 付録-6　サプライチェーンのペアリングマップ

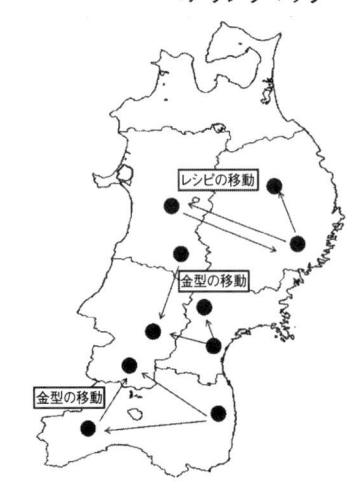

（出所）筆者作成。

付録2　東日本大震災と自動車サプライチェーン　｜　363

が高く，岩機ダイカストさんでは今回，実際に一部それが利用されたと聞いております。さらに，堀尾製作所さんが，津波で流された雄勝無線さんのラインを自社工場内に移設したというのも，協力会社間でのバーチャル・デュアル化の実践の1つともいえるのではないでしょうか。

　もちろん，その場合も，設備の大きさや規格が合えば，あるいはライン認証などで取引先から有事の特例が認められれば，という限定がつきます。雄勝無線さんのライン移設の際には，ライン認証などで特別の措置がとられたといいます。また，いつ，どこで，どれぐらいの規模で発生するかわからない自然災害に備え，生産ラインの事前認証や避難訓練という付加的な作業を行うことがコスト負担との兼ね合いで現実的なのか，という意見もあるかと思われます。しかし，やはり単一工場で生産を行う中小の地場企業の場合は，協力企業間で有事のペアリングマップを作成するという作業が非常に大切になってくるのではないでしょうか。

　第4に，同じくリスク分散の方法として，地域自己完結という考え方があります（図 付録-7）。今回の大震災は，被害がかなり広域におよび，また東北の沿岸部の港湾が破壊されたため，海上輸送手段などで遠方から部品を持ってくる，い

図　付録-7　地域自己完結とリスク分散

(出所) 筆者作成。

わゆる足の長いサプライチェーンがダメージを受けました。また，宮城県内のトヨタの部品製造子会社では，仙台港に置いていた部品やパレットを津波で流出するという被害も出ました。そして地域自己完結とは，例えば東北の域内でできるだけサプライチェーンを完結させようという考え方です。これであれば，広域を結ぶ主要交通手段が麻痺してしまった場合も，近場であれば何とか部品や資材の輸送が行えるというものです。

　さらに，自己完結した拠点が複数あれば，ある拠点が被災して機能不全に陥っても，他は問題なく稼働し続けられる，また稼働できる拠点から部品を回してもらい被災した拠点も早期復旧できる，という利点もあります（いわゆる並行分業[9]のような体制になる）。かたや，ある拠点（東北地方）での自動車の生産が他の拠点（東海地方）からの部品供給に大きく依存している場合には，他の拠点（東海地方）の機能が地震などの災害で停止してしまうと，そこに依存する拠点（東北地方）も操業停止に追い込まれます。

　もちろん地域自己完結には，平時においても，遠方から部品を運んでくる輸送コストや時間の削減，また在庫を減らしたJITがやりやすくなる，というコスト上のメリットが認められます。さらに，最終の自動車組立メーカーが，例えば東北域内で自己完結を行うということは，東北域内からの部品調達がいっそう拡大するということにつながり，これは地域の中小企業，そして地域経済にとって大きなチャンスになります。他方，直下型大地震や集中豪雨などによって自己完結した集積地全体に被害がおよんだ場合の被害の大きさ，また域内で必要とされる限られた生産量では規模の経済性のメリットを十分に享受できずコスト競争力が損なわれる，さらにそもそも東北など自動車産業後進地にそうした部品供給を担える力のある中小企業がいるのか，これまで部品を調達していた地域（例えば，トヨタでいえば三河地区）で生じる既存サプライヤーの生産能力の余剰をどのように解消するのかなど，数多くの解決すべき問題が残されます。

災害に強い工場　第5に，やはり個々の企業が，大震災など有事への対応力をより高度化する必要があると思われます。今回，私が報告した2社の主要工場は，いずれも高台あるいは内陸部に位置しており，幸い津波の直接的な被害は免れました。しかし，工場敷地の盛り土部分に建てられた建屋には，多かれ少なかれ揺れによる被害が出ております。まず，工場の立地を考える際には，水害，台風，津波，直下型地震を引き起こす活断層など，あらゆるリスクに目を向け，できる

表 付録-2 危機管理力の高度化に向けて

課題＼主体	国の対応	SC全体の対応	個別企業の対応
1．情報の問題	災害に強い通信網の再構築	ポータルサイトなどを活用した情報共有空間の検討。	情報の受発信のための発電源（非常用自家発電など）の確保。
2．リスク分散①　在庫の問題		SC全体の在庫量の把握（見える化）とそれによる有事の生産継続可能期間の予測。ただし不要不急の在庫の積み増しは競争力と矛盾。	生産性と両立する在庫量の再計算。中小企業はSCを止めるリスクを回避するため一定程度の在庫量を常に抱えている。
3．リスク分散②　SCの複線化		個別の危機管理を積み重ね，SC全体の有事のペアリングマップの作成を検討。生産ラインの事前認証の可能性も検討。	平時から協力会社などの生産設備を把握し，自社の金型やレシピを用いた代替生産の可能性を検討。
4．リスク分散③　地域自己完結		自動車会社の生産戦略次第。最終的には，自己完結によるJITや輸送費削減のメリットと，生産分散の非効率化のデメリットの比較酌量になるのか？	地域で部品を受注できる地場企業の能力強化と育成。
5．災害に強い工場			・安全サイドをより重視した工場立地と建屋 ・生産設備のアンカー留め，情報・検査機器の落下防止 ・災害対策関連のQC活動や提案制度の活発化 ・ボトルネックの早期解消

(注) SC＝サプライチェーン。
(出所) 筆者作成。

だけ安全な場所を選ぶことが基本になります。仮に工場敷地内に盛り土部分がある場合は，その部分には建屋は建てない。できるだけ切り土で地盤の強い場所を選ぶことが大切だと思います。あえて述べる必要はないかもしれませんが，自然災害が少なくない日本では，建屋（事務棟を含め）はデザイン性や見栄えよりも，耐震，耐水，耐風など安全性により比重を置く必要があると思われます。

設備の配置替えなどはやり難くなりますが，生産設備のアンカー留め，情報・事務機器の落下防止策なども必須です。また，災害対策をテーマとしたQC活動を制度化し，現場からいろいろな工夫やアイデアを出してもらう必要があると思われます。宮城県内のある自動車関連工場では，ラックの水平棚を裏返すことで工具や検査器具がひっかかって落下しにくくなるという社員からの提案を実践していたことが奏功し，今回の大きな揺れでも落下を免れ，復旧の早期化に非常に役立ったと聞いております[10]。このように，お金をかけなくてもできる対策が色々あります。

　加えて，今回の震災で明らかになった自社のボトルネックについては，できるだけ早期に解消しておくことが望まれます。我々が調査した2社では，いずれも停電が復旧への大きな障害となりました。早速，岩機ダイカストさんでは，各工場に炉の凝固を防ぐための非常用ディーゼル自家発電機を設置したということです。停電は地震以外の台風や豪雪でも起こりうることですし，近時，竜巻などのリスクも高くなっているので，岩機ダイカストさんのように問題解決を先送りしない姿勢が極めて重要だと思われますし，そうしたボトルネックの発見と対策・改善を積み重ねていくことこそが，危機管理力の強化につながると考えられます。

まとめ

　今回の震災から何を学び，今後，再び発生するかもしれない大震災にどのような備えをすべきなのか。藤本先生が強調される危機管理力と競争力の同時構築の必要性，加えて実行可能性という観点を重視しつつ，試案として表付録-2を提示します。基本は，まず個別企業でできること，そして，やりやすいことから始めるということになります。例えば，情報受発信のための発電源の確保，平時から取引関係がある協力会社間での設備や能力の相互把握と有事の移転可能性の検討，災害対策や防災をテーマとしたQC活動の立ち上げ，などがまずもって考えられます。

　そのうえで，漸進的に対応範囲を拡げていくのが良いと思われます。垂直方向には，個別企業の取り組みをより難しい課題へと拡げる。水平方向では，個別企業の取り組みを蓄積することでサプライチェーン全体の危機管理力の高度化に結びつける。そうした積み重ねの結果，有事の情報共有空間の構築の可能性やサプライチェーン全体での有事の代替生産可能性を検討する（「実行」ではなく「検討」

であり，すなわち意識を持つという）段階にまで至れば，危機管理力を以前よりも高度化させたことになるのではないでしょうか。もちろん，その際には常にサプライチェーン全体の競争力におよぶ影響にも目を向ける必要があるわけですが，実際のところ，競争力にどれほど負の影響がおよぶかを事前に予測することは難しいと思われます。とはいえ，危機管理対策による競争力への負の影響が計算できないので対策を打たない，というのもまた問題です。危機管理について常に考えること，判断を停止しないことが大切だといえます。

【注】
1）『朝日新聞』2011年3月26日付。
2）震災時の大手自動車メーカーの動向の詳細については，日本経済新聞社『東日本大震災，その時企業は』日経プレミアムシリーズ，2011年を参照。
3）『河北新報』2011年5月11日付。
4）藤本隆宏「サプライチェーンの競争力と頑健性——東日本大震災の教訓と供給の『バーチャル・デュアル化』」東京大学ものづくり経営研究センター・ディスカッションペーパー No.354，2011年，1頁より引用。
5）日本経済新聞社，前掲書を参照。
6）『日経エレクトロニクス』2011年8月22日号を参照。
7）同上記事を参照。
8）藤本隆宏，前掲書およびその英語版 Fujimoto, Takahiro, "Supply Chain Competitiveness and Robustness: A Lesson from the 2011 Tohoku Earthquake and Supply Chain 'Virtual Dualization'," *Manufacturing Management Research Center Discussion Paper Series*, No.362, 2011を参照。
9）沼上幹『組織デザイン』日本経済新聞社，2004年，53ページを参照。
10）検査機器が落下して精度が狂うと，工程復旧後の部品の品質や精度を測定できなくなり，製品出荷が大きく遅れてしまう。

3．パネルディスカッション「震災後の自動車産業の復旧と危機管理力」

東北学院大学経営学部自動車産業研究チーム

> 震災発生の約半年後に開催した2011年の東北学院大学経営学部シンポジウムは，「震災下の企業経営」と題し，第1部＝観光業，第2部＝自動車産業に関する報告と討議を行った。いずれも，震災時の現場対応，その後の復旧・復興そして危機管理力の構築が中心的話題となった。ここでは，第2部＝自動車産業の討議を掲載する。
> なお，第1部＝観光業の討議は，創成社より既刊の『おもてなしの経営学【震災編】東日本大震災下で輝いたおもてなしの心』2013年3月を参照していただきたい。

半田正樹 まず，情報の問題があるかと思います。具体的には，情報の流れがカギを握ったサプライチェーンの問題です。そして今後の課題として，雇用の問題，あるいは円高対策の問題，さらに電力確保の問題。横山さんのご報告との関連で絞り込むとすれば，これらの点が浮かび上がってくると思います。そして，今，村山さんから出された，一言でいえば危機管理力をどう考えるかという問題もあります。これは第1部（観光業）の問題とも関連するわけですけれども，質問に出てきました，マニュアルではない危機時の対応をどう考えるか。このあたりを取り上げることができればと思います。

まず，情報関係の問題として，通信手段をどう確保するか。そのあたりを横山さんは，今回のご経験を踏まえてどうお考えになるか。それから，特に先ほどのご報告でおっしゃった，例えばティア1がティア2以下の状況を必ずしも把握できていないという現実の問題です。

それから，情報ということでは，マスメディアの問題があるでしょう。例えば岩機ダイカストさんに関しても，かなり被害を受けているといったイメージをメディアが流す。メディアというのは，常にそうですが，ニュースとして，いかにもそれらしい画像，今回で言えば大震災のイメージに適合するような画像・映像

にして流す傾向があります。そういう基本的な問題をどう考えるかといったあたりを取り上げてみたいと思います。

横山廣人 まず，通信手段ですが，私どもは自家発電機を設置して初めてネットが使えるようになりました。それまではなかなか携帯もつながらず，情報はほとんど入ってきませんでした。ただ今回，私も，いろいろなマスコミから依頼がありまして，大体20社ぐらいに出演したんです。最初は，断ったんですがね。ところが，今ご紹介いただいたように，私どもの会社のある山元町の町役場が津波で壊滅的な被害でどうしようもないという噂が東京で一時流れたらしい。今度は，関西の方で，あそこがダメだったら岩機ダイカストはすべて流されたんだという噂が流れまして，逆に，我々の得意先に対して同業者から何かお手伝いできないでしょうか（つまり，津波の被害を受けてダメになったと思われる岩機ダイカストの仕事を代わりにやらせてください），という営業活動が入っているわけですよ。それに対して，我々は，何とかやっていると伝える手段が何もなかったのです。そういうこともあって，では仕方がない，取材に来たところで何とかやろうかということで，1日3社から4社ぐらい来た時もあります。でも，これは今思えば良かったのかなと思っています。仙南地域は何ひとつニュースに出てこなかったんですよ。私も頭に来て，何でニュースにならないんだと話をしたところ，いや，実は気仙沼や石巻には，駐在の方がいるんですよと。ところが仙南には，仙台から近いということもあって駐在されている方がいないんですね。そういうこともあって，なかなか取材に来る方も少ないんだというお話を聞いて，「ああ，そうなのかな」と半分納得しつつ，あまり納得できない部分もありました。それだったら，逆に取材を利用して，山元の状況を伝えようという気持ちになりました。

あと，サプライチェーンの中で，我々はティア2ですが，今回津波で流されたのは，ティア2，ティア3，もっとその下のところが結構多かったと思います。ということはどこでもできるようなもの，例えばゴムのOリングをつくっている会社，ゴムのOリングをつくるのは，材料が入ってくればそんなに難しいことではないんです。プレス作業にしても，金型が1つあってプレスの機械があれば簡単にできちゃうんですね。ところが，その物が1つでもないと車が組み立てられないということで，ティア1の会社はかなり混乱したと思うんです。例えば，我々の得意先にしても，どこにしても，BCP（事業継続計画）が進んでいるから3日後には稼働させると。3日後には物入れろとなるわけですよ。わあー，これは大変だということで，我々は在庫があるので何とか納入対応できるね，じゃあ次

に，その後のことを考えて復旧しなきゃいけない，何とか復旧させようと。3月中はどんどん物を引き取りに来られたので，売り上げがそんなに落ちていないんです。ところが，4月になったらぱたっと止まって，逆に，あれあれと言うぐらいに売り上げが減ってきて，その時に初めて先ほど言われたサプライチェーンの詰まりの問題点というか，じわりじわりと問題が明らかになってきたと思うんです。我々もその頃，藤倉ゴムがどうだ，NOKがどうだ，ルネサスのマイコンがどうだとか，そういう話はよくわかりませんでした。何で組立メーカーが生産しないのかな，という疑問を感じるだけで，もしかすると，あの頃はオフレコになっていたのかもしれません。そういう話というのはあまり出てこなかったんですよ。たしか経済産業省の方がいらした時だったと思います。実はルネサスがこうとか，今の藤倉ゴムの特殊なダイアフラムの部品がどうだとか，そんな話を初めて聞かせていただきましたから，やはり皆さん，かなり混乱していたのだと思います。

半田 マスメディアの問題については，本来であれば取り上げておきたいところですが，時間のこともありますので割愛させていただくことにします。そこでサプライチェーンの問題をもう少し掘り下げてみたいと思います。まずは情報の流れという意味でサプライチェーンを見たわけですが，もともと横山さんのご報告にありました金型を返却されたということに戻ってみたいと思います。つまりサプライチェーンを維持するという観点から，言い換えれば供給責任を自覚されてということだと思いますが，金型の返却ということまでされた。このご決断は非常に悩ましいことだったと思うわけですが，そのあたりのことをもう少しお話しいただければと思います。どういうご議論の末に，短期間で決断を下されたのでしょうか。

横山 実はこの決断は，3月13日日曜日に社長が埼玉におりまして，それでこちらと多少のやりとりはあったんですけれども，社長の思いは，例えば，忙しい時は会社というのはあまり利益が出ないんですよ。確かに会社としては忙しく物は出ますが，その割になかなか利益が出ない。今回は，仮に何とか細々と復旧しても，いろいろなところから物をちょうだい，物をちょうだいといわれたら，我々の会社はもう混乱状態に陥るわけです。

それと，この日曜日の段階で，サプライチェーンの崩壊なんていうのはまったくわからないわけですから，じゃあ物を出せ，そうなったら大変だということがあって，日曜日にすでに結論を出しました。それで，我々には，かろうじてつな

がった電話でもって，社長から金型を返すと伝えられました。（携帯電話が）山元町で全然つながらないので，例えば山を越した角田市に行くとつながるとか，相馬の方に行ったらつながるとか，結構つながるところがあったんです。それで出てきたのが，とにかく金型を返そうという決断だったのです。我々も一瞬耳を疑いまして，ええ，金型を返す，そんなことをやったら会社がつぶれますよと。でも，仕事なんか半分でもいいと，いずれ5年後，10年後にまた復活していけばいいじゃないかというのが社長の考えでした。本当に苦渋の決断でした。

　じゃあ何で仕事が半分に減るんですかという話ですが，我々も最初は理解できないんです。それでいろいろと話をして，逆にいえば，我々の会社にどこからか頼まれて金型が来て，生産を1カ月間応援して，終わったら「はいよ」って返す人はやっぱりいないですよね。でも，サプライチェーン全体が崩壊してしまったために，金型をいっぱい持っていってもらって，それで我々の仕事がなくなるという状態にならないで済んだと。これは不幸中の幸いといってしまうと，やや問題があるわけですが，もしサプライチェーンがちゃんと動いていて，組立工場さんがしっかり生産していたら，多分，私どもの会社は，いま本当に残っているかどうかわからない状態になっていたと思います。

村山貴俊　危機管理力を高めるための方法として，先ほどバーチャル・デュアル化という話がありました。つまり被災工場から別のところに金型とかレシピを持ち出して，そこで生産を継続していくという仕組みですが，実際それを行う際にはいろいろ問題があることが調査する中でわかってきました。例えば，金型を出しましたと，我々の一般的な感覚だと設備が復旧した時点で金型が戻ってくるのかと思っていたら，これが戻ってこないということなのです。そこがちょっと驚きを感じた部分です。

　被災した企業は金型を出すべきなのか，そして復旧した時点で金型は戻ってくるべきなのか，そこは多面的にしっかり検討したうえで発言しないといけないわけですが，私の個人的な意見として，やはり金型と仕事はもとの会社に戻ってくるべきだと思います。もちろん何か自分のミスで生産ラインを止めてしまったのであれば，戻ってこなくて当然だと思います。しかし，今回のように未曾有の天災で止まった場合，サプライチェーンを止めないために金型を出した，その気持ちに応えるためにも，やはり金型が戻ってきて，仕事も戻ってくる，ということになるべきではないでしょうか。供給責任を全うしたサプライヤーの気持ちに応えて金型を返すべきだ，などと発言してしまうと，これは精神論の世界に入って

しまいますから，この辺はもう少し法的あるいはCSR（企業の社会的責任）の観点から，矢口先生にコメントを付加していただきたいと思います。

矢口義教 ある新聞記事を読んでいましたら，金型の返却というのは，岩機ダイカストさんだけではなくて，今回他にもいろいろなところで行われたと知りました。ただ，そのほとんどが工場復帰を完全にもう断念したところで行われたという記事でした。岩機ダイカストさんの場合は，主要工場はあまり被害を受けておらず，当然，復旧できるわけです。それなのに金型をしっかり取引先にお渡しするというのは，これは本当に倫理観を持った，サプライチェーンをどうしても切らない，供給責任を果たす，という倫理的な意思決定だったといえます。すなわち，自己の利益を考えるよりもまずは他者の利益を考えるということで，利他の姿勢にほかなりません。

そして，こうした決断によって仮に短期的に仕事を失ったとしても，ステークホルダーとの，特に取引先との信頼関係を構築する上で，とても役立ったのではないかと思います。

半田 バーチャル・デュアル化ということを藤本隆宏・東京大学教授がおっしゃっているのですが，今回のような金型返却を回避する手段としてバーチャル・デュアル化を考えるということなのでしょうか。

折橋伸哉 今回，金型を岩機ダイカストさんから，通常は競合しているティア2の他のサプライヤーさんに回されて生産を維持されようとしたのですけれども，これはサプライチェーンのデュアル化が，岩機ダイカストさんの自己犠牲的なまでの決断によって実現したものととらえられます。

村山 しかし，ノウハウの詰まったレシピや金型が戻ってこない，仕事が戻ってこないとなると，やはり今後はますます出しづらい状態になる。バーチャル・デュアル化という考え方やシステムを有事への危機管理策としてより実効性の高いものにするためには，やはり天災時に出したものはいずれ仕事と一緒に戻す，ということになった方が良いのではないでしょうか。商慣行あるいは契約の中に，そのように復旧後に戻すという内容が織り込まれたうえでバーチャル・デュアル化という仕組みが広がっていくと，災害時の一層有効な手立てになるのではないかと思います。あるいは，種々の事情で金型がどうしても元の会社に戻せないという場合は，その損失を穴埋めする形で次の仕事を優先的にそちらの会社に回すとか，何らかの補償がシステムの中に組み込まれるべきではないでしょうか。

半田 そうでしょうね。先ほどバーチャル・デュアル化と対照させて，いわゆる汎用性という形で代替を用意するというアイデアの存在を指摘された。その場合，藤本先生のおっしゃるバーチャル・デュアル化というのは，あくまでも固有のパートナー関係を前提として，例えば今回の例でいえば金型を返却するということを考えたのではないかと思うんですね。そうすると，汎用性というのは，いわばその都度スポット取引で関係を結ぶ，ということと表裏一体といって良いでしょうから，かなり違った考え方なんだろうと思われます。ある意味で日本のものづくりの強さというのは，いわゆる固有のパートナーシップに基づいてものづくりをするという点に，その源泉があるといわれてきたという意味で，なぜ汎用性を高める方向を目指すのか，汎用性に基づいた生産の仕組みというものを，特に経済産業省が強調するというのはどういうことなのかという点が問題となるように思います。そのあたりはどうでしょうか。

折橋 日本の自動車産業の強みを，少なくともメーカー間で汎用部品を今以上に幅広く使うようにすることを考えたその担当者の方は，あまりよく理解されていないと思います。やはりメーカー間で汎用部品を多く使うと，メーカー間の製品差別化がその分，多かれ少なかれ損なわれてしまいます。すると，外観は違うかもしれないが，乗ってみたら乗り心地とか全然変わらなくなってしまいますね。もうどのメーカーの車を買っても同じということになってしまい，次第に個々のブランドの魅力も薄れてしまって，じわじわと製品の競争力に効いてきます。そういう観点から，私はメーカー間の部品の共通化を震災対応を理由に進めるのにはあまり賛成できません。

横山 先ほど部品の共通化という話がありましたが，例えば今回のルネサスの被災で組立メーカーの生産が停止した問題を受けて，では今どういう取り組みをやっているかというと，まず1つは，今までルネサスでマイコンに書き込みをやっていたわけですね。それを今度は，部品を共通化すると。じゃあ何をやるのかなと思って，この前少し話を聞いてみましたら，マイコンそのものはどこでもつくれるようにするということです。その中身の書き込みについては，例えば自動車会社さんが，自分のところで自前で書き込みしますということらしいです。そうすると，どこかのマイコンの工場がダメになっても，部品自体はよそからでも入ってくるわけです。それも1つの部品の共通化ですよ，とおっしゃっておりました。

　それと，金型とかそういうものを，例えば我々でもいろいろなECU（エンジン・

コントロール・ユニット，エレクトロニック・コントロール・ユニット）をつくっているわけですが，例えばトヨタ，ホンダ，またシビックであり，インサイトであり，いろいろな機種によってすべて仕様が異なります。じゃあ仮に，ホンダさんの車，すべて同じようにECUを1つにするかと，燃料コントロールの部分を一緒にするかというと，まだそこまではいっていないような気がします。それが同じ働きをするトヨタさんの部品というと，また全然，形状も違ってきますし，今いわれたように，それがすべて共通化になってくると，電気自動車になった方がそれはより早いと思いますが，例えばハイブリッドまでですと共通化というのはそんなに進まないと私は思います。1社，例えばホンダさんの中では進んでいくことはあるでしょうが，各社共通というのはなかなか難しいかなと思っています。

半田 横山さんのご報告を聞いていて非常に印象に残った1つが，円高に直面しているという問題でした。これはもちろん岩機ダイカストさんだけではありませんが，特に日本の製造業，輸出産業が直面している問題ということですが，岩機ダイカストさんの場合には，例えば中国，東南アジアに進出する意思はないと言い切られた。それが非常に印象に残ったんですね。理由としては，ノウハウをやはり維持したい，保持したいということと，それから開発と生産現場は一体であるべきだと，こうした見識をお持ちだということだと思いますが，この円高がさらに進むと，岩機ダイカストさんのような考えを貫ける企業がだんだん脱落していくのではないか，そんな気がするわけですが，そのあたりいかがでしょうか。円高対策として，コスト2分の1活動を推進されるとおっしゃったわけですが，その場合，例えば給料も2分の1にせざるを得ないかもしれないという，極端にいえばですね。そういうことだとすると，どこまでそれが維持できるだろうかという疑問もちょっと覚えるわけですが，そのあたりどうでしょうか。

横山 まずダイカスト業界というのは，今から十何年前には1,000社ぐらいあったんでしょうか。今は500ないし600社ぐらいだと思います。そのぐらいまで減っています。一昔前ですと，ダイカストは意外と海外に出にくいというか，国内でもやっていける業種といわれていたんです。それは，今でも私はそう思っています。やはり今，例えば中国に行って，私も行ってよく見ますけれども，金型なんていうと日本より良い設備を持ってやっているわけですね。この物を1つ作る，確かに形は同じ物ができるはずです。それで本当にQ（品質）とC（コスト）が満足できるものができるかというと，やはりまだそれは日本に強みがあると思います。我々はそこにかけているのと，あともう1つ，当然，日本での仕事量が今の

100から50に減るかもしれません。同じようにやっているとすべての会社が50に減るわけです。すべてがダメになります。我々が，その50になるのを100にできたらいいわけです。それは競争ですから，何とかそれに打ち勝つんだと。

あともう1つ，例えば我々が中国とかタイとかいろいろなところに出た場合，やはり第1に，じゃあ日本の雇用をどうするのということがものすごく大きな問題になると思うんですね。その会社にしてみれば，確かに海外に行って利益を出して会社として存続するかもしれませんが，国内雇用をどうするのかと考えていくと，やっぱり何としても国内でやるべきではないかというのが私どもの考え方です。国内で仕事が仮になくなって，じゃあ海外に出なきゃいけないとなったときに，しがみついて海外に行くかというと，それはないと思います。我々は，そこまでの覚悟をしているということです。

半田 できるだけ解雇しないという意思，これを示されたので非常に心強い気がします。それと同時に切実で，かつ現実的な問題である電源確保の問題を最後に取り上げておければと思います。

ご報告では，岩機ダイカストさんは太陽光発電装置をお持ちになっているものの，システム上の問題があって，いったん停電になるとそれが使えないとおっしゃったわけです。これはまさに今の電力事情のあり方と関係する大きな問題だと思うんですね。電力需要をどうするかという大変大きな問題になるわけですけれども，電源確保に関して，発電装置を増やすなどの対策がおありになるようですが，もともと太陽光発電装置をお持ちだというその姿勢，むしろ理念といえばよろしいでしょうか。そのことも含めて，今後の電源確保についてどうお考えなのか，そのあたりをお聞かせいただければと思います。

横山 まず太陽光発電ですが，3年ぐらい前に，坂元工場の第2工場棟を建てた時に設置しました。300kwの出力ですけれども，これは電力さんからの電気と太陽光発電でつくった電気をパラレルというか，ごちゃまぜにして使っております。例えば，この工場が太陽光発電の電気，こちらが買電，すなわち東北電力さんから買っている電気という分け方ではないですから，すべて一緒になっています。というのは，ご存知のとおり太陽光は，朝から徐々に発電量が増えていってピークが昼頃で，また夕方に発電効率が落ちてきます。ですので，買電と一緒に使わないといけません。

そのような仕組みになっているので，仮にどこかで事故があって停電になった場合，今度は，太陽光発電でつくった電気が直流で流れて来て，これが交流で例

えば200ボルトで来るわけですが，それがトランスを介して6,600ボルトで送電線に逆送します。そうすると，作業者がいろいろ送電線などの復旧にむけて作業をやっているところに6,600ボルトの電気が逆送してしまうので非常に危険です。ですので，停電になった場合は，太陽光発電は使えません。遮断の工夫をして，こちらの電気が逆送しない仕組みをつくれば良いのかもしれませんが，そこまで費用をかけるわけにいかないので，今のところ我々は停電時に太陽光を使えません。

それで，今回ディーゼル発電機を各工場に入れることになりました。これは手動で，今回は仕方がないので，最低限度必要なところの回線にじかにディーゼル発電機から200ボルトの電気を流せるようにしました。その時は手動で，こっちを止めてこっちを開けてと，少し面倒な作業がありますが，あくまで非常用なので何とかそれで賄おうとしております。

半田 各先生方に，今回の震災をいろいろ調べてみて，あるいは今日の横山さんのお話をお聞きになった上で，危機管理力という意味で何が一番重要なのか，それをお話しいただけませんでしょうか。

村山 在庫について再考する必要があると思います。電機・電子各社では実際に在庫を積み増しする動きがあるようですが，やはり今回，この在庫がサプライチェーンを助けたという事実がありますので，ここで改めて在庫の意味をもう一度考え直す必要があると思います。(根拠はまだ示せませんが) さほどコストを上昇させず，危機管理力の強化につなげられるのではないかと思っております。

もう1点だけいわせていただきたいのは，やはり建屋ですね。建屋を建てるところをしっかり考えないとダメだと思いました。地震に関してだけいえば，やはり地盤の固いところに建てる，盛り土のところに建てない，何があっても建てない，まずそれを徹底していただければ，それだけでかなりの危機管理対策になると思っております。

あと，今回議論になりましたバーチャル・デュアル化については，非常に重要な考え方ですが，実証的にもう少し詰めていく必要性があると思います。

折橋 私は，いかに早急に通信手段を確保してサプライチェーンの全体像を把握するか，それでその情報をできるだけ交換を密にして，その中で正しい判断をしていくかが一番大事だと思います。何につけてもその通信手段をまず確保する。それから，あと電源ですよね。電源をいかに早急に確保して，特に岩機ダイカストさんの場合は中核設備の1つに電気炉を保有されており，電気を確保する重要

性が極めて大きいという事情がおありなわけですけれども，それ以外の業種についても，かなり生産管理のコンピュータ化も進んできていますので，電源をいかに確保するかというのが大事だと思います．

矢口 BCPをしっかりしておくことに尽きると思います．その中でやはり何が重要かというと，平常時から，常に，やはり取引先も含めて，銀行だとか債権者も含めて，地域社会も含めて，ステークホルダーとのコミュニケーションをしっかりとっておくことが重要になると思います．そういったコミュニケーションを通じて良好な関係をつくり，それで必要な時に協力を得られるようにしておく．そのための意思疎通とか，より透明な関係づくりが重要になると思っています．

半田 リスクマネジメントに関してはまったく素人ですが，今日のお話を聞いてきてちょっと思うのは，今3人の先生方がおっしゃったこともそのとおりだと思うんですけれども，やっぱり最終的に目の前で起きたことをどう処理するのかということでいえば，その意思決定の問題ではないかという気がします．ですから，1部の旅館経営でいえば，マニュアルだけに頼らずにどう決断するかという話であり，2部のサプライチェーンの話であれば，金型を返却するという最終決断を短期間のうちに実現した．このようなことが本来の危機管理力ということなのではないかと思いました．

　次に，会場からの質問を受けます．

馬場敏幸（法政大学経済学部教授）まず，横山常務が淡々とおっしゃっていましたが，被害や復旧費用など，本当にものすごいものだったとお察し申し上げます．

　金型の話がいくつか出ておりましたが，金型の所有権の問題が1つあると思います．すなわち，対価としてどれだけのものが支払われているのか．先ほど，金型にはさまざまなノウハウが凝縮されているとありました．それはものすごいノウハウで，そういったものはおそらく対価として支払われていないのではないでしょうか．そこについて，国として知財をどうするのか，ということも含めて今後考えていく必要があると思います．

　さて，その中で疑問に思えたことを少しお尋ねします．初めに金型を返却されたことについて，例えば金型には，レベルとか，精度とか，非常にノウハウのあるもの，ノウハウのないものと色々とあるわけですが，そういった観点から，返却するという決定の中で取捨選択があったのか．差し支えなければ，具体的に何面ぐらいお返しになったのか．あと，そこで出てきた疑問が，今は100％の受注

になっているということですが，そうすると100％になっているので金型が戻されたのかなとも思ったりもいたします。100％の受注になった，その中身がどういうものなのかということが２点目です。

そして３点目として，ダイカストという製品の場合，例えば重量があるとか，そういった問題があるとは思いますが，海外移転はしなくても，国内移転の可能性はどうなのか。ある製品メーカーの場合だと，アメリカと取引をしていて，今回のようなこともあるので，例えば岐阜であったりとか，九州であったりとか，いろいろなところに国内移転をして，金型自体を本社でつくって，生産の部分をいろいろズラしていくということがあるわけですが，そういったリスク管理はなされないのか，ということについてもお聞かせ願えればと思います。

横山 最初に，金型についてですね。今回，まず２社ほどに声をかけています。その前に私どもの在庫を調べないといけないわけですね。それで在庫はすべて持ち帰ってもらって，それからラインがどうかと，必要数がどうかということを調べて，じゃあ３型をリストアップして，まず３型を持って行きましょうというのが，１社目でした。

それからもう１社も，同じように４型ぐらいはリストアップしたんですけれども，ところが，まだ在庫がありましたから，まず３つ持っていくことになり，じゃあ今日は１つ持っていきましょうということで，１型だけ持って行きました。それはダイカストマシンについていた金型です。それを下ろして持って帰っております。じゃあ，ほかの２つは後で取りに来ますよということになっておりましたが，それから，やはり我々の部品だけじゃなくてほかの部品も入らないので，だんだん生産が止まってきたぞといっている間に，金型を取りに来ないで済むようになってしまったのだと思います。結果的に３型リストアップして，実際に持っていって使ったのは１型だと思います。先ほど私が説明しましたように，もしサプライチェーンが崩壊していなければ，ほとんど持っていかれたと思います。

それから，金型の精度ですけれども，例えばこの金型だったら渡していい，この金型だったらノウハウが詰まっているからダメ，というような判断はあまりないと思います。それと，これも最初にご説明したかと思うんですが，我々はお金をいただいて金型をつくっているわけです。我々が，これはうちの物ですよとは絶対にいえない。

それと，１回返した金型が返ってこないのは，多分これはどこでもそうだと思

います。例えば金型がすぐ来て，じゃあダイカストマシンに搭載し，次の日から良品が出るかというと，それはあり得ない話でして，自分のところの機械に合わせた条件設定をしていろいろなことをやっていると，結構，時間が２～３日はかかりますね。それから，例えば今度はトリミングをするための金型が必要であり，それに向けて準備をして生産すると，あっという間に１カ月なんて経ってしまいます。その後で返してといわれても，それは私が逆の立場だったとしたら，やはり受けないでしょうね。それは誰でも同じだと思います。

　それから国内移転の可能性ですが，私どもは，協力工場というか，ダイカストをやっている工場を岩手県，山形県と宮城県にあと２カ所ほど持っています。おかげさまで，そこは停電も被害もほとんどなく，我々が生産できない時に生産を開始して何とかつながりましたので，今のところはそちらで何とか対応できるかなと思っています。

（編集担当：折橋伸哉，村山貴俊）

索　引

A—Z

BCP······369
CAD······35
ECU······373
F-グリッド構想······22
FCV······243
PHV······243
PLC······51
QCD······48, 71, 156, 263, 278, 308, 343
TPP······20
VE······214

ア

アルプス電気······9, 63, 65, 144, 263
異業種交流······158
1次サプライヤー······6, 31, 114, 176, 191, 235
岩機ダイカスト工業······10, 25, 310
いわて産業振興センター······82
いわて自動車産業集積プロジェクト······66
岩手大学大学院工学研究科金型・鋳造工学専攻······73
エコカー······271
エネルギーセキュリティー······333
エネルギー問題······13
エレクトロニクス······310
　　──化······283

カ

海外調達······207
海外部品······173, 180, 241
開発センター東北······29
開発力······275
カーエレクトロニクス······262, 310
　　──化······206
　　──推進センター······211, 311
カーテクノロジー革新センター······229
関東自動車工業株式会社······3, 12, 29, 63, 145, 157, 237, 274, 291, 307
技術展示（商談）会······160, 295
北上川流域地域······64
キャッチアップ（戦略）······209, 246
九州大学大学院······287
　　──オートモーティブサイエンス専攻······196, 269
供給責任······343
クオリティ（品質）······162
グリーンアジア国際戦略総合特区······174, 192
グローバル······216, 321
　　──企業の浮動性······20
　　──競争······31, 113, 261, 358
ケーヒン······9, 63, 144, 339
減価償却······51, 115, 165, 286
現地調達率······29, 150, 265
原発事故······117, 361
高度道路交通システム（ITS）······194, 282
高齢化社会······99

サ

サプライチェーン······16, 101, 115, 179, 238, 261, 339, 355

産学官活動，産学官連携，産官学連携
　　　……………62，157，210，244，300，317，323
産業集積……………………30，117，178，233，236
資源立地型産業………………………………………16
自社一貫生産体制……………………………48，130
次世代自動車………………57，99，194，243，
　　273，319，334
　　―――社会研究会………………………………220
次世代モビリティ社会……………………………243
自動車（産業）集積………………260，271，305
自動車産業振興………………………………70，133
地元調達（率）……………………171，238，272
ジャスト・イン・タイム（JIT）………………270
集積…………………………………………………………3
少子高齢化…………………………………………287
承認図……………………………………275，332
　　―――方式……………………………………………8
新規参入……………………………………………176
新興（諸）国…………………………12，26，209
　　―――市場……………………………………310
人材育成………52，159，189，212，269，289
生技検討力…………………………………………153
生産再編……………………………………………238
世界最適調達………………………………………262
世界同時不況…………………………………………26
設計開発能力……………………………………………8
設計思想……………………………………………331
セントラル自動車株式会社………4，28，146，
　　237，277，291，311
創発的な戦略行動……………………………………53

タ

第三次産業革命………………………………………22
第3の拠点（化）………………………5，28，110
ダイハツ……………………………………………264
　　―――九州……………171，237，269，273，321
ダイヤモンド構造……………………………………7

太陽光発電…………………………………………345
貸与図……………………………………275，332
　　―――方式……………………………………………8
　　―――メーカー…………………………………263
脱東北…………………………………………………23
地域経済……………………………………181，241
　　―――活性化…………………………………………27
地域自己完結………………………………………363
地域振興……………………………………………287
地球環境問題…………………………………………12
中国地域・先進環境対応車クラスター
　プロジェクト……………………………………218
ティア1………………………275，332，339，354
ティア2………………………………332，339，351
低賃金労働力…………………………………………15
電気自動車（EV）………70，194，206，243，
　　277，302，319，331
展示（商談）会…………………………301，329
転注……………………………………………………19
電動化…………………………………27，221，331
　　―――・電子制御化……………………………243
東京大学ものづくり経営研究センター
　　…………………………………………319，330
東北現調化センター………………………………110
とうほく自動車産業集積連携会議…………………68
東北の形成……………………………………………13
東北の原発……………………………………………17
トヨタ……………………142，264，275，311，322
　　―――九州………………170，269，273，290，321
　　―――自動車株式会社……………………3，288
　　―――自動車東北………10，28，111，146
　　―――自動車東日本………3，97，110，149
トヨタ東日本……………………………………235，324
　　―――学園………………………………………110

ナ

2次サプライヤー………6，48，82，114，176

2次メーカー	276
日産九州	169, 237, 321
日産自動車	5, 265, 275
日産車体九州	169
ネットワーカー	298
燃料電池車（FCV）	194, 206, 277, 319

ハ

ハイブリッド	12, 271, 277,
───車（HV）	27, 69, 111, 116, 194, 206, 318, 331
───乗用車	4
バーチャル・デュアル化	362
パーツネット北九州	190
バブル（経済）崩壊	3, 170, 199, 233
パラダイム	302
───シフト	201
東日本大震災	7, 16, 117, 234, 339
引地精工	8, 312
非常用発電機	349
ひろしま医工連携・先進医療イノベーション拠点	221
部品輸入	180
プラットフォーム	5, 99, 201, 235, 281, 331
プラ21	8, 77, 114, 156, 292, 301
ベンチマーク（活動）	212, 269, 312, 321
北部九州自動車150万台先進生産拠点推進構想	189
北部九州自動車産業アジア先進拠点推進構想	194

マ

待ち伏せ（戦略）	98, 209, 246, 274, 291
マツダ	81, 201, 235, 301, 311, 323
三菱	235, 301
───自動車工業	201, 323
宮城県産業技術総合センター	141
メカトロニクス	283, 311
───化	208
モジュール	35, 270, 311
───化	201
───・システム化研究会	203
ものづくりインストラクター（養成）スクール	268, 287, 330
モビリティ	100, 333
───社会	196

ヤ

山形県産業科学館	119
要求品質	34, 111

ラ

リーマンショック	26, 97, 143, 199, 234, 347, 357
リングフロム九州	191, 327

≪執筆者紹介（五十音順）≫

居城克治（いしろ・かつじ）担当：第7章
　福岡大学商学部教授

岩城富士大（いわき・ふじお）担当：第9章
　公益財団法人ひろしま産業振興機構カーテクノロジー革新センターシニアアドバイザー

萱場文彦（かやば・ふみひこ）担当：第6章第1節
　宮城県産業技術総合センターコーディネーター

鈴木高繁（すずき・たかしげ）担当：第6章第2節
　公益財団法人いわて産業振興センタープロジェクトアドバイザー

半田正樹（はんだ・まさき）担当：第2章
　東北学院大学経済学部教授

横山廣人（よこやま・ひろと）担当：付録2第1節
　岩機ダイカスト工業株式会社専務取締役

《編著者紹介》

折橋伸哉（おりはし・しんや）　担当：はじめに，第1章，第11章
東北学院大学経営学部教授
東京大学大学院経済学研究科修了・博士（経済学）。
東北学院大学経済学部講師・同助教授などを歴任。
　主要著書　『海外拠点の創発的事業展開―トヨタのオーストラリア，タイ，トルコの事例研究―』白桃書房，2008年。

目代武史（もくだい・たけふみ）　担当：第7章，第8章，第10章
九州大学大学院工学研究院准教授
広島大学大学院国際協力研究科修了・博士（学術）。
広島大学助手，東北学院大学経営学部准教授などを歴任。
　主要論文　「九州自動車産業の競争力強化と地元調達化」『地域経済研究』24，15-27，2013年。

村山貴俊（むらやま・たかとし）　担当：第3章，第4章，第5章，
　　　　　　　　　　　　　　　　　　　付録2第2節
東北学院大学経営学部教授
東北大学大学院経済学研究科前期課程修了・博士（経営学）。
東北学院大学経済学部講師・同助教授などを歴任。
　主要著書　『ビジネス・ダイナミックスの研究―戦後わが国の清涼飲料事業―』まほろば書房，2007年。

（検印省略）

2013年9月30日　初版発行
2015年8月20日　二刷発行

略称 ― 自動車産業

東北地方と自動車産業
―トヨタ国内第3の拠点をめぐって―

編　著　　折橋伸哉・目代武史・村山貴俊
発行者　　塚田尚寛

発行所　東京都文京区春日2-13-1　株式会社　創成社

電　話　03（3868）3867　　ＦＡＸ　03（5802）6802
出版部　03（3868）3857　　ＦＡＸ　03（5802）6801
http://www.books-sosei.com　振　替　00150-9-191261

定価はカバーに表示してあります。

©2013 Shinya Orihashi,
　　　Takefumi Mokudai,
　　　Takatoshi Murayama
ISBN978-4-7944-2419-8 C3034
Printed in Japan

組版：トミ・アート　印刷：エーヴィスシステムズ
製本：宮製本所

落丁・乱丁本はお取り替えいたします。

― 経 営 選 書 ―

書名	著者	区分	価格
東北地方と自動車産業 ―トヨタ国内第3の拠点をめぐって―	折橋伸哉 目代武史 村山貴俊	編著	3,600円
おもてなしの経営学[実践編] ―宮城のおかみが語るサービス経営の極意―	東北学院大学経営学部 おもてなし研究チーム みやぎ おかみ会	編著 協力	1,600円
おもてなしの経営学[理論編] ―旅館経営への複合的アプローチ―	東北学院大学経営学部 おもてなし研究チーム	著	1,600円
おもてなしの経営学[震災編] ―東日本大震災下で輝いたおもてなしの心―	東北学院大学経営学部 おもてなし研究チーム みやぎ おかみ会	編著 協力	1,600円
経営戦略 ―環境適応から環境創造へ―	伊藤賢次	著	2,000円
現代生産マネジメント ―TPS(トヨタ生産方式)を中心として―	伊藤賢次	著	2,000円
雇用調整のマネジメント ―納得性を追求したリストラクチャリング―	辻 隆久	著	2,800円
転職とキャリアの研究 ―組織間キャリア発達の観点から―	山本 寛	著	3,200円
昇進の研究 ―キャリア・プラトー現象の観点から―	山本 寛	著	3,200円
経営財務論	小山明宏	著	3,000円
イノベーションと組織	首藤禎史 伊藤友章 平安山英成	訳	2,400円
経営情報システムとビジネスプロセス管理	大場允晶 藤川裕晃	編著	2,500円
グローバル経営リスク管理論 ―ポリティカル・リスクおよび異文化 　　　ビジネス・トラブルとその回避戦略―	大泉常長	著	2,400円
サービス・マーケティング	小宮路雅博	編著	2,000円
グローバル・マーケティング	丸谷雄一郎	著	1,800円

(本体価格)

創成社